教育部高等学校
材料科学与工程教学指导委员会规划教材

● 丛书主编 黄伯云

U0716806

计算机在材料科学与工程中的应用 第2版

主 编 张朝晖
副主编 吴 波
主 审 程兴旺

Application of Computer in Materials Science and Engineering

中南大学出版社
www.csupress.com.cn

内 容 简 介

　　本书为教育部高等学校材料科学与工程教学指导委员会规划教材，主要介绍计算机在材料科学与工程中的应用。全书共分 10 章，其中第 1 章主要介绍计算机在材料科学与工程中的应用概况；第 2 章主要介绍材料科学研究中的数学模型及分析方法；第 3 章主要介绍材料科学研究中主要物理场的数值模拟；第 4 章主要介绍材料数据库与专家系统；第 5 章主要介绍材料科学与工程中的多尺度、多物理场计算设计与模拟；第 6 章主要介绍材料加工过程的计算机控制；第 7 章主要介绍材料检测中的计算机应用；第 8 章主要介绍数据与图形图像处理过程中的计算机应用；第 9 章主要介绍 Internet 与材料科学；第 10 章通过实验设计及上机实践对所讲述的理论知识进行具体应用。

　　本书可作为材料科学与工程专业本科生及研究生的专业基础课程教材，也可供从事材料科学与工程研究的工程技术人员参考。

教育部高等学校材料科学与工程教学指导委员会规划教材

编 审 委 员 会

主 任

黄伯云(教育部高等学校材料科学与工程教学指导委员会主任委员、中国工程院院士、
　　中南大学教授、博士生导师)

副主任

姜茂发(分指委*主任委员、东北大学教授、博士生导师)

吕　庆(分指委副主任委员、河北理工大学教授、博士生导师)

张新明(分指委副主任委员、中南大学教授、博士生导师)

陈延峰(材物与材化分指委**副主任委员、南京大学教授、博士生导师)

李越生(材物与材化分指委副主任委员、复旦大学教授、博士生导师)

汪明朴(教育部高等学校材料科学与工程教学指导委员会秘书长、中南大学教授、
　　博士生导师)

委 员
(以姓氏笔画为序)

于旭光(分指委委员、石家庄铁道学院教授)

韦　春(桂林工学院教授、博士生导师)

王　敏(分指委委员、上海交通大学教授、博士生导师)

介万奇(分指委委员、西北工业大学教授、博士生导师)

水中和(武汉理工大学教授、博士生导师)

孙　军(分指委委员、西安交通大学教授、博士生导师)

刘　庆(重庆大学教授、博士生导师)

刘心宇(分指委委员、桂林电子工业学院教授、博士生导师)

刘　颖(分指委委员、北京理工大学教授、博士生导师)

朱　敏(分指委委员、华南理工大学教授、博士生导师)

注:＊　分指委:全称教育部高等学校金属材料工程与冶金工程专业教学指导分委员会;

　　＊＊材物与材化分指委:全称教育部高等学校材料物理与材料化学专业教学指导分委员会。

曲选辉（北京科技大学教授、博士生导师）

任慧平（教育部高职高专材料类教学指导委员会主任委员、内蒙古科技大学教授）

关绍康（分指委委员、郑州大学教授、博士生导师）

阮建明（中南大学教授、博士生导师）

吴玉程（分指委委员、合肥工业大学教授、博士生导师）

吴　化（分指委委员、长春工业大学教授）

李　强（福州大学教授、博士生导师）

李子全（分指委委员、南京航空航天大学教授、博士生导师）

李惠琪（分指委委员、山东科技大学教授、博士生导师）

余志明（中南大学教授、博士生导师）

余志伟（分指委委员、东华理工学院教授）

张　平（分指委委员、装甲兵工程学院教授、博士生导师）

张　涛（分指委委员、北京航空航天大学教授、博士生导师）

张文征（分指委委员、清华大学教授、博士生导师）

张建新（河北工业大学教授）

张建勋（西安交通大学教授、博士生导师）

沈峰满（分指委秘书长、东北大学教授、博士生导师）

杨贤金（分指委委员、天津大学教授、博士生导师）

陈文哲（分指委委员、福建工程学院教授、博士生导师）

陈翌庆（材物与材化分指委委员、合肥工业大学教授、博士生导师）

赵昆渝（昆明理工大学教授、博士生导师）

赵新兵（分指委委员、浙江大学教授、博士生导师）

周小平（湖北工业大学教授）

姜洪义（武汉理工大学教授、博士生导师）

柳瑞清（江西理工大学教授）

聂祚仁（北京工业大学教授、博士生导师）

郭兴蓬（材物与材化分指委委员、华中科技大学教授、博士生导师）

黄　晋（分指委委员、湖北工业大学教授）

阎殿然（分指委委员、河北工业大学教授、博士生导师）

蒋　青（分指委委员、吉林大学教授、博士生导师）

蒋建清（分指委委员、东南大学教授、博士生导师）

潘春旭（材物与材化分指委委员、武汉大学教授、博士生导师）

戴光泽（分指委委员、西南交通大学教授、博士生导师）

总　序

　　材料是国民经济、社会进步和国家安全的物质基础与先导，材料技术已成为现代工业、国防和高技术发展的共性基础技术，是当前最重要、发展最快的科学技术领域之一。发展材料技术将促进包括新材料产业在内的我国高新技术产业的形成和发展，同时又将带动传统产业和支柱产业的改造和产品的升级换代。"十五"期间，我国材料领域在光电子材料、特种功能材料和高性能结构材料等方面取得了较大的突破，在一些重点方向迈入了国际先进行列。依据国家"十一五"规划，材料领域将立足国家重大需求；自主创新、提高核心竞争力、增强材料领域持续创新能力将成为战略重心。纳米材料与器件、信息功能材料与器件、高新能源转换与储能材料、生物医用与仿生材料、环境友好材料、重大工程及装备用关键材料、基础材料高性能化与绿色制备技术、材料设计与先进制备技术将成为材料领域研究与发展的主导方向。不难看出，这些主导方向体现了材料学科一个重要发展趋势，即材料学科正在由单纯的材料科学与工程向与众多高新科学技术领域交叉融合的方向发展。材料领域科学技术的快速进步，对担负材料科学与工程高等教育和科学研究双重任务的高等学校提出了严峻的挑战，为迎接这一挑战，高等学校不但要担负起材料科学与工程前沿领域的科学研究、知识创新任务，而且要担负起培养能适应材料科学与工程领域高速发展需求的、具有新知识结构的创新型高素质人才的重任。

　　为适应材料领域高等教育的新形势，2006—2010 年教育部高等学校材料科学与工程教学指导委员会积极组织了材料类高等学校教材的建设规划工作，成立了规划教材编审委员会。编审委员会由相关学科的分教学指导委员会主任委员、委员以及全国 30 余所有影响力和代表性的高校材料学院院长组成。编审委员会分别于 2006 年 10 月和 2007 年 5 月在湖南张家界和中南大学召开了教材建设研讨会和教材提纲审定会。经教学指导委员会和编审委员会推荐和遴选，逾百名来自全国几十所高校的具有丰富教学与科研经验的专家、学者参加了这套教材的编写工作。历经几年的努力，这套教材终于与读者见面了，它凝结了全体编写者与组织者的心血，充分体现了广大编写者对教育部"质量工程"精神的深刻体会，对当代材料领域知识结构的牢固掌握和对高等教育规律的熟练把握，是我国材料领域高等教育工作者集体智慧的结晶。

这套教材基本涵盖了金属材料工程专业的主要课程，同时还包含了材料物理专业和材料化学专业部分专业基础课程，以及金属、无机非金属和高分子三大类材料学科的实验课程。整体看来，这套教材具有如下特色：①根据教育部高等学校教学指导委员会相关课程的"教学大纲"及"基本要求"编写；②统一规划，结构严谨，整套教材具有完整性、系统性，基础课与专业课之间的内容有机衔接；③注重基础，强调实践，体现了科学性、实用性；④编委会及作者由材料领域的院士、知名教授及专家组成，确保了教材的高质量及权威性；⑤注重创新，反映了材料科学领域的新知识、新技术、新工艺、新方法；⑥深入浅出，说理透彻，便于老师教学及学生自学。

教材的生命力在于质量，而提高质量是永恒的主题。希望教材的编审委员会及出版社能做到与时俱进，根据高等教育改革和发展的形势及材料专业技术发展的趋势，不断对教材进行修订、改进、完善，精益求精，使之更好地适应高等教育人才培养的需要，也希望他们能够一如既往地依靠业内专家，与科研、教学、产业第一线人员紧密结合，加强合作，不断开拓，出版更多的精品教材，为高等教育提供优质的教学资源和服务。

衷心希望这套教材能在我国材料高等教育中充分发挥它的作用，也期待着在这套教材的哺育下，新一代材料学子能茁壮成长，脱颖而出。

黄伯云

第 2 版前言

　　作为一种现代工具，计算机技术在材料科学与工程中的应用日益广泛，并在很大程度上促进了材料科学研究的深入发展。本书是《计算机在材料科学与工程中的应用》一书的第 2 版，该书第 1 版出版之后，得到了同行专家的广泛关注和广大读者的认可及厚爱，来电来函甚多，其中不乏赞美之词，作者对此表示十分感激。应出版社的要求，作者根据计算机技术的最新研究进展以及其在材料科学与工程中的最新应用，对第 1 版进行了深入细致地修订，并添加了较多新内容，对计算机在材料科学领域中广泛应用的知识点进行了全面、系统的介绍，重点突出了国内外计算机在材料科学中的最新应用以及其未来发展趋势，使得全书内容更丰富、实例更具代表性，体现出更好的教学效果和更强的工程应用价值。

　　本书主要特色：

　　1. 内容系统，重点突出。将计算机在材料科学领域的应用知识全面、系统地介绍给读者，同时对计算机在材料科学中的应用热点进行着重分析。

　　2. 结构严谨，知识新颖。内容循序渐进，由浅入深，各章节之间相互独立又紧密联系；相关知识紧密结合国内外计算机在材料科学领域的最新应用技术，突出材料科学领域的新方法、新技术中计算机的应用。

　　3. 理论描述和实际应用相结合。理论知识介绍简明易懂，并在一定的理论描述基础上，介绍计算机在材料科学各领域的典型及特色应用实例，激发学生的学习兴趣，引导学生积极主动进行学习。

　　4. 求同存异，适应面广。既考虑了材料专业各个研究方向的共性，又兼顾了材料科学研究领域的广泛性和各学科之间的相互渗透给计算机在材料科学中的应用所带来的复杂性和特殊性。

全书共分10章，分别介绍了材料科学研究中的数学模型及分析方法；材料科学研究中主要物理场的数值模拟；材料数据库与专家系统；材料科学与工程中的多尺度、多物理场计算与模拟；材料加工过程的计算机控制；材料检测中的计算机应用；数据与图形图像处理过程中的计算机应用；Internet 与材料科学；并通过实验设计对所讲述的理论知识进行具体应用。

本书由北京理工大学张朝晖教授担任主编，福州大学吴波教授担任副主编。其中第 1 章、第 2 章的第 2、3、6 节由北京理工大学张朝晖教授编写；第 2 章的第 1 节由天津大学黄远教授编写，第 2 章的第 4、5 节和第 9 章由北京理工大学范群波教授和杨林助理教授编写；第 3 章由东北大学王晓强副教授编写；第 4、7 章由石家庄铁道学院张光磊教授编写；第 5 章由福州大学吴波教授编写；第 6 章由东北大学李明亚教授编写；第 8 章由河南大学蔡基伟教授编写；第 10 章由武汉理工大学叶卫平教授编写。全书由北京理工大学程兴旺教授主审。

由于计算机技术的发展非常迅速，计算机在材料科学研究领域中的应用又非常广泛，加之编者水平有限，疏漏和不妥之处在所难免，欢迎同行和读者指正。

编 者

2023 年 1 月

目　录

第1章　概　述

1.1　材料科学进展与计算机应用技术

　　材料是人类社会发展的里程碑，是人类生产和生活水平提高的物质基础，同时也是现代文明进步的重要标志和发展高新技术的基础和先导。材料、能源和信息共同构成了人类社会赖以生存和发展的基本资源，是现代科学和现代文明的三大支柱。材料技术不仅是一个独立的技术领域，同时又是其他技术领域的基础，对其他技术领域起着引导、支撑的关键作用。材料是人类社会进步和发展的标志，纵观人类发现材料和利用材料的历史，每一种材料的广泛应用，都会把人类支配和改造自然的能力提高到一个新的水平，将人类社会的物质文明和精神文明向前推进一步。

　　材料具有普遍性和重要性，同时又具有多样性。工程上通常按照材料的物理化学属性将其划分为金属材料、高分子材料、陶瓷材料以及复合材料四大类。金属材料主要包括黑色金属材料和有色金属材料两类，是用量最大，用途最广的工程材料，向来占据材料消费的主导地位；高分子材料为有机材料，是由相对分子质量很大的分子组成，其主要原料是石油化工产品，主要包括塑料、橡胶、合成纤维、胶粘剂及涂料等；陶瓷材料为无机非金属材料，通常是指硅酸盐、金属与非金属元素的化合物；复合材料是由两种或两种以上的材料组合在一起而形成的一种多相固体材料，它兼具组成组分的优点并在一定程度上克服了各自的缺点，因此是一种优异的新型材料，复合材料按照其基体的不同可分为金属基复合材料、树脂基复合材料和陶瓷基复合材料三大类。

　　材料科学的概念源自20世纪50年代，当时苏联人造卫星先于美国上天，美国大为震惊并迅速分析出自己落后的原因主要是先进材料研究与应用领域的滞后，于是美国的一些著名大学和研究机构相继成立了材料科学研究中心，旨在采用先进的科学理论与实验方法来研究并开发新材料。至此，便诞生了"材料科学"的新名词。

　　计算机是人类社会在不断探索和了解自然奥秘的发展历程中发明出来的计算工具，世界上首台计算机于1945年2月诞生于美国的宾夕法尼亚大学，虽然只有每秒5000次的运算速度、60 t的重量、150 kW的电力支持以及40万美元的造价，但它标志了一个新时代的到来，是人类社会发展过程中的一个里程碑。从第一台计算机的诞生到现在70余年的时间里，电子计算机的发展和普及可谓一日千里，并渗透到了社会生活的各个方面，成为人类社会不可或缺的组成部分，也已渗透到各个学科领域，成为人类社会现代化的标志，越来越显著的影

1

响着人类的生活。

　　材料科学的显著特点是多学科的相互交叉，材料科学与数学、物理学、化学、光学、电子学、声学及计算机技术等基础学科的联系密不可分。也正因为这种多学科交叉的复杂性，材料科学的发展还不成熟，目前对它的研究很大程度上还依赖于经验的积累，系统的材料研究需要一个很长的过程。但是随着人类步入 21 世纪，计算机技术的发展日新月异，它在材料科学领域的应用日渐深入，同时也促进了材料科学的飞速发展。

1.2　计算机在材料科学中的应用

1.2.1　计算机模拟技术用于材料行为工艺研究

　　材料行为工艺的计算机模拟是指利用计算机对真实的系统进行模拟实验，提供材料在某种工艺条件下的行为变化规律。如对材料相变的计算机模拟，对材料成形过程中的计算机模拟，对材料在冲击载荷作用下的计算机模拟等。采用计算机模拟技术进行材料研究的优势在于它不但能够模拟各类实验过程，了解材料的内部微观性质及其宏观力学行为，并且在没有实际制备加工出这些新材料之前就能预测它们的性能，为设计出优异性能的新型结构材料提供强有力的理论指导，同时可避免大量的实验工作，提高材料研究者的工作效率，降低工作强度，节省研究经费。

　　计算机模拟技术是一种根据实际体系在计算机上进行的模型实验，通过将模拟结果和实际体系的实验数据进行比较，可以检验模型的准确性，也可以检验由计算模型得到的解析理论所作的简化近似是否成功。在模型体系上获得的相关信息一般比在实际体系上通过实验得到的信息更多。在很多情况下，计算机模拟可以部分地取代实验。另外，计算机模拟对于理论的发展具有重要的支撑作用，它们为现实模型和实验室中无法实现的探索模型提供了一种行之有效的研究方法，如材料在超高压力和温度条件下经历相变的四维体系，材料在超高速冲击条件下的损伤与失效研究，材料科学中一些发展极快而用现有的测试技术无法精密检测的问题等，都可以借助计算机模拟技术进行详细研究。

　　计算机模拟技术已应用于材料行为工艺研究的各个方面，包括材料组织结构的计算机模拟、材料热处理过程计算机模拟、材料腐蚀与防护的计算机模拟、铸造过程计算机模拟、材料塑性成形过程计算机模拟、材料焊接过程计算机模拟等。

1.2.2　计算机技术用于材料数据库和知识库

　　由于工程材料的种类繁多，而每一种材料都有其特定的成分、结构及性能，因此所有工程材料的成分、结构及性能就构成了一个庞大的信息系统，为了便于材料工作者查询和研究，有必要建立各种类型的材料数据库。材料数据库一般应包括材料的性能及一些重要参量的数据,如材料成分、处理工艺、试验条件以及材料的应用与评价等内容。目前已建立了许多不同类型的材料数据库,如中科院金属研究所的材料数据库(https://cindasdata.com/Applications/),该数据库提供了纳米材料数据、高温合金数据、钛合金数据、精密管材数据、材料连接数据、材料腐蚀数据和失效分析等方面的数据;美国材料性能数据库(http://www.jahm.com),提供了铝合金、铜合金、镁合金、钛合金、镍基合金、铸铁、金属间化合物、碳化物、金属基复合材料、陶瓷基复合材料、高分子材料、透明材料等约2000个牌号的相关性能数据;美国国家标准研究所(NIST)材料数据库(https://www.nist.gov/),包括陶瓷数据库、复合材料数据库和腐蚀数据库;日本国立材料科学研究所材料数据库(http://mits.nims.go.jp/),包括晶体结构基本数据库、材料结构数据库、压力容器材料数据库和扩散数据库等;MatWeb材料性能数据库(www.matweb.com),提供了铝合金、钴、铜、铅、镁、高温合金、钛和锌合金、陶瓷材料、热塑性和热固性高聚物等材料的性能数据;Materials Project(MP)计算材料数据库平台(https://www.materialsproject.org/),是由美国劳伦斯伯克利国家实验室(LBNL)和麻省理工学院(MIT)等单位在2011年材料基因组计划提出后联合开发的开放式数据库,该数据库提供了具有较高准确性的包括锂电池、金属有机框架等材料的性能数据;AFLOW计算材料数据库(http://www.aflowlib.org/),是由杜克大学在2011年开发的一个开放式数据库,其中主要包含了大量第一性原理计算所得的金属材料数据;Open Quantum Materials Database(OQMD)开放量子材料数据库(http://oqmd.org/),是由美国西北大学Chris Wolverton团队于2013年建立的一个基于DFT计算的材料的热力学性质和结构的数据库,同时提供API接口来下载数据,OQMD数据库主要包含钙钛矿材料数据,是诸多数据库中开放程度最高的一个。这些数据库在材料设计与研究方面发挥了巨大作用。

知识库主要包括材料成分、组织、工艺和性能间的关系以及材料科学与工程的有关理论成果,它是实现人工智能的基本条件。实际上知识库就是材料计算设计中的一系列数理模型,用于定量计算或半定量描述的关系式的总和。近年来国际上兴起了数据库知识技术KDD,它是一种强调归纳逻辑推理为特色和自适应寻找规律为目标的知识库系统构造方法。数据库中存储的是具体的数据值,它只能进行查询,不能推理,就像仓库一样。而知识库中存储的是规则、规律,通过数理模型的推理、运算,以一定的可信度给出所需的性能等数据;也可利用知识库进行成分和工艺控制参量的计算设计,简单来说,知识库是数据库和规则的结合。利用数据库和知识库可以实现材料性能的预测功能和设计功能,达到设计的双向性。

材料设计专家系统是指具有相当数量的与材料有关的各种背景知识,并能运用这些知识解决材料设计中有关问题的计算机程序系统。自1968年费根鲍姆等人研制成功第一个用于质谱仪分析有机化合物分子结构的专家系统以来,专家系统已获得迅速发展,广泛应用于材料科学研究的各个方面。传统的专家系统主要有下列几个模块:优化模块,集成化模块,知识获取模块。现在逐步在发展智能专家网络系统,这是以模式识别和人工神经网络为基础的专家系统。目前基于人工神经网络的处理技术在材料科学中得到了越来越多的应用,在处理规律不明显、组分变量多、非线性方面的问题具有特殊的优越性,并且也可以对建立的数学模型和计算结果进行验证。

1.2.3　计算机技术用于材料设计

材料设计的思想源自 20 世纪 50 年代,是指通过理论分析与计算预报新材料的组分、结构及性能,进而通过理论设计来"定做"具有特定性能的新材料。长期以来,材料设计主要采用依据大量的实验结果进行大面积筛选的方法,这势必消耗大量的人力、物力和时间。同时,由于大量尚未理论化的经验和实验规律的存在,在相当长的一段时间内,人们还不可能完全脱离经验和不进行探索性实验来进行纯理论的材料设计。因此,理论辅助和实验验证相结合的材料设计方法便成为人们探讨的重点。近几十年来,科学技术的发展对材料提出了更高、更严格的要求,需要材料的研究从配方方式向科学设计逐渐转变,而现代计算机的高速发展,为材料的科学设计提供了可能。

苏联首先开展了关于合金设计及无机化合物的计算机计算预报,20 世纪 70 年代美国首次用计算设计方法开发了镍基合金。20 世纪 80 年代材料设计在理论和应用上都取得了重大进展,所涉及的材料范围也扩大为无机材料、有机材料、金属材料、核材料、超导材料和各种特殊性能材料等。日本在玻璃、陶瓷、合金钢等材料的数据库、知识库和专家系统方面开展了很多工作,取得了不少成果;美国的橡树岭国家实验室、美国国家标准和试验研究院、美国麻省理工学院、卡耐基-梅隆大学在新材料设计方面作出了重大贡献;1985 年三岛良绩出版了材料设计的第一部专著《新材料开发和材料设计》,标志着材料设计工作进入了一个新的阶段。1990、1992 年召开了以计算机辅助设计新材料开发为主题的第一、第二届国际会议,同时,有关材料设计的国际性杂志也应运而生,如 *Modeling and Simulation in Materials Science and Engineering* 和 *Computational Materials Science*。我国虽然发展比较滞后,但也很重视,在973 项目中设立了专题研究方向,2000 年作为重大基础研究项目,正式列入了国家计划。在国内的许多单位,如清华大学、北京科技大学、中科院化学研究所、钢铁研究总院等高校和研究单位都先后设立了计算机材料设计研究方向,并招收硕士生和博士生。

材料设计一般可分为三个层次:微观设计层次,尺度约 1 nm 数量级,是电子、原子、分子层次的设计;介观设计层次,尺度约 1 μm 数量级,材料被看作是连续介质,是组织结构层次的设计;宏观设计层次,尺度对应于宏观材料,涉及大块材料的成分、组织、性能和应用的设计研究,是工程应用层次的设计。不同层次所用的理论及方法是不同的,不同层次之间常常相互交叉,不同层次的目的、任务及应用也不尽相同。

材料科学将发展为材料系统科学,材料设计也必将是系统设计。不同结构层次与不同性质间的理论需要沟通,逐步形成有机联系的知识体系,单一层次的设计必将被多层次设计所代替,多层次设计必须要建立多尺度材料模型(multiscale materials modeling,简称 MMM)和各层次间相互关联的数理模型。

1.2.4 计算机技术用于材料加工控制

对材料进行加工是工业上制造和处理材料的重要手段。材料加工主要包括铸造、锻造、压力加工、热处理及粉末冶金等,所有这些材料加工过程均可采用计算机对其进行自动控制。

在材料加工控制领域,运用较多的是微型计算机和可编程控制器。计算机在材料加工中的应用包括以下几个方面:物化性能测试数据的自动聚集和处理、加工过程的自动控制、计算机辅助设计和制造(CAD/CAM)、计算机辅助研究、材料加工过程的全面质量管理等。

材料加工过程计算机控制的基本原理是:根据材料加工的尺寸或性能要求向计算机输入相关数据,将得到的信息经过 A/D 转换器转化成数字信号输入计算机,计算机经过自己的程序处理,最后将处理后的数字信号经 D/A 转换器变成模拟信息,进而将模拟信息传输到相应的执行设备以达到自动控制效果。

材料及加工技术的发展主要体现在控制技术的飞速发展,微型计算机和可编程控制器在材料加工过程中的普遍应用体现了这种发展趋势。采用计算机技术控制材料的加工过程可以大幅度提高产品的加工精度和加工质量,同时也可以提高加工效率,改善工作条件。

用计算机可以对材料加工工艺过程进行优化控制,例如在计算机对工艺过程的数学模型进行模拟的基础上,可以用计算机对渗碳全过程进行控制。在材料的制备中,可以对过程进行精确的控制,例如材料表面处理(热处理)中的炉温控制等。计算机技术和微电子技术、自动控制技术相结合,使工艺设备、检测手段的准确性和精确度等大大提高。控制技术也由最初的简单顺序控制发展到数学模型在线控制和统计过程控制,由分散的个别控制发展到计算机综合管理与控制,控制水平提高,可靠性得到充分保证。

1.2.5 计算机技术用于材料性能表征与检测

材料性能的测定大多使用专门的测试设备和仪表。有时为了测定某些较为特殊的性能,也常用一些通用的测试设备和仪表组成比较复杂的测试系统。在组建的测试系统中,如果使用计算机来控制整个系统,使其协调运行,进行数据采集和数据处理,通常都能使整个系统的功能得到飞跃性的增强。计算机化的材料性能测试系统(CAT 系统)是提高材料研究水平的重要手段。由于计算机灵活的编程方式,强大的数据处理能力和很高的运算速度,使得 CAT 系统可以实现手动方式不能完成的许多测试工作,提高了材料试验的研究水平和测试精度。在材料性能分析方面,计算机的应用也非常广泛。例如,对纳米非均匀体系中的应力场及其对相变的影响以及多晶系统中的晶粒压电共振等许多问题进行计算和模拟。这些计算和模拟为深刻认识材料的物理性质,从而建立相应的物理模型提供了有力的论据。

1.2.6　计算机技术用于材料数据和图像处理

材料科学中的实验为材料科学研究提供了大量的含有材料基本行为特征信息的实验数据，如何快速精确地处理这些复杂的数据，发现其中的规律，从而得到真实客观的材料行为信息，对材料科学研究而言非常重要。现代计算机的大容量存储特征和快速运算功能为存储和处理大量的材料实验数据提供了很好的平台。计算机对材料数据的处理工作主要包括存储、计算、绘图、拟合分析及快速查询等。目前，可用于材料数据处理的软件很多，如最小二乘法数据处理软件、X 衍射数据处理软件、DPS 数据处理软件、Excel 软件、MATLAB 软件、Origin 软件等，其中的典型代表是 Origin 软件，可以对材料科学数据进行一般的处理，并能实现数据绘图、曲线拟合等功能。

计算机图像分析已成为辅助研究材料结构和性能之间定量关系的一种重要方法。其应用涉及材料科学研究的各个方面，这主要包括晶粒度的测量、夹杂物的评级、相分析以及显微硬度、孔洞率、球化率、圆度、涂层厚度的测量等。

1.2.7　计算机网络技术用于材料科学研究

计算机网络技术是通信技术与计算机技术相结合的产物。计算机网络是按照网络协议，将地球上分散的、独立的计算机相互连接的集合。连接介质可以是电缆、双绞线、光纤、微波、载波或通信卫星。计算机网络具有共享硬件、软件和数据资源的功能，具有对共享数据资源集中处理及管理和维护的能力。

21 世纪已进入计算机网络时代。计算机网络极大普及，计算机应用已进入更高层次，计算机网络成了计算机行业的一部分。新一代的计算机已将网络接口集成到主板上，网络功能已嵌入到操作系统之中，智能大楼的兴建已经和计算机网络布线同时、同地、同方案施工。随着通信和计算机技术的紧密结合和同步发展，我国计算机网络技术也正在飞跃发展。

借助于计算机网络，不同区域的材料科学研究者可以相互交流，及时了解材料科学的发展动向，查阅各种科技文献，共享材料研究的最新成果，迅速获得各种相关信息。计算机网络技术实现了资源共享，材料研究工作者可以在办公室、家里或其他任何地方，访问查询网上的任何资源，极大地提高了工作效率。而且，利用计算机网络技术使原本繁琐的文献检索工作变得非常简单，可以更快捷、更准确地获得相关的材料科学研究信息。

此外，科研工作者管理大量科研文献数据，编辑论文参考文献格式是耗费大量时间的工作。合理利用文献管理软件可以直接联网到不同的数据库进行检索，免去登录不同数据库的繁琐，提高效率；可以非常方便地管理文献信息，包括文摘、全文、笔记、以及其他附件材料等等；提供检索功能，方便查找到需要的文献；多数软件还具备一定的分析功能；文末参考文献格式的编辑，轻松便捷。目前，可用于文献管理的软件很多，如 EndNote 、Mendeley、Zotero、NoteExpress 等，作为学术界比较主流的文献管理软件 EndNote 能直接连接上千个数据库，并提供通用的检索方式，极大提高了科技文献的检索编辑效率。

1.2.8　计算机技术用于材料基因工程

材料基因工程通过寻找材料成分/工艺、组织结构和使用性能的定量关系，并由此调整材料的配方，结合不同的制备工艺，获得具有特定性能的材料。主要包括计算材料学理论和算法、高通量材料实验方法和材料数据挖掘三大要素。

计算材料学理论和算法由 CALPHAD 方法、扩散动力学、第一性原理计算、相场法及多场耦合等多种方法结合共同构成；高通量材料实验是指大量实验并行进行，以在短期内获取大量数据的方法；材料数据挖掘使用机器学习、数据挖掘的方法对材料数据进行处理分析和预测、设计新材料，也包括对材料科学数据库的建立和更新；此外，机器学习对于加速新材料的研发、推动下一代新材料的发现也发挥了重要作用。

未来，发展高精度高通量计算，利用人工智能开发高通量实验系统以及产生材料大数据，通过智能计算利用并深度挖掘材料大数据，打造计算和实验融合的材料基因组大数据人工智能系统，将成为加速新材料研发和应用的主要手段。

参 考 文 献

[1] 张鹏，赵丕琪，侯东帅. 计算机在材料科学与工程的应用[M]. 北京：化学工业出版社，2018.

[2] 李理. 工程材料表征技术[M]. 北京：机械工业出版社，2020.

[3] 熊凯，张艮林. 材料模拟与计算[M]. 西安：西北工业大学出版社，2021.

[4] 汤爱涛，胡红军，杨明波. 计算机在材料工程中的应用[M]. 重庆：重庆大学出版社，2021.

[5] 戴起勋. 材料科学研究方法[M]. 北京：化学工业出版社，2021.

[6] 张朝晖. ANSYS 16.1 结构分析工程应用实例解析[M]. 北京：机械工业出版社，2016.

[7] 李芸华，王艳丽. 计算机在材料科学领域方面的应用[J]. 信息记录材料，2018.

[8] 郑建秋. 计算机模拟技术在材料科学研究中的应用浅析[J]. 厦门城市职业学院学报，2020.

[9] 李冬俊，党朋，蔡西川，王树森. 国内材料基因工程与新材料研究概况[C]. 中国材料大会 2021 论文集，2021.

[10] 李姿昕，张能，熊斌. 材料科学数据库在材料研发中的应用与展望[J]. 数据与计算发展前沿，2020.

第2章 材料科学研究中的
数学模型及分析方法

　　材料科学作为 21 世纪的重要基础科学之一离不开数学，通过建立适当的数学模型对实际问题进行研究，已成为材料科学研究和应用的重要手段之一。从材料的合成、加工、性能表征到材料的应用都可以建立相应的数学模型。

　　材料工作者在长期的研究过程中，尝试了多种材料研究分析的方法。目前，许多材料研究分析方法已成为材料研究工作者不可或缺的工具。根据用途的不同，这些材料研究分析方法可以划分为三大类：用于材料及其结构计算的方法，用于材料微观组织结构计算及性能预测的方法，用于材料及其相关信息处理的方法。其中，材料及其结构计算的方法主要用于研究材料及其结构在加工、成形及使用过程中由于载荷作用而引起的材料内部应力场、应变场及温度场等的变化情况，为材料性能评价和材料结构设计提供依据。这类分析方法主要包括有限差分法、有限元法、上限元法及边界元法等。材料微观组织结构计算及性能预测的方法，主要是针对材料内部的原子、分子进行计算，并预测材料的宏观性能，可实现材料在微观领域的优化设计。这类分析方法主要包括分子力学法、分子动力学法及蒙特卡洛法等。材料及其相关信息处理的方法，主要用于对材料的化学成分、组织性能、制备工艺、使用性能等大量信息进行分析处理并得出其内在规律，为材料选择、材料性能预测及材料设计提供依据。这类分析方法主要包括人工神经网络法。

　　本章首先介绍数学模型的基本概念以及建立数学模型的基本步骤、原则和方法，然后介绍材料科学研究中常用的分析方法，主要包括有限差分法、有限元法、蒙特卡洛法、分子动力学法及人工神经网络法。

2.1　数学模型基础及建模方法

2.1.1　数学模型基础

　　1. 数学模型的定义

　　数学模型有广义理解和狭义理解两种理解方式。按广义理解：凡是以相应的客观原型（即实体）作为背景加以抽象的数学概念、数学式子、数学理论等等都叫做数学模型。按狭义理解：那些反映特定问题或特定事物系统的数学符号系统就叫做数学模型。构造数学模型的目的在于解决具体的实际问题。

2. 数学模型的分类

数学模型按照不同的分类标准有着多种分类。

(1)按照建立模型的数学方法分类，可以分为图论模型、规划论模型、微分方程模型、最优控制模型、随机模型、模拟模型等。

图论模型指的是根据图论的方法，通过由点和线组成的图形为任何一个包含了某种二元关系的系统提供一个数学模型，并根据图的性质进行分析。如：物质结构都可用点和线连结起来的图进行模拟，有机化合物的分子结构、同分异构体的计数问题均可通过图论中的树进行研究。

微分方程模型指的是在所研究的现象或过程中取一局部或一瞬间，然后找出有关变量和未知变量的微分(或差分)之间的关系式，从而获得系统的数学模型。微分方程模型在材料研究中应用很广泛，如材料中的扩散问题、材料电子显微分析中的衍衬运动学、衍衬动力学理论等等。

随机模型是根据概率论的方法讨论描述随机现象的数学模型。例如描述高分子材料链式化学反应的数学模型，多晶材料晶粒生长模拟中，基于 Monte Carlo 方法的 Ising、Q-State Potts 等模型。

模拟模型是用其他现象或过程来描述所研究的现象或过程，用模型的性质来代表所研究问题的性质。例如采用非牛顿流体力学和流变学来描述高聚物的加工过程、建立液晶高分子材料的本构方程等。已发展的模拟模型有液晶高分子流体 B 模型、聚合物熔体流动不稳定性(例如高聚物熔体由喷丝孔挤出时产生的拉伸共振、挤出物表面畸变、薄膜吹塑中产生的不稳定膜泡等现象)的扰动本构理论模型。

(2)按照模型的特征分，可以分为离散模型和连续性模型、线性模型和非线性模型等。

如果系统的有关变量是连续变量，则称其为连续系统，它们的数学模型称为连续性模型。如果系统的有关变量是离散变量，则称该系统模型为离散模型。比如采用有限单元法和有限差分法研究材料某些性质时(比如材料的稳、瞬态热传导问题)，连续性模型被转化成离散模型。

如果系统输入和输出呈线性关系，则该系统称为线性系统，线性系统的数学模型称为线性模型。与之相反，如果系统输入与输出呈非线性关系，则该系统称为非线性系统，非线性系统的数学模型称为非线性模型。

2.1.2　建立数学模型的一般步骤和原则

数学模型的建立，简称数学建模(mathematical modeling)。数学建模没有固定的模式。按照建模过程，一般采用的建模基本步骤如下：

1. 建模准备

建模准备是确立建模课题的过程，就是要了解问题的实际背景，明确建模的目的。建模之前应该掌握与课题有关的第一手资料，汇集与课题有关的信息和数据，弄清问题的实际背景和建模的目的，进行建模筹划。

2. 建模假设

建模假设就是根据建模的目的对原型进行适当的抽象、简化。对原型的抽象、简化不是无条件的，必须按照假设的合理性原则进行。假设合理性原则有以下几点：

(1)目的性原则：从原型中抽象出与建模目的有关的因素，简化那些与建模目的无关的或关系不大的因素；

(2)简明性原则：所给出的假设条件要简单、准确，有利于构造模型；

(3)真实性原则：假设要科学，简化带来的误差应满足实际问题所能允许的误差范围；

(4)全面性原则：对事物原型本身做出假设的同时，还要给出原型所处的环境条件。

3. 构造模型

在建模假设的基础上，进一步分析建模假设的内容，首先区分哪些是常量、哪些是变量；哪些是已知量、哪些是未知量；然后查明各种量所处的地位、作用和它们之间的关系，选择恰当的数学工具和构造模型的方法对其进行表征，构造出刻画实际问题的数学模型。一般来讲，在能够达到预期目的的前提下，所用的数学工具越简单越好。

4. 模型求解

构造数学模型之后，根据已知条件和数据，分析模型的特征和模型的结构特点，设计或选择求解模型的数学方法和算法，然后编写计算机程序或运用与算法相适应的软件包，并借助计算机完成对模型的求解。

5. 模型分析

根据建模的目的要求，对模型求解的数字结果，或进行稳定性分析(指分析结果重复获得的可能性)，或进行系统参数的灵敏度分析，或进行误差分析等。

6. 模型检验

模型分析符合要求之后，还必须回到客观实际中去对模型进行检验，看是否符合客观实际，若不符合，就修改或增减假设条款，重新建模。循环往复，不断完善，直到获得满意结果。

7. 模型应用

模型应用是数学建模的宗旨，也是对模型的最客观、最公正的检验。一个成功的数学模型，必须根据建模的目的，将其用于分析、研究和解决实际问题，充分发挥数学模型在生产和科研中的特殊作用。

2.1.3 常用的数学建模方法

1. 数据分析法

在系统的结构性质不大清楚，无法从理论分析中得到系统的规律，也不便于进行类比分析，但有若干能表征系统规律、描述系统状态的数据可利用时，就可以通过数据分析来建立系统的结构模型。回归分析是处理这类问题的有利工具。求系统回归方程的一般方法如下：

设有一未知系统，已测得该系统有 m 个输入-输出数据点为：

(x_i, y_i)　$i = 1, 2, \cdots, m$

希望用一多项式

$$\hat{y} = b_0 + b_1 x + b_2 x^2 + \cdots + b_m x^m \tag{2-1}$$

代表的曲线最佳地描述数据点，这就要使多项式估值 $\hat{y}_i$ 与观测值 y_i 的差的平方和

$$Q = \sum_{i=1}^{m} (\hat{y}_i - y_i)^2 \tag{2-2}$$

为最小，这也就是所谓的最小二乘法。令：

$$\frac{\partial Q}{\partial b_j} = 0 \quad j = 0, 1, 2, \cdots, m \tag{2-3}$$

得到下列正规方程组：

$$\begin{cases} \dfrac{\partial Q}{\partial b_0} = 2 \sum (b_0 + b_1 x_i + \cdots + b_m x_i^m - y_i) = 0 \\[2mm] \dfrac{\partial Q}{\partial b_1} = 2 \sum (b_0 + b_1 x_i + \cdots + b_m x_i^m - y_i) x_i = 0 \\[1mm] \vdots \\[1mm] \dfrac{\partial Q}{\partial b_m} = 2 \sum (b_0 + b_1 x_i + \cdots + b_m x_i^m - y_i) x_i^m = 0 \end{cases} \tag{2-4}$$

从式(2-4)可求出回归系数 b_0，b_1，$\cdots$，b_m，从而建立回归方程数学模型。

例：经实验获得低碳钢的屈服点 σ_s 与晶粒直径 d 对应关系见表 2-1，用最小二乘法建立起 d 与 σ_s 之间关系的数学模型。

表 2-1　低碳钢屈服极限与晶粒直径

$d/\mu m$	400	50	10	5	2
σ_s/MPa	86	121	180	242	345

根据霍尔-配奇公式，以 $d^{-1/2}$ 作为 x，σ_s 作为 y，则：$y = a + bx$，为一直线。下面根据最小二乘法确定该模型中的待定参量值。

设实验数据点为 (X_i, Y_i)，每点的偶然误差 e_i 为：

$$e_i = a + b X_i - Y_i \tag{2-5}$$

所有实验数据点误差的平方和为：

$$\sum (e^2) = (a+bX_1-Y_1)^2 + (a+bX_2-Y_2)^2 + (a+bX_3-Y_3)^2 + (a+bX_4-Y_4)^2 + (a+bX_5-Y_5)^2 \quad (2-6)$$

根据上述关于最小二乘法的分析可知，误差平方和为最小的直线是最佳直线。求式 (2-6) 最小值的条件为：

$$\frac{\partial \sum_{i=1}^{5} e_i^2}{\partial a} = 0 \quad 及 \quad \frac{\partial \sum_{i=1}^{5} e_i^2}{\partial b} = 0 \quad (2-7)$$

由此可得到：

$$\begin{cases} \sum_{i=1}^{5} Y_i = \sum_{i=1}^{5} a + b \sum_{i=1}^{5} X_i \\ \sum_{i=1}^{5} X_i Y_i = a \sum_{i=1}^{5} X_i + b \sum_{i=1}^{5} X_i^2 \end{cases} \quad (2-8)$$

过程中各计算值见表 2-2。

表 2-2　最小二乘法过程中的各计算值

	1	2	3	4	5	$\sum\limits_{i}^{5}$
σ_s(即 Y_i)	86	121	180	242	345	974
$d^{-1/2}$(即 X_i)	0.05	0.14	0.316	0.447	0.707	1.66
σ_s^2(即 Y_i^2)	7396	14641	32400	58564	119025	232026
$(d^{-1/2})^2$(即 X_i^2)	0.0025	0.02	0.1	0.2	0.5	0.8225
$\sigma_s d^{-1/2}$(即 $X_i Y_i$)	4.3	16.94	56.88	108.74	243.915	430.209

将计算结果代入式(2-8)联立求解得：

$$\begin{cases} a = \frac{1}{5}\left(\sum_{i=1}^{5} Y_i - b \sum_{i=1}^{5} X_i\right) = \frac{1}{5}(974 - 393.69 \times 1.66) = 64.09 \\ b = \dfrac{\sum\limits_{i=1}^{5} X_i Y_i - \dfrac{1}{5}\sum\limits_{i=1}^{5} X_i \sum\limits_{i=1}^{5} Y_i}{\sum\limits_{i=1}^{5} X_i^2 - \dfrac{1}{5}\left(\sum\limits_{i=1}^{5} X_i\right)^2} = \dfrac{430.209 - \dfrac{1}{5} \times 1.66 \times 974}{0.8225 - \dfrac{1}{5} \times 1.66^2} = 393.69 \end{cases} \quad (2-9)$$

取 $a = \sigma_0$，$b = K$，得出求解结果：

$$\sigma_s = \sigma_0 + Kd^{-1/2} = 64.09 + 393.69 d^{-1/2} \quad (2-10)$$

2. 理论分析法

理论分析法是指应用自然科学中已被证明是正确的理论、原理和定律，对被研究系统的有关因素进行分析、演绎、归纳，从而建立系统的数学模型。

例：在渗碳工艺过程中通过平衡理论找出控制参量与炉气碳势之间的理论关系式。

甲醇加煤油渗碳气氛中，描述炉气碳势与 CO_2 含量的关系的实际数据如表 2-3 所示。

表 2-3 甲醇加煤油渗碳气氛（930 ℃）

序号	$\varphi_{CO_2}/\%$	炉气碳势 $C_C/\%$
1	0.81	0.63
2	0.62	0.72
3	0.51	0.78
4	0.38	0.85
5	0.31	0.95
6	0.21	1.11

渗碳过程中的炉气化学反应见式(2-11)。

$$C_{Fe}+CO_2 \Longrightarrow 2CO \tag{2-11}$$

由式(2-11)可得：

$$K_2 = \frac{p_{CO}^2}{p_{CO_2} \cdot \alpha_C} = p \cdot \frac{\varphi_{CO}^2}{\varphi_{CO_2} \cdot \alpha_C} \tag{2-12}$$

其中，p 为总压，设 $p=1$ atm，p_{CO}、p_{CO_2} 分别为 CO、CO_2 气体的分压，φ_{CO}、φ_{CO_2} 分别为 CO、CO_2 所占的体积百分数。K_2 为平衡常数，α_C 为碳的活度。

则

$$\alpha_C = \frac{1}{K_2} \frac{\varphi_{CO}^2}{\varphi_{CO_2}} \tag{2-13}$$

又

$$\alpha_C = \frac{C_C}{C_{CA}} \tag{2-14}$$

其中，C_C 表示平衡碳浓度，即炉气碳势。C_{CA} 表示加热到温度 T 时奥氏体中的饱和碳浓度。

同样，可得：

$$C_C = \frac{C_{CA}}{K_2} \frac{\varphi_{CO}^2}{\varphi_{CO_2}} \tag{2-15}$$

对式(2-15)取对数，可得：

$$\lg C_C = \lg C_{CA} - \lg K_2 + \lg \varphi_{CO}^2 - \lg \varphi_{CO_2} \tag{2-16}$$

由于在温度一定时，C_{CA} 和 K_2 均为常数，式（2-16）右边前两项也应为常数。因此，可设 $\lg C_{CA} - \lg K_2 = a$。而对于 $\lg \varphi_{CO}^2 - \lg \varphi_{CO_2}$ 这两项，由于 φ_{CO}、φ_{CO_2} 与 C_C 有关，且要建立 C_C 和 φ_{CO_2} 之间的数学模型，于是让

$$\lg \varphi_{CO}^2 - \lg \varphi_{CO_2} = b \lg \varphi_{CO_2} \tag{2-17}$$

设 $\lg C_C = Y$，$\lg \varphi_{CO_2} = x$，可得：

$$Y = a + bx \tag{2-18}$$

利用表 2-3 中的实验数据进行最小二乘法拟合，拟合过程见上文，拟合过程的数据见表 2-4。

表 2-4　碳势控制单参数数学模型最小二乘法拟合过程中的各计算值

序号	φ_{CO_2}/%	x	x^2	炉气碳势 C_C/%	Y	Y^2	xY
1	0.81	−0.0915	0.0084	0.63	−0.2007	0.0402	0.0184
2	0.62	−0.2076	0.0431	0.72	−0.1427	0.0204	0.0296
3	0.51	−0.2924	0.0855	0.78	−0.1079	0.0116	0.0315
4	0.38	−0.4202	0.1766	0.85	−0.0706	0.0050	0.0297
5	0.31	−0.5086	0.2587	0.95	−0.0223	0.0005	0.0113
6	0.21	−0.6778	0.4594	1.11	0.0453	0.0021	−0.0307
$\sum_{i=1}^{6}$		−2.1981	1.0317		−0.4989	0.0798	0.0898

求出 $a = -0.2336$，$b = -0.41077$，于是方程为 $Y = -0.2336 - 0.41077x$。

即

$$C_C = 0.5839 \varphi_{CO_2}^{-0.41077} \tag{2-19}$$

式（2-19）即为碳势控制的单参数数学模型。

3. 模拟方法

模型的结构及性质已知，但其数量描述及求解都相当麻烦。如果有另一种系统，结构和性质与其相同，而且构造出的模型也类似，就可以把后一种模型看成是原来模型的模拟，对后一个模型去分析或实验并求得其结果。

例：研究钢铁材料中裂纹在外载荷作用下尖端的应力、应变分布，可以通过弹塑性力学及断裂力学知识进行分析计算，但求解非常麻烦。此时可以借助实验光测力学的手段来完成分析。首先，根据一定比例，采用模具将环氧树脂制备成具有同样结构的模型，并根据钢铁材料中裂纹形式在环氧树脂模型中加工出裂纹；随后，将环氧树脂模型放入恒温箱内，对环氧树脂模型在冻结应力的温度下加载，并在载荷不变的条件下缓缓冷却到室温卸载。已冻结

应力的环氧树脂模型放在平面偏振光场或圆偏振光场下观察,环氧树脂模型中将出现一定分布的条纹,这些条纹反映了模型在受载时的应力、应变情况,用照相法将条纹记录下来并确定条纹级数,再根据条纹级数计算应力;最后,根据相似原理、材料等因素确定一定的比例系数将计算出的应力换算成钢铁材料中的应力,从而获得了裂纹尖端的应力、应变分布。

以上是用实验模型来模拟理论模型,分析时也可用简单理论模型来模拟、分析复杂理论模型,或用可求解的理论模型来分析尚不可求解的理论模型。

4. 类比分析法

若两个不同的系统,可以用同一形式的数学模型来描述,则此两个系统就可以互相类比。类比分析法是根据两个(或两类)系统某些属性或关系的相似,去猜想两者的其他属性或关系也可能相似的一种方法。

例:在聚合物的结晶过程中,结晶度随时间的延续不断增加,最后趋于该结晶条件下的极限结晶度,现期望在理论上描述这一动力学过程(即推导 Avrami 方程)。

可采用类比分析法。聚合物的结晶过程包括成核和晶体生长两个阶段,这与下雨时雨滴落在水面上生成一个个圆形水波并向外扩展的情形相类似,因此可通过水波扩散模型来推导聚合物结晶时的结晶度与时间的关系。

2.2 有限差分法

2.2.1 有限差分法简介

有限差分方法(FDM)是计算机数值模拟最早采用的方法,至今仍被广泛运用。该方法将求解域划分为差分网格,用有限个网格节点代替连续的求解域。有限差分法通过 Taylor 级数展开等方法,把控制方程中的导数用网格节点上的函数值的差商代替进行离散,从而建立以网格节点上的值为未知数的代数方程组。该方法是一种直接将微分问题变为代数问题的近似数值解法,数学概念直观,表达简单,是发展较早且比较成熟的数值方法。

有限差分法在材料成形领域的应用较为普遍,是材料成形计算机模拟技术领域中最主要的数值分析方法之一,目前材料加工中的传热分析(如铸造过程中的传热凝固、塑性成形过程中的传热、焊接过程中的传热等),流动分析(如铸件充型过程、焊接熔池的产生、移动等),都可以用有限差分方法进行模拟。与有限元法相比,有限差分法在流场分析方面优势明显。

对于有限差分格式,从格式的精度来划分,有一阶格式、二阶格式和高阶格式。从差分的空间形式来考虑,可分为中心格式和逆风格式。考虑时间因子的影响,差分格式还可以分为显格式、隐格式、显隐交替格式等。目前常见的差分格式,主要是上述几种形式的组合,不同的组合构成不同的差分格式。差分方法主要适用于有结构网格,构造差分的方法有多种形式，包括 Taylor 级数展开法、多项式拟合法、控制容积积分法和平衡法，目前主要采用的是 Taylor 级数展开方法。其基本的差分表达式主要有三种形式：一阶向前差分、一阶向后差分、一阶中心差分和二阶中心差分等，其中前两种格式为一阶计算精度，后两种格式为二阶计算精度。通过对时间和空间这几种不同差分格式的组合，可以组合得到不同的差分计算格式。

2.2.2　有限差分法数学基础

设有自变量为 x 的解析函数 $y=f(x)$，则 y 对 x 的导数为：

$$\frac{\mathrm{d}y}{\mathrm{d}x}=\lim_{\Delta x\to 0}\frac{\Delta y}{\Delta x}=\lim_{\Delta x\to 0}\frac{f(x+\Delta x)-f(x)}{\Delta x} \tag{2-20}$$

上式中，$\mathrm{d}y$、$\mathrm{d}x$ 分别是函数及自变量的微分；$\dfrac{\mathrm{d}y}{\mathrm{d}x}$ 是函数对自变量的导数，又称微商；Δy、Δx 分别称为函数及自变量的差分；$\dfrac{\Delta y}{\Delta x}$ 称函数对自变量的差商。

在导数的定义中，Δx 是以任意方式趋近于 0 的，即 Δx 是可正可负的，而在差分方法中，Δx 总为正数，则差分可以有以下三种形式：

向前差分：

$$\Delta y=f(x+\Delta x)-f(x) \tag{2-21}$$

向后差分：

$$\Delta y=f(x)-f(x-\Delta x) \tag{2-22}$$

中心差分：

$$\Delta y=f\left(x+\frac{1}{2}\Delta x\right)-f\left(x-\frac{1}{2}\Delta x\right) \tag{2-23}$$

上述对应于一阶导数的差分称为一阶差分，相应地，对应于二阶导数的差分称为二阶差分，二阶差分是在一阶差分的基础上再作一阶差分，标记为 $\Delta^2 y$。二阶差分的三种形式分别为：

向前差分：

$$\begin{aligned}\Delta^2 y &=\Delta(\Delta y)=\Delta[f(x+\Delta x)-f(x)]=\Delta f(x+\Delta x)-\Delta f(x)\\&=[f(x+2\Delta x)-f(x+\Delta x)]-[f(x+\Delta x)-f(x)]\\&=f(x+2\Delta x)-2f(x+\Delta x)+f(x)\end{aligned} \tag{2-24}$$

向后差分：

$$\begin{aligned}\Delta^2 y &=\Delta(\Delta y)=\Delta[f(x)-f(x-\Delta x)]=\Delta f(x)-\Delta f(x-\Delta x)\\&=[f(x)-f(x-\Delta x)]-[f(x-\Delta x)-f(x-2\Delta x)]\\&=f(x-2\Delta x)-2f(x-\Delta x)+f(x)\end{aligned} \tag{2-25}$$

中心差分：

$$\begin{aligned}\Delta^2 y &=\Delta(\Delta y)=\Delta\left[f\left(x+\frac{1}{2}\Delta x\right)-f\left(x-\frac{1}{2}\Delta x\right)\right]\\&=\Delta f\left(x+\frac{1}{2}\Delta x\right)-\Delta f\left(x-\frac{1}{2}\Delta x\right)\\&=[f(x+\Delta x)-f(x)]-[f(x)-f(x-\Delta x)]\end{aligned}$$

$$= f(x+\Delta x) - 2f(x) + f(x-\Delta x) \tag{2-26}$$

任何阶差分都可由比其低一阶的差分再作一阶差分得到。例如 n 阶向前差分为：

向前差分：

$$\Delta^n y = \Delta(\Delta^{n-1}y) = \Delta[\Delta(\Delta^{n-2}y)] = \cdots$$
$$= \Delta\{\Delta\cdots[\Delta(\Delta y)]\}$$
$$= \Delta\{\Delta\cdots[\Delta(f(x+\Delta x) - f(x))]\} \tag{2-27}$$

相应地，n 阶的向后差分以及中心差分分别为：

向后差分：

$$\Delta^n y = \Delta\{\Delta\cdots[\Delta(f(x) - f(x-\Delta x))]\} \tag{2-28}$$

中心差分：

$$\Delta^n y = \Delta\left\{\Delta\cdots\left[\Delta\left(f\left(x+\frac{1}{2}\Delta x\right) - f\left(x-\frac{1}{2}\Delta x\right)\right)\right]\right\} \tag{2-29}$$

函数的差分与自变量的差分之比，称为函数对自变量的差商。一阶差商的三种形式分别如下：

向前差商：

$$\frac{\Delta y}{\Delta x} = \frac{f(x+\Delta x) - f(x)}{\Delta x} \tag{2-30}$$

向后差商：

$$\frac{\Delta y}{\Delta x} = \frac{f(x) - f(x-\Delta x)}{\Delta x} \tag{2-31}$$

中心差商：

$$\frac{\Delta y}{\Delta x} = \frac{f\left(x+\frac{1}{2}\Delta x\right) - f\left(x-\frac{1}{2}\Delta x\right)}{\Delta x} \tag{2-32}$$

或：

$$\frac{\Delta y}{\Delta x} = \frac{f(x+\Delta x) - f(x-\Delta x)}{2\Delta x} \tag{2-33}$$

相应地，二阶差商的三种形式为：

向前差商：

$$\frac{\Delta^2 y}{\Delta x^2} = \frac{f(x+2\Delta x) - 2f(x+\Delta x) + f(x)}{(\Delta x)^2} \tag{2-34}$$

向后差商：

$$\frac{\Delta^2 y}{\Delta x^2} = \frac{f(x-2\Delta x) - 2f(x-\Delta x) + f(x)}{(\Delta x)^2} \tag{2-35}$$

中心差商：

$$\frac{\Delta^2 y}{\Delta x^2} = \frac{f(x+\Delta x) - 2f(x) + f(x-\Delta x)}{(\Delta x)^2} \tag{2-36}$$

上述均为一元函数的差分及差商，多元函数的差分与差商也可以用类似的方法得到，如对于多元函数的一阶向前差商为：

$$\frac{\Delta f}{\Delta x} = \frac{f(x+\Delta x, y, \cdots) - f(x, y, \cdots)}{\Delta x} \tag{2-37}$$

$$\frac{\Delta f}{\Delta y} = \frac{f(x, y+\Delta y, \cdots) - f(x, y, \cdots)}{\Delta y} \tag{2-38}$$

……

有限差分法的数学基础是用差分代替微分，用差商代替微商，而用差商代替微商的几何意义是用函数在某区域内的平均变化率来代替函数的真实变化率。对于一阶微商，存在以下三种典型的差商形式：

向前差商：
$$\frac{dy}{dx} \approx \frac{f(x+\Delta x)-f(x)}{\Delta x} \tag{2-39}$$

向后差商：
$$\frac{dy}{dx} \approx \frac{f(x)-f(x-\Delta x)}{\Delta x} \tag{2-40}$$

中心差商：
$$\frac{dy}{dx} \approx \frac{f\left(x+\frac{1}{2}\Delta x\right)-f\left(x-\frac{1}{2}\Delta x\right)}{\Delta x} \tag{2-41}$$

根据泰勒级数式，可以计算出上述三种差商形式的误差，分别为：

$$\frac{f(x+\Delta x)-f(x)}{\Delta x}-\frac{dy}{dx}=\frac{\Delta x}{2!}\frac{d^2y}{dx^2}+\frac{(\Delta x)^2}{3!}\frac{d^3y}{dx^3}+\cdots+\frac{(\Delta x)^{n-1}}{n!}\frac{d^ny}{dx^n}+\cdots=O(\Delta x) \tag{2-42}$$

$$\frac{f(x)-f(x-\Delta x)}{\Delta x}-\frac{dy}{dx}=\frac{\Delta x}{2!}\frac{d^2y}{dx^2}+\frac{(\Delta x)^2}{3!}\frac{d^3y}{dx^3}+\cdots+\frac{(\Delta x)^{n-1}}{n!}\frac{d^ny}{dx^n}+\cdots=O(\Delta x) \tag{2-43}$$

$$\frac{f(x+\Delta x)-f(x-\Delta x)}{2\Delta x}-\frac{dy}{dx}=\frac{(\Delta x)^2}{3!}\frac{d^3y}{dx^3}+\cdots+\frac{(\Delta x)^{n-1}}{n!}\frac{d^ny}{dx^n}+\cdots=O(\Delta x)^2 \tag{2-44}$$

从以上三式可以看出，用不同方法定义的差商代替微商所引起的误差是不同的。用向前差商或向后差商代替微商，其截断误差是 $O(\Delta x)$，是 Δx 一次方的数量级；用中心差商代替微商，其截断误差是 $O(\Delta x)^2$，是 Δx 二次方的数量级，即用中心差商代替微商比用向前差商或向后差商代替微商的误差小一个数量级。

同样，对于二阶差商，其差商形式一般采用中心式：

$$\frac{d^2y}{dx^2} \approx \frac{f(x+\Delta x)-2f(x)+f(x-\Delta x)}{(\Delta x)^2} \tag{2-45}$$

其截断误差为：

$$\frac{f(x+\Delta x)-2f(x)+f(x-\Delta x)}{(\Delta x)^2}-\frac{d^2y}{dx^2}=O(\Delta x)^2 \tag{2-46}$$

从上面的分析可以看出，用差商代替微商必然会带来截断误差，相应地，用差分方程代替微分方程也会带来误差，因此，在应用有限差分法进行计算的时候，必须注意差分方程的形式、建立方法及由此产生的误差。

2.2.3 有限差分法解题基本步骤

有限差分法的主要解题步骤如下：

（1）建立微分方程

根据问题的性质选择计算区域，建立微分方程式，写出初始条件和边界条件。

（2）构建差分格式

首先对求解区域进行离散化，确定计算节点，选择网格布局、差分形式和步长；然后以有限差分代替无限微分，以差商代替微商，以差分方程代替微分方程及边界条件。

（3）求解差分方程

差分方程通常是一组数量较多的线性代数方程，其求解方法主要包括两种：精确法和近似法。其中精确法又称直接法，主要包括矩阵法、Gauss 消元法及主元素消元法等；近似法又称间接法，以迭代法为主，主要包括直接迭代法、间接迭代法以及超松弛迭代法。

（4）精度分析和检验

对所得到的数值解进行精度与收敛性分析和检验。

2.2.4　有限差分法解题示例

1. 问题描述

设有一炉墙，厚度为 δ，炉墙的内壁温度 $T_0 = 900\ ℃$，外壁温度 $T_m = 100\ ℃$，求炉墙沿厚度方向上的温度分布。

2. 问题分析

这是一个一维稳态热传导问题，其边界条件为 $T_0 = 900\ ℃$，$T_m = 100\ ℃$，可以用有限差分方法求得沿炉墙厚度方向上的若干个节点的温度值。

3. 求解过程

1）建立微分方程。根据热力学知识，对于常物性、一维、无内热源、稳态热传导的微分方程为：

$$\frac{\mathrm{d}^2 T}{\mathrm{d}x^2} = 0 \tag{2-47}$$

2）构建差分格式。首先确定计算区域并将其离散化。对于稳态热传导问题，只需将空间离散化。如图 2-1 所示，把需求解的空间区域 $0 \sim \delta$ 以某一定间距划分为 m 等分，这些等分线称为网格线。以每一网格线为中心，取宽度为 Δx 组成一系列的子区间，称为单元体（图中阴影部分）。单元体的中心点称

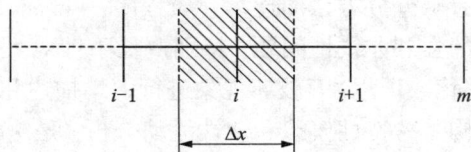

图 2-1　计算区域的离散化

为节点，节点依次标记为 0，1，2，…，m。在计算过程中，将节点的温度作为单元体的平均温度，如将节点 i 温度作为单元体 i 的平均温度，记为 T_i；边界节点温度则为半个单元体的平均温度，记为 T_0 和 T_m。在此计算区域内构建差分格式，根据式（2-45），可得：

$$\frac{\mathrm{d}^2 T}{\mathrm{d}x^2} \approx \frac{T(x+\Delta x) - 2T(x) + T(x-\Delta x)}{(\Delta x)^2} = \frac{T_{i+1} - 2T_i + T_{i-1}}{(\Delta x)^2} = 0$$

当 $m=4$ 时建立差分方程如下：

$$T_0 = 900$$
$$T_2 - 2T_1 + T_0 = 0$$
$$T_3 - 2T_2 + T_1 = 0$$
$$T_4 - 2T_3 + T_2 = 0$$
$$T_4 = 100$$

3）求解差分方程。利用 Gauss 消元法可解出上述的线性方程组，得到炉墙特定点的温度分布见表 2-5。

表 2-5　炉墙的温度分布

	0	$\dfrac{\delta}{4}$	$\dfrac{\delta}{2}$	$\dfrac{3\delta}{4}$	δ
温度 $T/℃$	900	700	500	300	100

4）求解结果分析与检验。根据热力学知识可知，炉墙的温度分布应与其厚度呈线性变化关系，求解结果符合这一规律。同时，通过解析法求解微分方程(2-47)，得到的解析解为：$T = -\dfrac{800}{\delta}x + 900$，将 $x = \dfrac{\delta}{4}$，$x = \dfrac{\delta}{2}$，$x = \dfrac{3\delta}{4}$ 分别代入后可得到相应的温度值为 700、500 和 300，这与表 2-5 中的计算结果是一致的。

2.2.5　商用有限差分软件简介

商用有限差分软件主要包括 FLAC、UDEC/3DEC 和 PFC 程序，其中，FLAC 是一个基于显式有限差分方法的连续介质程序，可以有效处理众多有限元程序难以解决的岩土体等工程材料的强烈非线性问题，特别擅长于针对大变形、强烈非线性及不稳定系统（甚至大面积屈服/失稳或坍塌）等破坏现象进行力学描述和模拟，主要用来进行土质、岩石和其他材料的三维结构受力特性模拟和塑性流动分析，是一款在岩土体工程领域内应用最为广泛、功能最为强大的连续介质力学专业分析软件；UDEC/3DEC 是采用离散单元法作为基本理论，针对岩体不连续问题开发，主要用于模拟非连续介质在静、动态载荷作用下的反应；PFC（particle flow code）是一款采用颗粒流离散单元法作为基本理论进行开发并商业化的高级通用计算分析程序，特别适用于散体或胶结材料的细观力学特性描述及受力变形分析研究。固体介质破裂和破裂扩展分析、散体状颗粒的流动分析是 PFC 最基本的两大功能。下面主要介绍与材料科学关系比较密切的 PFC 有限差分软件。

PFC 不能直接给模型介质赋予物理力学参数和初始应力条件，必须通过不断调整构成模型介质的基本粒子组成、接触方式和相应的微力学参数实现。

1. PFC 程序基本功能

● 介质是颗粒的集合体，它由颗粒和颗粒之间的接触两个部分组成，颗粒大小可以服从任意的分布形式；

● "接触"物理模型由线性弹簧或简化的 Hertz-Mindlin、库仑滑移、接触或平行链接等模型组成，内置接触模型包括：简单的粘弹性模型、简单的塑性模型以及位移软化模型；凝块模型支持凝块的创建，凝块体可以作为普通形状"超级颗粒"使用；

● 可指定任意方向线段为带有自身接触性质的墙体、普通墙体提供几何实体；

● 模拟过程中颗粒和墙体可以随时增减；

● 提供了两种阻尼：局部非粘性和粘性；

● 密度调节功能可用来增加时间步长和优化解题效率；可以实时追踪所有变量并能存储起来、绘制成"历史"示图，通过能量跟踪可以观察链接能、边界功、摩擦功、动能、应变能；

● 可以在任意多个环形区域测量平均应力、应变率、和孔隙率。

2. PFC 程序特色

● 功能强大

PFC 是以介质内部结构为基本单元(颗粒和接触)，从介质结构力学行为角度来研究介质系统的力学特征和力学响应。PFC 中有效的接触探测方式和显式求解方法保证可以精确快速地进行大量不同类型问题的模拟——从快速流动到坚硬固体的脆性断裂。

● 应用广泛

PFC 是高级非连续介质程序，适用于任何需要考虑大应变和破裂、破裂发展、以及颗粒流动等问题，如在岩土体工程中可以用来研究结构开裂、堆石材料特性和稳定性、矿山崩落开采、边坡解体、爆破冲击等一系列采用传统数值方法难以解决的问题；PFC 新增 64 位版本，允许构造非常大的模型；PFC 可使用计算流体动力学(CFD)命令和功能，将 PFC 与第三方 CFD 软件连接。

● 性能独特

PFC 采用的显式求解方式可以为不稳定物理过程提供稳定解。它通过模拟介质系统内部颗粒间接触状态的变化精确描述介质的非线性特征，这一固有特性使 PFC 成为同类程序中唯一的商业软件。

图 2-2 是采用 PFC3D 程序建立的不同孔隙率下凝灰岩的模型。

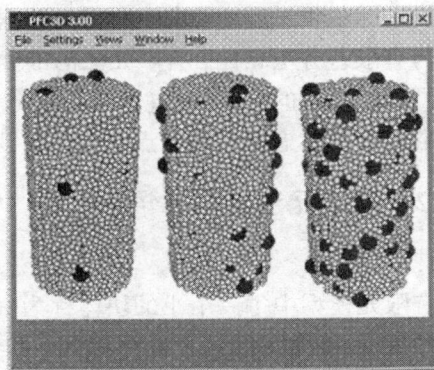

图 2-2 不同孔隙率下凝灰岩的 PFC 3D 模型

2.3　有限元法

2.3.1　有限元法简介

　　有限元方法是用于求解各类实际工程问题的方法。应力分析中稳态的、瞬态的、线性的、非线性的问题以及热力学、流体力学、电磁学、高速冲击动力学问题都可以通过有限元方法得到解决。现代有限元方法的起源可以追溯到 20 世纪早期，当时一些研究者应用离散的等价杆拟合弹性体。然而，人们公认 Courant（1943）是应用有限元方法的第一人，当时 Courant 使用分段多边形插值法来研究扭转问题。在 20 世纪 50 年代，Boeing 公司采用三角元对机翼进行建模，大大推动了有限元方法的发展和使用。到 20 世纪 60 年代，有限元方法已被应用于多个实际工程领域问题的求解中，如热传导和地下渗流等问题，“有限元”这一术语也逐渐得到人们的接受和认可。1967 年，Zienkiewicz 和 Cheung 撰写了第一部有限元专著。

　　有限元方法的基础是变分原理和加权余量法，其基本思想是把连续的几何结构离散成有限个单元，并在每一个单元中设定有限个节点，从而将连续体看作仅在节点处相连接的一组单元的集合体，同时选定场函数的节点值作为基本未知量，并在每一单元中假设一近似插值函数以表示单元中场函数的分布规律，再建立用于求解节点未知量的有限元方程组，从而将一个连续域中的无限自由度问题转化为离散域中的有限自由度问题，求解得到节点值后就可以通过设定的插值函数确定单元上以致整个集合体上的场函数。由于单元可以设计成不同的几何形状，因而运用有限元法可以模拟和逼近复杂的求解域。显然，如果差值函数满足一定的要求，随着单元数量的增加，求解的精度会不断提高而最终收敛于精确解。从理论上讲，无限增加单元的数量，可以得到问题的精确解，但此举必会导致计算时间的无限增加，因此，在解决实际工程过程中，求解所得的数据只要满足工程需要即可。

　　与有限差分法相比，有限元法的准确性与稳定性都比较好，这是由于有限元法必须假定值在网格点之间的变化规律（既插值函数），并将其作为近似解，而有限差分法只考虑网格点上的数值而不考虑值在网格点之间如何变化。

2.3.2　有限元法常用术语

1. 单元

　　有限元模型中每一个小的块体称为一个单元。根据其形状的不同，可以将单元划分为以下几种类型：线段单元、三角形单元、四边形单元、四面体单元和六面体单元等。由于单元是构成有限元模型的基础，因此单元类型对于有限元分析至关重要。一个有限元软件提供的单元种类越多，该程序功能就越强大。

2. 节点

用于确定单元形状、表述单元特征及连接相邻单元的点称为节点。节点是有限元模型中的最小构成元素。多个单元可以共用 1 个节点，节点起连接单元和实现数据传递的作用。

3. 载荷

工程结构所受到的外部施加的力或力矩称为载荷，包括集中力、力矩及分布力等。在不同的学科中，载荷的含义有所差别。在通常结构分析过程中，载荷为力、位移等；在温度场分析过程中，载荷是指温度等；而在电磁场分析过程中，载荷是指结构所受的电场和磁场作用。

4. 边界条件

边界条件是指结构在边界上所受到的外加约束。在有限元分析过程中，施加正确的边界条件是获得正确的分析结果和较高的分析精度的关键。

5. 初始条件

初始条件是结构响应前所施加的初始速度、初始温度及预应力等。

2.3.3　有限元法数学基础

1. 微分方程的等效积分形式

工程或物理学中的许多问题，通常是以未知场函数应满足的微分方程和边界条件的形式提出来的，一般可以表示为未知函数 u。未知函数 u 应满足微分方程组：

$$A(u)=\begin{cases}A_1(u)\\A_2(u)\\\vdots\end{cases}=0 \quad （在\ V\ 内） \tag{2-48}$$

同时未知函数 u 还应满足边界条件：

$$B(u)=\begin{cases}B_1(u)\\B_2(u)\\\vdots\end{cases}=0 \quad （在\ S\ 内） \tag{2-49}$$

S 是求解域 V 的边界，分为 S_u、S_p 两部分，如图 2-3 所示。

未知函数 u 可以是标量场或向量场。A，B 表示相对于独立变量（空间坐标、时间坐标等）的微分算子。微分方程数应和未知场函数的数目相等。

由于式（2-48）和式（2-49）分别在域 V 内和边界 S 上的每一点都必须为 0，所以对于任意的函数向量 I 和 $\bar{I}$，下式恒成立：

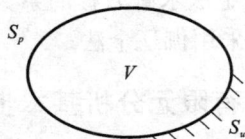

图 2-3　问题的求解域 V 和边界 S

$$\int_V I^T A(u)\,\mathrm{d}V + \int_S \bar{I}^T B(u)\,\mathrm{d}S = 0 \tag{2-50}$$

同样地,若要求对于所有的函数向量 I 和 $\bar{I}$,上式恒成立,则式(2-48)和式(2-49)必须满足。因此,式(2-50)称为微分方程的等效积分形式。

2. 加权余量法

对于微分方程(2-48)和边界条件(2-49)所表达的物理问题,往往难以求得场函数 u 的精确解,此时可采用以下的近似函数来表示未知的场函数:

$$u \doteq \tilde{u} = Na = \sum_{i=1}^{n} N_i a_i \tag{2-51}$$

其中,N 为试探函数,又称形函数,a 为待定参量。

通常在式(2-51)取有限项的条件下,近似解不能精确满足微分方程(2-48)和全部边界条件(2-49),而会产生余量 R 和 $\bar{R}$:

$$A(Na) = R, \quad B(Na) = \bar{R} \tag{2-52}$$

这里用某个给定的函数 W_j 和 $\overline{W}_j$ 来代替等效积分式(2-50)中的 I 和 $\bar{I}$,得到:

$$\int_V W_j^T A(Na)\,\mathrm{d}V + \int_S \overline{W}_j^T B(Na)\,\mathrm{d}S = 0 \quad (j=1,\cdots,n) \tag{2-53}$$

上式的意义是通过选择待定参量 a,强迫余量在某种平均意义上等于 0。其中 W_j 和 $\overline{W}_j$ 称为权函数。令式(2-53)等于 0 得到一组求解方程,用以求解待定参量 a,从而可以得到原问题的近似解。采用使余量的加权积分为 0 来求得微分方程近似解的方法称为加权余量法。任何独立的完全函数集都可以用作权函数。

3. 伽辽金法

伽辽金法是加权余量法的一种。该方法将原来的形函数作为权函数,即:$W_j = N_j$,在边界 S 上,$\overline{W}_j = -W_j = -N_j$,于是式(2-53)可写为:

$$\int_V N_j^T A\Big(\sum_{i=1}^{n} N_i a_i\Big)\,\mathrm{d}V - \int_S N_j^T B\Big(\sum_{i=1}^{n} N_i a_i\Big)\,\mathrm{d}S = 0 \quad (j=1,\cdots,n) \tag{2-54}$$

伽辽金法求解方程的系数矩阵往往是对称的,因此在使用加权余量法建立有限元模型时,大多采用伽辽金法。

2.3.4　有限元分析基本步骤

有限元分析的基本步骤如下:

(1)建立求解域并将其离散化为有限单元,即将连续体问题分解成节点和单元等个体问题;

(2)假设代表单元物理行为的形函数,即假设代表单元解的近似连续函数;

（3）建立单元方程；

（4）构造单元整体刚度矩阵；

（5）施加边界条件、初始条件和载荷；

（6）求解线性或非线性的微分方程组，得到节点求解结果及其他重要信息。

2.3.5　有限元法解题示例

1. 问题描述

设有一炉墙，厚度为 1，炉墙的内壁温度 $T_0 = 0\,℃$，外壁温度 $T_m = 0\,℃$，在炉墙内具有内热源 φ，如图 2-4 所示。炉墙的热传导系数为 1，求炉墙沿厚度方向上的温度分布。

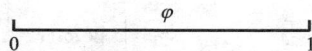

图 2-4　一维热传导问题

式中，$\varphi(x) = \begin{cases} 1 & 0 \leqslant x \leqslant 0.5 \\ 0 & 0.5 < x \leqslant 1 \end{cases}$

2. 问题分析

这是一个具有内热源的一维稳态热传导问题，边界条件已知，可采用有限元法求解其温度场分布。

3. 求解过程

（1）建立微分方程

根据热力学知识，对于常物性、一维、稳态热传导的微分方程为：

$$\frac{\mathrm{d}^2 T}{\mathrm{d}x^2} + \varphi = 0 \tag{2-55}$$

（2）构建形函数并建立单元方程

选取傅里叶级数为近似解，即有：

$$T \approx \widetilde{T} = \sum_{i=1}^{n} a_i \sin(i\pi x) \tag{2-56}$$

上式中，a_i 为待定系数，$\sin(i\pi x)$ 为形函数 N_i。将边界条件代入可知，近似解满足边界条件，且在求解域中连续。则根据式（2-53）可得：

$$\int_0^1 W_j \left[\frac{\mathrm{d}^2}{\mathrm{d}x^2} \left(\sum_{i=1}^{n} N_i a_i \right) + \varphi \right] \mathrm{d}x = 0 \tag{2-57}$$

对上式进行分部积分可得：

$$W_j \frac{\mathrm{d}}{\mathrm{d}x} \left(\sum_{i=1}^{n} N_i a_i \right) \Big|_0^1 - \int_0^1 \frac{\mathrm{d}}{\mathrm{d}x} \left(\sum_{i=1}^{n} N_i a_i \right) \frac{\mathrm{d}W_j}{\mathrm{d}x} \mathrm{d}x + \int_0^1 W_j \varphi \mathrm{d}x = 0 \tag{2-58}$$

在边界上，$W_j = 0$，上式简化为：

$$\int_0^1 \left[\frac{\mathrm{d}W_j}{\mathrm{d}x} \times \frac{\mathrm{d}}{\mathrm{d}x} \left(\sum_{i=1}^{n} N_i a_i \right) - W_j \varphi \right] \mathrm{d}x = 0 \tag{2-59}$$

（3）构造单元整体刚度矩阵

将式（2-59）变换形式得：

$$Ka+F=0 \tag{2-60}$$

上式中，$F=\begin{bmatrix} F_1 & F_2 & F_3 & \cdots & F_n \end{bmatrix}^T$

$a=\begin{bmatrix} a_1 & a_2 & a_3 & \cdots & a_n \end{bmatrix}^T$

$$K_{ij}=\int_0^1 \frac{\mathrm{d}W_j}{\mathrm{d}x}\times\frac{\mathrm{d}N_i}{\mathrm{d}x}\mathrm{d}x$$

$$F_i=-\int_0^1 W_j\varphi\mathrm{d}x$$

（4）求解非线性方程组

取 $n=1$，依据式（2-56）有：

$$T=a_1\sin(\pi x)$$

采用伽辽金法，则有

$$W_1=N_1=\sin(\pi x)$$

将上式代入式（2-59）可得：

$$\int_0^1 \left[\frac{\mathrm{d}W_1}{\mathrm{d}x}\times\frac{\mathrm{d}}{\mathrm{d}x}N_1 a_1-W_1\varphi\right]\mathrm{d}x=0$$

即

$$\int_0^1 \left[\pi\cos(\pi x)a_1\pi\cos(\pi x)-\varphi\sin(\pi x)\right]\mathrm{d}x=0$$

求解得：

$$a_1=\frac{2}{\pi^3}$$

则该一维热传导问题的一项解为：

$$T=\frac{2}{\pi^3}\sin(\pi x)$$

取 $n=2$，依据式（2-56）有：

$$T=a_1\sin(\pi x)+a_2\sin(2\pi x)$$

采用伽辽金法，则有

$$W_1=N_1=\sin(\pi x)，W_2=N_2=\sin(2\pi x)$$

将上式代入式（2-59）可得：

$$\int_0^1 \left[\frac{\mathrm{d}W_1}{\mathrm{d}x}\times\frac{\mathrm{d}}{\mathrm{d}x}(N_1 a_1+N_2 a_2)-W_1\varphi\right]\mathrm{d}x=0$$

$$\int_0^1 \left[\frac{\mathrm{d}W_2}{\mathrm{d}x}\times\frac{\mathrm{d}}{\mathrm{d}x}(N_1 a_1+N_2 a_2)-W_2\varphi\right]\mathrm{d}x=0$$

即

$$\int_0^1 \left\{ \frac{\mathrm{d}}{\mathrm{d}x} \left[\sin(\pi x) \right] \frac{\mathrm{d}}{\mathrm{d}x} \left[a_1 \sin(\pi x) + a_2 \sin(2\pi x) \right] - \varphi \sin(\pi x) \right\} \mathrm{d}x = 0$$

$$\int_0^1 \left\{ \frac{\mathrm{d}}{\mathrm{d}x} \left[\sin(2\pi x) \right] \frac{\mathrm{d}}{\mathrm{d}x} \left[a_1 \sin(\pi x) + a_2 \sin(2\pi x) \right] - \varphi \sin(2\pi x) \right\} \mathrm{d}x = 0$$

求解得:

$$a_1 = \frac{2}{\pi^3}, \quad a_2 = \frac{1}{2\pi^3}$$

则该一维热传导问题的二项解为:

$$T = \frac{2}{\pi^3} \sin(\pi x) + \frac{1}{2\pi^3} \sin(2\pi x)$$

本例的精确解为:

$$\begin{cases} T = -\frac{1}{2}x^2 + \frac{3}{8}x & 0 \leqslant x \leqslant \frac{1}{2} \\ T = -\frac{1}{8}x + \frac{1}{8} & \frac{1}{2} < x \leqslant 1 \end{cases}$$

图 2-5 绘制了精确解和有限元模拟结果的曲线,从中可以看出,二项解和精确解比较接近,而一项解和精确解相差较大。可见,随着近似解的项数增加,解的精度将不断提高,但求解的工作量也随之增加。因此,在有限元模拟过程中,需要在求解精度和求解工作量之间作出合理选择。

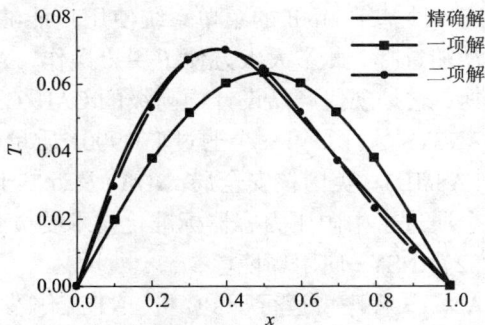

图 2-5 一维热传导问题精确解与有限元解的比较

2.3.6 有限元软件简介

表 2-6 列出了目前常用的有限元分析软件。其中,应用范围最广、功能最全面的商用有限元分析软件是美国 ANSYS 公司旗下的 ANSYS 系列产品。

表 2-6 常用有限元分析软件

软件名称	简 介	软件名称	简 介
ABAQUS	通用有限元分析软件	DYNAFORM	板料冲压成形模拟软件
ALGOR	通用有限元分析软件	MSC/MARC	非线性分析有限元软件

续表2-6

软件名称	简　　介	软件名称	简　　介
ANSYS	通用有限元分析软件	MSC/NASTRAN	结构分析有限元软件
ADINA	非线性分析有限元软件	SAP	线性静、动力学结构分析软件
DEFORM	材料成形分析专用非线性有限元软件	VPG	专业整车分析模拟软件
AUTOFORM	薄板成形模拟软件	SYSWELD	焊接与热处理分析软件
Hyperworks	高性能有限元前后处理软件	Comsol	多物理场耦合分析软件

1. ANSYS 软件

（1）ANSYS 软件简介

ANSYS 软件是融结构、热、流体、电磁、声学于一体的大型通用有限元商用分析软件，其代码长度超过 10 000 行，可广泛应用于核工业、铁道、石油化工、航空航天、机械制造、能源、电子、造船、汽车交通、国防军工、土木工程、生物医学、轻工、地矿、水利、日用家电等一般工业及科学研究，是目前最主要的有限元程序。该软件可在大多数计算机及操作系统运行，从 PC 机到工作站直至巨型计算机，ANSYS 文件在其所有的产品系列和工作平台上均兼容；该软件基于 Motif 的菜单系统使用户能够通过对话框、下拉式菜单和子菜单进行数据输入和功能选择，此举大大方便了用户操作。ANSYS 软件能与大多数 CAD 软件实现数据共享和交换，它是现代产品设计中高级的 CAD/CAE 软件之一。

ANSYS 软件是第一个通过 ISO9001 质量认证的大型分析设计类软件，是美国机械工程师协会（ASME）、美国核安全局（NQA）及近二十种专业技术协会认证的标准分析软件。在国内第一个通过了中国压力容器标准化技术委员会认证并在国务院 17 个部委推广使用。

（2）ANSYS 使用环境

ANSYS 程序可运行于 PC 机、NT 工作站、UNIX 工作站以及巨型计算机等各类计算机及操作系统中，其数据文件在其所有的产品系列和工作平台上均兼容。ANSYS 程序的多物理场耦合功能，允许在同一模型上进行各种耦合计算，如：热-结构耦合、热-电耦合、磁-结构耦合以及热-电-磁-流体耦合，同时在 PC 机上生成的模型可运行于工作站及巨型计算机上，保证了 ANSYS 用户对多领域复杂工程问题的求解。

ANSYS 可与多种先进的 CAD（如 AutoCAD、Pro/Engineer、NASTRAN、Alogor、I-DEAS 等）软件共享数据，利用 ANSYS 的数据接口，可以精确地将在 CAD 系统下生成的几何数据传输到 ANSYS，并通过必要的修补可准确地在该模型上划分网格并进行求解，这样就可以节省用户在创建模型的过程中所花费的大量时间，使用户的工作效率大幅度提高。

（3）ANSYS 软件功能

ANSYS 软件主要包括三个部分：前处理模块，求解模块和后处理模块，如图 2-6 所示。

前处理模块提供了一个强大的实体建模及网格划分工具,用户可以方便地构造有限元模型;求解模块包括结构分析(结构线性分析、结构非线性分析和结构高度非线性分析)、热分析、流体动力学分析、电磁场分析、声场分析、压电分析以及多物理场的耦合分析,可模拟多种物理介质的相互作用,具有灵敏度分析及优化分析能力;ANSYS 程序提供两种后处理器:通用后处理器和时间历程后处理器,后处理模块可将计算结果以彩色等值线、梯度、矢量、粒子流迹、立体切片、透明及半透明等图形方式显示出来,也可将计算结果以图表、曲线形式显示或输出。ANSYS 程序提供了近 200 种的单元类型,用来模拟工程中的各种结构和材料。

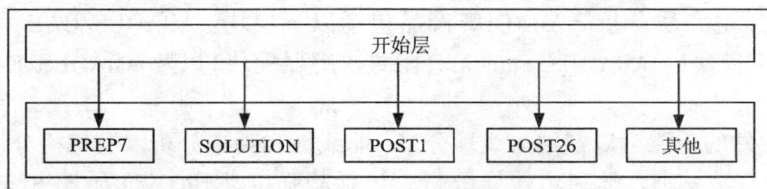

图 2-6　ANSYS 程序的组织结构

(4) ANSYS 文件系统

ANSYS 文件的形式为 Jobname. Ext,包括工作名和扩展名两部分。ANSYS 文件的工作名由用户定义,用于标识不同个体的差异,而扩展名为 ANSYS 程序定义,用于标识 ANSYS 文件的不同类型。典型的 ANSYS 文件包括:

日志文件(Jobname. LOG):当进入 ANSYS 时系统会打开日志文件。在 ANSYS 中键入的每个命令或在 GUI(图形用户界面)方式下执行的每个操作都会被拷贝到日志文件中。当退出 ANSYS 时系统会关闭该文件。使用/INPUT 命令读取日志文件可以对崩溃的系统或严重的用户错误进行修复。

数据库文件(Jobname. DB):数据库文件是 ANSYS 程序中最重要的文件之一,它包含了所有的输入数据(单元、节点信息,初始条件,边界条件,载荷信息)和部分结果数据(通过POST1 后处理器读取)。

错误文件(Jobname. ERR):错误文件用于记录 ANSYS 发出的每个错误或警告信息。如果 Jobname. ERR 文件在启动 ANSYS 之前已经存在,那么所有新的警告和错误信息都将追加到这个文件的后面。

输出文件(Jobname. OUT):输出文件会将 ANSYS 给出的响应捕获至用户执行的每个命令,而且还会记录警告、错误消息和一些结果。

结果文件(Jobname. RST、Jobname. RTH、Jobname. RMG):存储 ANSYS 计算结果的文件。其中,Jobname. RST 为结构分析结果文件;Jobname. RTH 为热分析结果文件;Jobname. RMG 为电磁分析结果文件。

其他的 ANSYS 文件还包括:图形文件(Jobname. GRPH)和单元矩阵文件(Jobname.

EMAT)。

2. ABAQUS 程序

ABAQUS 是一套功能强大的工程模拟有限元软件,其解决问题的范围从相对简单的线性分析到许多复杂的非线性问题。ABAQUS 包括一个丰富的、可模拟任意几何形状的单元库。并拥有各种类型的材料模型,可以模拟典型工程材料的性能,其中包括金属、橡胶、高分子材料、复合材料、钢筋混凝土、可压缩超弹性泡沫材料以及土壤和岩石等地质材料。作为通用的模拟工具,ABAQUS 除了能解决大量结构(应力/位移)问题,还可以模拟其他工程领域的许多问题,例如热传导、质量扩散、热电耦合分析、声学分析、岩土力学分析(流体渗透/应力耦合分析)及压电介质分析。ABAQUS 产品包括以下模块:ABAQUS/CAE、ABAQUS FOR CATIA(前后处理模块)、ABAQUS/Standard(隐式求解器模块)以及 ABAQUS/Explicit(显式求解器模块)。

ABAQUS 软件的功能可以归纳为线性分析、非线性和瞬态分析以及机构分析三部分。

(1)线性静力学、动力学和热传导分析。包括静强度/刚度、动力学/模态、热力学/声学、金属/复合材料、应力、振动、声场以及压电效应等特性分析。

(2)非线性和瞬态分析。包括汽车碰撞、飞机坠毁、电子器件跌落、冲击、损毁、接触、塑性失效、断裂/磨损以及橡胶变形等过程的分析。

(3)多体动力学分析。包括挖掘机机械臂运动分析、起落架收放分析、微机电系统 MEMS 分析以及医疗器械分析等。

3. 有限元分析软件的发展趋势

纵观当今国际上 CAE 软件的发展情况,可以看出有限元分析方法的一些发展趋势:

(1)与 CAD 软件的无缝连接

当今有限元分析软件的一个发展趋势是与通用 CAD 软件的集成使用,即在用 CAD 软件完成部件和零件的造型设计后,能直接将模型传送到 CAE 软件中进行有限元网格划分并进行分析计算,如果分析的结果不满足设计要求则重新进行设计和分析,直到满意为止,从而极大地提高了设计水平和效率。为了满足工程师快捷地解决复杂工程问题的要求,许多商业化有限元分析软件都开发了和著名的 CAD 软件(例如 Pro/ENGINEER、Unigraphics、SolidEdge、SolidWorks、IDEAS、Bentley 和 AutoCAD 等)的接口。有些 CAE 软件为了实现和 CAD 软件的无缝集成而采用了 CAD 的建模技术,如 ADINA 软件由于采用了基于 Parasolid 内核的实体建模技术,能和以 Parasolid 为核心的 CAD 软件(如 Unigraphics、SolidEdge、SolidWorks)实现真正无缝的双向数据交换。

(2)更为强大的网格处理能力

有限元法求解问题的基本过程主要包括:分析对象的离散化、有限元求解、计算结果的后处理三部分。由于结构离散后的网格质量直接影响到求解时间及求解结果的正确性,近年来各软件开发商都加大了其在网格处理方面的投入,使网格生成的质量和效率都有了很大的提高，但在有些方面却一直没有得到改进，如对三维实体模型进行自动六面体网格划分和根据求解结果对模型进行自适应网格划分，除了个别商业软件做得较好外，大多数分析软件仍然没有此功能。自动六面体网格划分是指对三维实体模型程序能自动的划分出六面体网格单元，现在大多数软件都能采用映射、拖拉、扫略等功能生成六面体单元，但这些功能都只能对简单规则模型适用，对于复杂的三维模型则只能采用自动四面体网格划分技术生成四面体单元。对于四面体单元，如果不使用中间节点，在很多问题中将会产生不正确的结果，如果使用中间节点将会引起求解时间、收敛速度等方面的一系列问题，因此人们迫切的希望自动六面体网格功能的出现。自适应性网格划分是指在现有网格基础上，根据有限元计算结果估计计算误差、重新划分网格和再计算的一个循环过程。对于许多工程实际问题，在整个求解过程中，模型的某些区域将会产生很大的应变，引起单元畸变，从而导致求解不能进行下去或求解结果不正确，因此必须进行网格自动重划分。自适应网格往往是许多工程问题如裂纹扩展、薄板成形等大应变分析的必要条件。

（3）由求解线性问题发展到求解非线性问题

随着科学技术的发展，线性理论已经远远不能满足设计的要求，许多工程问题如材料的破坏与失效、裂纹扩展等仅靠线性理论根本不能解决，必须进行非线性分析求解，例如薄板成形就要求同时考虑结构的大位移、大应变（几何非线性）和塑性（材料非线性）；而对塑料、橡胶、陶瓷、混凝土及岩土等材料进行分析需要考虑材料的塑性、蠕变效应时则必须考虑材料非线性。众所周知，非线性问题的求解是很复杂的，它不仅涉及到很多专门的数学问题，还必须掌握一定的理论知识和求解技巧，学习起来也较为困难。为此国外一些公司花费了大量的人力和物力开发非线性求解分析软件，如 ABAQUS、ADINA、ANSYS 等。它们的共同特点是具有高效的非线性求解器、丰富而实用的非线性材料库。

（4）由单一结构场求解发展到耦合场问题的求解

有限元分析方法最早应用于航空航天领域，主要用来求解线性结构问题，实践证明这是一种非常有效的数值分析方法。而且从理论上也已经证明，只要用于离散求解对象的单元足够小，所得的解就可足够逼近于精确值。现在用于求解结构线性问题的有限元方法和软件已经比较成熟，发展方向是结构非线性、流体动力学和耦合场问题的求解。例如由于摩擦接触而产生的热问题，金属成形时由于塑性功而产生的热问题，需要结构场和温度场的有限元分析结果交叉迭代求解，即"热力耦合"的问题。当流体在弯管中流动时，流体压力会使弯管产生变形，而管的变形又反过来影响到流体的流动，这就需要对结构场和流场的有限元分析结果进行交叉迭代求解，即所谓"流固耦合"的问题。由于有限元的应用越来越深入，人们关注的问题越来越复杂，耦合场的求解必定成为 CAE 软件的发展方向。

（5）程序面向用户的开放性

随着商业化的提高，各软件开发商为了扩大自己的市场份额，满足用户的需求，在软件的功能、易用性等方面花费了大量的投资，但由于用户的要求千差万别，不管他们怎样努力也不可能满足所有用户的要求，因此必须给用户一个开放的环境，允许用户根据自己的实际情况对软件进行扩充，包括用户自定义单元特性、用户自定义材料本构(结构本构、热本构、流体本构)、用户自定义流场边界条件、用户自定义结构断裂判据和裂纹扩展规律等等。

(6)增强可视化的前置建模和后置数据处理功能

早期有限元分析软件的研究重点在于创建新的高效率求解方法和高精度的单元。随着数值分析方法的逐步完善，尤其是计算机运算速度的飞速发展，整个计算系统用于求解运算的时间越来越少，而数据准备和运算结果的表现问题却日益突出。在现在的工程工作站上，求解一个包含10万个方程的有限元模型只需要用几十分钟。但是如果用手工方式来建立这个模型，然后再处理大量的计算结果则需用几周的时间。可以毫不夸张地说，工程师在分析计算一个工程问题时有80%以上的精力都花在数据准备和结果分析上。因此目前几乎所有的商业化有限元程序系统都有功能很强的前置建模和后置数据处理模块。在强调"可视化"的今天，很多程序都建立了对用户非常友好的GUI(graphics user interface)，使用户能以可视图形方式直观快速地进行网格自动划分，生成有限元分析所需数据，并按要求将大量的计算结果整理成变形图、等值线分布云图，便于极值搜索和所需数据的列表输出。

关注有限元的理论发展，采用最先进的算法技术，扩充软件的功能，提高软件的性能以满足用户不断增长的需求，是CAE软件的又一主要发展趋势。

2.3.7 ANSYS有限元软件解题示例

ANSYS作为一种大型通用的有限元分析软件，在材料科学与工程中的应用十分普遍，其应用领域涉及材料成型、材料加工、材料中的热效应、不同材料之间的高速碰撞与冲击等；同时，相比较其他的大型有限元软件，ANSYS软件在国内更加普及。下面以实例的方式对ANSYS在材料科学与工程的应用进行说明(操作过程均在ANSYS19.0版本中进行)。

例1：圆盘大应变分析

1. 问题描述

有一圆盘，其纵截面形状如图2-7所示，圆盘由弹塑性材料构成，在其顶面承受均布压力载荷 P 的作用，求圆盘的应力和位移响应。

几何参数：

半径 $R=10$ mm；高度 $H=5$ mm。

载荷：

$P=3$ MPa

材料参数：

弹性模量 $E=2500$ MPa；泊松比 $v=0.35$；

屈服强度 $\sigma_s=1.5$ MPa；剪切模量 $E_T=3.6$ MPa。

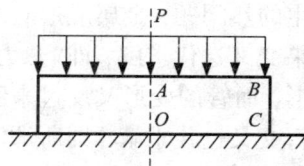

图2-7 圆盘纵截面结构示意图

2. 问题分析

根据轴对称性,选取圆盘纵截面的 1/2 建立几何模型,并选择 PLANE183 单元进行求解。

3. 求解步骤

第一步:定义工作文件名和工作标题

(1)选择 Utility Menu│File│Change Jobname 命令,出现 Change Jobname 对话框,在 [/FILNAM] Enter new jobname 输入栏中输入工作文件名 EXERCISE1,单击 OK 按钮关闭该对话框。

(2)选择 Utility Menu│File│Change Title 命令,出现 Change Title 对话框,在输入栏中输入 LARGE STRAIN ANALYSIS OF A DISK,单击 OK 按钮关闭该对话框。

第二步:定义单元类型

(1)选择 Main Menu│Preprocessor│Element Type│Add/Edit/Delete 命令,出现 Element Types 对话框,单击 Add 按钮,出现 Library of Element Types 对话框。

(2)在 Library of Element Types 列表框中选择 Solid, Quad 8node 183,在 Element type reference number 输入栏中输入 1,单击 OK 按钮关闭该对话框。

(3)单击 Element Types 对话框上的 Options 按钮,出现 PLANE183 element type options 对话框,在 Element behavior K3 下拉菜单中选择 Axisymmetric,其余选项采用默认设置,如图 2-8 所示,单击 OK 按钮关闭该对话框。

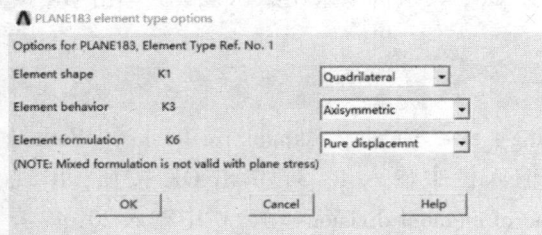

图 2-8　PLANE183 单元关键字设置对话框

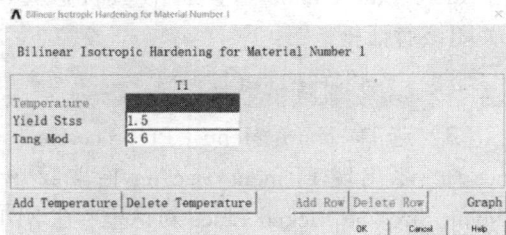

图 2-9　输入材料屈服强度和剪切模量对话框

(4)单击 Element Types 对话框上的 Close 按钮关闭该对话框。

第三步:定义材料性能参数

(1)选择 Main Menu│Preprocessor│Material Props│Material Models 命令,出现 Define Material Model Behavior 对话框。

(2)在 Material Models Available 一栏中依次双击 Structural、Linear、Elastic、Isotropic 选项,出现 Linear Isotropic Propeties for Material Number 1 对话框,在 EX 输入栏中输入 2500,在 PRXY 输入栏中输入 0.35,单击 OK 按钮关闭该对话框。

(3)在 Material Models Available 一栏中依次双击 Structural、Nonlinear、Inelastic、Rate

Independent、Isotropic Hardenging Plasticity、Mises Plasticity、Bilinear 选项，出现 Bilinear Isotropic Hardenging for Material Number 1 对话框，参照图 2-9 对其进行设置，单击 OK 按钮关闭该对话框。

（4）在 Define Material Model Behavior 对话框上选择 Material | Exit 命令，关闭该对话框。

第四步：创建几何模型、划分网格

（1）选择 Main Menu | Preprocessor | Modeling | Create | Areas | Rectangle | By Dimensions 命令，出现 Create Rectangle by Dimensions 对话框，在X1，X2 X-coordinates 输入栏中分别输入 0、10，在 Y1，Y2 Y-coordinates 输入栏中分别输入 0、5，如图 2-10 所示，单击 OK 按钮关闭该对话框。

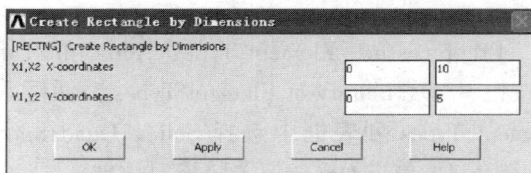

图 2-10　生成矩形面对话框

（2）选择 Utility Menu | PlotCtrls | Numbering 命令，出现 Plot Numbering Controls 对话框，选中 LINE Line numbers 选项，使其状态从 Off 变为 On，其余选项采用默认设置，单击 OK 按钮关闭该对话框。

提示：显示线段编号。

（3）选择 Main Menu | Preprocessor | Meshing | Size Cntrls | ManualSize | Lines | Picked Lines 命令，出现 Element Size on 拾取菜单，在输入栏中输入 1，3，单击 OK 按钮，出现 Element Sizes on Picked Lines 对话框，在 NDIV No. of element divisions 输入栏中输入 20，单击 OK 按钮关闭该对话框。

提示：将线段 L1、L3 划分为 20 等份。

（4）选择 Main Menu | Preprocessor | Meshing | Size Cntrls | ManualSize | Lines | Picked Lines 命令，出现 Element Size on 拾取菜单，在输入栏中输入 2，4，单击 OK 按钮，出现 Element Sizes on Picked Lines 对话框，在 NDIV No. of element divisions 输入栏中输入 10，单击 OK 按钮关闭该对话框。

（5）选择 Main Menu | Preprocessor | Meshing | Mesh | Areas | Free 命令，出现 Mesh Areas 拾取菜单，单击 Pick All 按钮关闭该菜单。

（6）选择 Utility Menu | Plot | Elements 命令，ANSYS 显示窗口将显示网格划分结果，如图 2-11 所示。

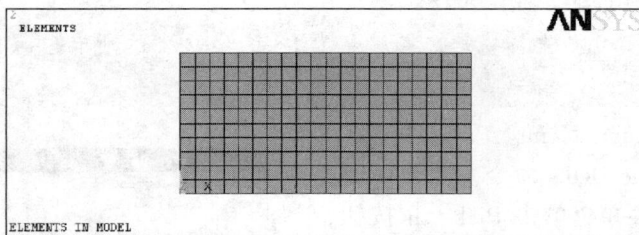

图 2-11　网格划分结果显示

(7)选择 Utility Menu | Select | Everything 命令，选择所有实体。

第五步：加载求解

(1)选择 Main Menu | Solution | Analysis Type | New Analysis 命令，出现 New Analysis 对话框，选择分析类型为 Static，单击 OK 按钮关闭该对话框。

(2)选择 Main Menu | Solution | Analysis Type | Sol'n Controls 命令，出现 Solution Controls 对话框，单击 Basic 按钮，参照图 2-12 对其进行设置，单击 Nonlinear 按钮，参照图 2-13 对其进行设置，单击 OK 按钮关闭该对话框。

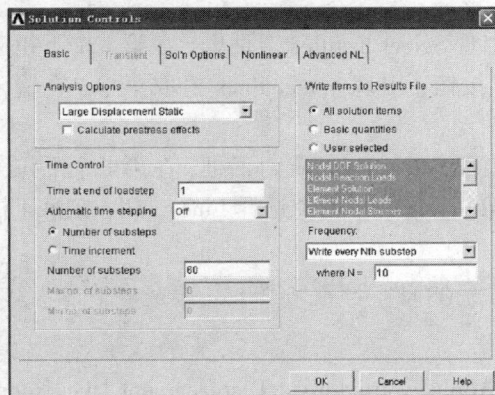

图 2-12　求解控制基本选项设置对话框

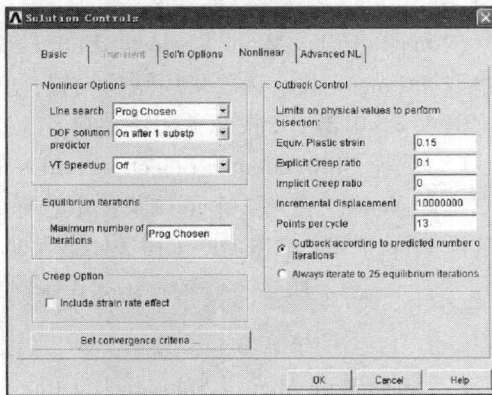

图 2-13　求解控制非线性选项设置对话框

(3)选择 Utility Menu | Select | Entities 命令，出现 Select Entities 对话框，在第 1 个下拉菜单中选择 Lines，其余选项采用默认设置，单击 OK 按钮，出现 Select lines 拾取菜单，在输入栏中输入 3，单击 OK 按钮关闭该菜单。

(4)选择 Utility Menu | Select | Entities 命令，出现 Select Entities 对话框，在第 1 个下拉菜单中选择 Nodes，在第 2 个下拉菜单中选择 Attached to，在第 3 栏中选择 Lines, all，在第 4 栏

中选择 From Full，单击 OK 按钮关闭该菜单。

> 提示：以上两步的操作目的是选择编号为 L3 的线段上的所有节点，即圆盘上端面上的节点。

（5）选择 Main Menu | Preprocessor | Couping/Ceqn | Couple DOFs 命令，出现 Define Coupled DOFs 拾取菜单，单击 Pick All 按钮，出现 Define Coupled DOFs 对话框，在 NSET Set reference number 输入栏中输入 1，在 Lab Degree-of-freedom label 下拉菜单中选择 UY，如图 2-14 所示，单击 OK 按钮关闭该对话框。

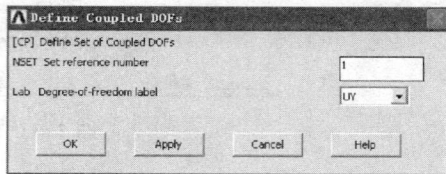

图 2-14　耦合位移对话框

> 提示：将圆盘上端面上的节点的 Y 方向的位移进行耦合，即在 Y 方向，这些节点只能平动。

（6）选择 Main Menu | Solution | Define Loads | Apply | Structural | Pressure | On Nodes 命令，出现 Apply PRES on Nodes 拾取菜单，单击 Pick All 按钮，出现 Apply PRES on Nodes 对话框，在 VALUE　Load PRES value 输入栏中输入 3，单击 OK 按钮关闭该对话框。

> 提示：在所选节点上施加压力载荷。

（7）选择 Utility Menu | Select | Entities 命令，出现 Select Entities 对话框，在第 1 个下拉菜单中选择 Lines，其余选项采用默认设置，单击 OK 按钮，出现 Select lines 拾取菜单，在输入栏中输入 4，单击 OK 按钮关闭该菜单。

（8）选择 Utility Menu | Select | Entities 命令，出现 Select Entities 对话框，在第 1 个下拉菜单中选择 Nodes，在第 2 个下拉菜单中选择 Attached to，在第 3 栏中选择 Lines，all，在第 4 栏中选择 From Full，单击 OK 按钮关闭该菜单。

> 提示：以上两步的操作目的是选择编号为 L4 的线段上的所有节点，即圆盘对称轴线上的节点。

（9）选择 Main Menu | Solution | Define Loads | Apply | Structural | Displacement | On Nodes 命令，出现 Apply U,ROT on N 拾取菜单，单击 Pick All 按钮，出现 Apply U,ROT on Node 对话框，在 Lab2 DOFs to be contrained 列表框中选择 UX，在 Apply as 下拉菜单中选择 Constant value，在 VALUE Displacement value 输入栏中输入 0，单击 OK 按钮关闭该对话框。

> 提示：在所选节点上施加 X 方向的位移约束，即轴对称位移约束。

（10）选择 Utility Menu | Select | Entities 命令，出现 Select Entities 对话框，在第 1 个下拉菜单中选择 Lines，其余选项采用默认设置，单击 OK 按钮，出现 Select lines 拾取菜单，在输入栏中输入 1，单击 OK 按钮关闭该菜单。

（11）选择 Utility Menu｜Select｜Entities 命令，出现 Select Entities 对话框，在第 1 个下拉菜单中选择 Nodes，在第 2 个下拉菜单中选择 Attached to，在第 3 栏中选择 Lines, all，在第 4 栏中选择 From Full，单击 OK 按钮关闭该菜单。

提示：以上两步的操作目的是选择编号为 L1 的线段上的所有节点，即圆盘下端面上的节点。

（12）选择 Main Menu｜Solution｜Define Loads｜Apply｜Structural｜Displacement｜On Nodes 命令，出现 Apply U, ROT on N 拾取菜单，单击 Pick All 按钮，出现 Apply U, ROT on Node 对话框，在 Lab2 DOFs to be contrained 列表框中选择 All DOF，在 Apply as 下拉菜单中选择 Constant value，在 VALUE Displacement value 输入栏中输入 0，单击 OK 按钮关闭该对话框。

提示：在所选节点上施加位移约束，即将圆盘的下端面固定。

（13）选择 Utility Menu｜Select｜Everything 命令，选择所有实体。

（14）选择 Main Menu｜Solution｜Solve｜Current LS 命令，出现 Solve Current Load Step 对话框，单击 OK 按钮，ANSYS 将开始求解计算。

（15）求解结束时，出现 Note 提示框，单击 Close 按钮关闭该对话框。

（16）选择 Utility Menu｜File｜Save as 命令，出现 Save Database 对话框，在 Save Database to 输入栏中输入 EXERCISE1. db，保存求解结果，单击 OK 按钮关闭该对话框。

第六步：查看求解结果

（1）选择 Main Menu｜General Postproc｜Read Results｜Last Set 命令，读取最后一步的求解结果。

（2）选择 Main Menu｜General Postproc｜Plot Results｜Deformed Shape 命令，出现 Plot Deformed Shape 对话框，在 KUND Items to be plotted 选项中

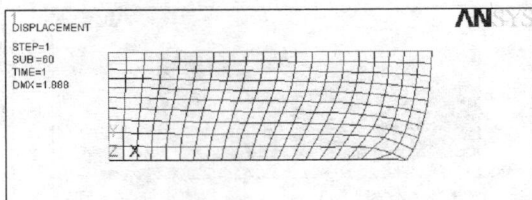

图 2-15　变形几何形状显示

选择 Def shape only 选项，单击 OK 按钮，ANSYS 显示窗口将显示变形后的形状，如图 2-15 所示。

（3）选择 Main Menu｜General Postproc｜Plot Results｜Contour Plot｜Nodal Solu 命令，出现 Contour Nodal Solution Data 对话框，在 Item to be contoured 列表框中选择 Nodal Solution｜DOF Solution｜X-Component of displacement，单击 OK 按钮，ANSYS 窗口将显示如图 2-16 所示的 X 方向位移等值线图。

（4）选择 Main Menu｜General Postproc｜Plot Results｜Contour Plot｜Nodal Solu 命令，出现 Contour Nodal Solution Data 对话框，在 Item to be contoured 列表框中选择 Nodal Solution｜DOF Solution｜Y-Component of displacement，单击 OK 按钮，ANSYS 窗口将显示如图 2-17 所

示的 Y 方向位移等值线图。

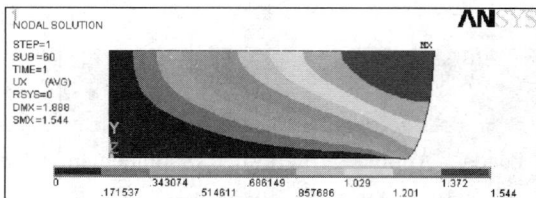

图 2-16　X 方向位移等值线图

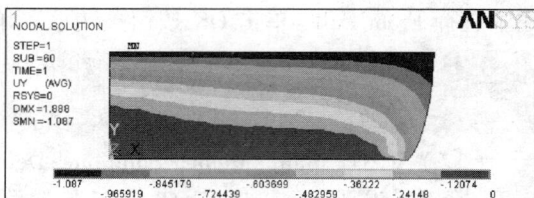

图 2-17　Y 方向位移等值线图

（5）选择 Main Menu｜General Postproc｜Plot Results｜Contour Plot｜Nodal Solu 命令，出现 Contour Nodal Solution Data 对话框，在 Item to be contoured 列表框中选择 Nodal Solution｜DOF Solution｜Displacement vector sum，单击 OK 按钮，ANSYS 窗口将显示如图 2-18 所示的合位移等值线图。

（6）选择 Main Menu｜General Postproc｜Plot Results｜Contour Plot｜Nodal Solu 命令，出现 Contour Nodal Solution Data 对话框，在 Item to be contoured 列表框中选择 Nodal Solution｜Stress｜X-Component of stress，单击 OK 按钮，ANSYS 窗口将显示如图 2-19 所示的 X 方向应力等值线图。

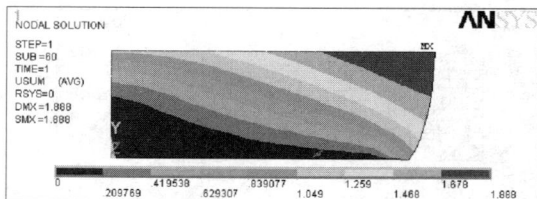

图 2-18　合位移等值线图

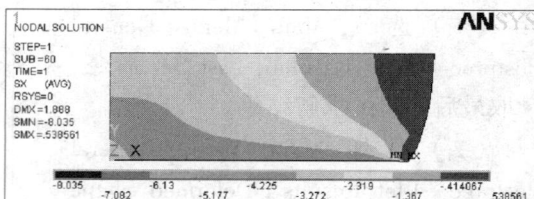

图 2-19　X 方向应力等值线图

（7）选择 Main Menu｜General Postproc｜Plot Results｜Contour Plot｜Nodal Solu 命令，出现 Contour Nodal Solution Data 对话框，在 Item to be contoured 列表框中选择 Nodal Solution｜Stress｜Y-Component of stress，单击 OK 按钮，ANSYS 窗口将显示如图 2-20 所示的 Y 方向应力等值线图。

（8）选择 Main Menu｜General Postproc｜Plot Results｜Contour Plot｜Nodal Solu 命令，出现 Contour Nodal Solution Data 对话框，在 Item to be contoured 列表框中选择 Nodal Solution｜Stress｜von Mises stress，单击 OK 按钮，ANSYS 窗口将显示如图 2-21 所示的等效应力等值线图。

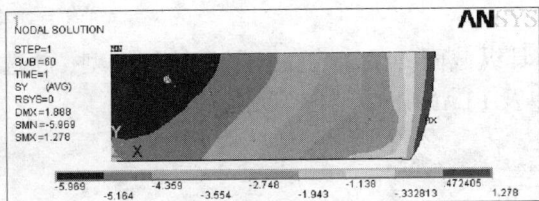

图 2-20　Y 方向应力等值线图

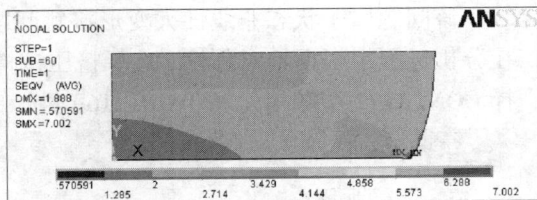

图 2-21　等效应力等值线图

（9）选择 Utility Menu｜File｜Exit 命令，出现 Exit from ANSYS 对话框，选择 Quit-No Save! 选项，单击 OK 按钮，关闭 ANSYS。

试一试：如果考虑圆盘下端面和支撑面的摩擦作用，应该如何建模并求解。

例 2：金属材料挤压过程分析

1. 问题描述

图 2-22 为金属挤压坯料和挤压模具结构示意图，金属坯料的应力应变关系如图 2-23 所示，坯料与模具之间的摩擦系数为 0.1，求挤压过程中坯料内部的应力场变化。

坯料材料参数：弹性模量 $E_1 = 69$ GPa；泊松比 $v_1 = 0.26$；

模具材料参数：弹性模量 $E_2 = 220$ GPa；泊松比 $v_2 = 0.3$。

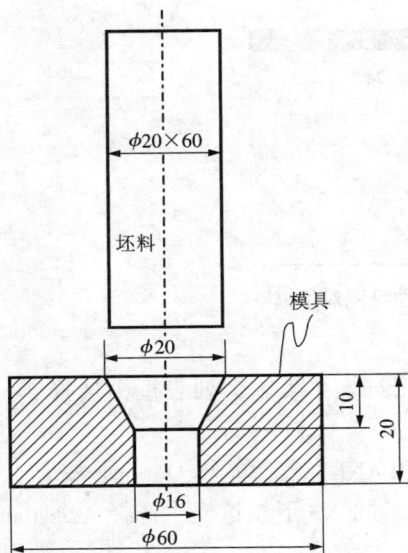

图 2-22　挤压坯料与挤压模具示意图

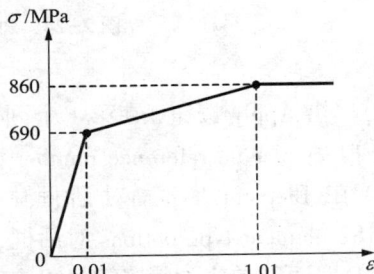

图 2-23　挤压坯料应力应变曲线图

2. 问题分析

该问题属于状态非线性大变形接触问题。

在分析过程中根据轴对称性，选择挤压试样和模具纵截面的 1/2 建立有限元计算模型，并选择 CONTA172 接触单元和 TARGE169 目标单元以及 PLANE182 结构单元进行求解。

> 提示：在分析过程中认为模具不发生塑性变形。

3. 求解步骤

第一步：定义工作文件名和工作标题

（1）选择 Utility Menu｜File｜Change Jobname 命令，出现 Change Jobname 对话框，在输入栏中输入工作文件名 EXERCISE2，单击 OK 按钮关闭该对话框。

（2）选择 Utility Menu｜File｜Change Title 命令，出现 Change Title 对话框，在输入栏中输入 EXTRUSION EXERCISE，单击 OK 按钮关闭该对话框。

第二步：定义单元类型

（1）选择 Main Menu｜Preprocessor｜Element Type｜Add/Edit/Delete 命令，出现 Element Type 对话框，单击 Add 按钮，出现 Library of Element Type 对话框。

（2）在 Library of Element Type 的第 1 个列表框中选择 Structral Solid，在第 2 个列表框中选择 Quad 4node 182，在 Element type reference number 输入栏中输入 1。

（3）单击 Apply 按钮，在第 1 个列表框中选择 Contact，在第 2 个列表框中选择 2D Target169，在 Element type reference number 输入栏中输入 2。

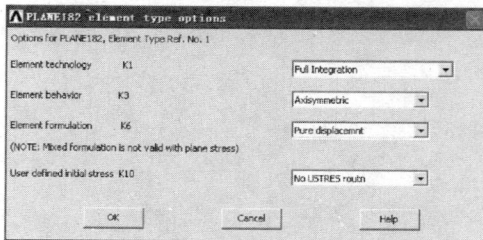

图 2-24　PLANE182 单元属性设置对话框

（4）单击 Apply 按钮，在第 1 个列表框中选择 Contact，在第 2 个列表框中选择 3 nd surf 172，在 Element type reference number 输入栏中输入 3。

（5）在 Element Types 对话框中选择 Type 1 PLANE182，单击 Options 按钮，出现 PLANE182 element type options 对话框，在 Element behavior K3 下拉选框中选择 Axisymmetric，如图 2-24 所示，单击 OK 按钮关闭该对话框。

> 提示：将 PLANE182 单元设置为轴对称单元。

（6）在 Element Types 对话框中选择 Type 3 CONTA172，单击 Options 按钮，出现 CONTA172 element type options 对话框，在 Auto CNOF/ICONT adjustment K5 下拉选框中选择 Gap/Penetration，如图 2-25 所示，单击 OK 按钮关闭该对话框。

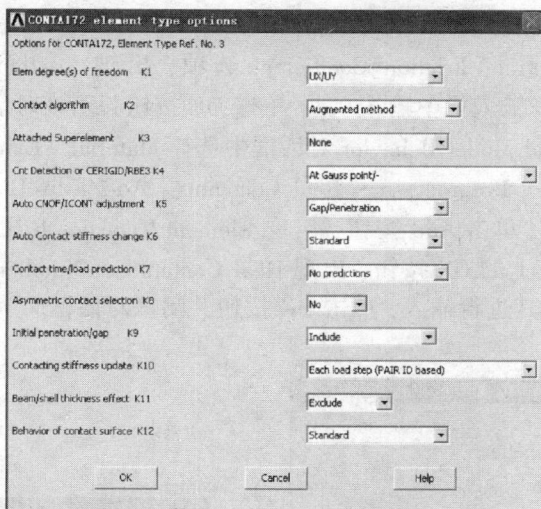

图 2-25　CONTA172 单元属性设置对话框

（7）单击 Close 按钮，关闭 Element Types 对话框。

第三步：定义材料性能参数

（1）选择 Main Menu | Preprocessor | Material Props | Material Models 命令，出现 Define Material Model Behavior 对话框。

（2）在 Material Models Available 列表框中依次双击 Structral、Linear、Elastic、Isotropic 选项，出现 Linear Isotropic Material Properties for Material Number 1 对话框。在 EX 输入栏中输入 6.9E10，在 PRXY 输入栏中输入 0.26，单击 OK 按钮关闭该对话框。

（3）在 Material Models Available 列表框中依次双击 Structral、Nolinear、Inelastic、Rate Independent、Isotropic Harding Plasticity、Mises Plasticity、Multilinear 选项，出现 Multilinear Isotropic Harding for Material Number 1 对话框，单击 Add Point 按钮，在第 1 组输入栏中分别输入 0.01、6.9E8，在第 2 组输入栏中分别输入 1.01、8.6E8，如图 2-26 所示，单击 OK 按钮关闭该对话框。

（4）依次双击 Structral、Friction Coefficient 选项，出现 Friction Coefficient for Material Number 1 对话框，在 MU 输入栏中输入 0.1，单击 OK 按钮关闭该对话框。

（5）在 Define Material Model Behavior 对话框中单击 Material | New Model 命令，出现

Define Material ID 对话框，在输入栏中输入 2，单击 OK 按钮关闭该对话框。

（6）在 Material Models Defined 对话框中选择 Material Model Number 2，在 Material Models Available 列表框中依次双击 Structral、Linear、Elastic、Isotropic 选项，出现 Linear Isotropic Material Properties for Material Number 2 对话框。在 EX 输入栏中输入 2.2E11，在 PRXY 输入栏中输入 0.3，单击 OK 按钮关闭该对话框。

（7）依次双击 Structral、Friction Coefficient 选项，出现 Friction Coefficient for Material Number 2 对话框，在 MU 输入栏中输入 0.1，单击 OK 按钮关闭该对话框。

（8）在 Define Material Model Behavior 对话框中选择 Material | Exit 命令，关闭该对话框。

（9）选择 Main Menu | Preprocessor | Real Constants | Add/Edit/Delete 命令，出现 Defined Real Contant Sets 对话框，单击 Add 按钮，出现 Element Type for Real Contants 对话框，选择 TARGE169 单元，单击其上的 OK 按钮，出现 Real Contant Set Number 1, for TARGE169 对话框，参照图 2-27 所示对其进行输入，单击 OK 按钮关闭该对话框。

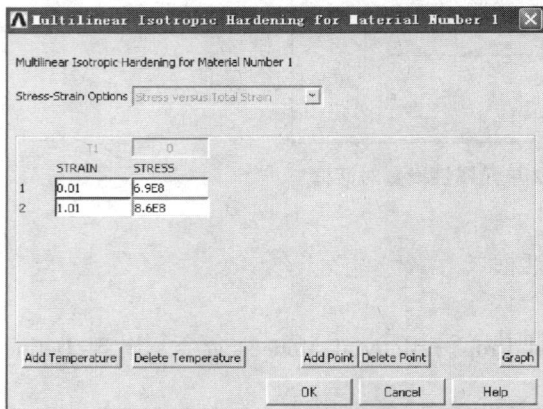

图 2-26　输入材料性能参数对话框　　　图 2-27　TARGE169 单元实常数设置对话框

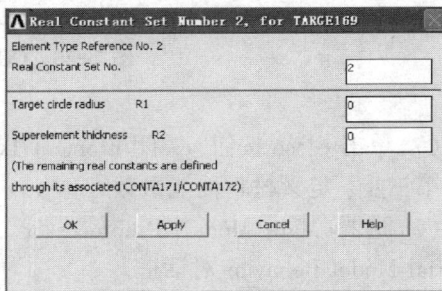

（10）单击 Close 按钮关闭 Defined Real Contant Sets 对话框。

第四步：创建几何模型、划分网格

（1）选择 Main Menu | Preprocessor | Modeling | Create | Areas | Rectangle | By Dimensions 命令，出现 Create Rectangle by Dimensions 对话框，在 X1，X2 X-coordinates 输入栏中分别输入 0，0.01，在 Y1，Y2 Y-coordinates 输入栏中分别输入 0，0.06，如图 2-28 所示，单击 Apply 按钮，在 X1，X2 X-coordinates 输入栏中分别输入 8E-3，0.03，在 Y1，Y2 Y-coordinates 输入栏中分别输入 -0.02，-0.01，单击 OK 按钮关闭该对话框。

（2）选择 Main Menu | Preprocessor | Modeling | Create | Keypoints | In Active CS 命令，出

现 Create Keypoints in Active Coordinate System 对话框，在 NPT Keypoint number 输入栏中输入关键点编号 9，在 X，Y，Z Location in active CS 输入栏中依次输入关键点坐标 0.01，0，0，如图 2-29 所示，单击 Apply 按钮，在 NPT Keypoint number 输入栏中输入关键点编号 10，在 X，Y，Z Location in active CS 输入栏中依次输入关键点坐标 0.03，0，0，单击 OK 按钮关闭该对话框。

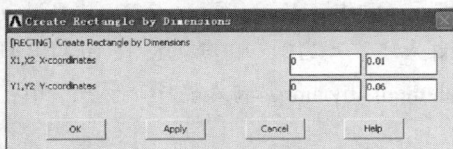

图 2-28　创建矩形面对话框　　　　　　　　图 2-29　创建关键点对话框

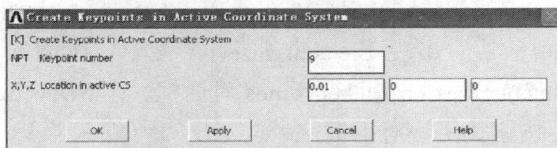

提示：由于第 1 步创建的 2 个矩形面共有 8 个关键点，因此创建新关键点的编号从 9 开始。

（3）选择 Main Menu | Preprocessor | Modeling | Create | Lines | Lines | Straight Line 命令，出现 Create Straight Line 菜单，在输入栏中输入 9，8，单击 Apply 按钮，在输入栏中输入 10，9，单击 Apply 按钮，在输入栏中输入 7，10，单击 OK 按钮关闭该菜单。

技巧：可通过执行 Utility Menu | PlotCtrls | Numbering 命令，出现 Plot Numbering Controls 对话框后将相应的关键点编号显示选项从 Off 状态激活为 On 状态来显示关键点的编号。

（4）选择 Main Menu | Preprocessor | Modeling | Create | Areas | Arbitrary | By Lines 命令，出现 Create Area by Lines 菜单，在输入栏中输入 7，9，10，11，单击 OK 按钮关闭该菜单。

（5）选择 Main Menu | Preprocessor | Meshing | Size Cntrls | ManuaSize | Lines | Picked Lines 命令，出现 Element Size on 菜单，在输入栏中输入 2，4，单击 OK 按钮，出现 Element Sizes on Picked Lines 对话框，在 NDIV No. of element divisions 输入栏中输入 50，如图 2-30 所示，单击 OK 按钮关闭该对话框。

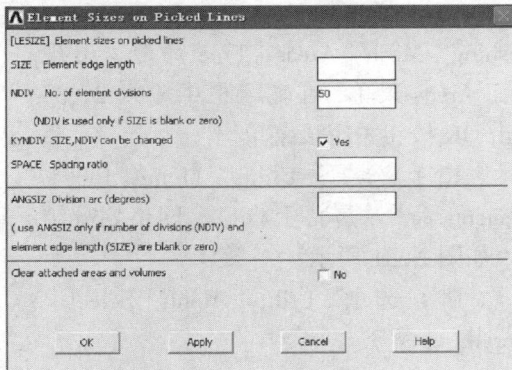

图 2-30　线段等分数设置对话框

（6）选择 Main Menu｜Preprocessor｜Meshing｜Size Cntrls｜ManuaSize｜Lines｜Picked Lines 命令，出现 Element Size on 菜单，在输入栏中输入 1，3，单击 OK 按钮，出现 Element Sizes on Picked Lines 对话框，在 NDIV No. of element divisions 输入栏中输入 3，单击 OK 按钮关闭该对话框。

☞ 提示：将线段 L1、L3 分为 3 等分。

（7）选择 Main Menu｜Preprocessor｜Meshing｜Size Cntrls｜ManuaSize｜Lines｜Picked Lines 命令，出现 Element Size on 菜单，在输入栏中输入 5，7，10，单击 OK 按钮，出现 Element Sizes on Picked Lines 对话框，在 NDIV No. of element divisions 输入栏中输入 6，单击 OK 按钮关闭该对话框。

（8）选择 Main Menu｜Preprocessor｜Meshing｜Size Cntrls｜ManuaSize｜Lines｜Picked Lines 命令，出现 Element Size on 菜单，在输入栏中输入 6，8，9，11，单击 OK 按钮，出现 Element Sizes on Picked Lines 对话框，在 NDIV No. of element divisions 输入栏中输入 10，单击 OK 按钮关闭该对话框。

（9）选择 Main Menu｜Preprocessor｜Meshing｜Mesh Attributes｜Default Attribs 命令，出现 Meshing Attributes 对话框，在［MAT］Materail number 下拉选框中选择 1，其余选项采用默认设置，单击 OK 按钮关闭该对话框。

（10）选择 Main Menu｜Preprocessor｜Meshing｜Mesh｜Areas｜Free 命令，出现 Mesh Areas 菜单，在输入栏中输入 1，单击 OK 按钮关闭该菜单。

（11）选择 Main Menu｜Preprocessor｜Meshing｜Mesh Attributes｜Default Attribs 命令，出现 Meshing Attributes 对话框，在［MAT］Materail number 下拉选框中选择 2，其余选项采用默认设置，单击 OK 按钮关闭该对话框。

（12）选择 Main Menu｜Preprocessor｜Meshing｜Mesh｜Areas｜Free 命令，出现 Mesh Areas 菜单，在输入栏中输入 2，3，单击 OK 按钮关闭该菜单。

（13）选择 Utility Menu｜Plot｜Elements 命令，屏幕上将显示网格划分结果，如图 2-31 所示。

（14）选择 Utility Menu｜Select｜Everything 命令。

（15）选择 Utility Menu｜Select｜Entities 命令，出现 Select Entities 菜单，在第 1 个下拉选框中选择 Lines，在第 2 个下

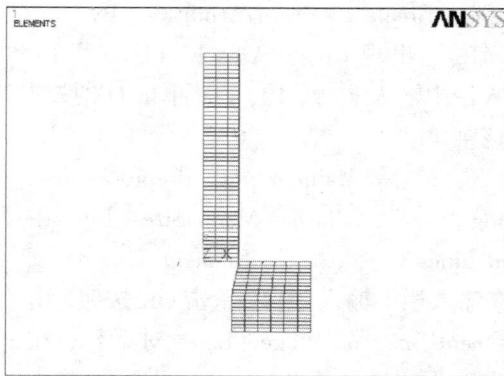

图 2-31 网格划分结果显示

拉选框中选择 By Num/Pick，在第 3 栏中选择 From Full，单击 OK 按钮，出现 Select Lines 菜单，在输入栏中输入 8，9，单击 OK 按钮关闭该菜单。

> 提示：选择线段 L8、L9。

（16）选择 Utility Menu｜Select｜Comb/Assembly｜Create Component 命令，出现 Create Component 对话框，在 Cname Component name 输入栏中输入_TARGET，在 Entity Component is made of 下拉选框中选择 Lines，单击 OK 按钮关闭该对话框。

（17）选择 Main Menu｜Preprocessor｜Modeling｜Create｜Elements｜Elem Attributes 命令，出现 Element Attributes 对话框，在［TYPE］Element type number 下拉选框中选择 2 TARGE169，在［MAT］Material number 下拉选框中选择 2，单击 OK 按钮关闭该对话框。

（18）选择 Utility Menu｜Select｜Entities 命令，出现 Select Entities 菜单，在第 1 个下拉选框中选择 Nodes，在第 2 个下拉选框中选择 Attached to，在第 3 栏中选择 Lines，all，在第 4 栏中选择 From Full，单击 OK 按钮关闭该菜单。

> 提示：选择附属于所选线段的所有节点。

（19）选择 Main Menu｜Preprocessor｜Modeling｜Create｜Elements｜Surf/Contact｜Surf to Surf 命令，出现 Mesh Free Surfaces 对话框，在 Tlab Surface element form 下拉选框中选择 Top surface，在 Shape Base shape of TARGE170s 下拉选框中选择 Same as target，单击 OK 按钮，出现 Mesh Free Surfaces 菜单，单击其上的 Pick All 按钮。

（20）选择 Utility Menu｜Select｜Everything 命令。

（21）选择 Utility Menu｜Select｜Entities 命令，出现 Select Entities 菜单，在第 1 个下拉选框中选择 Lines，在第 2 个下拉选框中选择 By Num/Pick，在第 3 栏中选择 From Full，单击 OK 按钮，出现 Select Lines 菜单，在输入栏中输入 2，单击 OK 按钮关闭该菜单。

> 提示：选择线段 L2。

（22）选择 Utility Menu｜Select｜Comb/Assembly｜Create Component 命令，出现 Create Component 对话框，在 Cname Component name 输入栏中输入_CONTACT，在 Entity Component is made of 下拉选框中选择 Lines，单击 OK 按钮关闭该对话框。

（23）选择 Main Menu｜Preprocessor｜Modeling｜Create｜Elements｜Elem Attributes 命令，出现 Element Attributes 对话框，在［TYPE］Element type number 下拉选框中选择 3 CONTACT172，在［MAT］Material number 下拉选框中选择 1，单击 OK 按钮关闭该对话框。

（24）选择 Utility Menu｜Select｜Entities 命令，出现 Select Entities 菜单，在第 1 个下拉选框中选择 Nodes，在第 2 个下拉选框中选择 Attached to，在第 3 栏中选择 Lines，all，在第 4 栏中选择 From Full，单击 OK 按钮关闭该菜单。

> 提示：选择附属于所选线段的所有节点。

（25）选择 Main Menu｜Preprocessor｜Modeling｜Create｜Elements｜Surf/Contact｜Surf to Surf 命令，出现 Mesh Free Surfaces 对话框，在 Tlab Surface element form 下拉选框中选择 Top surface，在 Shape Base shape of TARGE170s 下拉选框中选择 Same as target，单击 OK 按钮，出现 Mesh Free Surfaces 菜单，单击其上的 Pick All 按钮。

（26）选择 Utility Menu｜Select｜Everything 命令。

第五步：加载求解

（1）选择 Main Menu｜Solution｜Analysis Type｜New Analysis 命令，出现 New Analysis 对话框，选择 Static，单击 OK 按钮关闭该对话框。

（2）选择 Main Menu｜Solution｜Analysis Type｜Sol's Controls 命令，出现 Solution Controls 对话框，单击其上的 Baisc 按钮，参照图 2-32 对其进行设置，单击 OK 按钮关闭该对话框。

（3）选择 Utility Menu｜Select｜Entities 命令，出现 Select Entities 菜单，在第 1 个下拉选框中选择 Lines，在第 2 个下拉选框中选择 By Num/Pick，在第 3 栏中选择 From Full，单击 OK 按钮，

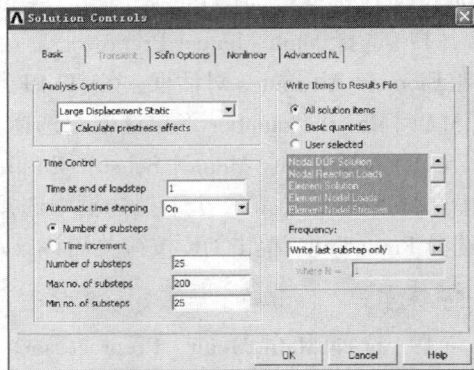

图 2-32　求解过程基本属性设置对话框

出现 Select Lines 菜单，在输入栏中输入 4，6，11，单击 OK 按钮关闭该菜单。

（4）选择 Utility Menu｜Select｜Entities 命令，出现 Select Entities 菜单，在第 1 个下拉选框中选择 Nodes，在第 2 个下拉选框中选择 Attached to，在第 3 栏中选择 Lines，all，在第 4 栏中选择 From Full，单击 OK 按钮关闭该菜单。

提示：以上两步操作是选择附属于线段 L4、L6 及 L11 上的所有节点，即位于坯料中心轴线上的节点。

（5）选择 Main Menu｜Solution｜Define Loads｜Apply｜Structural｜Displacement｜On Nodes 命令，出现 Apply U，ROT on N 菜单，单击 Pick All 按钮，出现 Apply U，ROT on Nodes 对话框，在 Lab2 DOFs to be constrained 列表框中选择 UX，在 VALUE Displacement value 输入中输入 0，单击 OK 按钮关闭该对话框。

提示：对所选线段节点施加 X 方向的 0 位移约束（对称轴在挤压过程中沿 X 方向无位移）。

（6）选择 Utility Menu｜Select｜Entities 命令，出现 Select Entities 菜单，在第 1 个下拉选框中选择 Lines，在第 2 个下拉选框中选择 By Num/Pick，在第 3 栏中选择 From Full，单击 OK 按钮，出现 Select Lines 菜单，在输入栏中输入 5，单击 OK 按钮关闭该菜单。

（7）选择 Utility Menu｜Select｜Entities 命令，出现 Select Entities 菜单，在第 1 个下拉选框

中选择 Nodes，在第 2 个下拉选框中选择 Attached to，在第 3 栏中选择 Lines，all，在第 4 栏中选择 From Full，单击 OK 按钮关闭该菜单。

提示：以上两步操作是选择附属于线段 L5 上的所有节点，即位于模具底面上的节点。

（8）选择 Main Menu | Solution | Define Loads | Apply | Structural | Displacement | On Nodes 命令，出现 Apply U, ROT on N 菜单，单击 Pick All 按钮，出现 Apply U, ROT on Nodes 对话框，在 Lab2 DOFs to be constrained 列表框中选择 UY，在 VALUE Displacement value 输入中输入 0，单击 OK 按钮关闭该对话框。

提示：对所选线段节点施加 Y 方向的 0 位移约束(模具底面为固定面，在挤压过程中沿 Y 方向无位移)。

（9）选择 Utility Menu | Select | Entities 命令，出现 Select Entities 菜单，在第 1 个下拉选框中选择 Lines，在第 2 个下拉选框中选择 By Num/Pick，在第 3 栏中选择 From Full，单击 OK 按钮，出现 Select Lines 菜单，在输入栏中输入 3，单击 OK 按钮关闭该菜单。

（10）选择 Utility Menu | Select | Entities 命令，出现 Select Entities 菜单，在第 1 个下拉选框中选择 Nodes，在第 2 个下拉选框中选择 Attached to，在第 3 栏中选择 Lines，all，在第 4 栏中选择 From Full，单击 OK 按钮关闭该菜单。

提示：以上两步操作是选择附属于线段 L3 上的所有节点，即位于坯料上端面上的节点。

（11）选择 Main Menu | Solution | Define Loads | Apply | Structural | Displacement | On Nodes 命令，出现 Apply U, ROT on N 菜单，单击 Pick All 按钮，出现 Apply U, ROT on Nodes 对话框，在 Lab2 DOFs to be constrained 列表框中选择 UY，在 VALUE Displacement value 输入中输入-0.03，单击 OK 按钮关闭该对话框。

提示：对所选线段节点施加 Y 方向的位移载荷(坯料上端面向下移动 0.03 m，模拟挤压过程)。

（12）选择 Utility Menu | Select | Everything 命令。

注意：此操作为选择所有实体，不可以省略，否则将有部分单元和节点不参与计算。

（13）选择 Main Menu | Solution | Solve | Current LS 命令，单击 Solve Current Load Step 对话框上的 OK 按钮，ANSYS 开始求解计算。求解结束后，ANSYS 显示窗口出现 Note 提示框，单击 Close 按钮关闭该对话框。

（14）选择 Utility Menu | File | Save as 命令，出现 Save Database 对话框，在 Save Database to 输入栏中输入 EXERCISE2.db，保存求解结果，单击 OK 按钮关闭该对话框。

第六步：查看求解结果

（1）选择 Main Menu | General Postproc | Read Results | Last Set 命令。

（2）选择 Main Menu | General Postproc | Plot Results | Deformed Shape 命令，出现 Plot

Deformed Shape 对话框，单击 OK 按钮，ANSYS 显示窗口显示如图 2-33 所示的变形图。

（3）选择 Main Menu | General Postproc | Plot Results | Contour Plot | Nodal Solu 命令，出现 Contour Nodal Solution Data 对话框，选择 Nodal Solution | Stress | X-Component of stress，单击 Apply 按钮，ANSYS 显示窗口显示径向应力场等值线图，如图 2-34 所示。

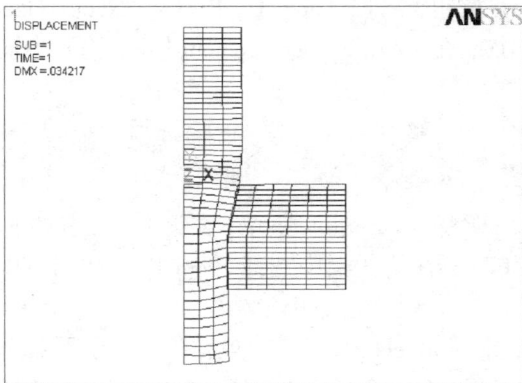

图 2-33　挤压后网格变形图

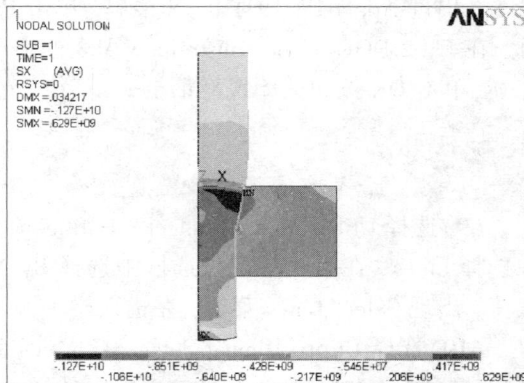

图 2-34　径向应力等值线图

（4）选择 Main Menu | General Postproc | Plot Results | Contour Plot | Nodal Solu 命令，出现 Contour Nodal Solution Data 对话框，选择 Nodal Solution | Stress | Y-Component of stress，单击 Apply 按钮，ANSYS 显示窗口显示轴向应力场等值线图，如图 2-35 所示。

（5）选择 Main Menu | General Postproc | Plot Results | Contour Plot | Nodal Solu 命令，出现 Contour Nodal Solution Data 对话框，选择 Nodal Solution | Stress | Z-Component of stress，单击 Apply 按钮，ANSYS 显示窗口显示周向应力场等值线图，如图 2-36 所示。

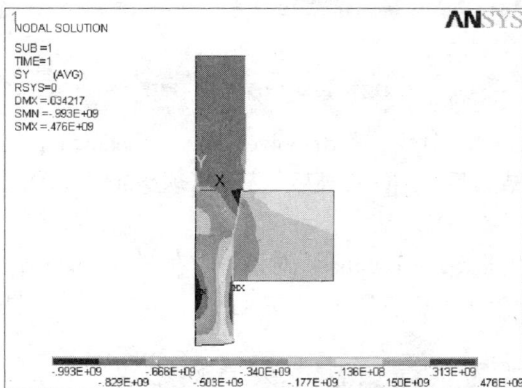

图 2-35　轴向应力等值线图

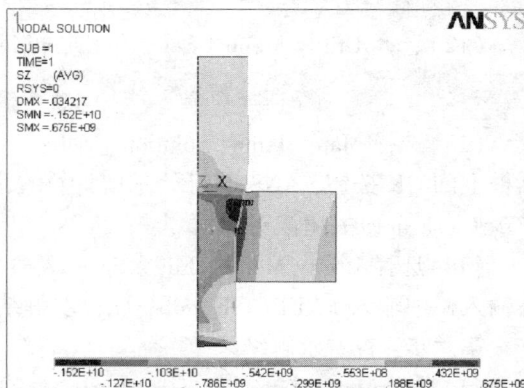

图 2-36　周向应力等值线图

（6）选择 Main Menu｜General Postproc｜Plot Results｜Contour Plot｜Nodal Solu 命令，出现 Contour Nodal Solution Data 对话框，选择 Nodal Solution｜Stress｜von Mises stress，单击 Apply 按钮，ANSYS 显示窗口显示等效应力场等值线图，如图 2-37 所示。

（7）选择 Nodal Solution｜Contact｜Contact friction stress，单击 OK 按钮，ANSYS 显示窗口显示接触面上的摩擦应力等值线图，如图 2-38 所示。

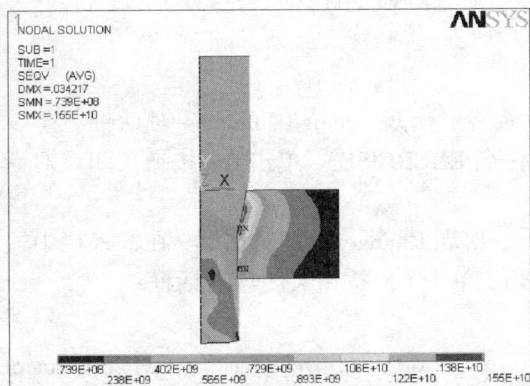

图 2-37　等效应力等值线图

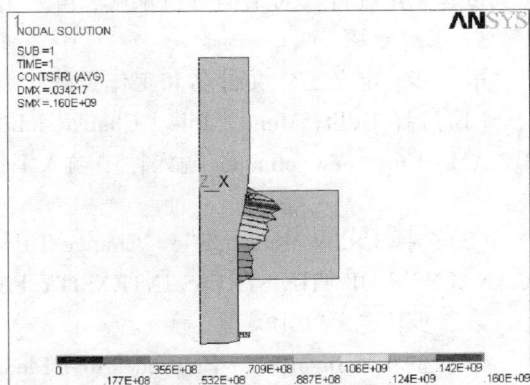

图 2-38　摩擦应力等值线图

（8）选择 Utility Menu｜File｜Exit 命令，出现 Exit from ANSYS 对话框，选择 Quit - No Save!，单击 OK 按钮关闭 ANSYS。

试一试：改变模具角度、摩擦系数及坯料变形量，依据本例的求解思路进行求解，分析模具角度、摩擦系数及坯料变形量等挤压参数对坯料成形过程中内部应力场的影响规律。

例 3：平板断裂分析

1. 问题描述

图 2-39 为一断裂试样结构示意图，厚度为 5 mm，试计算其应力强度因子。

试样材料参数：

弹性模量 $E=220$ GPa；

泊松比 $\nu=0.25$；

载荷 $P=0.12$ MPa。

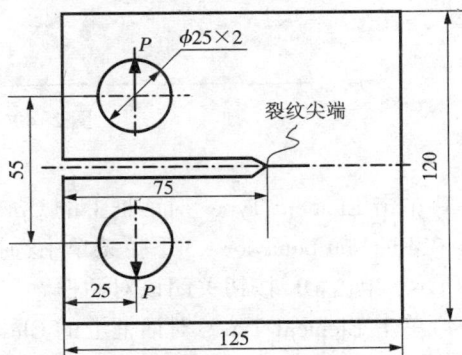

图 2-39　断裂试样结构示意图

提示：建模过程中长度单位采用 mm，应力单位采用 MPa。

2. 问题分析

由于长度和宽度方向的尺寸远大于厚度方向的尺寸，且所承受的载荷位于长宽方向所构成的平面内，所以该问题满足平面应力问题的条件，可以简化为平面应力问题进行求解。

根据对称性，取整体模型的 1/2 建立几何模型；选择六节点三角形单元 PLANE183 模拟加载过程，先进行普通结构分析求解，再采用特殊的后处理命令计算断裂参数。

3. 求解步骤

第一步：定义工作文件名和工作标题

（1）选择 Utility Menu │ File │ Change Jobname 命令，出现 Change Jobname 对话框，在［/FILNAM］Enter new jobname 输入栏中输入工作文件名 EXERCISE3，单击 OK 按钮关闭该对话框。

（2）选择 Utility Menu │ File │ Change Title 命令，出现 Change Title 对话框，在输入栏中输入 ANALYSIS OF THE STRESS INTENSITY FACTOR，单击 OK 按钮关闭该对话框。

第二步：定义单元类型

（1）选择 Main Menu │ Preprocessor │ Element Type │ Add/Edit/Delete 命令，出现 Element Types 对话框，单击 Add 按钮，出现 Library of Element Types 对话框。

（2）在 Library of Element Types 列表框中选择 Structural Solid, Quad 8node 183，在 Element type reference number 输入栏中输入 1，如图 2-40 所示，单击 OK 按钮关闭该对话框。

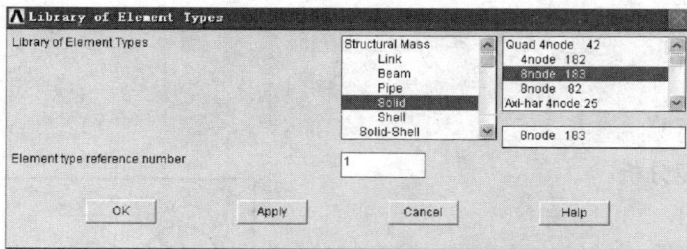

图 2-40　选择单元类型

（3）单击 Element Types 对话框上的 Options 按钮，出现 PLANE183 element type options 对话框，在 Element behavior K3 下拉菜单中选择 Plane strs w/thk，其余选项采用默认设置，如图 2-41 所示，单击 OK 按钮关闭该对话框。

（4）单击 Element Types 对话框上的 Close 按钮，关闭该对话框。

（5）选择 Main Menu │ Preprocessor │ Real Constants │ Add/Edit/Delete 命令，出现 Real Constants 对话框，单击 Add 按钮，出现 Element Type for Real Constants 对话框，单击 OK 按

钮，出现 Real Constants Set Number 1, for PLANE183 对话框，在 Real Constant Set No. 输入栏中输入 1，在 Thickness THK 输入栏中输入 5，如图 2-42 所示，单击 OK 按钮关闭该对话框。

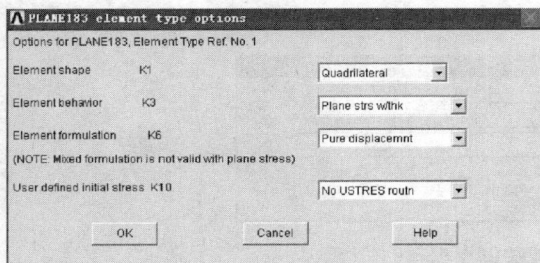

图 2-41　设置 PLANE183 单元关键字　　　　　图 2-42　设置 PLANE183 单元实常数

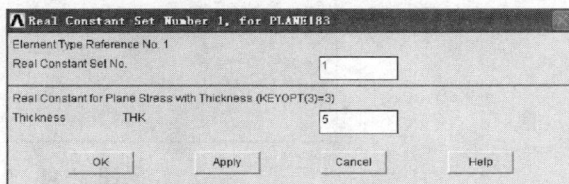

（6）单击 Real Constants 对话框上的 Close 按钮关闭该对话框，

第三步：定义材料性能参数

（1）选择 Main Menu | Preprocessor | Material Props | Material Models 命令，出现 Define Material Model Behavior 对话框。

（2）在 Material Models Available 一栏中依次双击 Structural、Linear、Elastic、Isotropic 选项，出现 Linear Isotropic Propeties for Material Number 1 对话框，在 EX 输入栏中输入 2.2E5，在 PRXY 输入栏中输入 0.25，单击 OK 按钮关闭该对话框。

（3）在 Define Material Model Behavior 对话框上选择 Material | Exit 命令，关闭该对话框。

第四步：创建几何模型、划分网格

（1）选择 Utility Menu | PlotCtrls | Numbering 命令，出现 Plot Numbering Controls 对话框，选择 KP Keypoint numbers、LINE Line numbers 和 AREA Area numbers 选项，使其状态从 Off 变为 On，如图 2-43 所示，单击 OK 按钮关闭该对话框。

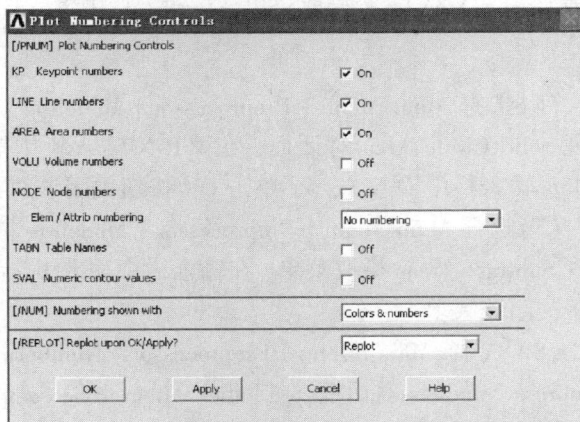

图 2-43　编号显示控制对话框

提示：在几何模型中显示线段和面编号。

（2）选择 Main Menu｜Preprocessor｜Modeling｜Create｜Keypoints｜In Active CS 命令，出现 Create Keypoints In Active Coordinate System 对话框，在 NPT Keypoint nuber 输入栏中输入 1，在 X，Y，Z Location in active CS 输入栏中分别输入 50，0，0，如图 2-44 所示，单击 OK 按钮关闭该对话框。

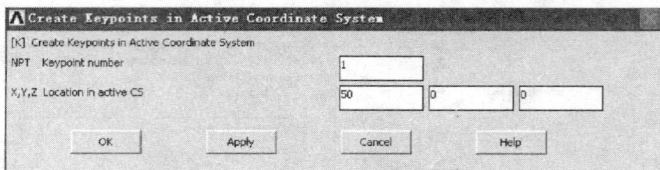

图 2-44　生成关键点

（3）参照上一步的操作过程，依次在 ANSYS 显示窗口生成以下关键点编号及坐标：
2(100，0，0)；3(100，60，0)；4(-25，60，0)；5(-25，0，0)；

（4）选择 Main Menu｜Preprocessor｜Modeling｜Create｜Lines｜Lines｜Straight Line 命令，出现 Create Straight 拾取菜单，用鼠标在 ANSYS 显示窗口依次选择编号为 1、2，2、3，3、4，4、5，5、1 的关键点生成 5 条线段，单击 OK 按钮关闭该菜单。

技巧：可通过在 Create Straight 拾取菜单的输入栏中输入相应的关键点编号并单击 Accept 按钮生成线段。

（5）选择 Main Menu｜Preprocessor｜Modeling｜Create｜Areas｜Arbitrary｜By Lines 命令，出现 Create Area by L 拾取菜单，在输入栏中输入 5，1，2，3，4，单击 OK 按钮关闭该菜单。

提示：线段编号不同的输入次序会影响到生成面的法线方向。

（6）选择 Main Menu｜Preprocessor｜Modeling｜Create｜Areas｜Circle｜Solid Circle 命令，出现 Solid Circle Area 对话框，在 WP X 输入栏中输入 0，在 WP Y 输入栏中输入 27.5，在 Radius 输入栏中输入 12.5，单击 OK 按钮关闭该对话框。

（7）选择 Main Menu｜Preprocessor｜Modeling｜Operate｜Booleans｜Subtract｜Areas 命令，出现 Subtract Areas 拾取菜单，在输入栏中输入 1，单击 OK 按钮，在输入栏中输入 2，单击 OK 按钮关闭该菜单。

（8）选择 Main Menu｜Preprocessor｜Numbering Ctrls｜Compress Numbers 命令，出现 Compress Numbers 对话框，在 Label　Item to be compressed 下拉菜单中选择 Areas，单击 OK 按钮关闭该对话框。

提示：压缩实体编号。

（9）选择 Main Menu｜Preprocessor｜Meshing｜Size Cntrls｜Concentrat KPs｜Create 命令，出现 Concentration Keypoint 拾取菜单，在输入栏中输入 1，单击 OK 按钮，出现 Concentration

Keypoint 对话框，参照图 2-45 对其进行设置，单击 OK 按钮关闭该对话框。

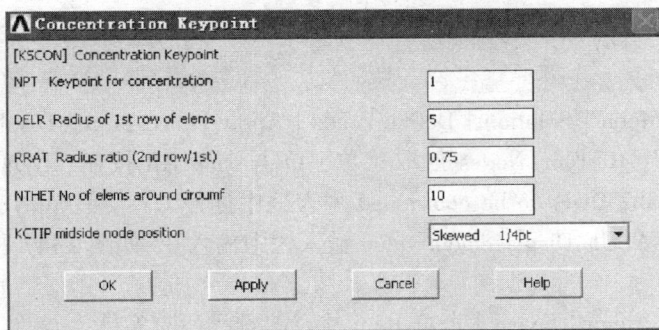

图 2-45 中心点设置

（10）选择 Main Menu | Preprocessor | Meshing | Size Cntrls | ManualSize | Global | Size 命令，出现 Global Element Sizes 对话框，在 SIZE Element edge length 输入栏中输入 3，其余选项采用默认设置，单击 OK 按钮关闭该对话框。

（11）选择 Main Menu | Preprocessor | Meshing | Mesh | Areas | Free 命令，出现 Mesh Areas 拾取菜单，单击 Pick All 按钮关闭该菜单。

（12）选择 Utility Menu | Plot | Elements 命令，ANSYS 显示窗口将显示网格划分结果，如图 2-46 所示。

第五步：加载求解

（1）选择 Main Menu | Solution | Analysis Type | New Analysis 命令，出现 New Analysis 对话框，选择分析类型为 Static，单击 OK 按钮关闭该对话框。

（2）选择 Utility Menu | Plot | Lines 命令，显示所有线段。

（3）选择 Utility Menu | Select | Entities 命令，出现 Select Entities 对话框，在第 1 个下拉菜单中选择

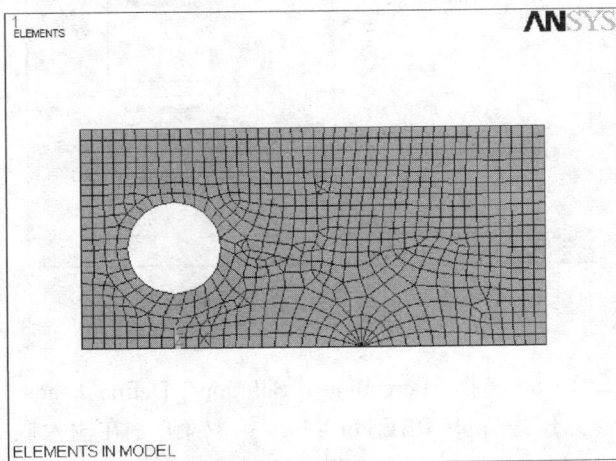

图 2-46 网格划分结果显示

Lines，在第 2 个下拉菜单中选择 By Num/Pick，在第 3 栏中选择 From Full，单击 OK 按钮，出现 Select Lines 拾取菜单，在输入栏中输入 1，单击 OK 按钮关闭该菜单。

（4）选择 Utility Menu｜Select｜Entities 命令，出现 Select Entities 对话框，在第 1 个下拉菜单中选择 Nodes，在第 2 个下拉菜单中选择 Attached to，在第 3 栏中选择 Line，all，在第 4 栏中选择 From Full，单击 OK 按钮关闭该对话框。

☞ 提示：选择编号为 1 的线段上的节点。

（5）选择 Main Menu｜Solution｜Define Loads｜Apply｜Structural｜Displacement｜On Nodes 命令，出现 Apply U，ROT on Nodes 拾取菜单，单击 Pick All 按钮，出现 Apply U，ROT on Nodes 对话框，在 Lab2 DOFs to be contrained 列表框中选择 UY，在 Apply as 下拉菜单中选择 Constant value，在 VALUE Displacement value 输入栏中输入 0，如图 2-47 所示，单击 OK 按钮关闭该对话框。

（6）选择 Utility Menu｜Select｜Everything 命令，选择所有实体。

（7）选择 Main Menu｜Solution｜Define Loads｜Apply｜Structural｜Pressure｜On Lines 命令，出现 Apply PRES on Lines 拾取菜单，在输入栏中输入 6，单击 OK 按钮，出现 Apply PRES on Lines 对话框，在［SFL］Apply PRES on lines as a 下拉菜单中选择 Constant value，在 VALUE Load PRES value 输入栏中输入 0，在 Value 输入栏中输入 0.12，如图 2-48 所示，单击 OK 按钮关闭该对话框。

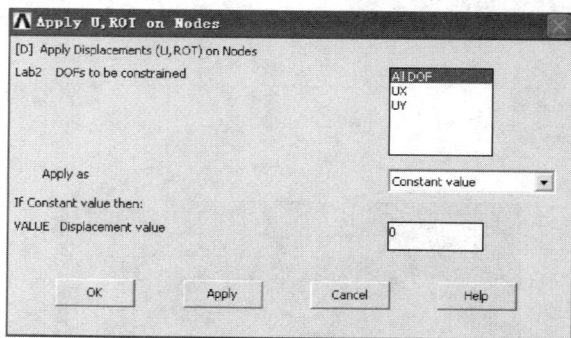

图 2-47　在节点上施加位移约束　　　　　　　　图 2-48　在线段上施加压力载荷

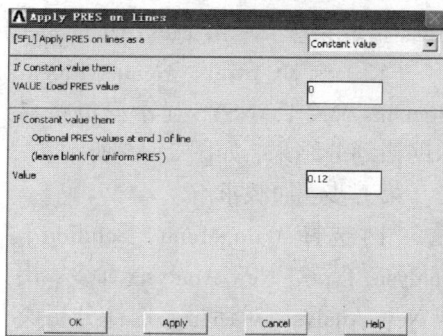

（8）选择 Main Menu｜Solution｜Define Loads｜Apply｜Structural｜Pressure｜On Lines 命令，出现 Apply PRES on Lines 拾取菜单，在输入栏中输入 7，单击 OK 按钮，出现 Apply PRES on Lines 对话框，在［SFL］Apply PRES on lines as a 下拉菜单中选择 Constant value，在 VALUE Load PRES value 输入栏中输入 0.12，在 Value 输入栏中输入 0，单击 OK 按钮关闭该对话框。

（9）选择 Utility Menu｜WorkPlane｜Local Coordinate Systems｜Create Local CS｜At Specified Location 命令，出现 Create CS at Location 拾取菜单，在输入栏中输入 50，0，0，单击 OK 按钮，出现 Create Local CS at Specified Location 对话框，参照图 2-49 对其进行设置，单击

OK 按钮关闭该对话框。

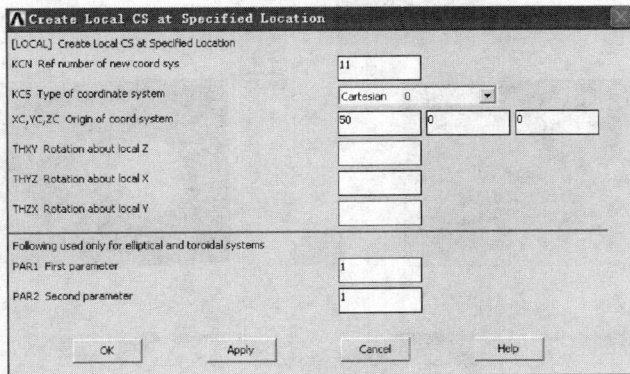

图 2-49　在设定位置创建局部坐标系

（10）选择 Main Menu｜Solution｜Solve Current LS 命令，出现 Solve Current Load Step 对话框，单击 OK 按钮，ANSYS 开始求解计算。

提示：若出现 Verify 对话框，可单击其上的 Yes 按钮关闭该对话框继续求解过程。

（11）求解结束时，出现 Note 提示框，单击 Close 按钮关闭该对话框。

（12）选择 Utility Menu｜File｜Save as 命令，出现 Save Database 对话框，在 Save Database to 输入栏中输入 EXERCISE3.db，保存求解结果，单击 OK 按钮关闭该对话框。

第六步：查看求解结果

（1）选择 Main Menu｜General Postproc｜Plot Results｜Contour Plot｜Nodal Solu 命令，出现 Contour Nodal Solution Data 对话框，在 Item to be contoured 列表框中选择 Nodal Solution｜DOF Solution｜Displacement vector sum，单击 OK 按钮，ANSYS 窗口将显示如图 2-50 所示的合位移等值线图。

（2）选择 Main Menu｜General Postproc｜Plot Results｜Contour Plot｜Nodal Solu 命令，出现 Contour Nodal Solution Data 对话框，在 Item to be contoured 列表框中选择 Nodal Solution｜Stress｜von Mises stress，单击 OK 按钮，ANSYS 窗口将显示如图 2-51 所示的等效应力等值线图。

提示：输出应力单位为 MPa。

（3）选择 Main Menu｜General Postproc｜List Results｜Reaction Solu 命令，出现 List Reaction Solution 对话框，在 Lab Item to be listed 列表框中选择 All items，单击 OK 按钮，ANSYS 将显示支反力结果。

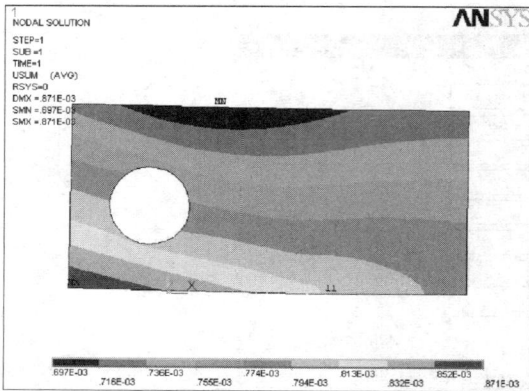

图 2-50　合位移等值线图

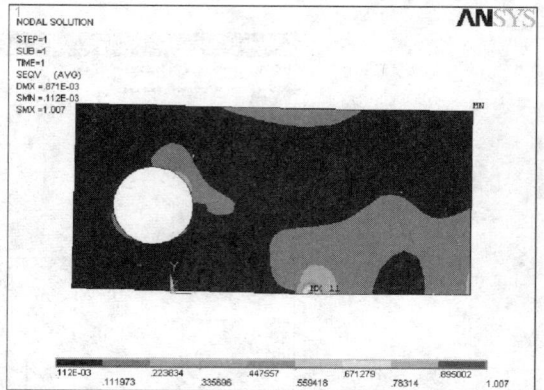

图 2-51　等效应力等值线图

（4）选择 Main Menu｜General Postproc｜Path Operations｜Define Path｜By Nodes 命令，出现 By Nodes 拾取菜单，在输入栏中输入 2，35，33，单击 OK 按钮，出现 By Nodes 对话框，在 Name Define Path Name：输入栏中输入 DF，其余选项采用默认设置，如图 2-52 所示，单击 OK 按钮关闭该对话框。

（5）选择 Main Menu｜General Postproc｜Path Operations｜Define Path｜Path Status｜Current Path 命令，ANSYS 将显示当前路径，如图 2-53 所示。

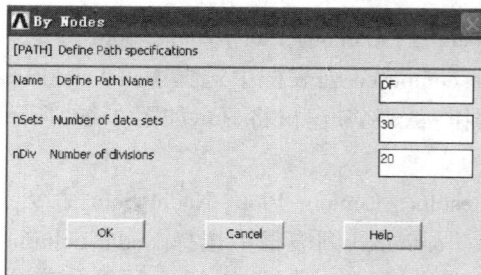

图 2-52　通过节点定义路径

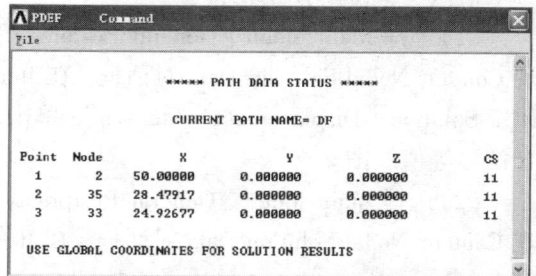

图 2-53　当前路径显示

（6）选择 Main Menu｜General Postproc｜Nodal Calcs｜Stress Int Factr 命令，出现 Stress Intensity Factor 对话框，参照图 2-54 对其进行设置，单击 OK 按钮，ANSYS 将显示应力强度因子计算结果，如图 2-55 所示。

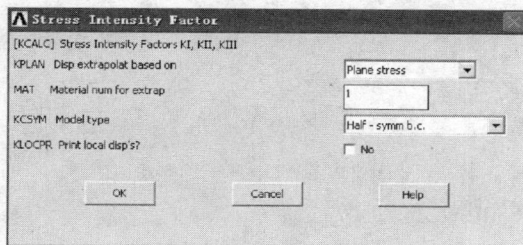

图 2-54　计算应力强度因子

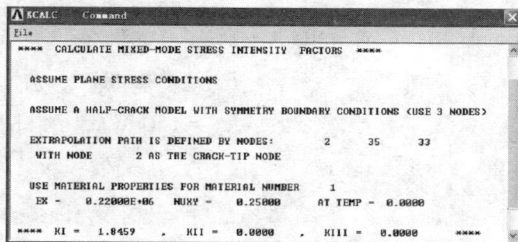

图 2-55　应力强度因子计算结果显示

（7）选择 Utility Menu｜File｜Exit 命令，出现 Exit from ANSYS 对话框，选择 Quit-No Save! 选项，单击 OK 按钮，关闭 ANSYS。

试一试：将两个小孔的尺寸都调整为 $\phi20$，其余条件不变（包括孔间距），求该结构的应力强度因子，比较求解结果有无变化。

例 4：滑动摩擦生热分析

1. 问题描述

如图 2-56 所示，A 滑块在 B 固定滑块上运动，试求 A 滑块以 1 m/s 的速度向前滑动 15 mm 时由于摩擦而引起的温升和应力。（图中所示尺寸为 mm）

材料参数：

弹性模量：$E = 69$ GPa；

泊松比：$\nu = 0.3$；

密度：$\rho = 2700$ kg·m^{-3}；

导热系数：$K_{xx} = 150$ W·m^{-1}·K^{-1}；

热膨胀系数：$\alpha = 23.9 \times 10^{-6}$K^{-1}；

比热：$C = 900$ J·kg^{-1}·K^{-1}；

摩擦系数：$\mu = 0.2$；

载荷：

$P = 40$ MPa。

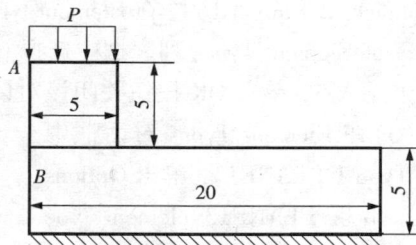

图 2-56　滑块滑动摩擦生热

2. 问题分析

该问题属于瞬态动力学中的摩擦生热问题。选择 PLANE13 热结构耦合单元模拟滑块，选择 CONTA171 接触单元和 TARGE169 目标单元生成接触对。分两步对问题进行求解，第一步计算滑块运动过程中的摩擦生热；第二步计算由于热传导而引起的滑块温升。

> 提示：本例中，长度和位移单位采用 mm，力的单位采用 N，时间单位采用 s，温度单位采用 K，则输入材料参数和载荷如下：
> 弹性模量：$E = 69000$ MPa；泊松比：$\nu = 0.3$；密度：$\rho = 2.7 \times 10^{-9}$ N·s^2·mm^{-4}；
> 导热系数：$K_{xx} = 150$ W·m^{-1}·K^{-1}；热膨胀系数：$\alpha = 23.9 \times 10^{-6}$ K^{-1}；
> 比热：$C = 9 \times 10^8$ mm^2·s^{-2}·K^{-1}；摩擦系数：$\mu = 0.2$；载荷：$P = 40$ MPa。
> 结果输出温度单位为 K，应力单位为 MPa。

3. 求解步骤

第一步：建立工作文件名和工作标题

（1）选择 Utility Menu │ File │ Change Jobname 命令，出现 Change Jobname 对话框，在［/FILNAM］Enter new jobname 输入框中输入工作文件名 EXERCISE4，单击 OK 按钮关闭该对话框。

（2）选择 Utility Menu │ File │ Change Title 命令，出现 Change Title 对话框，在输入栏中输入 FRICTION HEATING OF A SLIDING BLOCK，单击 OK 按钮关闭该对话框。

第二步：定义单元类型

（1）选择 Main Menu │ Preprocessor │ Element Type │ Add/Edit/Delete 命令，出现 Element Types 对话框，单击 Add 按钮，出现 Library of Element Types 对话框。

（2）在 Library of Element Types 列表框中选择 Coupled Filed，Vector Quad 13，在 Element type reference number 选项中输入 1；单击 Apply 按钮，在 Library of Element Types 列表框中选择 Contact，2D target 169，在 Element type reference number 选项中输入 2；单击 Apply 按钮，在 Library of Element Types 列表框中选择 Contact，2 nd surf 171，在 Element type reference number 选项中输入 3，单击 OK 按钮关闭该对话框。

（3）在 Element Types 对话框中选择 Type 1 PLANE13，单击 Options 按钮，出现 PLANE13 element type options 对话框，在 Element degrees of freedom K1 下拉菜单中选择 UX UY TEMP AZ，在 Element behavior K3 下拉菜单中选择 Plane strain，其余选项采用默认设置，如图 2-57 所示，单击 OK 按钮关闭该对话框。

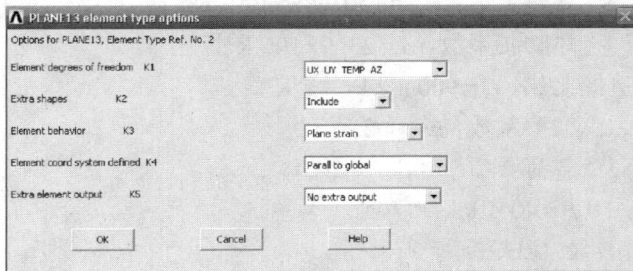

图 2-57　PLANE13 单元属性设置对话框

（4）在 Element Types 对话框中选择 Type 3 CONTA171，单击 Options 按钮，出现 CONTA171 element type options 对话框，在 Elem degrees of freedom K1 下拉菜单中选择 UX/UY/TEMP，其余选项采用默认设置，单击 OK 按钮关闭该对话框。

（5）单击 Element Types 对话框上的 Close 按钮，关闭该对话框。

第三步：定义材料性能参数

（1）选择 Main Menu｜Preprocessor｜Material Props｜Material Models 命令，出现 Define Material Model Behavior 对话框。

（2）在 Material Models Available 一栏中依次双击 Structural、Linear、Elastic、Isotropic 选项，出现 Linear Isotropic Propeties for Material Number 1 对话框，在 EX 输入栏中输入 69000，在 PRXY 输入栏中输入 0.3，单击 OK 按钮关闭该对话框。

（3）在 Material Models Available 一栏中依次双击 Structural、Density 选项，出现 Density for Material Number 1 对话框，在 DENS 输入栏中输入 2.7E-9，单击 OK 按钮关闭该对话框。

（4）在 Material Models Available 一栏中依次双击 Structural、Friction Coeffcient 选项，出现 Friction Coeffcient for Material Number 1 对话框，在 MU 输入栏中输入 0.2，单击 OK 按钮关闭该对话框。

（5）在 Material Models Available 一栏中依次双击 Structural、Thermal Expansion、Secant Coeffcient、Isotropic 选项，出现 Thermal Expansion Secant Coeffcient for Material Number 1 对话框，在 ALPX 输入栏中输入 2.39E-5，单击 OK 按钮关闭该对话框。

（6）在 Material Models Available 一栏中依次双击 Thermal、Conductivity、Isotropic 选项，出现 Conductivity for Material Number 1 对话框，在 KXX 输入栏中输入 150，单击 OK 按钮关闭该对话框。

（7）在 Material Models Available 一栏中依次双击 Thermal、Specific Heat 选项，出现 Specific Heat for Material Number 1 对话框，在 C 输入栏中输入 9E8，单击 OK 按钮关闭该对话框。

（8）在 Define Material Model Behavior 对话框上选择 Material｜Exit 命令，关闭该对话框。

第四步：创建有限元模型

（1）选择 Utility Menu｜PlotCtrls｜Numbering 命令，出现 Plot Numbering Controls 对话框，选择 LINE Line numbers 选项，使其状态从 Off 变为 On，单击 OK 按钮关闭该对话框。

（2）选择 Main Menu｜Preprocessor｜Modeling｜Create｜Areas｜Rectangle｜By Dimensions 命令，出现 Create Rectangle by Dimensions 对话框，在 X1, X2 X-coordinates 输入栏中分别输入 0、20，在 Y1, Y2 Y-coordinates 输入栏中分别输入 0、5，如图 2-58 所示，单击 Apply 按钮，在 X1, X2 X-coordinates 输入栏中分别输入 0、5，在 Y1, Y2 Y-coordinates 输入栏中分别输入 5、10，单击 OK 按钮关闭该对话框。

（3）选择 Main Menu｜Preprocessor｜Meshing｜Size Cntrls｜ManualSize｜Lines｜All Lines 命令，出现 Element Sizes on All Selected Lines 对话框，在 Size Element edge length 输入栏中输入 1，单击 OK 按钮关闭该对话框。

（4）选择 Main Menu｜Preprocessor｜Meshing｜Mesh｜Areas｜Free 命令，出现 Mesh Areas

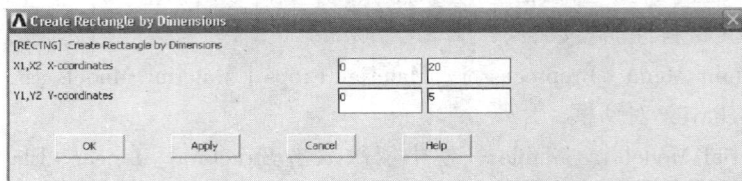

图 2-58　创建矩形面对话框

对话框，单击 Pick All 按钮关闭该对话框。

（5）选择 Utility Menu｜Plot｜Lines 命令，显示所有线段。

（6）选择 Utility Menu｜Select｜Entities 命令，出现 Select Entities 对话框，在第 1 个下拉菜单中选择 Lines，在第 2 个下拉菜单中选择 By Num/Pick，在第 3 栏中选择 From Full，单击 OK 按钮，出现 Select Lines 拾取菜单，在输入栏中输入 3，单击 OK 按钮关闭该菜单。

（7）选择 Utility Menu｜Select｜Entities 命令，出现 Select Entities 对话框，在第 1 个下拉菜单中选择 Nodes，在第 2 个下拉菜单中选择 Attached to，在第 3 栏中选择 Lines, all，在第 4 栏中选择 From Full，如图 2-59 所示，单击 OK 按钮关闭该对话框。

（8）选择 Main Menu｜Preprocessor｜Modeling｜Create｜Elements｜Elem Attributes 命令，出现 Element Attributes 对话框，在［TYPE］Element type number 下拉菜单中选择 2 TARGE169，在［MAT］Material number 下拉菜单中选择 1，其余选项采用默认设置，如图 2-60 所示，单击 OK 按钮关闭该对话框。

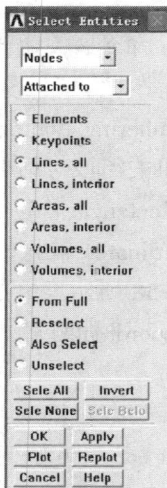

图 2-59　选择实体对话框

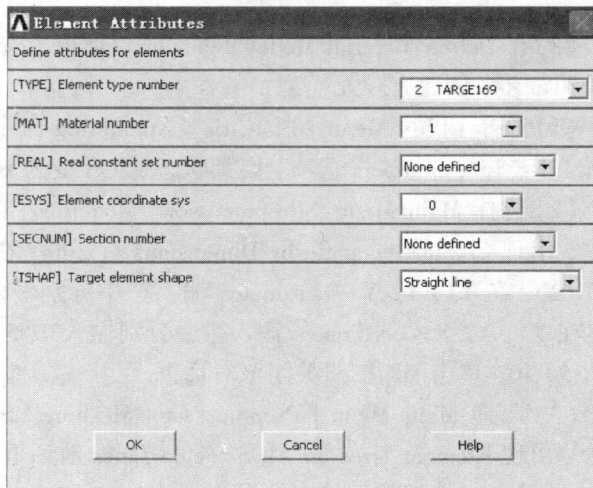

图 2-60　单元属性设置对话框

（9）选择 Main Menu｜Preprocessor｜Modeling｜Create｜Elements｜Surf/Contact｜Surf to Surf 命令，出现 Mesh Free Surfaces 对话框，在 Tlab Surface element form 下拉菜单中选择 Top surface，在 Shape Base shape of TARGE170 下拉菜单中选择 Same as target，单击 OK 按钮，出现 Mesh Free Surfaces 拾取菜单，单击 Pick All 按钮关闭该菜单。

（10）选择 Utility Menu｜Select｜Everything 命令，选择所有实体。

（11）选择 Utility Menu｜Select｜Entities 命令，出现 Select Entities 对话框，在第 1 个下拉菜单中选择 Lines，在第 2 个下拉菜单中选择 By Num/Pick，在第 3 栏中选择 From Full，单击 OK 按钮，出现 Select Lines 拾取菜单，在输入栏中输入 5，单击 OK 按钮关闭该菜单。

（12）选择 Utility Menu｜Select｜Entities 命令，出现 Select Entities 对话框，在第 1 个下拉菜单中选择 Nodes，在第 2 个下拉菜单中选择 Attached to，在第 3 栏中选择 Lines，all，在第 4 栏中选择 From Full，单击 OK 按钮关闭该对话框。

（13）选择 Main Menu｜Preprocessor｜Modeling｜Create｜Elements｜Elem Attributes 命令，出现 Element Attributes 对话框，在 [TYPE]Element type number 下拉菜单中选择 3 CONTA171，其余选项采用默认设置，单击 OK 按钮关闭该对话框。

（14）选择 Main Menu｜Preprocessor｜Modeling｜Create｜Elements｜Surf/Contact｜Surf to Surf 命令，出现 Mesh Free Surfaces 对话框，采用其默认设置，单击 OK 按钮，出现 Mesh Free Surfaces 拾取菜单，单击 Pick All 按钮关闭该菜单。

（15）选择 Utility Menu｜Select｜Everything 命令，选择所有实体。

（16）选择 Utility Menu｜Plot｜Elements 命令，ANSYS 显示窗口将显示所生成的有限元模型，如图 2-61 所示。

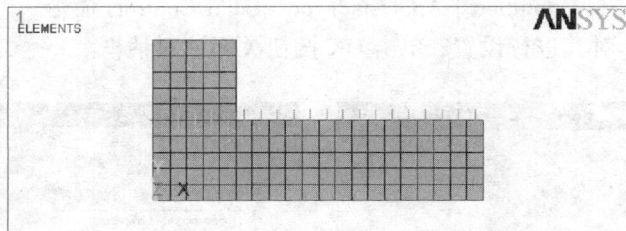

图 2-61　生成的有限元模型结果显示

第五步：加载求解

（1）选择 Main Menu｜Solution｜Analysis Type｜New Analysis 命令，出现 New Analysis 对话框。选择分析类型为 Transient，单击 OK 按钮，出现 Transient Analysis 对话框，在 [TRNOPT] Solution method 选项中选择 Full，单击 OK 按钮关闭该对话框。

（2）选择 Main Menu｜Solution｜Analysis Type｜Analysis Options 命令，出现 Full Transient Analysis 对话框，参照图 2-62 所示对其进行设置，单击 OK 按钮关闭该对话框。

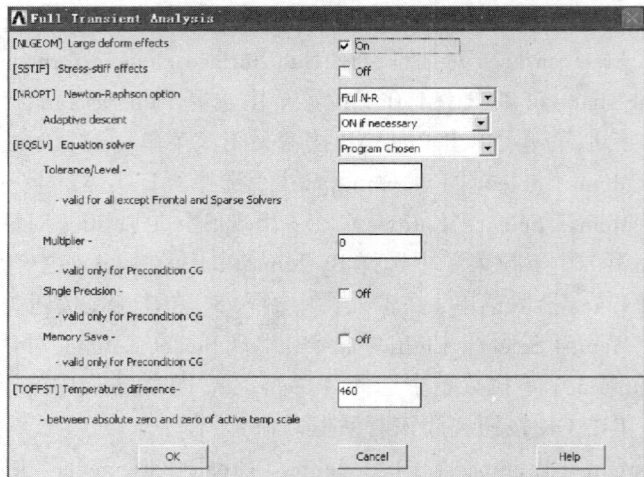

图 2-62　瞬态分析选项设置对话框

（3）选择 Main Menu｜Solution｜Define Loads｜Apply｜Thermal｜Temeprature｜Uniform Temp 命令，出现 Uniform Temperature 对话框，在［TUNIF］Uniform temperature 输入栏中输入 0，单击 OK 按钮关闭该对话框。

（4）选择 Main Menu｜Solution｜Load Step Opts｜Time/Frequenc｜Time Integration｜Amplitude Decay 命令，出现 Time Integration Controls 对话框，参照图 2-63 所示对其进行设置，单击 OK 按钮关闭该对话框。

（5）选择 Main Menu｜Solution｜Analysis Type｜Sol'n Controls 命令，出现 Solution Controls 对话框，参照图 2-64 对其进行设置，单击 OK 按钮关闭该对话框。

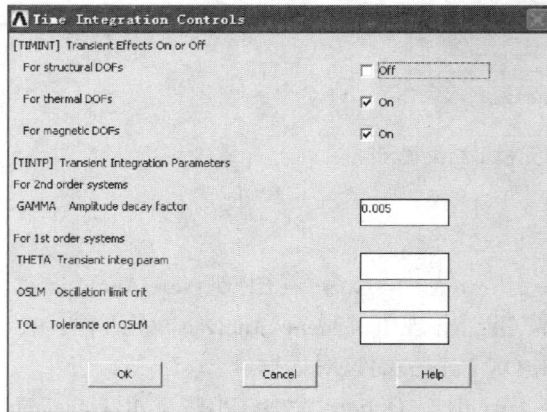

图 2-63　时间积分控制对话框

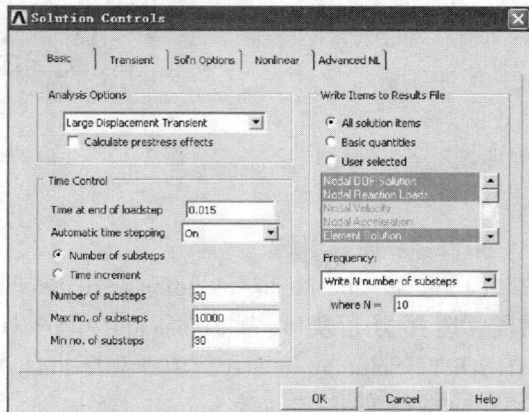

图 2-64　求解控制对话框

（6）选择 Utility Menu｜Select｜Entities 命令，出现 Select Entities 对话框，在第 1 个下拉菜单中选择 Lines，在第 2 个下拉菜单中选择 By Num/Pick，在第 3 栏中选择 From Full，单击 OK 按钮，出现 Select Lines 拾取菜单，在输入栏中输入 7，单击 OK 按钮关闭该菜单。

（7）选择 Utility Menu｜Select｜Entities 命令，出现 Select Entities 对话框，在第 1 个下拉菜单中选择 Nodes，在第 2 个下拉菜单中选择 Attached to，在第 3 栏中选择 Lines，all，在第 4 栏中选择 From Full，单击 OK 按钮关闭该对话框。

（8）选择 Utility Menu｜Parameters｜Array Parameters｜Define/Edit 命令，出现 Array Parameters 对话框，单击 Add 按钮，出现 Add New Array Parameter 对话框，在 Par Parameter name 输入栏中输入 PRESS，在 Type Parameter type 选项栏中选择 Table，在 Var1 Row Variable 输入栏中输入 TIME，其余选项采用默认设置，如图 2-65 所示，单击 OK 按钮关闭该对话框，单击 Close 按钮关闭 Add New Array Parameter 对话框。

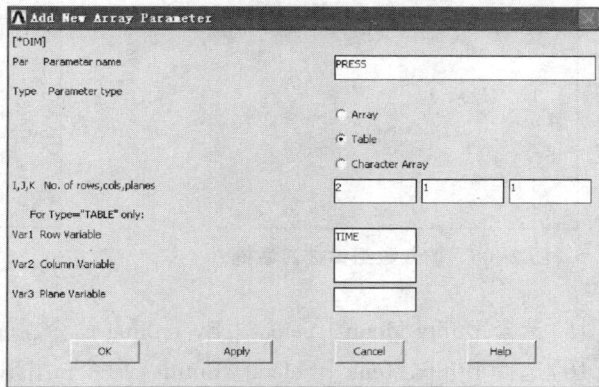

图 2-65　添加数组参数对话框

（9）选择 Main Menu｜Solution｜Define Loads｜Apply｜Structural｜Pressure｜On Nodes 命令，出现 Apply PRES on Nodes 拾取菜单，单击 Pick All 按钮，出现 Apply PRES on nodes 对话框，在［SF］Apply PRES on nodes as a 下拉菜单中选择 Existing table，单击 OK 按钮，出现 Apply PRES on nodes 对话框，采用其默认设置，单击 OK 按钮关闭该对话框。

（10）选择 Utility Menu｜Parameters｜Array Parameters｜Define/Edit 命令，出现 Array Parameters 对话框，单击 Edit 按钮，出现 Table Array：PRES=f(TIME) 对话框，参照图 2-66 对其进行设置，单击 File｜Apply/Quit 按钮关闭该对话框，单击 Close 按钮关闭 Array Parameters 对话框。

（11）选择 Utility Menu｜Select｜Everything 命令，选择所有实体。

（12）选择 Utility Menu｜Select｜Entities 命令，出现 Select Entities 对话框，在第 1 个下拉菜单中选择 Lines，在第 2 个下拉菜单中选择 By Num/Pick，在第 3 栏中选择 From Full，单击 OK 按钮，出现 Select Lines 拾取菜单，在输入栏中输入 6，单击 OK 按钮关闭该菜单。

（13）选择 Utility Menu｜Select｜Entities 命令，出现 Select Entities 对话框，在第 1 个下拉菜单中选择 Nodes，在第 2 个下拉菜单中选择 Attached to，在第 3 栏中选择 Lines，all，在第 4 栏中选择 From Full，单击 OK 按钮关闭该对话框。

（14）选 择 Main Menu｜Solution｜Define Loads｜Apply｜Structural｜Displacement｜On Nodes 命令，出现 Apply U，ROT on N 拾取菜单，单击 Pick All 按钮，出现 Apply U，ROT on Nodes 对话框，在 Lab2 DOFs to be constrained 列表框中选择 UX，在 VALUE Displacement value 输入栏中输入 15，如图 2-67 所示，单击 OK 按钮关闭该对话框。

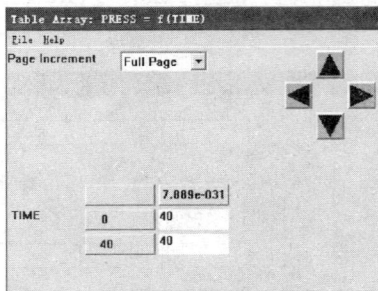

图 2-66 输入数组参数对话框　　　　图 2-67 施加位移载荷对话框

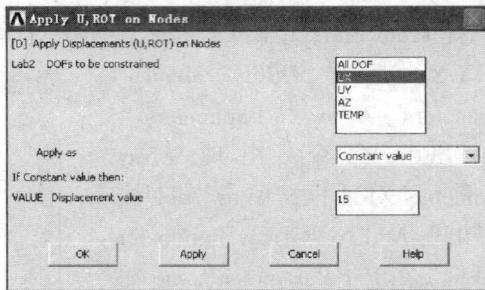

（15）选择 Utility Menu｜Select｜Everything 命令，选择所有实体。

（16）选择 Utility Menu｜Select｜Entities 命令，出现 Select Entities 对话框，在第 1 个下拉菜单中选择 Areas，在第 2 个下拉菜单中选择 By Num/Pick，在第 3 栏中选择 From Full，单击 OK 按钮，出现 Select Areas 拾取菜单，在输入栏中输入 1，单击 OK 按钮关闭该菜单。

（17）选择 Utility Menu｜Select｜Entities 命令，出现 Select Entities 对话框，在第 1 个下拉菜单中选择 Nodes，在第 2 个下拉菜单中选择 Attached to，在第 3 栏中选择 Areas，all，在第 4 栏中选择 From Full，单击 OK 按钮关闭该对话框。

（18）选 择 Main Menu｜Solution｜Define Loads｜Apply｜Structural｜Displacement｜On Nodes 命令，出现 Apply U，ROT on N 拾取菜单，单击 Pick All 按钮，出现 Apply U，ROT on Nodes 对话框，在 Lab2 DOFs to be constrained 列表框中选择 UX、UY，在 VALUE Displacement value 输入栏中输入 0，单击 OK 按钮关闭该对话框。

（19）选择 Utility Menu｜Select｜Everything 命令，选择所有实体。

（20）选择 Main Menu｜Solution｜Solve｜Current LS 命令，出现 Solve Current Load Step 对话框，单击 OK 按钮，ANSYS 将开始求解计算。

（21）求解结束时，出现 Note 提示框，单击 Close 按钮关闭该对话框。

（22）选择 Utility Menu｜File｜Save as 命令，出现 Save Database 对话框，在 Save Database to 输入栏中输入 EXERCISE41.db，保存求解结果，单击 OK 按钮关闭该对话框。

第六步：查看求解结果

（1）选择 Main Menu｜General Postproc｜Plot Results｜Contour Plot｜Nodal Solu 命令，出现 Contour Nodal Solution Data 对话框，在 Item to be contoured 列表框中选择 Nodal Solution｜

DOF solution | Nodal Temperature，单击 OK 按钮，ANSYS 窗口将显示如图 2-68 所示的滑块运动结束时的温度场等值线图。

（2）选择 Main Menu | General Postproc | Plot Results | Contour Plot | Nodal Solu 命令，出现 Contour Nodal Solution Data 对话框，在 Item to be contoured 列表框中选择 Nodal Solution | Stress | von Mises stress，单击 OK 按钮，ANSYS 窗口将显示如图 2-69 所示的滑块内部等效应力场等值线图。

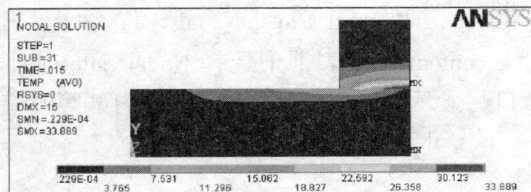

图 2-68 滑块运动结束时其内部温度场等值线图

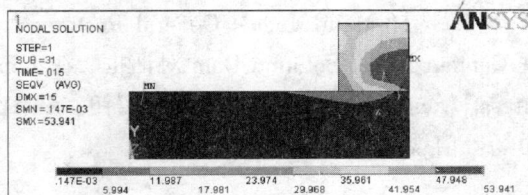

图 2-69 滑块内部等效应力场等值线图

第七步：再次进入求解器，计算热传导过程

（1）选择 Main Menu | Solution | Analysis Type | Sol'n Controls 命令，出现 Solution Controls 对话框，参照图 2-70 对其进行设置，单击 OK 按钮关闭该对话框。

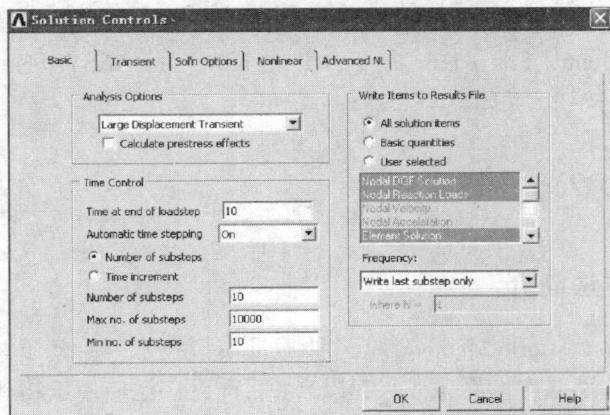

图 2-70 求解控制对话框

（2）选择 Main Menu | Solution | Solve | Current LS 命令，出现 Solve Current Load Step 对话框，单击 OK 按钮，ANSYS 将开始求解计算。

（3）求解结束时，出现 Note 提示框，单击 Close 按钮关闭该对话框。

（4）选择 Utility Menu｜File｜Save as 命令，出现 Save Database 对话框，在 Save Database to 输入栏中输入 EXERCISE42.db，保存求解结果，单击 OK 按钮关闭该对话框。

第八步：查看求解结果

（1）选择 Main Menu｜General Postproc｜Plot Results｜Contour Plot｜Nodal Solu 命令，出现 Contour Nodal Solution Data 对话框，在 Item to be contoured 列表框中选择 DOF solution Temperature TEMP，其余选项采用默认设置，单击 OK 按钮，ANSYS 窗口将显示如图 2-71 所示的 10 秒后的温度场等值线图。

（2）选择 Main Menu｜General Postproc｜Plot Results｜Contour Plot｜Nodal Solu 命令，出现 Contour Nodal Solution Data 对话框，在 Item to be contoured 列表框中选择 Nodal Solution｜Stress｜von Mises stress，单击 OK 按钮，ANSYS 窗口将显示如图 2-72 所示的滑块内部等效应力场等值线图。

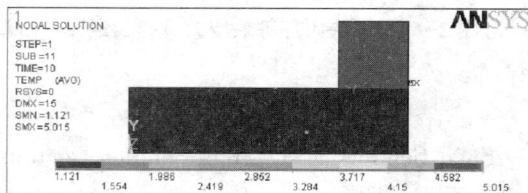

图 2-71　10 s 后的温度场等值

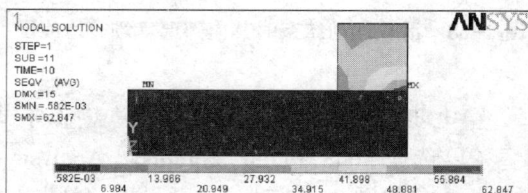

图 2-72　等效应力场等值线

（3）选择 Utility Menu｜File｜Exit 命令，出现 Exit from ANSYS 对话框，选择 Quit－No Save！选项，单击 OK 按钮，关闭 ANSYS。

2.4　蒙特卡洛方法

2.4.1　蒙特卡洛方法简介

蒙特卡洛方法（Monte Carlo Method）是一种随机模拟技术——基于一定的随机数与概率统计来研究问题，自从第二次世界大战兴起以来，目前已广泛应用于物理、化学、生物、生态学、社会学、交通管理、经济金融等领域。采用蒙特卡洛方法对于分析一些比较复杂的材料科学问题也具有独特的优势，如研究高能离子在材料中的运输、晶粒生长过程、薄膜材料的外延生长、气相沉积、复合材料的失效破坏等。

蒙特卡洛方法主要用于处理两类问题：一类是求特定问题的解，这个解可以被写成一定的随机过程或概率模型的参数，通过对过程或模型的仿真来确定这个参数，从而给出所求问题解的近似值，并可估计解的精确度。另一类是用来仿真特定的真实系统，这些系统内微元的相互作用及其演化规律是概率性的，通过蒙特卡洛方法模拟演化的概率，从而对真实系统进行仿真。蒙特卡洛方法的基本原理，是生成和使用随机数来解决上述两类问题。

下面以一求圆周率 π 的具体实例来说明蒙特卡洛法的基本原理。

如图 2-73 所示，向某一方形靶板随机投掷飞镖，若不存在脱靶，则每次投掷都将在靶板上留下一个着靶点。靶板边长为 r，阴影部分为四分之一圆。设落在阴影区域内的点数为 N_c，落在靶板上的总点数为 N_s，则飞镖在阴影区域的命中概率为：

$$\frac{N_c}{N_s} = \frac{(1/4)\pi r^2}{r^2} = \frac{\pi}{4} \tag{2-61}$$

这样，我们就把圆周率 π，写成了"投掷飞镖"这个概率模型的参数，

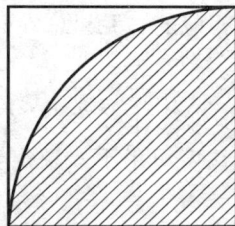

图 2-73　靶板示意图

$$\pi = \frac{4N_c}{N_s} \tag{2-62}$$

若采用计算机模拟上述过程，每次投掷可通过生成一对随机数 (x, y) $(0 \leqslant x \leqslant r, 0 \leqslant y \leqslant r)$ 来实现。若 $\sqrt{x^2+y^2} \leqslant r$，则视为落在阴影区域内。通过统计该区域内的所有点数与总随机数之比，即可获得圆周率 π 的近似解。

2.4.2　蒙特卡洛模拟基本步骤

蒙特卡洛不同于常规的数理统计方法，不必通过真实的试验来完成，属于一种虚拟仿真模拟。由于只有当试验次数足够多时，才能逼近真实的结果，常常需要通过电子计算机高速度、大容量的计算才能实现。其基本步骤包括：构建概率模型、生成随机数、迭代演化、分析处理所得结果。

1. 构建概率模型

概率模型本身形式多样，可能是离散的，如上节中的投掷飞镖问题，也可能是连续的，如对某个连续函数进行积分。在计算材料学仿真中，应根据所仿真的物理过程，建立相应的概率模型。例如用蒙特卡洛方法模拟铸造中的组织凝固过程时，首先将计算区域划分成单元网格，每个网格 i 上赋值一个自然数 I_i，令 $I_i = 0$ 代表网格 i 为液相，$I_i > 0$ 代表网格 i 为固相，正整数可以取 $1 \sim M$ 不同的数值，表示晶体在网格 i 的不同取向。初始的全部网格可随机地赋值为 $I_i = 0 \sim M$，表示材料在相变点附近，尚未开始凝固。当温度低于固液相变温度时，随着晶体的形核，任一网格周围不同位向的晶粒数（或液相网格数）逐渐减少，界面能降低。根据 Potts 模型晶粒间相互作用的计算方法，可以计算出总界面能：

$$G = -\gamma \sum_{i, j_n} (\delta_{I_i I_j}) \tag{2-63}$$

（2-63）式中累加符号有两个角标，表示双重累加。角标 i 表示累加遍历所有网格，角标 j_n 代表累加遍历网格 i 的所有近邻网格 j_n，γ 为界面能系数，$\delta_{I_i I_j}$ 是 Kronecker 记号，当 I_i 和 I_j 取值相同时，$\delta_{I_i I_j} = 1$，则有 $-\gamma(\delta_{I_i I_j} - 1) = 0$，表示近邻晶粒取向相同，不贡献界面能；当 I_i 和 I_j 取值不同时，$\delta_{I_i I_j} = 0$，则有 $-\gamma(\delta_{I_i I_j} - 1) = \gamma$，表示近邻晶粒取向不同，贡献的界面能为 γ。

因微元的相互作用产生的界面能，驱动网格 i 的取值发生改变，取值可能从 $I_i = \alpha$ 变成 $I_i = \beta$，相应的，引起总界面能的变化为：

$$\Delta G = -\gamma \sum_{j_n} (\delta_{\beta I_j} - \delta_{\alpha I_j}) \tag{2-64}$$

根据统计力学，这个变化是否发生是概率性的，并应满足细致平衡条件和遍历性条件，其概率 W 可由下式决定：

$$W = \begin{cases} e^{(-\Delta G/k_B T)} & \Delta G > 0 \\ 1 & \Delta G \leq 0 \end{cases} \tag{2-65}$$

式中，k_B 为 Boltzman 常数，T 为温度。这样构建 W 的方法被称为梅特罗波利斯—黑斯廷斯算法（Metropolis–Hastings algorithm），这是一个满足细致平衡条件和遍历性条件的算法。当 $\Delta G \leq 0$ 时，网格 i 的取值由 $I_i = \alpha$ 变为 $I_i = \beta$；当 $\Delta G > 0$ 时，网格的数值由 $I_i = \alpha$ 变为 $I_i = \beta$ 的概率为 $e^{(-\Delta G/k_B T)}$。根据网格的取值变化，可以进一步计算出凝固过程中晶界的迁移速度、总界面能的变化等重要参量。

2. 生成随机数

构造了概率模型后，为了实现按概率 W 的变化，需要生成随机数，来判断网格的下一步构型。随机数可以通过物理方法生成，如历史上曾以随机脉冲源为信息源，用电子旋转轮产生随机数表，但该方法设备昂贵，而且占用大量工作单元，极大的影响了计算速度。因此目前已很少采用物理方法生成随机数了。现在普遍应用的方法，是采用数学方法生成随机数，即通过一定的迭代过程获得随机数。在迭代过程中，总是存在一定的周期性，使得数据并非真正意义上的随机数，因此这种方法所产生的随机数往往被称为"伪随机数"。但在迭代过程开始前，每一项都是不可预知的。对这些所产生的成千上万的数，只要它们能通过一系列的局部随机性检验，如均匀性、独立性等检验，那么就可把它当作随机数来使用。如果与计算机结合，只需在计算机中贮存一个或几个初始值即可，而且速度快，费用低廉。事实上，很多现代的编程语言都提供了随机数生成函数，可以调用并使用。

在计算机上利用数学方法产生随机数的第一个随机数发生器是 20 世纪 40 年代出现的平方取中法；以后又出现乘积取中法、位移法、加同余法、乘同余法、混合同余法，反馈位移寄存器方法等。

下面以混合同余法为例，说明其基本原理及实现步骤。

混合同余法是加同余法与乘同余法的混合形式，其迭代形式如下：

$$x_i = \text{mod}(A x_{i-1} + C, M) \tag{2-66}$$

其中 mod 为取余数的函数，A 为乘子，C 为增量，M 为模。A、C、M 均为正整数。

当给定初始值 x_0 后，即可递推出随机数序列 x_1，x_2，$\cdots$，x_n。将该序列除以 M，则可得到在 $[0，1]$ 区间内均匀分布的随机数序列：

$$r_i = \frac{x_i}{M} \tag{2-67}$$

用混合同余法产生的随机整数 x_i 是模 M 的函数，必定小于 M，即满足 $0 \leqslant x_i \leqslant M-1$，故最多只能产生 M 个不同的值。可见，x_i 具有周期性。为了获得长周期性的随机数序列，应尽可能取大的 M 值。

3. 迭代演化

有了随机数生成的手段，就可以对系统进行迭代仿真了。迭代的每一次，被称为蒙特卡洛步 t，迭代的终点可以选为完成了最大的蒙特卡洛步 $t_{\max}$，也可以是某个统计量平均值稳定在某范围。假设系统的总网格数为 N，固相有 $1 \sim M$ 个取向，根据上述讨论，利用蒙特卡洛方法仿真凝固过程的迭代演化伪代码为：

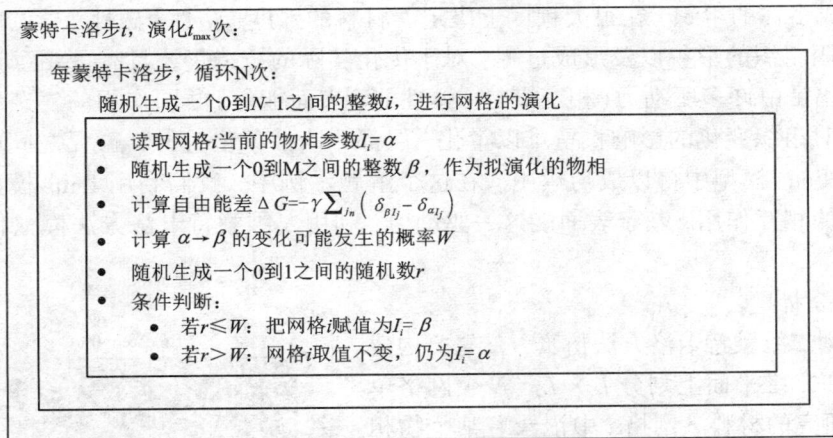

```
蒙特卡洛步t，演化t_max次：
    每蒙特卡洛步，循环N次：
        随机生成一个0到N-1之间的整数i，进行网格i的演化
        ● 读取网格i当前的物相参数I_i= α
        ● 随机生成一个0到M之间的整数β，作为拟演化的物相
        ● 计算自由能差 ΔG=-γΣ_{j_n}( δ_{βI_j} - δ_{αI_j} )
        ● 计算 α→β 的变化可能发生的概率W
        ● 随机生成一个0到1之间的随机数r
        ● 条件判断：
            ● 若r≤W：把网格i赋值为I_i= β
            ● 若r>W：网格i取值不变，仍为I_i= α
```

在仿真进行中，经常统计每一或每几步输出的网格数值，对蒙特卡洛方法的仿真过程和结果进行可视化和模型分析。

4. 估计统计量

蒙特卡洛模拟，其关键问题之一就是利用什么指标来判断模拟的样本量已经足以使模拟结果达到预定的置信度。

根据中心极限定理，在一定分布函数条件下，随着模拟次数的增加，输出的概率分布将呈现稳定的标准形态。理想情况下，模拟次数越多，结果越稳定。但从解决问题的角度来说只要模拟量适合还是能很好的反映实验情况。

根据模拟过程是由操作者结束还是由某一事件发生导致结束,可以把模拟分为结束型模拟和非结束型模拟。结束型模拟的模拟样本量的决定方法传统有以下几种:

(1)初始模拟 N_0 次,计算模拟结果的均值和标准方差;在此基础上,再模拟数次,使得总的模拟次数为 N_1 次,再计算模拟结果的均值和标准方差。然后计算两次模拟样本均值(或者标准方差)之间差值与初始模拟均值(或标准方差)的比值,判断模拟结果是否符合要求的标准。如果随机变量的期望值正好就是问题的解,则称之为无偏估计量。

(2)在模拟中计算相应的统计量,如均值与标准方差,持续模拟直至模拟结果统计量的小数点后第几位数字不发生变化。

(3)画散点图,观察模拟样本的均值和方差随着模拟次数发生变化的幅度,可以判断模拟样本量是否已经达到标准。

2.4.3 蒙特卡洛法解题示例

1. 问题描述

在铸造过程中,当环境温度低于固液相变温度时,会发生材料的凝固。凝固区域形核并生长,形成多样的组织,在很大程度上决定着材料的强度、塑性、磁性、导电性等物理性质。模拟凝固组织的形貌以及形成过程,对于优化实际的铸造工艺具有重要意义。研究发现,组织演化是由许多驱动力(相变潜热、弹性能、表面能等)共同作用的复杂结果,虽然每一驱动力对组织变化的影响权重难以量化,但都可以抽象化为材料微元之间的作用,这样的思想在 Potts 模型中得以成功运用。在这个解题示例中,我们利用 Potts 模型,平均化微元间复杂的相互作用,基于表面能这一驱动力,利用二维蒙特卡洛方法模拟材料的凝固过程。

2. 问题分析

材料凝固二维蒙特卡洛方法仿真,首先要构建材料模型,在二维平面上划分 $L_x \times L_y = N$ 个网格单元,代表所研究的材料。网格 i 中记录着某个物相 $I_i = \{0, 1, 2, \cdots, M\}$:0 表示液体,$1 \sim M$ 表示不同取向的固体。然后利用随机数,在每一蒙特卡洛步内随机选取 N 次(或以上)的单元格,进行迭代演化。假设一个材料可以划分为 $L_x = 100$,$L_y = 100$ 的网格,固体取向总数 $M = 6$,初始状态已接近相变点,材料的凝固过程动力学符合在 2.4.2 中讨论的 Potts 模型。图 2-74 展示了 10000 个网格中,物相分布的初始情况。

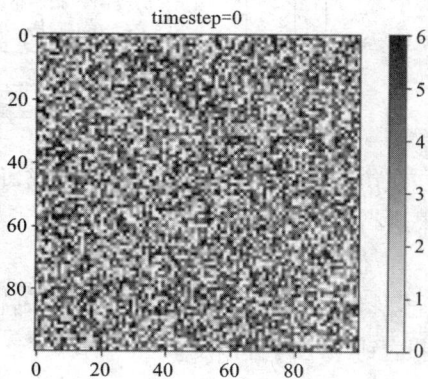

图 2-74 材料的 10000 个网格单元在相变点附近的物相分布情况

3. 模拟结果

　　温度在相变点以上，界面能减小所提供的驱动力并不足以令凝结核扩大，图 2-75 展示了在相变点之上进行的蒙特卡洛方法仿真结果，可见系统中即使出现了固体网格，也难以稳定存在，经常在下一个或下几个蒙特卡洛步就融化为液体。这也与实验是相符的。

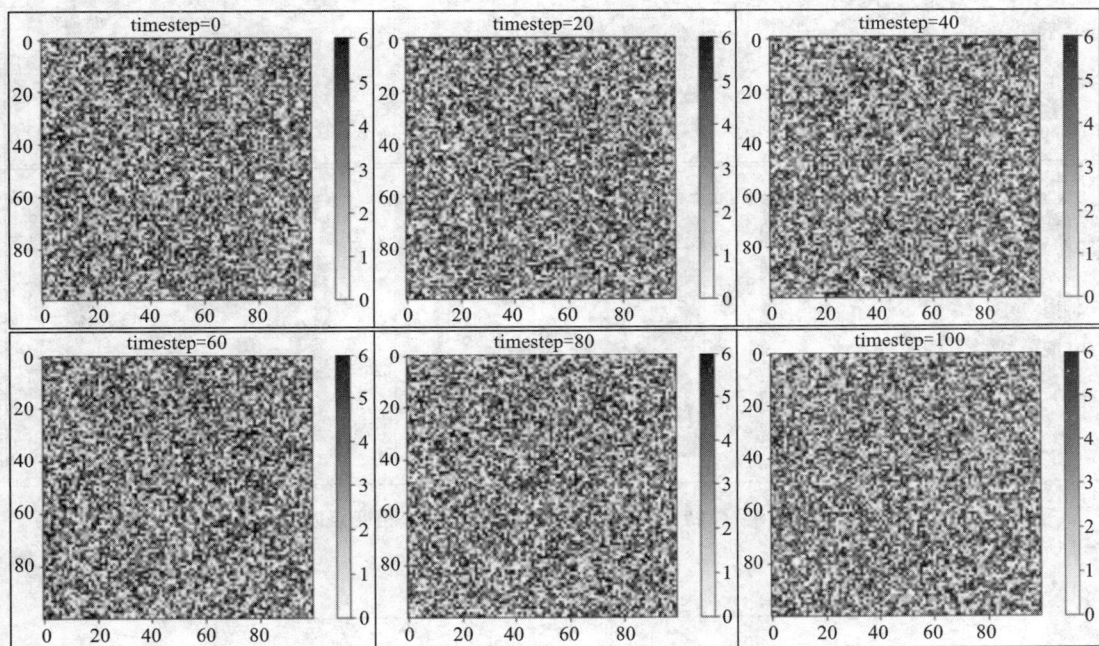

图 2-75　蒙特卡洛方法仿真：温度在固液相变点以上

　　温度在相变点以下，界面能减小所提供的驱动力促使凝结核扩大，形成不同取向的固相组织，图 2-76 展示了在相变点之下进行的蒙特卡洛方法仿真结果，可见系统中出现的固体网格区域会不断扩大，总体呈现大晶粒长大、小晶粒消失的趋势。这也与实验是相符的。

　　利用公式(2-63)计算系统的总界面能随时间的变化，如图 2-77 所示。可见温度在相变点以上的情形下，总界面能并不能明显持续地降低；而温度在相变点以下的情形下，界面能随晶粒的长大而降低并趋于稳定。

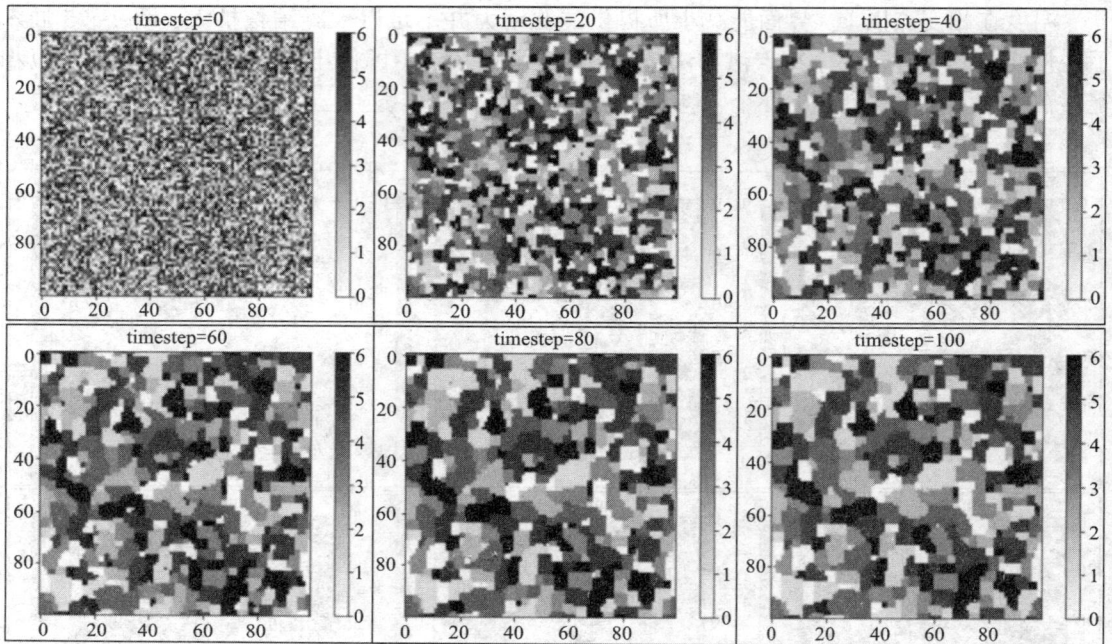

图 2-76　蒙特卡洛方法仿真：温度在固液相变点以下

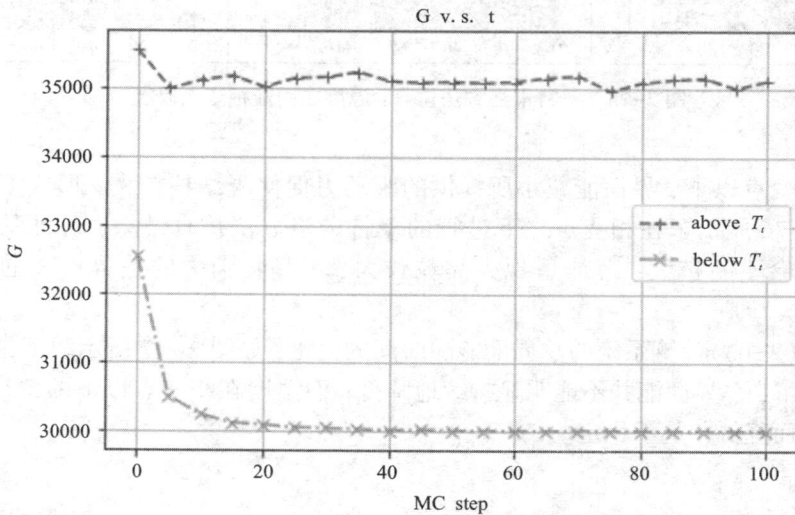

图 2-77　蒙特卡洛方法仿真中界面能的变化

2.5　分子动力学方法

2.5.1　分子动力学方法简介

近年来，随着计算机软硬件技术的飞跃式发展，直接针对原子、分子进行计算，从而预测其宏观性能已成为当前材料学界的研究热点。目前主要出现了三种应用广泛且极具发展潜力的计算方法：分子力学（molecular mechanics，MM）、蒙特卡洛方法（monte carlo，MC）以及分子动力学方法（molecular dynamics，MD）。

表 2-7　三种计算方法的比较

计算方法	研究对象	研究目标
分子力学（MM）	单个分子	寻求最稳定的分子结构
蒙特卡洛方法（MC）	大量原子及分子	获得相关参量的统计估值
分子动力学法（MD）	大量原子及分子	静态与动态特性

三种计算方法的比较如表 2-7 所示。分子力学主要是针对单个分子，以寻求可能存在的最稳定的分子结构；蒙特卡洛法已在第 2.4 节进行了详细介绍，主要是基于一定的随机模型，以获得相关参量的统计估值；分子动力学则可以用于分析材料的静态与动态特性，允许模拟与时间相关的变量，适用于研究有机材料、无机非金属材料以及金属材料等各类材料。目前，该技术已成功应用于晶格畸变、晶粒生长应力-应变关系、熔化、高温变形、扩散及微传热以及热物性的预测等方面。

分子动力学方法实际是利用计算机对介质中所有质点的牛顿运动方程进行数值求解，得到原子坐标、速度等力学量随时间变化的函数。分子动力学模拟过程中，需要知道原子间的相互作用势，一般采用经验势来代替原子间实际的作用势。如：Lennard-Jones（L-J）势、Morse 势、Born-Mayer-Huggins 势、EAM 势、Finnis-Sinclair 势、MEAM 势、键级势、EMBPEF势、Stillinger-Weber 势等。从分子体系的不同状态构成的系综中抽取样本，从而计算体系的构型积分，并以积分的结果为基础进一步计算体系的热力学量和其他宏观性质。

分子动力学的发展经历了以下几个重要时期：
- 1957 年：基于刚球势的分子动力学法（Alder and Wainwright）
- 1964 年：利用 Lennard-Jones 势函数法对液态氩性质的模拟（Rahman）
- 1971 年：模拟具有分子团簇行为的水的性质（Rahman and Stillinger）
- 1977 年：约束动力学方法（Rychaert 等）

- 1980 年：恒压条件下的动力学方法(Andersen 法、Parrinello-Rahman 法)
- 1983 年：非平衡态动力学方法(Gillan and Dixon)
- 1984 年：恒温条件下的动力学方法(Nosé-Hoover 法)
- 1985 年：第一性原理分子动力学法(Car-Parrinello 法)
- 1991 年：巨正则系综的分子动力学方法(Cagin and Pettit)

2.5.2　分子动力学方法模拟基本步骤

分子动力学模拟可按如下四个基本步骤进行。

(1)构建仿真模型,指定运算的过程条件,如仿真过程中的温度、压强、体积、原子数、密度等。一般用于分子动力学计算的仿真模型应与实验过程相符合。

(2)体系初始化(即选定初始位置和速度)。合理的初始条件可以加快系统趋于平衡的时间和步伐,获得好的精度。常用的初始条件可以选择为:令粒子初始位置处于实验数据或量子化学的计算结果上,初始速度则从相应温度的 Boltzmann 分布得到。每个粒子的速度是根据 Boltzmann 分布随机生成的,由于速度的分布符合统计力学,因此在这个阶段,体系的温度是确定的。

(3)求解运动方程,进入平衡阶段。为使得系统平衡,模拟中需要设计一个趋衡过程,即在该过程中,通过从系统中增加或移出能量,直到持续给出确定的能量值。当能量趋于恒定时,称这时的系统已经达到平衡。这段达到平衡的时间称为驰豫时间。分子动力学中,时间步长的大小选择十分重要,决定了模拟所需要的时间。为了减小误差,步长要小,但系统模拟的驰豫时间就会增加,导致计算量相应增加。因此常根据经验选择适当的步长。在驰豫阶段,也可通过监控构型、温度、速度等参量判断是否达到平衡状态。

(4)宏观物理量的计算。实际计算宏观的物理量往往是在模拟的最后阶段进行的。它是沿相空间轨道通过求平均值计算得到的。

2.5.3　势函数

势函数描述了原子或分子间的相互作用,是求解原子运动方程的基础。势函数的形式多样,通常取决于材料的键或结构特征,从最初的双体势发展了到现在的三体势、多体势等。势函数形式确定后,势参数的设置也很重要。势参数的确定一般有三种方法:一是通过实验值(如晶格常数、弹性系数、振动谱等)拟合势参数;二是通过蒙特卡洛方法确定势参数;三是通过基于量子力学得到的各种微观信息来确定势参数。

对势认为原子之间的相互作用是两两之间的作用,与其他原子的位置无关,曾在分子晶体、离子型化合物以及部分金属的模拟计算之中取得了比较大的成功。如 L-J 势常用于描述气体分子或水分子间的作用力;Morse 势和 Johnson 势经常用于描述金属,前者多用于 Cu,后者多用于 α-Fe。但是对于过渡金属,由于在金属键中还含有一定的共价键,所以遇到了许多困难。

　　实际上，在多原子体系中，一个原子的位置不同，将影响空间一定范围内的电子云分布，从而影响其他原子之间的有效相互作用，故多原子体系的势函数将更为合适。为此 20 世纪 80 年代陆续发展出许多考虑多体相互作用的新的势函数，即无方向性多体对泛函势。目前多体势主要有嵌入原子势（EAM 势）、有效介质理论，凝胶模型等。表 2-8 列出了目前应用较多的各类对势、三体势以及多体势。

表 2-8　常见的部分势函数

对　　势	三体势	多体势
Lennard-Jones 势	Stillinger-Weber 势	EAM
Born-Mayer-Huggins 势	Keating 势	Finnis-Sinclair
Johnson 势	Tersoff 势	Rosato-Guillope-Legrand
Morse 势	Justo 势	Voter-Chen
H 键势	Marks 势	Oh-Johnson
Miller 势	KKY 势	TB
ZBL 势		Grujicic-Zhou
Rose 势		Yang-Johnson
Erkoc 势		Ackland
Klein-McDonald HF2 势		

　　其中，多体势中的 EAM 势认为某原子的原子核除受到周围其他原子核的排斥作用外，还受到该原子的核外电子以及周围其他原子产生的背景电子的静电作用，即假定原子被嵌入到了一定电荷密度的电子云中，包括核-核相互作用能以及嵌入能。因此，EAM 势可以很好的描述金属原子之间的相互作用。Finnis-Sinclair 势则是建立在紧束缚理论的基础之上，除考虑核-核之间的相互作用能外，不再考虑嵌入能，而是加入了多体相互作用的关联能。

2.5.4　边界条件

　　利用分子动力学计算原子受力及其相互作用，需首先考虑计算体系的边界条件。根据研究对象的不同，可分为自由边界条件与周期性边界条件。对于有限个原子构成的分子簇，相当于是悬浮在真空中，因此无需给定其边界条件，即自由边界条件。而对于具有周期性特征的晶体结构，为了模拟尽可能多的原子而又减少计算工作量，在分子动力学模拟中通常采用周期性边界条件。

　　利用周期性边界条件构建模型时，应首先根据模拟体系的原子分布选择合理的计算原胞。原胞内部原子间相互作用力则通过截断半径范围内的所有原子(包括镜像原子)进行计算。根据原子间相互作用力,进一步计算出系统中所有原子的位置及速度。由于模拟时只需计算原胞内的原子运动,所以大幅减少了计算量。计算过程中,原胞的边长必须大于原子作用势截断半径的两倍,以保证计算原胞内的原子不会同时受到另一原子及其镜像原子的作用,如图 2-78 所示。

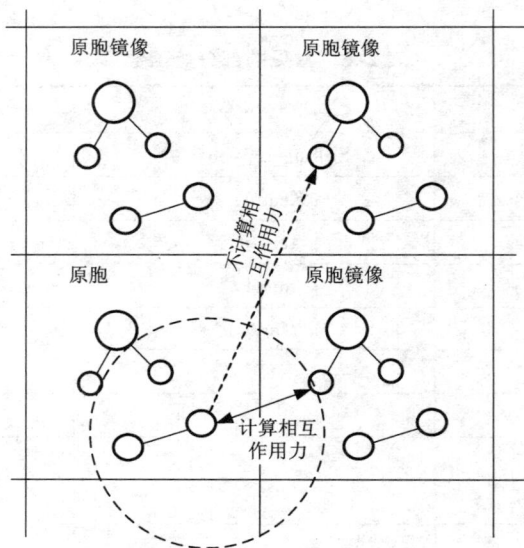

图 2-78　周期性边界条件及原子间相互作用

2.5.5　分子动力学积分算法

分子动力学模拟过程中,原子的轨迹是通过对时间求积分获得的,时间被离散到有限差分的网格点上。常用的算法有:Verlet 算法、"蛙跳法"(Leap frog)、Gear 预测校正算法等。

1. Verlet 算法

Verlet 算法是在 20 世纪 60 年代后期出现的,是分子动力学中最常用的时间求积算法,其基本思想是:将 $t+\Delta t$ 和 $t-\Delta t$ 的位置坐标分别用时刻 t 的位置坐标作 Taylor 展开,并将两式相加,消去 Δt 的奇次项得到:

$$r(t+\Delta t) = 2r(t)B - r(t-\Delta t) + (\Delta t^2) \times \frac{F(t)}{m} \qquad (2-67)$$

由 $t+\Delta t$ 和 $t-\Delta t$ 的位置坐标,可进一步计算出 t 时刻的速度如下:

$$v(t) = B\frac{r(t+\Delta t) - r(t-\Delta t)}{2\Delta t} \tag{2-68}$$

式中，m，$v(t)$ 和 $F(t)$ 分别为原子的质量、t 时刻的速度及所受到的力，B 为势参数。Verlet 算法的整体精度为 $(\Delta t)^4$，算法本身易于实现，因此应用广泛。但由于 Verlet 算法将 $(\Delta t)^0$ 和 $(\Delta t)^2$ 项相加，随着计算次数的增多会使误差积累；此外，方程中没有显式速度项，在下一步位置确定之前，难以得到速度项。

2. "蛙跳法"

为了能以更高的精度计算速度，Hochney 改进了 Verlet 算法，提出"蛙跳法"，其形式如下：

$$\begin{cases} r(t+\Delta t) = r(t) + \Delta t \times v\left(t+\dfrac{\Delta t}{2}\right) \\ v\left(t+\dfrac{\Delta t}{2}\right) = v\left(t-\dfrac{\Delta t}{2}\right) + \dfrac{\Delta t}{m} \times F(t) \end{cases} \tag{2-69}$$

于是，t 时刻的速度可以表示为：

$$v(t) = \frac{1}{2}\left[v\left(t+\frac{1}{2}\Delta t\right) + v\left(t-\frac{1}{2}\Delta t\right)\right] \tag{2-70}$$

t 时刻的加速度可从 t 时刻的位置获得，代入式(2-69)，可以进一步得到 $\left(t+\dfrac{1}{2}\Delta t\right)$ 时刻的速度与新的位置。同 Verlet 算法相比较，"蛙跳法"包括显式速度项，且计算量较小。Verlet 算法与"蛙跳法"的共同缺点是只能求解线性常微分方程。

3. Gear 预测校正算法

基于预测校正积分方法的 Gear 算法则可以求解非线性常微分方程。Gear 算法的基本思路是：将 $t+\Delta t$ 时刻的位置、速度和加速度对时刻 t 作 Taylor 展开得到预测值，再由新位置计算 $t+\Delta t$ 时刻的力 $F(t+\Delta t)$ 和加速度 $\alpha(t+\Delta t)$，根据此加速度评价预测值的误差，得到修正项。由于 Gear 算法可以将预测值直接代入基本方程式进行计算，因此即使是非线性的常微分方程也能够求解。

2.5.6　分子动力学中的系综

系综(ensemble)是指在一定的宏观条件(约束条件)下，大量性质和结构完全相同的、处于各种运动状态的系统的集合。系综并不是实际的物体，构成系综的系统才是实际物体。为了准确反映实际的物理过程，分子动力学模拟总是在一定的系综下进行。常用的系综分为微正则系综(NVE)、正则系综(NVT)、等温等压系综(NPT)、等压等熵系综(NPH)以及巨正则系综(μVT)。括号中的符号代表模拟过程中保持不变的物理量。系综的选择往往要根据所研究体系的具体情况而定，同时也应考虑选择不同系综带来的计算量的差异。

1. NVE 系综

系统为孤立系统，具有确定的粒子数 N，体积 V 和能量 E，与外界既无能量交换，也无粒子交换。系综的温度 T 和系统压强 P 可能在某一平均值附近起伏变化。

2. NVT 系综

又称"宏观正则系综"，即表示具有确定的粒子数 N、体积 V、温度 T，同时保持总动量恒定。相当于将系统置于热浴中，能量可能有涨落，但温度是恒定的。除总能量外，系统压强 P 可能在某一平均值附近起伏变化。

3. NPT 系综

应用最为广泛的系综，具有确定的粒子数 N、压强 P、温度 T。其总能量 E 和系统体积 V 可能存在起伏。相当于将系统置于可移动系统壁的恒温热浴中，以保持压强与温度恒定不变。

4. NPH 系综

具有确定的粒子数 N、压强 P、焓 H。由于 $H=E+PV$，故在该系综下进行模拟时要保持压力与焓值固定，常见于自由能计算的流程中。

5. μVT 系综

具有确定的化学势 μ、体积 V 和温度 T。巨正则系综通常是蒙特卡洛模拟的对象和手段。此时系统能量 E、压强 P 和粒子数 N 会在某一平均值附近存在起伏。体系是一个开放系统，与大热源大粒子源热接触平衡而具有恒定的 T。

2.5.7 温度与压力的调节

调温技术和调压技术是分子动力学模拟过程中常常用到的控制技术。

1. 温度的调节

速度标度法是保持系统温度恒定最简单的方法，该方法每隔一定的模拟步数就将原子运动的速度乘以修正系数 $\lambda=\left(\dfrac{T}{T_0}\right)^{1/2}$，令系统的温度回到参考温度。这个方法的优点是可以使系统很快达到平衡，在经典分子动力学方法中，是一种比较常用的控温方法，而且易于编写程序，缺点是模拟系统无法和任何一个统计力学系统对应起来，也无法消除局域的相关运动。

另外可以使用 Berendsen 热浴法，它假想系统与一个温度为期望值的虚拟热浴相接触，在每一步都对速度进行标度，标度因子为

$$\lambda=\sqrt{1+\frac{\Delta t}{t_T}\left[\frac{T_{bath}}{T(t)}-1\right]} \tag{2-71}$$

式中：T_{bath} 和 $T(t)$ 分别为系统的期望温度和 t 时刻的瞬时温度；Δt 为计算步长；t_T 为耦合参数，通常取为 0.4 ps。

此外，还有 Nose-Hoover 法、Langevin 法等其他温控方法。

2. 压力的调节

调压技术常用 Berendsen 压浴法，其基本思路及基本控制方程均与 Berendsen 热浴法相似，假想系统与一压浴相接触，对模拟系统的体积乘以压力标度因子 C_p，对原子质心坐标乘以 $C_p^{1/3}$。

$$C_p = 1 - k \frac{\Delta t}{t_P} [P_{bath} - P(t)] \qquad (2-72)$$

式中：k 和 t_P 为耦合参数；P_{bath} 和 $P(t)$ 分别为系统的期望压力和在 t 时刻的瞬时压力。该方法的缺点是可能导致压力在很长的模拟时间步长内保持着起伏。

Parrinello-Rahman 也是一种重要的调压方法。该方法每个原子的坐标均取决于基胞的大小与形状，因此在保持恒压过程中，基胞不仅大小可变，而且形状也可变。

2.5.8　宏观物理量的计算

在求出模拟系统中粒子在相空间的运动轨迹之后，就可以应用统计物理学原理计算系统的宏观物理性质，如热力学性质、光学性质等，从而完成分子动力学模拟的全过程。从统计物理学可知，相空间中各点上的物理量的统计平均值就是系统平均值。下面是几个常用物理量的统计形式。

1. 动能

系统的瞬时总动能是各个粒子质量及速度的函数，定义为：

$$E_k(t) = \frac{1}{2} \sum_i m_i [v_i(t)]^2 \qquad (2-73)$$

平均动能即是各步的瞬时动能对时间求平均。

2. 势能

平均势能为各模拟步对所有粒子的总势能进行平均。如对于对势，可以表示为：

$$E_V = \sum_i \sum_j \phi(|r_i - r_j|) \qquad (2-74)$$

3. 内能

内能即粒子系统内部的总能，数值上等于动能与势能之和。

$$U(t) = \frac{1}{2} \sum_i m_i [v_i(t)]^2 + \sum_i \sum_j \phi(|r_i - r_j|) \qquad (2-75)$$

4. 压强

压强与系统的体积、动能以及受力状况等相关，定义为：

$$P = \frac{1}{3V} \left(2 \sum_i \frac{1}{2} m_i v_i^2 + \sum_i f_i \cdot r_i \right) \qquad (2-76)$$

式中，f_i 为粒子 i 所受的作用力。

5. 温度

温度 T 与系统的总动能相关，可由下式：

$$E_k = \frac{3}{2}k_B T N \tag{2-77}$$

获得：

$$T = \frac{2}{3} \times \frac{E_k}{k_B N} \tag{2-78}$$

式中，k_B 为 Boltzmann 常数；N 为系统中的粒子总数。

6. 径向分布函数(radial distribution function，RDF)

径向分布函数是表征流体和非晶态固体结构的重要函数，用于表示与某个粒子距离为 r 到 $r+\Delta r$ 之间的粒子的平均数。在两种或两种以上粒子的情况下，可写出两种粒子之间的径向分布函数，又称"对相关函数(Pair Correlation Function)"，定义为：

$$g_{ij}(r) = \frac{V}{N_i \cdot N_j} \times \frac{\langle n(r, r+\Delta r) \rangle}{4\pi r^2 \Delta r} \tag{2-79}$$

对于同类原子，$N_j = N_i - 1$。

式中：N_i、N_j 分别为 i 原子与 j 原子在系统中的总数；V 为总体积；$\langle n(r, r+\Delta r) \rangle$ 表示以 i 类粒子为中心，从 r 到 $r+\Delta r$ 之间壳层类的 j 原子总数。

径向分布函数实际上表征了系统内粒子的分布情况，或局部结构与总体结构的差异。如果系统内粒子的分布是完全随机的，不存在任何距离内的有序性，则径向分布函数应处处为 1，而真实体系的 RDF 往往在一个较短距离内有若干起伏的峰值，随距离的增大最后稳定到 1，这正是非理想流体与非晶固体的短程有序，长程无序的结构特征。

2.5.9 分子动力学方法解题示例

1. 问题描述

钛合金普遍具有密度低、强度较高、韧性良好、抗腐蚀和耐热等优良特性，被广泛应用于航空航天、车辆船舶、石油化工、医疗、电力等重要领域。其中，TC4 钛合金(Ti-6Al-4V)是被广泛使用的钛合金之一，它是一种($\alpha+\beta$)型钛合金，密排六方(HPC)的 α 相为其低温相，体心立方(BCC)的 β 相为其高温相，TC4 的熔点为 1660 ℃（1933 K）。然而，钛合金的微观结构受热处理工艺的影响非常敏感，即使是同一化学成分的钛合金，在不同的热处理参数下，也会产生迥异的微观结构。因此，为理解和优化其热处理制度，利用分子动力学方法对 TC4 等钛合金进行仿真模拟是一种有效的手段。在这个例子中，我们利用分子动力学方法，对 TC4 的熔点进行计算。

2. 问题分析

利用 LAMMPS 分子动力学仿真软件开展计算研究。分子动力学计算，关键是要选用合适的势函数。Kim 等在 2016 年,以实验和第一性原理计算结果为参考,建立了 Al-Ti 的 MEAM 势函数;Feng 等在 2017 年,为仿真纳米压痕 Ti-V 多层薄膜,建立了 Ti-V 的 MEAM 势函数;Shim 等在 2013 年,以计算热力学结果为参考,建立了 V-Al 的 MEAM 势函数。本例选用上述参数,构建了 Ti-Al-V 的 MEAM 势函数。仿真中,采用周期性边界条件,时间步长取为 1 fs(1×10 s),温度和压强控制分别采用 Berendsen 热浴法和压浴法。

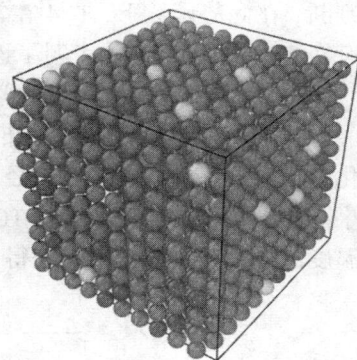

图 2-79　2000 个原子构成的 β 相 TC4 钛合金模型,由深至浅三色分别为 Ti、Al、V 原子。

首先,按照 Ti-6% wt. Al-4% wt. V 的成分,随机地构建含 2000 个原子的 β 相 TC4 钛合金原子模型。再利用共轭梯度算法(cg),确定 β 相 TC4 钛合金原子模型在 0 K 下的平衡位置;接着给所有粒子赋相当于温度 1500 K 的初始速度,弛豫 100000 步;然后用 200000 步升温到 3500 K,弛豫和升温过程中选用 NPT 系综,每隔 500 步计算一次总内能、体积、压强等统计量。图 2-79 为平衡状态的 β 相 TC4 钛合金原子模型,由可视化软件 VESTA 描绘了模型中各原子的位置。

3. 模拟结果

由于固-液转变过程中,材料的内能、体积等参量会发生突变,因此可以通过计算一系列温度下的内能、体积的变化,最终确定 TC4 的具体熔点值。

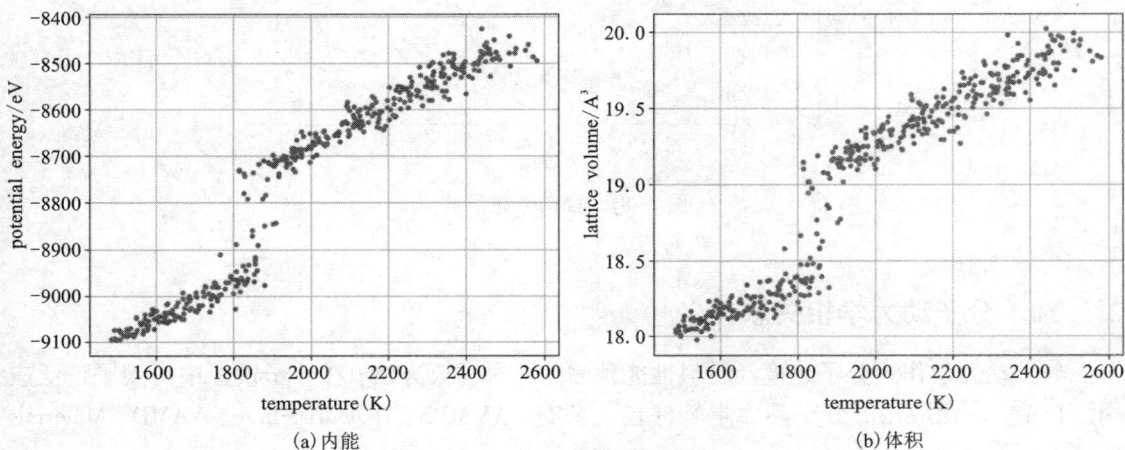

(a) 内能

(b) 体积

图 2-80　关键参量随温度的变化

图 2-80 为模拟结果，图 2-80（a）与图 2-80（b）分别为内能及体积这两个关键参量随温度的变化曲线。由图可知，当温度为 1885 K 时，原子模型的内能与体积均突变增加，由此可以判断，在此势函数下，TC4 在常压下的熔点为 1885 K，这与相关测量值 1933 K 非常接近，仅有 2.5% 的相对误差，表明了该势函数的准确性，可用于 TC4 熔点附近、和 Ti-6% wt. Al-4% wt. V 成分附近的分子动力学仿真。

材料的熔化也可由径向分布函数的计算结果进一步判断，如 2.5.8 节所述，当材料发生熔化呈现出无序化特征时，其径向分布函数应接近 1。图 2-81 表示了径向分布函数的计算结果。由图可知，当温度跨过 TC4 的熔点时，其径向分布函数 $g(r)$ 只围绕 1 作微小波动。随着温度的升高，曲线也逐步变得光滑，晶体的结构逐步消失。

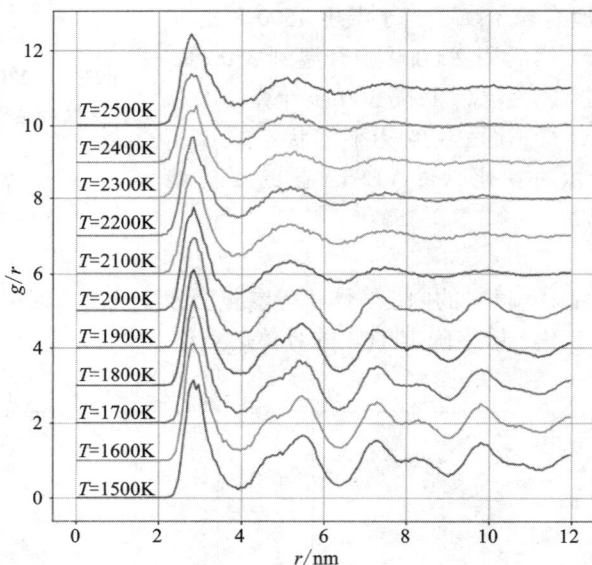

图 2-81 径向分布函数

2.5.10 分子动力学相关软件

分子动力学作为分子建模及材料性能预测的一种重要方法，在分子模拟中得到了广泛应用。目前，广泛应用的分子动力学软件包主要有 LAMMPS、HOOMD-blue、NAMD、Materials Explorer 等。

1. LAMMPS 程序

LAMMPS（Large-scale Atomic/Molecular Massively Parallel Simulators，LAMMPS），是美国

桑迪亚国家实验室（https：//www. lammps. org/）开发的分子动力学模拟的开源程序包。该软件使用 MPI 进行多核并行计算，通过编译相应的模块，可进行基于 CUDA 和 OpenCL 的 GPU 并行计算。LAMMPS 可对原子、分子、电子、粗粒化原子团簇、介观至宏观材料块体等进行计算，其源代码完全公开，现已完全移植到 C++编写，用户可以在其基础上，按照 GPLv2 开源规则自行修改。

2. HOOMD-blue 程序

HOOMD-blue（Hard particle Monte Carlo and molecular dynamics package，HOOMD-blue），是美国密歇根大学 Glotzer 课题组（https：//glotzerlab. engin. umich. edu/home/）领导开发的开源性蒙特卡洛仿真和分子动力学模拟代码，具备 CPU 和 GPU 的并行功能。HOOMD-blue 可作为 Python 函数包使用，因此可以基于 Python 编程语言，给予用户诸如设定初始化模型、进行 in situ 仿真分析、使用交互性的笔记本（Jupyter Notebook）、打通数据关联等诸多便利。HOOMD-blue 可利用多种对势、多元势、键和键角势进行分子动力学计算，并可处理各向异性的粒子，预设自由能计算程序。HOOMD-blue 的社区非常活跃，用户可以在其源代码的基础上，提交分支请求进行二次开发。

3. NAMD 程序

NAMD（NAnoscale Molecular Dynamics，NAMD），是美国伊利诺依大学理论生物物理学会研究组（http：//www. ks. uiuc. edu/）开发的适用于大分子体系的高性能并行分子动力学计算软件。该软件完全免费，用户可以自由下载源代码并自由引入新算法。NAMD 是采用面向对象的 C++语言编写的多模块程序，其运行平台为 Windows、Unix 或 Linux。采用的分子力场是 CHARMM 和 AMBER 力场，计算的势能项主要包括键的伸缩能、角的弯曲能、二面角以及不规则二面角的弯曲能、动能、范德华相互作用能及静电相互作用能等。NAMD 曾获美国 2002 年度 Gordon Bell 大奖，目前已在蛋白质和生物大分子的分子模拟中得到了广泛应用。

4. Materials Explorer 程序

Materials Explorer 是由日本富士通公司推出的面向材料开发的多功能分子动力学软件包，拥有强大的分子动力学计算及 Monte Carlo 软件包，是结合应用领域研究材料工程的有力工具。其计算速度非常快，单机即可模拟上千个原子在内的体系。Materials Explorer 可在 Windows、Linux 等多种操作系统平台上运行，具有便捷友好的图形用户界面。该软件可以模拟的对象非常广泛，能够预测 X 射线和中子衍射的干涉函数、均方位移及原子扩散系数、相变、膨胀、压缩系数、抗拉强度、缺陷等等。研究体系包括有机物、高聚物、生物大分子、金属、陶瓷材料、半导体等晶体、非晶体、液体或气体。此外，Materials Explorer 的新版本中还增加了聚合物建模功能及热传导分析功能。

2.6 人工神经网络方法

2.6.1 人工神经网络简介

人工神经网络(Artificial Neural Network, ANN)是一种新兴的信息处理技术, 它是由大量简单的高度互连的处理元素(神经元)所组成的复杂网络计算系统, 能够模拟生物神经系统对真实世界物体所作出的交互反应。它是在现代神经科学研究成果的基础上提出的, 反映了人脑功能的若干基本特征, 是模拟人工智能的一条重要途径。

神经网络也称为神经计算机, 但它与现代数字计算机有着明显的不同: 神经网络的信息存储与处理(计算)是合二为一的, 即信息的存储体现在神经元互联的分布上, 而常规数字计算机的存储与计算是相互独立的; 神经网络具有很强的鲁棒性和容错性, 善于联想、概括、类比和推广, 任何局部的损伤不会影响整体结果; 神经网络具有很强的自学习能力, 可以在学习过程中不断完善, 具有创新特性; 神经网络是一个大规模自适应非线性系统, 具有集体运算的能力, 而现代数字计算机则是一个线性系统。

2.6.2 人工神经网络基本结构

人工神经网络的基本单元是神经元, 又称为处理单元, 其模型如图 2-82 所示。它能完成生物神经元最基本的三种处理过程: 评价信号, 决定每个输入信号的强度; 计算所有输入信号的权重和, 并与神经元的阈值进行比较; 决定神经元的输出。每个神经元具有一个和时间相关的活动状态和阈值, 将神经元 j 的活动状态和阈值分别用 $a_j(t)$ 和 $\theta_j(t)$ 表示, 神经元之间的连接强度用权值 W_{ij}

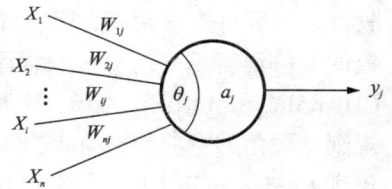

图 2-82 神经元模型

表示, 神经元 j 的输入为 $\{X_1, X_2, \cdots, X_n\}$, 输出为单值 y_i, 数学描述如下:

$$s_j = \sum_{i=1}^{n} W_{ij}X_i - \theta_i \tag{2-80}$$

$$a_j = f(s_j) \tag{2-81}$$

$$y_i = g(a_i) \tag{2-82}$$

其中, f 为神经元功能函数, 又称传递函数; g 为转换函数。当 $g(a_i) = a_i$ 时, 神经元的输出为:

$$y_j = f(\sum W_{ij}X_i - \theta_i) \tag{2-83}$$

从上式可知, 神经元可以有很多输入, 所有这些输入信号都是同时传送给神经元的。神经元是否被激发, 激发的强度如何, 取决于输入信号的权重和、阈值和神经元功能函数。神经元可以直接将信息输出，也可将输出信号作为另外一些神经元的输入信号。

　　人工神经网络由排列成层的神经单元组成，接收输入信号的单元层称为输入层，输出信号的单元层为输出层，不直接与输入输出发生联系的单元层称为中间层或隐层。图 2-83 是典型的人工神经网络结构。

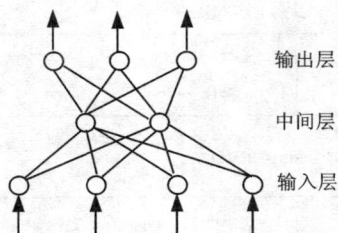

图 2-83　人工神经网络结构示意图

2.6.3　人工神经网络基本要素

　　在人工神经网络设计及应用过程中，通常需要考虑 3 个方面的内容，即神经元功能函数、神经元之间的连接形式和网络学习。

　　1. 神经元功能函数

　　神经元在输入信号作用下产生输出信号的规律由神经元功能函数 f 给出，也称激活函数或转移函数，f 函数包括多种形式，利用它们的不同特性可以构成功能各异的人工神经网络。下面介绍几种常见的神经元功能函数。

　　● 简单线性函数

$$f(x) = x \tag{2-84}$$

神经元功能函数连续取值，是最简单的神经元功能函数。

　　● 对称硬限幅函数

$$f(x) = \operatorname{sgn}(x - \theta) \tag{2-85}$$

神经元功能函数只有两个输出值，+1 或 -1，当输入值 θ 大于某一阈值时，输出值为 +1；反之，输出值为 -1。

　　● Sigmoid 函数

$$f(x) = \frac{1 - e^{-x}}{1 + e^{-x}} \tag{2-86}$$

又称 S 形函数，神经元功能函数的输出值在 -1 和 +1 之间连续变化。

　　常用的神经网络功能函数及其在 MatLab 程序中的函数表达式如表 2-9 所示。

表 2-9　常用的神经网络功能函数

函数名称	函数表达式	对应的 MatLab 函数
线性函数	$f(x)=x$	purelin
正线性函数	$f(x)=\begin{cases}0 & x<0 \\ x & x\geqslant 0\end{cases}$	poslin
硬限幅函数	$f(x)=\begin{cases}0 & x<0 \\ 1 & x\geqslant 0\end{cases}$	hardlim
对称硬限幅函数	$f(x)=\mathrm{sgn}(x-\theta)=\begin{cases}-1 & x<\theta \\ +1 & x\geqslant \theta\end{cases}$	hardlims
饱和线性函数	$f(x)=\begin{cases}0 & x<0 \\ x & 0\leqslant x\leqslant 1 \\ 1 & x>1\end{cases}$	satlin
对称饱和线性函数	$f(x)=\begin{cases}-1 & x<-1 \\ x & -1\leqslant x\leqslant 1 \\ 1 & x>1\end{cases}$	satlins
单极性 S 形函数	$f(x)=\dfrac{1}{1+e^{-x}}$	logsig
双曲正切 S 形函数	$f(x)=\dfrac{1-e^{-x}}{1+e^{-x}}$	tansig

2. 神经元之间的连接形式

人工神经网络是一个复杂的互联系统,各神经元之间的互连模式对网络的性质和功能有重要影响。常见的神经元互连模式有以下两种。

● 前向网络(前馈网络)

整个神经网络可以分为若干层,各层按照信号传输先后顺序依次排列,每层神经元只接受上一层神经元的输入信号,各层神经元之间没有反馈。输入层各神经元无计算功能,输出层和中间层神经元具有计算功能,又称为计算单元。每个计算单元可以有任意个输入,但只有一个输出,该输出信号可以传送到多个下级神经元。一般称输入层为第 0 层,中间层和输出层从上至下依次称为第 1 至第 N 层,由此构成 N 层前向网络。BP 网络属于典型的前向网络。

● 反馈网络

反馈网络是指在网络中至少含有一个反馈回路的神经网络。典型的反馈型神经网络如图 2-84 所示,每个神经元都表示一个计算单元,同时接受外部输入和其他神经元的反馈输入,每个神经元都向外部输出。Hopfield 网络属于典型的反馈网络。

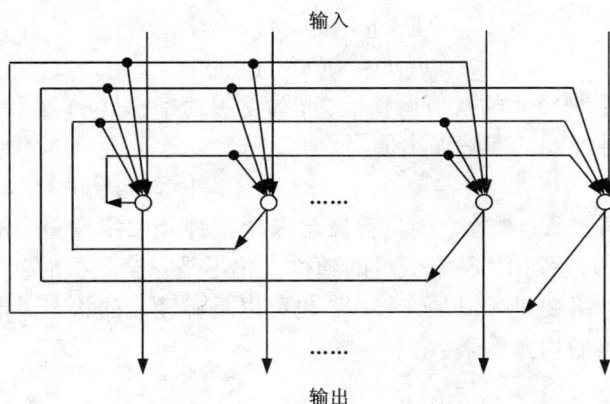

输入

输出

图 2-84　反馈网络

人工神经网络各神经元之间的连接模式还有随机神经网络、竞争神经网络等。

3. 人工神经网络的学习(训练)

学习功能是人工神经网络最主要的特征之一，人工神经网络具备从环境中学习的能力，并能通过学习改变权值而到达预期的目的。

神经网络的工作过程主要包含两个阶段，一个阶段是学习期，此时各神经元学习状态不变，执行学习规则，即执行修正权系数的算法，获取合适的映射关系；另一个计算是工作期，此时各连接权值固定，神经元的状态变化，最终达到稳定状态。前一个阶段学习工作过程较慢，权值及连接方式亦称为长期记忆；后一阶段工作较快，由输入模式可迅速得到精确的或近似的输入模式，各神经元的状态也称为短期记忆。

在人工神经网络中，用来修正权值的算法称为学习规则。人工神经网络的学习规则有多种，下面介绍几种具有普遍意义的学习规则。

● Hebb 学习规则

Hebb 学习规则是最古老、最著名的学习规则，其基本思想为：如果一个连接两边的神经元被同时激活，则该连接的能量将选择性的增加；如果一个连接两边的神经元被异步激活，则该连接的能量将有选择的消弱或消除。其权值调整表达式为：

$$\Delta W_{ij}(n) = \eta \left[x_i(n) - \bar{x}_i \right] \left[x_j(n) - \bar{x}_j \right] \tag{2-87}$$

式中：$\Delta W_{ij}(n)$ 为第 j 个神经元的权值调整值；η 为学习速率；$\bar{x}_i$、$\bar{x}_j$ 分别为第 i 个神经元和第 j 个神经元在一段时间内的平均值。

● 误差修正学习规则

这是一种监督学习过程，其基本思想是利用神经元期望输出和实际输出之间的差值作为连接权值的调整依据，使得期望输出和实际输出之间的差值达到所规定的范围。其权值调整表达式为：

$$\Delta W_{ij}(n) = \eta e(n) x_i(n) \tag{2-88}$$

$$e(n) = d_j(n) - y_j(n) \tag{2-89}$$

式中：$\Delta W_{ij}(n)$ 为第 j 个神经元的权值调整值；η 为学习速率；$d_j(n)$ 为第 j 个神经元的期望输出值；$y_j(n)$ 为第 j 个神经元的实际输出值。

- 随机学习规则

该规则为结合随机过程、概率、能量等概念来调整神经网络变量，使得网络的能量函数最小（或最大）。在学习过程中，网络变量的随机变化不是完全随机的，可以根据能量函数的改变有指导的进行。网络变量可以是连接权，也可以是神经元的状态。能量函数可以是问题的目标函数或网络输出的均方差函数。

- 竞争学习规则

竞争学习规则是指神经网络的某神经元群体中所有神经元相互竞争对外界刺激模式响应的权利，竞争取胜的神经元的连接权变化将向着这一刺激模式竞争更为有力的方向进行。

竞争学习是一种无监督学习，在此过程中，用户只向网络提供一些学习样本，而不提供理想的输出。网络根据输入样本进行自组织，并将其划分到相应的模式中。基本的竞争学习网络由两个层次组成，即输入层次和竞争层次。在竞争层次中，神经元之间相互竞争，最终只有一个或几个神经元活跃，以适应当前的输入样本。竞争胜利的神经元代表了当前的输入样本的分类模式，同时也抑制了竞争失败的神经元对刺激模式的响应。

2.6.4 误差反向传播神经网络(BP 网络)

误差反向传播神经网络(Back-Propagation Neural Network)是一种无反馈的前向网络，其网络结构简单，易于理解，使用方便，是目前应用最广的一种神经网络模型。BP 网络是在输入层和输出层之间添加一层或几层中间层构成，层与层之间的神经元相互连接，每层内部神经元之间并不连接。输入信号在传播过程中，从输入层通过神经元功能函数后逐层向后传播，直至输出层。如果在输出层得不到期望的输出，则进行反向传播，将误差信号沿原来的连接通道返回，通过修改各层神经元的连接权值来调整网络的输出，如此循环处理，直到在输出层得到期望的输出值。

1. BP 网络主要特点

BP 网络是人工神经网络的重要模型之一，目前有 80% 以上的人工神经网络模型采用 BP 网络，其主要特点如下：

非线性映射能力：BP 网络可以实现从输入空间到输出空间的非线性映射，也能以任意精度逼近任何非线性连续函数。

并行分布处理方式：在 BP 网络中信息是分布储存和并行处理的，这使它具有很强的容错性和很快的处理速度。

自学习和自适应能力：BP 网络在训练时，能从输入、输出的数据中总结出规律性的知识，记忆于网络的权值中，并具有泛化能力，即将这组权值应用于一般情形的能力。神经网络的学习也可以在线进行。

数据融合能力：BP 网络可以同时处理定量信息和定性信息，因此它可以利用传统的工程技术（数值运算）和人工智能技术（符号处理）。

多变量系统：BP 网络的输入和输出变量的数目是任意的，为单变量系统与多变量系统提供了一种通用的描述方式，不必考虑各子系统间的解耦问题。

2. BP 网络设计原则

虽然 BP 神经网络是目前应用最广泛、研究较多的一种网络，但到目前为止，尚无一种完整的设计理论。通常情况下，依据使用者的经验来设计网络结构、学习算法、样本等。下面给出 BP 网络设计的一些共性的原则。

（1）输入量设计

BP 网络的输入变量即为待分析系统的内生变量，必须选择那些对输出影响大且易于检测或提取的变量，而且各输入量之间应互不相关或相关性很小。

一般有两类输入、输出量：数值变量和语言变量。数值变量又分为连续变量和离散变量；语言变量是用自然语言表示的概念。如温度、压力、电流等属于连续数值变量，大、小、多、少等属于语言变量。通常情况下，语言变量在网络处理时需要转化为离散变量。

若输入变量较多，一般可通过主成份分析方法减少输入变量，也可根据剔除某一变量引起的系统误差与原系统误差的比值大小来减少输入变量。

（2）输出量设计

输出变量即为系统待分析的外生变量（系统性能指标或因变量），可以是一个，也可以是多个。一般将一个具有多个输出的网络模型转化为多个具有一个输出的网络模型效果会更好，训练也更方便。

（3）训练样本设计

一般来说，样本数越多，网络训练结果越能正确反映问题的内在规律，但样本的获取往往有一定的困难，另一方面，当样本数达到一定的数量后，网络的精度很难进一步提高。训练样本的选择原则是：网络规模越大，网络映射关系越复杂，样本数量要求越多。通常情况下，训练样本数是网络连接权总数的 5~10 倍。

（4）初始权值设计

BP 网络学习时，权值 W_{ij}、V_{jk} 的初始值的选择非常重要。初始值过大或过小都会影响到网络的学习速度，一般选择范围为 $(-2.4/F, 2.4/F)$，其中 F 为所连接的神经元的输入端个数。另外，为避免每一步权值的调整方向相同（即权值同时增加或同时减小），应将初始权值设为随机数。

（5）隐层设计

● 隐层数设计

理论证明，具有单隐层的 BP 网络可以映射所有的连续函数，所以只有当学习不连续函数时才需要两个隐层，故一般情况下隐层最多为两层。一般方法是先设计一个隐层，当一个隐层的单元数很多，仍不能改善网络的性能时，再增加一个隐层。应用最广泛的 BP 神经网络结构是 3 层结构，即输入层、输出层和一个隐层。

● 隐层单元数设计

隐层单元数对神经网络有一定的影响。隐层单元数过少，网络的学习容量有限，难以存储训练样本中蕴含的所有规律；隐层单元数过多，不仅会增加网络训练时间，而且会将样本中非规律性的内容如干扰和噪声等存储进去，反而会降低泛化能力。一般采用经验公式 $m = \sqrt{n+l} + \alpha$ 确定，式中，m 为隐层单元数，n 为输入层单元数，l 为输出层单元数，α 为 $1 \sim 10$ 之间的常数。

2.6.5 人工神经网络方法解题基本步骤

人工神经网络方法解题的基本步骤如下：

（1）构建人工神经网络模型；

（2）选择神经元功能函数和学习规则；

（3）对神经网络进行训练；

（4）对输出结果进行分析校核。

由于人工神经网络方法所包含的网络模型和学习方法多种多样，每一种网络模型和学习方法所对应的具体的解题步骤也有所差别，下面介绍常用的 BP 神经网络模型解题的具体步骤。

假设该 BP 网络为三层结构，即输入层、中间层和输出层，且各层的单元数（神经元数）分别为 n、p、m。网络输入值为连续矢量 X_i，H_j 为中间层输出矢量，O_k 为网络的输出矢量，Y_k 为目标输出矢量。W_{ij} 表示输入层单元到中间层单元的权重，V_{jk} 表示中间层单元到输出层单元的权重，用 θ_j 和 ϕ_k 分别表示中间层单元和输出层单元的阈值。其网络模型如图 2-85 所示。

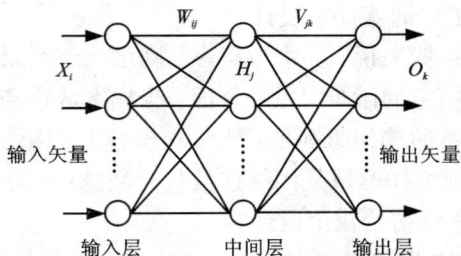

图 2-85　三层结构 BP 神经网络模型

其解题步骤如下：

（1）将权值 W_{ij}、V_{jk} 和阈值 θ_j、ϕ_k 设置为小的随机数；

（2）将训练组中的输入矢量及目标输出矢量进行归一化处理；

(3)取一个模式矢量 X_0, X_1, $\cdots$, X_n 添加到网络的输入层, 并给定其目标输出矢量 Y_0, Y_1, $\cdots$, Y_k;

(4)计算中间层单元的输出:

$$H_j = f\Big(\sum_{i=1}^{n} W_{ij} X_i - \theta_j \Big)$$

(5)计算输出层单元的输出:

$$O_k = f\Big(\sum_{j=1}^{p} V_{jk} H_j - \phi_k \Big)$$

(6)计算输出层误差(实际输出矢量和目标输出矢量的差值):

$$\delta'_k = O_k(1-O_k)(Y_k-O_k)$$

(7)计算中间层误差:

$$\delta_j = H_j(1-H_j) \sum_{k=1}^{m} \delta'_k V_{jk}$$

(8)调整输出层的权重和阈值:

$$V_{jk}(t+1) = V_{jk}(t) + \eta \delta'_k H_j + \alpha \big[V_{jk}(t) - V_{jk}(t-1) \big]$$
$$\phi_k(t+1) = \phi_k(t) + \eta \delta'_k$$

式中: η 为学习速率; t 为训练次数; α 为动量项系数。

(9)调整中间层的权值和阈值:

$$W_{ij}(t+1) = W_{ij}(t) + \eta \delta_j X_i + \alpha \big[W_{ij}(t) - W_{ij}(t-1) \big]$$
$$\theta_j(t+1) = \theta_j(t) + \eta \delta_j$$

(10)对训练组织的所有模式重复上述操作, 直到输出层的误差达到规定值。

在上述 BP 网络学习过程中, 需要注意以下几点:

(1)BP 网络学习时, 学习速率 η 的选择很重要。η 值大则权值的变化就大, 网络学习收敛的速度就快, 但会引起网络的不稳定; η 值小则权值的变化就小, 网络学习收敛的速度就慢。上述求解步骤中动量项 $\alpha\big[W_{ij}(t)-W_{ij}(t-1)\big]$ 和 $\alpha\big[V_{jk}(t)-V_{jk}(t-1)\big]$ 的引入可基本解决该问题。

(2)采用 BP 算法训练网络主要有两种方式: 顺序方式和批处理方式。顺序方式是指每输入一个训练样本修改一次权值, 而批处理方式是指在组成一个训练周期的所有样本全部完成输入之后, 以总的平均误差能量作为学习目标函数修正权值的训练方式。顺序方式所需的临时存储空间较小, 而且随机输入样本有利于权值空间搜索的随机性, 在一定程度上可以避免网络学习陷入局部最小, 但顺序方式的误差收敛条件难以建立, 而批处理方式能够精确计算出梯度向量, 误差收敛条件简单, 易于并行处理。

(3)判断网络输出误差是否满足要求的方法是: 对于顺序方式, 误差要求小于设定值; 对于批处理方式, 每个训练周期的平均误差的变化量须在 0.1%—1% 之间。

2.6.6 人工神经网络在材料科学与工程中的应用

1. 在材料设计和成分优化中的应用

经国内外许多学者不断探索，在材料科学研究中，人工神经网络等技术的研究成果实证了与材料性能密切相关的诸多因素的影响效果是可以通过总结规律进行合理推证的，人工神经网络适用于探究材料的组分、工艺、组织、性能等的内在联系，以及新材料的设计和合成过程、材料的特点和其成分优化。

人工神经网络善于从复杂关系中归纳总结和建立联系，经过学习和训练可以依据材料科学与工程领域中的复杂问题建立数学模型，分析实验数据，反应其内在规律，预测优化后的性能参数。林新波等学者利用 BP 神经网络预测材料温锻流动应力，对 08F 钢和 40Cr 在温锻温度范围内流动应力的实验数据进行处理，建立起预测材料温锻流动应力的 BP 网络模型。BP 神经网络有很强的容错和容差能力，不是由理论公式经简化和假设后推导得出变形温度 t、应变速率 ε 与流动应力 σ 的复杂关系，而是将大量离散样本数据导入模型中进行学习和多次训练处理，可得出这些量的内在关联，并能预测误差。结果表明，利用神经网络来预测温锻温度范围内材料的流动应力是比较恰当的。

2. 在材料力学性能预测中的应用

材料力学性能是指材料在常温、静载作用下的宏观力学性能。是确定各种工程设计参数的主要依据，是衡量材料性能极其重要的指标。材料力学性能的预测涉及多物理场耦合和非线性微观组织响应，所以很难使用传统的解析方法来计算和预测。近年来，采用人工神经网络的方法预测材料的力学性能能够取得较好的效果。例如学者 Myllylcoski 建立了能较准确地预测轧制带钢力学性能的人工神经网络模型。该神经网络模型能用来评价加工工艺参数的影响，因而可用来指导改变加工工艺参数以获得所要求的力学性能。有学者根据控轧 C-Mn 钢的显微组织与力学性能数据，用人工神经网络模型建立了显微组织和力学性能之间的关系。

显微组织包括铁素体、珠光体、奥氏体的体积分数和铁素体晶粒尺寸，预测的力学性能有延伸率 s、屈服强度 σ 和抗拉强度 σ_b。Damortier 等用工厂生产积累的大量数据，建立了预测碳钢和低合金钢屈服强度、抗拉强度、延伸率的神经网络。研究表明，多元数据分析能用来改进神经网络的预测质量，并对预测结果提供解释。人工神经网络还用来研究钢的热强度、疲劳裂纹扩展速率、疲劳裂纹扩展门槛值以及疲劳短裂纹的扩展等。

目前，很多学者采用人工神经网络算法研究材料性能与成分、组织之间的联系，建立材料的性能预测模型，将实验数据作为学习样本和模型的输入层，输出材料的力学性能等数据，预测材料设计和成分优化的性能指标。

（1）在相变特性预报中的应用

材料热加工工艺的重要特点是温度变化会带来复杂性能变化，相图特性、等温转变曲线、连续冷却转变曲线等是选择金属热处理工艺的重要依据，它们与材料的化学成分、加热温度、冷却速度等多种因素有关。而人工神经网络通过大量的数据还原并具象化热加工时各因素的作用。尤其,人工神经网络有助于钢的热加工过程中的相变转变分析,具有误差小、可靠性高、稳定性好等优点。

- TTT 和 CCT 曲线的预测

等温转变曲线(TTT 曲线)通常通过磁性测定法或膨胀测量法等方法试验测定,反映不同过冷度下过冷奥氏体的等温转变产物、保持时间、等温温度等的关系,可分析含碳量、合金元素对等温转变曲线的影响,又称为"C 曲线"。通过采用多层 BP 网络可实现给定的合金的 TTT 曲线的预测,输入合金元素含量和奥氏体化温度,设定中间隐层,将奥氏体转变的开始和终了时间作为输出层,建立网络训练过冷奥氏体的等温转变曲线并进行推理。

过冷奥氏体连续冷却转变曲线(CCT 曲线)反映了连续冷却条件下过冷奥氏体的转变,连续冷却过程导致珠光体转变、贝氏体转变、马氏体转变等的转变量、转变时间、转变速度随冷却条件改变而改变,测试比较困难。CCT 曲线也可采用人工神经网络方法进行建立,从而分析转变产物组织和性能。

- Ms 点的预测

马氏体相变点(Ms)是指马氏体相变开始点,即指奥氏体和马氏体的两相自由能之差达到相变所需的最小驱动值时的温度。马氏体相变对于钢铁强化有显著作用,通过在热处理时利用合金元素影响马氏体相变规律可以控制钢的变形和性能。目前关于合金元素对 Ms 点的影响常常是假设各个合金元素的影响是线性的且可叠加,忽略了合金元素之间的相互作用,仍旧需要探究其内在联系。

Vermeulen 等学者在这方面进行了许多工作,采用人工神经网络预测钒钢的 Ms 点,考虑到奥氏体温度和晶粒大小对 Ms 点的影响较小,合金元素的含量是 Ms 点高低的主要影响因素,故输入端是 C、Si、Mn、P、S、Cr、Mo、Al、Cu、N、Ni 和 V12 个元素的含量,输出端是 Ms 点,采用 12×6×1 网络。将预测的效果与回归公式、热力学模型等进行比较,结果表明神经网络是可靠有效的。

(2)人工神经网络用于材料的检测

- 检测复杂材料缺陷结构

复合材料与结构中表面微小缺陷的定量化检测结果是结构运维过程中的重要参考信息,然而,实现缺陷的定量化检测又面临着诸多困难。近年来,神经网络理论的发展及其在模式识别领域中的成功应用,为超声无损检测的定量化开辟了新的途径。刘伟军等针对超声无损检测中缺陷分类难、分类结果可靠性差等问题,以焊缝中裂纹、夹杂及气孔 3 类缺陷的分类为例,给出了一种以径向基函数神经网络(RBFN)为基础的缺陷特征分类方法。它可利用简单核函数形成的重叠区域产生任意形状的复杂决策域,学习能力强、速度快,对上述三类缺陷的识别率远高于贝叶斯分类方法,是一种性能优越的非线性预测器和分类器。张悦华等经数据采集系统采集,适当处理后进行用小波分析与人工神经网络相结合的方法,对结构缺损进行了精准识别。

- 光纤智能复合材料自诊断系统

材料结构的状态监测与损伤估计是设计与使用该结构的基础。现有的各种无损检测方法主要有如 X 射线、声发射以及渗透等，这些方法不能实现实时监测。而在光纤智能材料与结构中，光纤阵列的选择及阵列输出信号的分析处理是非常重要且困难的。杨建良等在模体积失配效应与微弯原理的基础上，提出了一种新颖的城墙型式的光纤应变传感器阵列，结合人工神经网络原理，研制出一种适用于复合材料结构状态监测与损伤估计用的光纤智能复合材料自诊断系统，证实了人工神经网络用于光纤智能材料与结构的信号处理的可行性。

- 材料疲劳的预测

随着模拟仿真技术的发展，人工神经网络技术越来越多的用于材料的疲劳寿命预测的研究中，其中 BP 神经网络是目前应用最为广泛的一种误差逆传播神经网络，可以为材料疲劳寿命估计提供一种新的方法。闫楚良等针对传统的材料疲劳寿命计算方法(概率统计法)误差较大的问题，在对材料疲劳寿命数据进行分类的基础上，采用基于遗传算法优化的 BP 神经网络方法，建立了应力集中系数、应力均值、应力幅值和材料的中值寿命之间的关系模型，针对具有有限寿命的数据进行寿命预测，预测结果精度较高。郑战光等以误差平方和作为误差性能函数的反向传播(back propagation，BP)神经网络预测钛合金疲劳寿命，证明了多轴载荷相位差的神经网络方法较传统基于物理机制的方法更高效、准确与普适。

2.6.7　人工神经网络方法解题示例

1. 问题描述

要求采用人工神经网络技术对热轧带钢的热流密度进行预测，样本数共 1000 组(图略)。

2. 问题分析

在热轧带钢生产过程中，终轧温度是一个重要的技术指标，其控制精度直接影响到整卷带钢的力学性能和微观组织。机架间水冷区的带钢热流密度是决定终轧温度控制精度的重要参数，因此，如何预测热流密度并进行适时调整对于获得高质量的热轧带钢至为关键。但轧件在精轧区的温度变化是一个极为复杂的过程，实际冷却过程中释放的相变潜热难以用数学模型精确表达，只能依赖经验模型进行描述，所以实际生产过程中终轧温度控制超差的现象普遍存在。而由于人工神经网络具有自学习、自组织、自适应和非线性动态处理等功能，特别适合于处理复杂的非线性过程，因此该技术为提高终轧温度的控制精度提供了一种行之有效的方法。本例针对国内某钢厂热轧机架间冷却系统，采用人工神经网络技术，通过分析处理实验数据给出优化的带钢热流密度，并预测带钢的终轧温度。

3. 求解步骤

(1)数学模型

机架间冷却属于低压喷水冷却，属于一种强迫对流。因此在冷却区中，带钢上某一点的表面温度可以通过以下函数描述：

$$T(t) = T_a + (T_f - T_a) e^{pt} \tag{2-90}$$

式中，$T(t)$ 为 t 时刻带钢某点的表面温度；t 为带钢进入冷却区的时间；T_a 为环境温度；T_f 为进入冷却区时带钢的温度；p 为模型系数，可以用下式描述：

$$p = \frac{2\alpha}{\rho h C} \tag{2-91}$$

式中，α 为对流散热系数；ρ 为带钢的密度；h 为带钢的厚度；C 为带钢的比热。为简化计算，将式(2-83)线性化：

$$\Delta T = \frac{1000Qt}{3600C\rho h} \tag{2-92}$$

式中，Q 为带钢的热流密度。利用此式，在热流密度确定后，可以计算得到带钢在轧制过程中的温度变化，从而可以得到终轧温度；同时也可以通过测试带钢轧制过程中的温度变化，计算得到带钢的热流密度。

（2）神经网络模型

BP 神经网络可以以任意精度逼近连续函数。但神经网络在处理问题过程中类似黑箱，无法表达过程的物理意义，若能将神经网络与数学模型结合起来，则可以更为精确的描述工艺过程。在本例中，可以先采用人工神经网络对带钢的热流密度进行预测，然后将预测结果代入数学模型计算带钢的终轧温度，这样将有利于提高终轧温度的预报和控制精度。下面主要描述神经网络模型的建立过程。

- 输入层和输出层设计

影响带钢热流密度的物理量有很多，在设计过程中需选择影响程度较大的易于测量的物理量作为输入量。本例选择带钢厚度、带钢宽度、轧制速度、带钢初始温度、带钢终轧温度及水温 6 个物理参量作为神经网络的输入量，选择带钢热流密度作为神经网络的输出量。因此，设定输入层节点数为 6，输出层节点数为 1。

- 隐层数和节点数设计

由于一个 3 层的 BP 网络可以完成任意的 n 维到 m 维的连续映射，因此本模型采用单隐层。隐层单元数采用经验公式 $m = \sqrt{n+l} + \alpha$ 确定，据此可取 $m = 7$。在实际网络运行过程中，未发现某一点的权值总无变化，且神经网络能很好地满足要求，因此最终确定隐层单元数为 7。神经元功能函数选取 Sigmoid 函数。

- 其余参数确定

样本数：通常情况下，样本数据越多，学习和训练的结果越能正确反映输入值与输出值之间的关系，但这会使网络训练的误差加大，而且收集、分析数据的难度也会加大。本例选择样本数为 600，其中 350 个为训练样本，250 个为测试样本，训练次数为 6000 次。

学习速率：学习速率大则权值的变化大，BP 网络学习收敛的速度快，但会引起网络的不稳定；学习速率小则权值的变化小，BP 网络学习收敛的速度慢。本例中选择学习速率为0.1，并在网络运行过程中进行调整：若误差值小于 0，则步长乘 2；若误差值大于 0，则步长乘 0.5。

依据上述分析所建立的神经网络模型如图 2-86 所示。

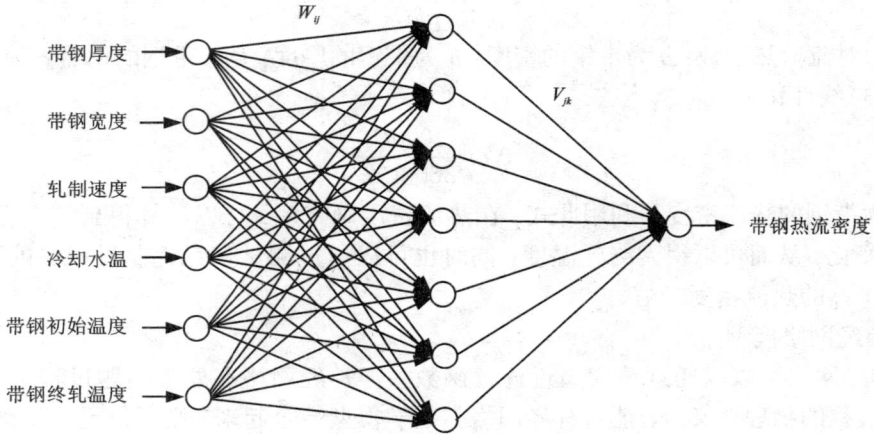

图 2-86　BP 神经网络模型

（3）模拟结果及分析

采用上述的神经网络模型对国内某热轧厂的生产过程进行分析（利用 Matlab 神经网络软件），在得到初步的带钢热流密度的预测结果后，再利用式（2-92）计算出带钢的终轧温度，并与实测值进行对比。结果显示，神经网络模拟结果和实验测试结果符合很好，而且采用 BP 神经网络和数学模型相结合的方法得到的计算结果比只用数学模型的方法得到的计算结果的精度提高了 14%。

习题及思考题

1. 简述建立数学模型的基本步骤，常用的数学模型建立方法有哪几种？

2. 什么是有限差分法和有限元法？二者的主要区别是什么？简述有限差分法和有限元法解题的基本步骤。

3. 设有一炉墙，厚度为 1，炉墙的内壁温度 $T_0 = 0\ ℃$，外壁温度 $T_m = 0\ ℃$，在炉墙内具有内热源 $\varphi(x) = 1$。炉墙材料的热传导系数为 1，试用有限差分法求解炉墙沿厚度方向上的温度分布。

4. 有一无限长橡胶圆筒，其横截面形状如图 2-87 所示，圆筒由 Mooney-Rivlin 材料构成，在其内壁面承受均布压力载荷 P 的作用，试用 ANSYS 软件对其进行建模、施加载荷并求解圆筒中的应力和位移响应。

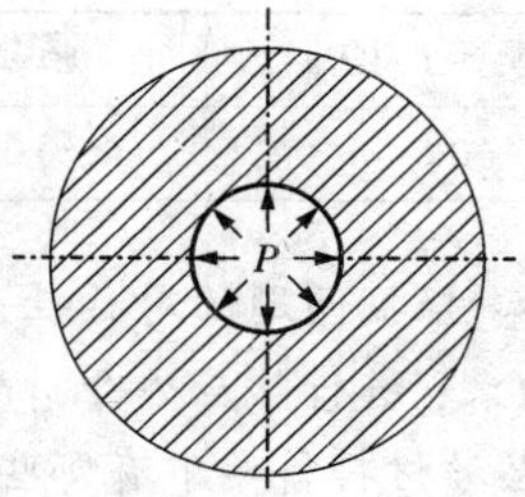

几何参数：

外径 $R_1 = 30$ mm；内径 $R_2 = 10$ mm。

载荷：

$P = 100$ MPa。

材料参数见表 2-10。

图 2-87　圆筒横截面结构示意图

表 2-10　材料参数表

$T_1/℃$	A_1/MPa	B_1/MPa	$T_2/℃$	A_2/MPa	B_2/MPa	PRXY
20	40	10	40	120	30	0.5

提示：考虑到圆筒的无限长特性，可以忽略其端面效应，按平面应变问题进行分析；根据对称性，可选取圆筒横截面的 1/4 建立几何模型；在 ANSYS 中，有专门的 Mooney-Rivlin 超弹材料模型可供选择；可选择具有平面应变属性的 PLANE182 单元进行求解（可参阅参考文献 9）。

5. 图 2-88 为一铝合金冷却栅管的轴对称结构示意图，其中管内为热流体，温度为 200 ℃，压力为 10 MPa，对流系数为 110 W/（m²·℃）；管外为空气，温度为 25 ℃，对流系数为 30 W/（m²·℃）。铝合金栅管材料参数见表 2-11，试用 ANSYS 软件对其进行建模、施加载荷并求解栅管内的温度场和应力场分布。

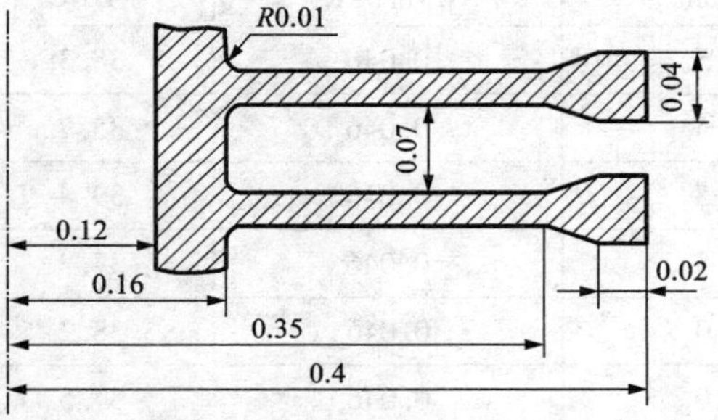

图 2-88　圆筒横截面结构示意图（单位：m）

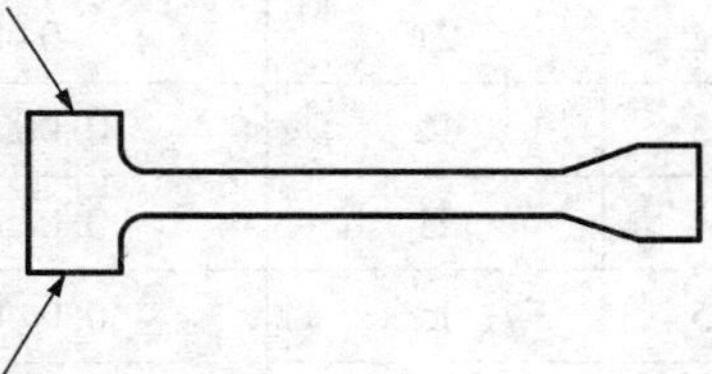

图 2-89　几何模型

表 2-11　材料性能参数

弹性模量 E/GPa	泊松比 ν	线膨胀系数 α/℃$^{-1}$	导热系数 K/(W·m^{-1}·℃$^{-1}$)
60	0.3	2.4×10^{-5}	209

提示：根据问题的对称性，建立如图 2-89 所示的几何模型，并在图示边界线段上施加对称边界约束，进行热应力分析求解。(可参阅参考文献 10)。

6. 思考材料科学中有哪些具体问题可以采用蒙特卡洛法解决？简述蒙特卡洛法的基本步骤？

7. 编程实现"2.4.3 蒙特卡洛法解题示例"，改变 Potts 模型中界面能系数 γ 的大小，研究其与相变点的关系。

8. 简述分子动力学中"Verlet 算法"与"蛙跳法"两种积分算法相比较，各有何优点与缺点？

9. 结合你科研中关心的物理过程，简述分子动力学仿真所选取的系综及其理由。

10. 利用软件实现"2.5.9 分子动力学方法解题示例"，并解释晶体"热胀冷缩"现象。

11. 某离心铸造高速钢轧辊的热处理工艺与性能之间的关系如表 2-12 所示，试采用人工神经网络中的 BP 算法来通过高速钢轧辊的热处理工艺预测其硬度。

提示：可以将高速钢轧辊热处理工艺的 4 个主要参数(保温板厚度、保温板导热系数、保温涂料厚度、保温涂料导热系数)作为输入变量、将轧辊内层硬度作为输出变量，建立神经网络模型；选择双曲正切函数和线性变换函数作为转换函数；将数据表中的前 20 组数据作为训练样本，将后 5 组数据作为检验样本。(可参阅参考文献 23)。

表 2-12　高速钢轧辊的热处理工艺与性能关系

序号	保温板厚度 /mm	保温板导热系数 /(W·m^{-1}·K^{-1})	保温涂料厚度 /mm	保温涂料导热系数 /(W·m^{-1}·K^{-1})	内层硬度 /HRC
1	12	0.044	2.5	0.046	38.3
2	21	0.044	2.5	0.046	35.7
3	12	0.065	2.5	0.046	39.4
4	21	0.065	2.5	0.046	37.3
5	15	0.044	1.0	0.046	38.2
6	15	0.044	4.0	0.046	37.5
7	15	0.044	5.5	0.046	34.8
8	15	0.065	4.0	0.046	36.8

续表2-12

序号	保温板厚度 /mm	保温板导热系数 /(W·m⁻¹·K⁻¹)	保温涂料厚度 /mm	保温涂料导热系数 /(W·m⁻¹·K⁻¹)	内层硬度 /HRC
9	15	0.065	5.5	0.046	35.9
10	21	0.044	2.5	0.062	39.9
11	21	0.065	5.5	0.062	39.1
12	21	0.044	5.5	0.046	33.6
13	21	0.044	4.0	0.046	35.1
14	15	0.120	2.5	0.046	43.9
15	18	0.120	2.5	0.046	42.4
16	15	0.120	4.0	0.046	41.6
17	18	0.120	2.5	0.046	43.8
18	15	0.065	1.0	0.046	43.0
19	12	0.044	2.5	0.062	43.8
20	15	0.044	2.5	0.062	42.5
21	18	0.044	2.5	0.062	42.7
22	12	0.065	2.5	0.062	45.3
23	15	0.065	2.5	0.062	43.7
24	12	0.120	1.0	0.062	49.7
25	15	0.120	5.5	0.046	40.5

参 考 文 献

[1] 张鹏，赵丕琪，侯东帅. 计算机在材料科学与工程的应用[M]. 北京：化学工业出版社，2018.

[2] 张立文. 计算机在材料科学与工程中的应用[M]. 大连：大连理工大学出版社，2016.

[3] 汤爱涛，胡红军，杨明波. 计算机在材料工程中的应用[J]. 重庆：重庆大学出版社，2021.

[4] 戴起勋. 材料科学研究方法[M]. 北京：化学工业出版社，2021.

[5] 洪慧平. 材料成形计算机辅助工程[M]. 北京：冶金工业出版社，2015.

[6] 严波. 有限单元法基础[M]. 北京：高等教育出版社. 2022.

[7] 赵冬. 有限单元法及应用[M]. 重庆：重庆大学出版社，2022.

[8] 王富耻，张朝晖. ANSYS 有限元分析理论与工程应用[M]. 北京：电子工业出版社. 2008.

[9] 张朝晖. ANSYS 16.1结构分析工程应用实例解析[M]. 北京：机械工业出版社，2016.

［10］张朝晖. ANSYS 12.0 热分析工程应用实战手册［M］. 北京：中国铁道出版社. 2010.

［11］陈廷伟. 人工智能算法与神经网络研究［M］. 长春：吉林大学出版社. 2022.

［12］李理. 工程材料表征技术［M］. 北京：机械工业出版社, 2020.

［13］Metropolis N, Ulam S. The monte carlo method［J］. Journal of the American statistical association, 1949, 44 (247)：335-341.

［14］Miyoshi H, Kimizuka H, Ishii A, et al. Temperature-dependent nucleation kinetics of Guinier-Preston zones in Al-Cu alloys：An atomistic kinetic Monte Carlo and classical nucleation theory approach［J］. Acta Materialia, 2019, 179：262-272.

［15］Ai W, Chen X, Feng J. Microscopic origins of anisotropy for the epitaxial growth of 3C-SiC (0001) vicinal surface：A kinetic Monte Carlo study［J］. Journal of Applied Physics, 2022, 131(12)：125304.

［16］Marvel C J, Riedel C, Frazier W E, et al. Relating the Kinetics of Grain-Boundary Complexion Transitions and Abnormal Grain Growth：A Monte Carlo Time-Temperature-Transformation Approach［J］. ActaMaterialia, 2022：118262.

［17］Scheuer E M, Stoller D S. On the generation of normal random vectors［J］. Technometrics, 1962, 4(2)：278 -281.

［18］Kashchiev D. Nucleation［M］. Elsevier, 2000.

［19］Kim Y K, Kim H K, Jung W S, et al. Atomistic modeling of theTi-Al binary system［J］. Computational materials science, 2016, 119：1-8.

［20］Feng C, Peng X, Fu T, et al. Molecular dynamics simulation of nano-indentation onTi-V multilayered thin films［J］. Physica E：Low-dimensional Systems and Nanostructures, 2017, 87：213-219.

［21］Shim J H, Ko W S, Kim K H, et al. Prediction of hydrogen permeability in V-Al and V-Ni alloys［J］. Journal of membrane science, 2013, 430：234-241.

［22］韩立群, 施彦. 人工神经网络原理及应用［M］. 北京：机械工业出版社. 2016.

［23］邹德宁, 李娇等. 神经网络的 BP 算法研究高速钢轧辊的热处理工艺［J］. 铸造技术. 2007(11)：1518- 1521.

第 3 章　材料科学研究中主要
物理场的数值模拟

3.1　温度场的计算

　　材料科学与工程技术涉及加热、冷却等传热过程，作为在自然界和生产领域普遍存在的传热过程对材料的相变研究、工艺过程控制以及新材料的开发应用具有非常重要的作用。随着计算机的推广普及以及计算方法的迅速发展，用数值方法对传热问题进行分析研究取得了重大进展并显示出巨大活力，在材料科学与工程技术中占据着重要地位。

3.1.1　导热方程与边界条件

　　物体传热包括导热、对流和辐射三种形式。物体各部分之间不发生相对位移，依靠分子、原子及自由电子等微观粒子的热运动进行的热量传递称为导热。物体或系统内各点间存在温度差是产生热传导的必要条件。法国数学家 Fourier 通过对导热数据和实践经验的提炼，将导热规律总结为 Fourier 定律，即单位时间内通过等温面的热流量与温度梯度及传热面积成正比：

$$\mathrm{d}Q \propto -k \cdot \mathrm{d}s \cdot \frac{\partial T}{\partial n} \tag{3-1}$$

式中：$\mathrm{d}Q$——单位时间内通过等温面的热流量，W；

　　　　"$-$"——表示导热的方向总是和温度梯度的方向相反；

　　　　k——比例系数，是材料的导热系数，W/(m·K)；

　　　　n——边界法向，在直角坐标系中，n 可分别为 x，y，z；

　　　　s——等温面面积，m^2；

　　　　T——温度，K。

　　对于固体导热，在稳态条件下的基本控制方程可描述为：

$$q_x = -k \frac{\partial T}{\partial x} \tag{3-2}$$

式中：q_x——x 方向的热流密度，W/m^2；

　　　　$\dfrac{\partial T}{\partial x}$——沿 x 方向的温度变化率，K/m。

1. 稳态温度场

物体的稳态温度场和内热源密度只是空间域的函数，而与时间无关，边界条件也与时间无关，即：

$$T = T(x, y, z) \tag{3-3}$$

$$\overline{Q} = \overline{Q}(x, y, z) \tag{3-4}$$

根据传热学理论，稳态温度场应满足的微分方程和边界条件为：

$$k\left(\frac{\partial^2 T}{\partial x^2} + \frac{\partial^2 T}{\partial y^2} + \frac{\partial^2 T}{\partial z^2}\right) + \overline{Q} = k\,\nabla^2 T + \overline{Q} = 0 \qquad \in V \tag{3-5}$$

第一类边界条件：

$$T(x, y, z) = \overline{T}(x, y, z) \qquad \in S_1 \tag{3-6}$$

第二类边界条件：

$$-k\frac{\partial T}{\partial n} = \overline{q} \qquad \in S_2 \tag{3-7}$$

第三类边界条件：

$$-k\frac{\partial T}{\partial n} = \alpha(T - \overline{T}_{\text{介}}) \qquad \in S_3 \tag{3-8}$$

式中：k——物体的导热系数；

$\overline{Q}$——物体的内热源密度；

V——物体区域；

S——物体区域的外边界，包括 S_1，S_2 和 S_3；

$\overline{T}$——边界 S_1 上的已知温度；

$\overline{q}$——边界 S_2 上的已知热流密度；

$\overline{T}_{\text{介}}$——边界 S_3 上周围介质的已知温度；

α——边界 S_3 上的对流换热系数；

n——边界外法线方向。

2. 瞬态温度场

瞬态温度场不仅是空间域的函数而且与时间也有关系，物体的内热源以及边界条件通常也与时间有关，即：

$$T = T(x, y, z, t) \tag{3-9}$$

$$\overline{Q} = \overline{Q}(x, y, z, t) \tag{3-10}$$

$$\overline{q} = \overline{q}(x, y, z, t) \tag{3-11}$$

$$\overline{T}_{\text{介}} = \overline{T}_{\text{介}}(x, y, z, t) \tag{3-12}$$

根据传热学理论，瞬态温度场的微分方程以及边界和初始条件为：

$$k\nabla^2 T + \overline{Q} = \rho c_p \frac{\partial T}{\partial t} \qquad\qquad t \geq 0 \in V \tag{3-13}$$

第一类边界条件：(温度边界条件)

$$T(x, y, z, t) = \overline{T}(x, y, z, t) \qquad\qquad t \geq 0 \quad \in S_1 \in V \tag{3-14}$$

第二类边界条件：(热流密度边界条件)

$$-k \frac{\partial T}{\partial n} = \overline{q} \qquad\qquad t \geq 0 \quad \in S_2 \in V \tag{3-15}$$

第三类边界条件：(对流边界条件)

$$-k \frac{\partial T}{\partial n} = \alpha(T - \overline{T}_{介}) \qquad\qquad t \geq 0 \quad \in S_3 \in V \tag{3-16}$$

初始条件为：

$$T = \overline{T}_0 \qquad\qquad t = 0 \quad \in V + S \in V \tag{3-17}$$

其中：ρ——材料密度；

$\quad c_p$——材料的定压比热。

其他符号含义同稳态温度场。

3.1.2　平面温度场的有限元求解

以二维平面热传导问题为例来讨论温度场的有限元求解问题。在有限元分析中，如何将实际工程中的复杂场域离散为"有限单元"至关重要，这直接决定了最终计算结果的准确性和有效性。有限元网格划分一般选用三角形或四边形单元，在满足一定精度的前提下，尽可能少一些单元，网格划分的基本原则包括：

(1)拓扑正确性原则。即单元间是靠单元顶点、单元边或单元面连接；

(2)几何保形原则。即网格划分后，单元的集合与原结构近似；

(3)特性一致原则。即材料相同、厚度相同；

(4)单元形状优良原则。单元边、角相差尽可能小；

(5)密度可控原则。即在保证一定精度的前提下，网格尽可能稀疏一些。

这里采用常用的三节点三角形单元讨论其有限元格式。

将求解域根据具体情况离散为不连续的点，形成离散网格，如图 3-1 所示。三角形单元越小，求解域的划分就越细，计算的精度也就越高。在这个过程中，要求三角形

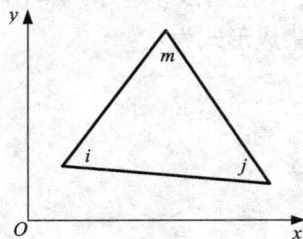

图 3-1　三节点三角形单元

的边长尽量接近。三角形的顶点称为节点，为了计算方便，每一个单元和节点都要进行统一编号，一般规定每个单元的三个节点按逆时针方向以 i, j, m 编号。

当三角形单元的面积足够小时，温度模式可取为：

$$T = a_1 + a_2 x + a_3 y \qquad \in V \tag{3-18}$$

则在单元的三个节点上，有：

当 $x = x_i$, $y = y_i$ 时，$T = T_i$

当 $x = x_j$, $y = y_j$ 时，$T = T_j$

当 $x = x_m$, $y = y_m$ 时，$T = T_m$

由此可得：

$$\begin{Bmatrix} a_1 \\ a_2 \\ a_3 \end{Bmatrix} = \frac{1}{2\Delta} \begin{pmatrix} a_i & a_j & a_m \\ b_i & b_j & b_m \\ c_i & c_j & c_m \end{pmatrix} \begin{Bmatrix} T_i \\ T_j \\ T_m \end{Bmatrix} \qquad \in V \tag{3-19}$$

其中：

$$\Delta = \frac{1}{2}(b_i c_j - b_j c_i); \ a_i = x_j y_m - x_m y_j; \ b_i = y_j - y_m; \ c_i = -x_j + x_m$$

将 i、j、m 进行顺序轮换后，可得到另外两组 a、b、c 的表达式。

求出 a_1，a_2，a_3 后，代入式（3-18），得到：

$$T = N_i T_i + N_j T_j + N_m T_m = [N][T_i \quad T_j \quad T_m]^{\mathrm{T}} \tag{3-20}$$

其中，$[T_i \quad T_j \quad T_m]^{\mathrm{T}}$ 是节点温度阵列；N_i、N_j、N_m 为插值函数，分别为：

$$N_i = (a_i + b_i x + c_i y)/2\Delta$$

$$N_j = (a_j + b_j x + c_j y)/2\Delta$$

$$N_m = (a_m + b_m x + c_m y)/2\Delta$$

N_i，N_j，N_m 又称为形函数或形状函数。

根据 Garlerkin 法可以建立二维稳态热传导问题的基本方程：

$$KT = P \tag{3-21}$$

其中，K 是热传导矩阵，$T = (T_1, T_2, T_3, \cdots, T_N)^{\mathrm{T}}$ 是节点温度阵列；P 是温度载荷矩阵，其单元集成形式为：

$$K_{i,j} = \sum_c K_{ij}^e + \sum_e H_{ij}^e \tag{3-22}$$

$$P_i = \sum_c P_{q_i}^e + \sum_e P_{H_i}^e + \sum_e P_{Q_i}^e \tag{3-23}$$

其中：

$$K_{ij}^e = \int_{V^e} \left(k \frac{\partial N_i}{\partial x} \frac{\partial N_j}{\partial x} + k \frac{\partial N_i}{\partial y} \frac{\partial N_j}{\partial y} \right) \mathrm{d}V \tag{3-24}$$

$$H_{ij}^e = \sum_c \int_{S_3^e} \alpha N_i N_j \mathrm{d}S \tag{3-25}$$

$$P_{q_i}^e = \sum_c \int_{S_2^d} N_i q \mathrm{d}S \tag{3-26}$$

$$P_{H_i}^e = \sum_c \int_{S_3^e} N_i \alpha T_{介} \, \mathrm{d}S \tag{3-27}$$

$$P_{Q_i}^e = \sum_c \int_{V^e} N_i \rho Q \mathrm{d}V \tag{3-28}$$

其中，ρ 为材料密度。

将形函数求导代入式(3-24)后可得到热传导矩阵的元素，并根据式(3-22)实现单元总体合成，将单元热传导矩阵合成为总体热传导矩阵，得到方程组：

$$KT = P \tag{3-29}$$

之后借助计算机求解方程组，即可求出平面热传导问题的温度场分布。

采用有限元法求解温度场的实例见 2.3.5 节。

3.2　应力场计算

3.2.1　弹性力学基础

弹性力学的相关知识是材料科学中应用有限元技术解决应力场问题的基础，因此有必要理解相关的弹性力学基本概念与基本方程。

1. 应力

材料在外力作用下，其尺寸和几何形状会发生改变，在产生"变形"的同时，材料内部各部分之间会产生"附加内力"，简称"内力"。截面上某点处的应力，也就是这点处分布内力的集度，反映了截面上此点处内力的大小和方向。一点处的应力可以看作是该点位置坐标及所取截面方位的函数。

由于应力属于矢量，在进行应力分析时，为了简化问题，可将应力分解成两个分量，一个分量沿着截面的法线方向，称为正应力，用 σ 表示；另一个分量沿着截面的切线方向，称为切应力，用 τ 表示。

为描述弹性材料中一点 P 处的应力状态，围绕 P 点取出一个棱长为 $\mathrm{d}x$、$\mathrm{d}y$、$\mathrm{d}z$ 的微单元体，由于 $\mathrm{d}x$、$\mathrm{d}y$、$\mathrm{d}z$ 趋向于无限小，这个单元体可等同于要考察的 P 点，因此研究单元体各个截面上的应力，也就等同于研究 P 点的应力状态，如图 3-2 所示。

图 3-2 中将每个面上的全应力分解为三个应力分量，即一个正应力分量和两个相互垂直的切应力分量。其中正应力分量 σ 的下标 x、y、z 分别表示正应力作用方向平行于哪个坐标轴；而切应力分量 τ 的下标有两个，第一个下标表示此应力作用平面垂直于哪个坐标轴，第二个下标表示此应力作用方向平行于哪个坐标轴。

此处还需要说明应力分量的正负问题。对于图 3-2 中微单元体的各个截面，如果其外法

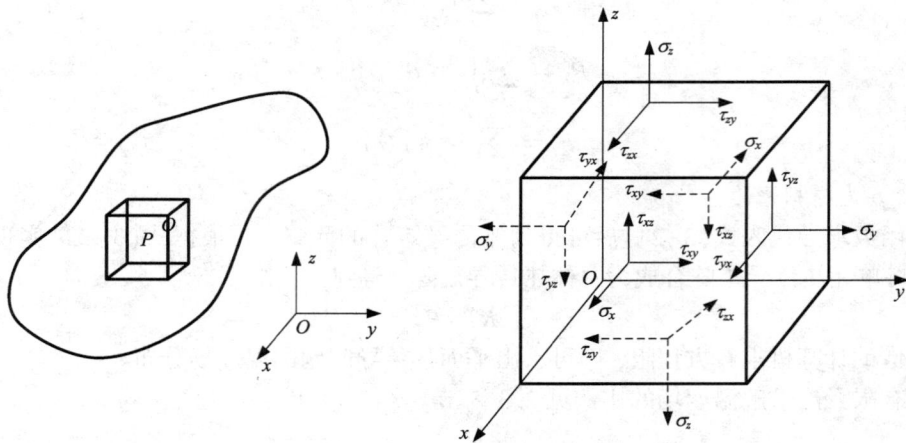

图 3-2 应力分量示意图

线方向和坐标轴正向相同,称这个截面为正面;如果截面的外法线方向和坐标轴正向相反,则称这个截面为负面;另外,如果应力分量的方向与坐标轴方向一致,则称之为正向,反之为负向。在规定了正负面和正负向之后,按照下述方法判断应力分量的正负:正面上的正向应力和负面上的负向应力均为正,反之应力分量为负。采用这种约定的表示法,图 3-2 中给出的各应力分量均为正方向。

弹性力学证明,六个切应力分量具有如下关系:

$$\tau_{xy} = \tau_{yx}, \ \tau_{zy} = \tau_{yz}, \ \tau_{zx} = \tau_{xz} \tag{3-30}$$

因此如果已知材料任意一点 P 处的 σ_x、σ_y、σ_z、τ_{xy}、τ_{zy}、τ_{zx} 这六个应力分量,就可以求出经过此点任意截面的正应力与切应力。也就是说这六个应力分量相互独立,能够唯一确定材料内任意一点处的应力状态,因此在有限元法中表示为:

$$\{\sigma\} = (\sigma_x \quad \sigma_y \quad \sigma_z \quad \tau_{xy} \quad \tau_{yz} \quad \tau_{zx})^{\mathrm{T}} \tag{3-31}$$

其中符号 T 表示转置。

2. 应变

描述物体受力发生变形后相对位移的力学量称为应变。物体内任意一点的应变分为正应变和切应变,由六个应变分量表示,分别是 ε_x、ε_y、ε_z、γ_{xy}、γ_{yz}、γ_{zx}。其中 ε_x、ε_y、ε_z 是正应变,其余三个分量 γ_{xy}、γ_{yz}、γ_{zx} 是切应变。正应变是指平行六面体各边的单位长度的相对伸缩;切应变是指平行六面体各边之间直角的改变,以弧度表示。对于正应变,伸长时为正,缩短时为负;对于切应变,两个沿坐标轴正方向的线段组成的直角变小时为正,变大时为负,在有限元法中表示为:

$$\{\varepsilon\} = (\varepsilon_x \quad \varepsilon_y \quad \varepsilon_z \quad \gamma_{xy} \quad \gamma_{yz} \quad \gamma_{zx})^{\mathrm{T}} \tag{3-32}$$

其中符号 T 表示转置。

3. 平衡方程(应力体力关系方程)

物体内任意一点处的应力状态由图 3-2 中所示的微单元体上的应力分量确定,设物体内的体积力 f 在三个坐标轴方向上的分量分别为 f_x、f_y、f_z,当微单元处于平衡状态时,有 $\sum F = 0$,即 $\sum F_x = 0$,$\sum F_y = 0$,$\sum F_z = 0$,因此得到三维情况下对于物体内任意一点有:

$$\frac{\partial \sigma_x}{\partial x} + \frac{\partial \tau_{yx}}{\partial y} + \frac{\partial \tau_{zx}}{\partial z} + f_x = 0$$

$$\frac{\partial \tau_{xy}}{\partial x} + \frac{\partial \sigma_y}{\partial y} + \frac{\partial \tau_{zy}}{\partial z} + f_y = 0$$

$$\frac{\partial \tau_{xz}}{\partial x} + \frac{\partial \tau_{yz}}{\partial y} + \frac{\partial \sigma_z}{\partial z} + f_z = 0 \tag{3-33}$$

上式即为满足力平衡的三个方程,称为平衡方程。

4. 几何方程(应变位移关系方程)

如前所述,应变是描述相对位移的物理量,应变与位移是相互联系的,几何方程描述了应变和位移之间的关系。当沿 x、y、z 方向的位移分别为 u、v、w 时,有

$$\varepsilon_x = \frac{\partial u}{\partial x}, \ \varepsilon_y = \frac{\partial v}{\partial y}, \ \varepsilon_z = \frac{\partial w}{\partial z} \tag{3-34}$$

$$\gamma_{xy} = \gamma_{yx} = \frac{\partial u}{\partial y} + \frac{\partial v}{\partial x}, \ \gamma_{yz} = \gamma_{zy} = \frac{\partial v}{\partial z} + \frac{\partial w}{\partial y}, \ \gamma_{zx} = \gamma_{xz} = \frac{\partial u}{\partial z} + \frac{\partial w}{\partial x} \tag{3-35}$$

式(3-34)与(3-35)即为几何方程,也称为 Cauchy 方程,表明了应变分量与位移分量之间的关系。可以看出若已知弹性体的位移分布,就可以求得相应的应变分布。几何方程用张量形式表示为:

$$\varepsilon_{i,j} = \frac{1}{2}(u_{i,j} + u_{j,i}) \quad (i, j = x, \ y, \ z) \tag{3-36}$$

5. 物理方程(应力-应变关系方程)

弹性体的应力应变关系可用 Hooke 定律描述。在三维情况下,弹性体内任意一点独立的应力分量有六个,其应力应变关系可以由广义 Hooke 定律表示为:

$$\varepsilon_x = \frac{1}{E}[\sigma_x - \nu(\sigma_y + \sigma_z)], \ \gamma_{xy} = \tau_{xy}/G$$

$$\varepsilon_y = \frac{1}{E}[\sigma_y - \nu(\sigma_z + \sigma_x)], \ \gamma_{yz} = \tau_{yz}/G$$

$$\varepsilon_z = \frac{1}{E}[\sigma_z - \nu(\sigma_x + \sigma_y)], \ \gamma_{zx} = \tau_{zx}/G \tag{3-37}$$

式中：E 为弹性模量，ν 为泊松比，$G=\dfrac{E}{2(1+\nu)}$。

式(3-37)用张量表示可写为：

$$\varepsilon_{i,j}=\frac{1-\nu}{E}\sigma_{ij}-\frac{\nu}{E}\sigma_{kk}\delta_{ij} \tag{3-38}$$

3.2.2　弹性力学问题分析

材料科学工程中的基础力学问题就是弹性力学问题，弹性力学问题的解决可以为诸如弹塑性分析、热弹性分析等打下基础。本节采用有限元法求解应力场问题。求解基本过程为：离散化、单元分析以及整体分析。

1. 离散化

离散化是指当连续弹性体受到一个外力作用时，将这个连续弹性体离散为一定数量有限小的单元体集合，单元体之间具有节点，通过节点来传递作用力。

对于有限元的离散需要遵循两个原则：

(1)几何近似，即在几何形状上物理模型与真实结构要近似；

(2)物理近似，即受力变形情况、材料物性等物理性质方面来讲，离散单元与真实结构的物理性质要近似。

2. 单元分析-单元的位移函数

单元位移函数也叫单元位移模式，对于二维平面问题，就是把单元中任意一点的位移近似表示为该点的坐标 x 和 y 的某种函数，该位移的表达式称为单元的位移函数或位移模式：

$$u=u(x,y)$$
$$v=v(x,y) \tag{3-39}$$

以常用的三节点三角形单元为例，每个节点有两个自由度，那么一个单元就共有六个节点位移，如图3-3所示。

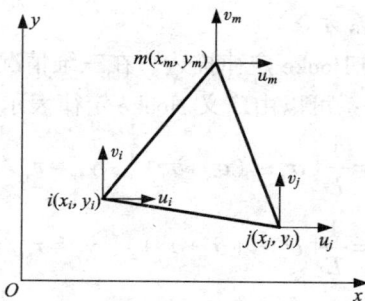

图3-3　三节点的三角形单元

　　对于六个节点，也就是六个自由度，需要确定六个待定系数，因此位移函数可取为坐标的线性函数：

$$u = u(x, y) = a_1 + a_2 x + a_3 y$$
$$v = v(x, y) = a_4 + a_5 x + a_6 y \tag{3-40}$$

式中，a_1，a_2，$\cdots$，a_6 是待定系数；u、v 是单元中任意一点在 x、y 方向的位移分量。

　　运用克莱姆法则可求得：

$$a_1 = (a_i u_i + a_j u_j + a_m u_m)/2\Delta$$
$$a_2 = (b_i u_i + b_j u_j + b_m u_m)/2\Delta$$
$$a_3 = (c_i u_i + c_j u_j + c_m u_m)/2\Delta$$
$$a_4 = (a_i v_i + a_j v_j + a_m v_m)/2\Delta$$
$$a_5 = (b_i v_i + b_j v_j + b_m v_m)/2\Delta$$
$$a_6 = (c_i v_i + c_j v_j + c_m v_m)/2\Delta \tag{3-41}$$

其中，Δ 是三角形单元的面积：

$$\Delta = \frac{1}{2}(b_i c_j - b_j c_i) \tag{3-42}$$

$$a_i = x_j y_m - x_m y_j$$
$$b_i = y_j - y_m$$
$$c_i = -x_j + x_m \tag{3-43}$$

　　将 i、j、m 进行顺序轮换后，可得到另外两组 a、b、c 的表达式。

　　把式（3-41）代入式（3-40），得到节点位移函数：

$$u = N_i u_i + N_j u_j + N_m u_m = \sum_{i,j,m} N_i u_i$$
$$v = N_i v_i + N_j v_j + N_m v_m = \sum_{i,j,m} N_i v_i \tag{3-44}$$

其中，N_i、N_j、N_m 是插值函数或形状函数，分别为：

$$N_i = (a_i + b_i x + c_i y)/2\Delta$$
$$N_j = (a_j + b_j x + c_j y)/2\Delta$$
$$N_m = (a_m + b_m x + c_m y)/2\Delta \tag{3-45}$$

　　将式（3-44）写成矩阵形式：

$$[f] = \begin{bmatrix} u \\ v \end{bmatrix} = \begin{bmatrix} N_i u_i + N_j u_j + N_m u_m \\ N_i v_i + N_j v_j + N_m v_m \end{bmatrix}$$

$$= \begin{bmatrix} N_i & 0 & N_j & 0 & N_m & 0 \\ 0 & N_i & 0 & N_j & 0 & N_m \end{bmatrix} \begin{bmatrix} u_i & v_i & u_j & v_j & u_m & v_m \end{bmatrix} \tag{3-46}$$

　　在节点上的插值函数有如下性质：

$$N_i(k) = \delta_{ik} = \begin{cases} 1 & k=i \\ 0 & k \neq i \end{cases} \quad (k=i, j, m) \tag{3-47}$$

另一个重要性质是：

$$N_i + N_j + N_m = 1 \tag{3-48}$$

3. 应变矩阵和应力矩阵

对于平面问题，利用几何方程和物理方程可计算出应变与应力。对于三角形单元有：

$$\begin{Bmatrix} \varepsilon_x \\ \varepsilon_y \\ \gamma_{xy} \end{Bmatrix} = \frac{1}{2\Delta} \begin{pmatrix} b_i & 0 & b_j & 0 & b_m & 0 \\ 0 & c_i & 0 & c_j & 0 & c_m \\ c_i & b_i & c_j & b_j & c_m & b_m \end{pmatrix} \begin{Bmatrix} u_i \\ v_i \\ u_j \\ v_j \\ u_m \\ v_m \end{Bmatrix} \tag{3-49}$$

变形为矩阵形式：

$$\varepsilon = B\delta \tag{3-50}$$

其中：

$$\varepsilon = \begin{Bmatrix} \varepsilon_x \\ \varepsilon_y \\ \gamma_{xy} \end{Bmatrix} \quad B = \frac{1}{2\Delta} \begin{pmatrix} b_i & 0 & b_j & 0 & b_m & 0 \\ 0 & c_i & 0 & c_j & 0 & c_m \\ c_i & b_i & c_j & b_j & c_m & b_m \end{pmatrix} \quad \delta = \begin{Bmatrix} u_i \\ v_i \\ u_j \\ v_j \\ u_m \\ v_m \end{Bmatrix}$$

如前所述，在平面应力情况时，其 Hooke 定律形式为：

$$\begin{Bmatrix} \sigma_x \\ \sigma_y \\ \tau_{xy} \end{Bmatrix} = \frac{E}{1-\nu^2} \begin{pmatrix} 1 & \nu & 0 \\ \nu & 1 & 0 \\ 0 & 0 & \dfrac{1-\nu}{2} \end{pmatrix} \begin{Bmatrix} \varepsilon_x \\ \varepsilon_y \\ \gamma_{xy} \end{Bmatrix} \tag{3-51}$$

单元应力与应变矩阵确定后，总体刚度矩阵可由单元刚度矩阵合成，要注意在应力计算中位移由 x、y 两个方向分量合成，有：

$$K = \sum_{e=1}^{NE} K_e \tag{3-52}$$

其中，NE 是单元数，刚度矩阵为 $2n \times 2n$ 的对称方阵。

3.3　电磁场计算

3.3.1　电磁场计算方法

电磁感应是电磁学的基本原理，电磁场对材料主要有两种效应：热效应和非热效应。在材料科学中应用的电磁场主要有：(1)由传统线圈产生的普通强度的直流磁场；(2)由超导线圈产生的高强度的直流磁场；(3)频率从几赫兹到数十赫兹的交流磁场；(4)其他特殊磁场。这些电磁场可单独使用也可以耦合使用，在材料科学与工程中的应用范围十分广泛，主要包括：控制液体金属的流动，材料加工以及高效、节能等新技术工艺的开发等。对各种类型电磁场的准确计算是确定合理的材料加工工艺参数、提高效能的前提条件。

1. 磁感应强度方程

电磁场的计算模型根据 Maxwell 方程组结合 Ohm 定律确定。Maxwell 方程组微分形式为：

$$\nabla \times \vec{H} = \vec{J} + \frac{\partial \vec{D}}{\partial t}$$

$$\nabla \times \vec{E} = -\frac{\partial \vec{B}}{\partial t}$$

$$\nabla \cdot \vec{D} = \rho$$

$$\nabla \cdot \vec{E} = 0 \tag{3-53}$$

式中：$\vec{H}$ 是磁场强度，$\vec{J}$ 是感应电流，$\vec{D}$ 是电位移矢量，t 是时间，$\vec{E}$ 是电场强度，$\vec{B}$ 是磁感应强度，ρ 是电荷密度。

Ohm 定律给出了感应电流 $\vec{J}$ 和电场 $\vec{E}$ 与磁感应强度 $\vec{B}$ 的关系：

$$\vec{J} = \sigma(\vec{E} + \vec{V} \times \vec{B}) \tag{3-54}$$

其中，σ 是电导率。

根据(3-53)、(3-54)两式可得到磁感应强度方程的表达式：

$$\frac{\partial \vec{B}}{\partial t} = \frac{1}{\mu\sigma}\nabla^2\vec{B} + \nabla \times (\vec{V} \times \vec{B}) \tag{3-55}$$

2. 有限元及分片插值与基函数

与前面所述相同，在这里仍然讨论最常用的三角形单元情况，以二维的静电场为例加以说明。

(1)求解域的离散

将电磁场的场域 D 分解为有限个互不重叠的三角形单元，如图 3-4 所示。分解时的要求如上节所述。当遇上不同材质的分界线时，不允许有跨越分界线的三角形单元。分解一直推延到边界 L，若边界为曲线，就以相应的边界三角形单元中的一条边予以逼近。三角形单元可大可小，考虑到计算精度的需要，应该避免出现太尖或太钝的三角形单元，应根据具体要求确定分解密度。场的网格剖分可以采用相关网格生成商业软件 CAE/Maxwell 实现，也可采用 Gmsh、Triangle 及 Persson-Strang 等开源网格剖分算法实现。

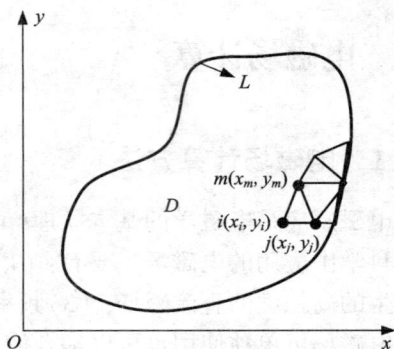

图 3-4　将求解域划分为三角形单元

（2）线性插值与基函数

分解得到上述单元后，在每个三角形单元内，分别给定对于 x、y 呈线性变化的插值函数：

$$\tilde{\varphi}_e(x, y) = a_1 + a_2 x + a_3 y \tag{3-56}$$

以此来近似替代该三角形单元内的变分问题解 $\varphi(x, y)$。如上节所述可以求得（3-56）式中的 a_1、a_2、a_3，并进一步得到三角形单元上的线性插值函数为：

$$\tilde{\varphi}_e(x, y) = \begin{bmatrix} N_i^e N_j^e N_m^e \end{bmatrix} \begin{pmatrix} \varphi_i \\ \varphi_j \\ \varphi_m \end{pmatrix} = [N]_e \{\varphi\}_e \tag{3-57}$$

在离散与线性插值的基础上，还需要进行变分问题的离散化。电磁场理论证明，二次泛函可以表达为遍及所有单元能量积分的总和，即：

$$J_e[\tilde{\varphi}_e] = \frac{1}{2} \{\varphi\}_e^{\mathrm{T}} [K]_e \{\varphi\}_e \tag{3-58}$$

其中 $[K]_e$ 是一个三阶方阵，是单元电场能的离散矩阵，也称为单元电场能系数矩阵。

（3）总体合成

电磁场理论证明，电磁场总体的能量积分，即二次泛函 $J[\varphi]$ 最终离散化为如下的多元二次函数的极值问题：

$$J[\varphi] \approx J(\varphi_1, \varphi_2, \cdots, \varphi_{n_0}) = \frac{1}{2} \{\varphi\}^{\mathrm{T}} [K] \{\varphi\} = \frac{1}{2} \sum_{i, j=1}^{n_0} K_{ij} \varphi_i \varphi_j \rightarrow 最小值 \tag{3-59}$$

根据函数极值理论，可得到：

$$\sum_{j=1}^{n} K_{ij} \varphi_j = 0 \quad (j = 1, 2, \cdots, n_0) \tag{3-60}$$

这就获得了所要求解的多元线性代数方程组，即有限元方程。

（4）边界条件

一般情况下电磁场的边界条件有：

➤ 边界上的物理条件规定物理量 u 在边界 L 上的值为 $u|_L = f_1(L)$，这是第一类边界条件；

➤ 边界上的物理条件规定了物理量 u 的法向微商在边界 L 上的值为 $\left.\dfrac{\partial u}{\partial n}\right|_L = f_2(L)$，这是第二类边界条件，当物理量 u 的法向微商等于零时称为第二类齐次边界条件；

➤ 边界上的物理条件规定了物理量 u 的法向微商在边界 L 上的值为某一线性关系，即 $\left.\left(au+b\dfrac{\partial u}{\partial n}\right)\right|_L = f_3(L)$，其中 a、b 为常数，这是第三类边界条件，即在边界上规定磁力线平行条件。

3. 二维静电问题

在二维静电情况下，需要求解二维泊松方程：

$$-\frac{\partial}{\partial x}\left(\varepsilon_r \frac{\partial \varphi}{\partial x}\right) - \frac{\partial}{\partial y}\left(\varepsilon_r \frac{\partial \varphi}{\partial y}\right) = \frac{\rho}{\varepsilon_0} \tag{3-61}$$

式中，ρ 表示电荷密度。

静电问题中常用的边界条件属于第一类，称为狄利克雷条件：

$$\varphi = p \tag{3-62}$$

确定了电势的大小，还需要用到另一个适用于对称面上的边界条件，即齐次诺依曼条件：

$$\frac{\partial \varphi}{\partial n} = 0 \tag{3-63}$$

当为不同种介电质时，根据连续性条件 $\hat{n} \times E^+ = \hat{n} \times E^-$ 和 $\hat{n} \cdot D^+ = \hat{n} \cdot D^-$（$E$ 是电场强度，D 是电位移矢量），在界面上，电势满足：

$$\varphi^+ = \varphi^- \qquad \varepsilon_r^+ \frac{\partial \varphi^+}{\partial n} = \varepsilon_r^- \frac{\partial \varphi^-}{\partial n} \tag{3-64}$$

如果问题具有开区域或无约束区域，此时可以引入感兴趣区域的虚构面，起到截断问题区域的作用，假设虚构面离激励源足够远，则虚构面上的电势应满足如下渐进形式：

$$\varphi \approx A\ln\rho \qquad \rho \to \infty \tag{3-65}$$

其中，$\rho = \sqrt{x^2+y^2}$，A 是与 ρ 无关的函数，那么可以建立近似边界条件：

$$\frac{\partial \varphi}{\partial \rho} \approx \frac{1}{\rho\ln\rho}\varphi \tag{3-66}$$

可以用直接法或迭代法求解出电势，再根据下式计算出电场：

$$E = -\nabla \varphi \tag{3-67}$$

当区域离散化时选用线性三角形单元，则可求得每个单元中有：

$$E^e = -\frac{1}{2\Delta^e}\sum_{j=1}^{3}\left(b_j^e\hat{x}+c_j^e y\right)\varphi_j^e \tag{3-68}$$

其中 e 是单元编号, Δ^e 是三角单元的面积。

3.3.2　合金材料制备中的电磁场计算

电磁场在材料制备方面越来越受到重视, 如钢的连铸以及合金的制备等。因此, 对所使用的电磁场进行准确计算是确定合理工艺参数、充分发挥电磁场工艺效能的重要基础。本节针对电磁场技术应用最为广泛的电磁搅拌技术来说明电磁场计算。

1932 年, 布劳贝克首先发现旋转磁场能够驱动金属液体旋转, 1947 年世界上第一台适应工业生产的电磁搅拌装置问世。由于电磁搅拌技术在改善铸坯的表面及皮下质量、改善铸坯凝固组织、提高等轴晶率、减轻中心偏折等方面具有显著效果, 而且这种方法具有不直接接触金属熔体、对金属熔体无污染、可明显降低金属熔体氧化程度等优点, 因此自 20 世纪 80 年代以来, 在连铸工艺中得到了广泛应用。

电磁场计算模型由(3-55)式确定。电磁搅拌所用的交变电磁场频率一般在 $1 \sim 100$ Hz, 是似稳电磁场, 所以位移电流可以忽略。钢液温度一般都超过居里温度, 因此可以认为钢液属于弱磁性, 取其相对磁导率 $\mu_r = 1$。一般情况磁雷诺数很小, 其估计值为 0.01, 如果忽略钢液运动对磁场的影响, 此时, 磁感应方程变为:

$$\frac{\partial B}{\partial t} = \frac{1}{\mu\sigma} \nabla^2 B \tag{3-69}$$

当为交变电磁场时, 可以得到电磁力的均值为:

$$F_{em} = \frac{1}{2}(J \times B) \tag{3-70}$$

从上式可以看出, 磁感应强度 B 是电磁搅拌工艺中电磁场计算的关键。

实际情况下磁感应强度 B 的计算需要考虑边界问题, 计算过程较为复杂, 由于篇幅所限, 这里简单以在二冷区对板坯的电磁搅拌为例加以说明。

如图 3-5 所示, 在板坯外侧有一层凝固的钢壳, 板坯上下通有绕组, 当在线圈中通入低频电流时, 在液芯处会产生旋转电磁场, 钢水就会在电磁力的作用下进行运动, 从而达到搅拌目的。

为简化问题, 做以下假设:

(1)以板坯的断面为研究区域, 即仅研究二维情况;

(2)忽略重力的影响;

(3)将液芯区域视为刚体;

(4)不考虑热传导影响。

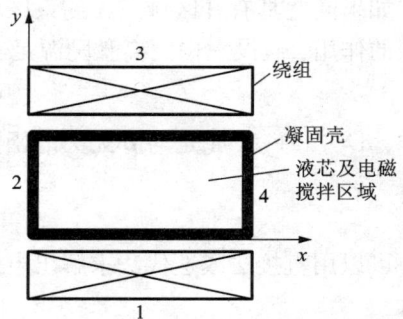

图 3-5　二冷区的板坯电磁搅拌示意图

对于此问题的边界条件可以这样设定, 激励源从边界 1、3 上加入, 并且符合诺依曼边界

条件，即

$$\left.\frac{\partial u}{\partial n}\right|_s = f(s) \tag{3-71}$$

式中：$f(s) = J_{sm}\mathrm{e}^{\frac{\pi}{d}(jx-H)} = \sqrt{2}\,mwK_wI/(pd)$，$m$ 是相数，w 是绕组匝数，K_w 是绕组系数，I 是励磁电流，p 是极对数，d 是极距，q 是气隙。

假设 2，4 的边界值相差 A_Z 周期的整数，有 $A_Z|_{S_2} = A_Z|_{S_4}$。此外，板坯的断面为 250 mm×1000 mm，线圈电流 I 是 5 kA，频率 f 为 1 Hz，$m=2$，$w=3$，$K_w=0.6$，$p=2$，$q=0.02$ m。

在此引入矢量磁势 A（Wb/m），首先进行如图 3-6 所示的网格剖分。

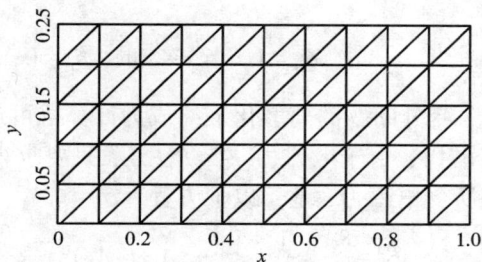

图 3-6　网格剖分示意图

根据式(3-55)~式(3-58)，可知，经离散化处理后，整个场域内的能量泛函可以表示为遍及所有三角单元的能量泛函的综合，若有 e_0 个单元，n_0 个节点，则有：

$$F[\dot{A}] = F(\dot{A}_1, \dot{A}_2, \cdots, \dot{A}_{n_0}) \tag{3-72}$$

则变分问题即被离散化为一多元函数的极值问题：

$$F[\dot{A}] \approx J(\dot{A}_1, \dot{A}_2, \cdots, \dot{A}_{n_0}) \to \text{最小值} \tag{3-73}$$

等价于方程组：

$$\frac{\partial F}{\partial A_t} = \sum_{e=1}^{e_0} \frac{\partial F_e}{\partial A_t} = 0 \tag{3-74}$$

因此涡流场的条件变分问题成为：

$$\left.\frac{\partial F}{\partial A_1}\right|_{t=1} = \frac{1}{\mu}\iint_\Omega \left[\left(\frac{\partial \dot{A}}{\partial x}\right)\frac{\partial}{\partial \dot{A}}\left(\frac{\partial \dot{A}}{\partial x}\right) + \left(\frac{\partial \dot{A}}{\partial y}\right)\frac{\partial}{\partial \dot{A}}\left(\frac{\partial \dot{A}}{\partial y}\right)\right]\mathrm{d}x\mathrm{d}y +$$

$$j\omega\mu\sigma s\iint_\Omega \dot{A}\frac{\partial \dot{A}}{\partial A_t}\mathrm{d}x\mathrm{d}y + \mu H\int_S \frac{\partial \dot{A}}{\partial A_t}\mathrm{d}x\mathrm{d}y$$

$$= \frac{1}{\mu}\sum_{t=i,j,m}\left[\frac{1}{4\Delta}(b_ib_r + c_ic_r)\right]\dot{A}_r +$$

$$j\omega\mu\sigma s\left(\frac{1}{6}\dot{A}_i + \frac{1}{12}\dot{A}_j + \frac{1}{12}\dot{A}_m\right) + \frac{\mu H\Delta}{3} \tag{3-75}$$

同理，当 $t=j$ 与 $t=m$ 时与式(3-74)有类似的对应关系，而在其他情况时 $\frac{\partial F}{\partial A_t}=0$。将(3-74)表示的 n_0 个关系式组合成矩阵形式，并在取得极值时令其为 0，可以得到：

$$[\bar{K}]_e[\dot{A}]+[\bar{T}]_e[\dot{A}]=[\bar{P}]_e \qquad (3-76)$$

其中各矩阵中的具体元素分别为：

$$K_{sr}^e=K_{rs}^e=\frac{1}{4\Delta\mu_e}[\,b_rb_s+c_rc_s\,] \qquad (r,\ s=i,\ j,\ m)$$

$$T_{rs}^e=T_{sr}^e=\frac{j\omega\mu\sigma s\Delta}{12}(1+\delta_{rs}) \qquad (r,\ s=i,\ j,\ m)$$

式中：当 $r=s$ 时，$\delta_{rs}=1$，当 $r\neq s$ 时，$\delta_{rs}=0$；$P_l^e=-\dfrac{\mu H\Delta}{3}(l=i,\ j,\ m)$。

此时，变分问题的离散化最终成为计算机可运算的线性代数方程组，可由计算机求解出磁势矩阵 $[\dot{A}]$，由于电磁力 $F_e=B_yI_eL_z$，只要求得电流强度以及磁场等参数就可以求出整个搅拌区域所受电磁力，基于以下方程：

$$\dot{B}_x=\frac{\partial\dot{A}}{\partial y}=\frac{1}{2\Delta}(c_i\dot{A}_i+c_j\dot{A}_j+c_m\dot{A}_k)$$

$$\dot{B}_y=\frac{\partial\dot{A}}{\partial x}=\frac{1}{2\Delta}(b_i\dot{A}_i+b_j\dot{A}_j+b_m\dot{A}_k)$$

$$I_e=\omega\sigma\Delta\left(\frac{A_i+A_j+A_k}{3}\right)$$

因此，整个搅拌区域所受电磁力为各单元上电磁力的总和：

$$F=p\sum_{e=1}^{e_0}F_e \qquad (3-77)$$

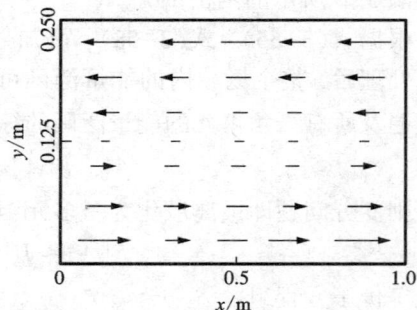

图 3-7　电磁力分布图

图 3-7 是通过计算得到的整个区域的电磁力分布图。同理也可以计算得到电流与电磁力的定量关系，从而为实际生产中选择电磁搅拌力提供一定的理论基础。

3.4　浓度场计算

如果固体是成分不均匀的体系，就会存在扩散现象，从宏观来讲是指由于大量原子迁移所引起物质的宏观流动，从微观来讲是指材料内部的原子迁移。扩散是材料各种相变及转变的微观基本过程，而浓度场对上述过程具有控制作用，因此有必要对扩散浓度场进行计算。

3.4.1　扩散控制方程

1. Fick 第一扩散定律

不均匀体系中，各自独立的分子群从高浓度区域迁移到低浓度区域的过程称为扩散。在稳态扩散条件下，扩散物质垂直穿过第 i 个单位截面的扩散通量(J_i)跟穿过扩散方向的浓度梯度($\dfrac{\partial c_i}{\partial x}$)及其扩散系数($D_i$)有直接关系，可表达为：

$$J_i = -D_i \frac{\partial c_i}{\partial x} \tag{3-78}$$

这就是 Fick 扩散第一定律的一维形式，负号表示通量是往浓度减少的方向。造成梯度的原因主要是浓度分布不均匀。

2. Fick 第二扩散定律

实际上，大多数重要的扩散是非稳态的，在扩散过程中扩散物质的浓度随时间而变化。为了研究这种情况，根据扩散物质的质量平衡，在 Fick 第一定律的基础上推导出了 Fick 第二定律，用以分析非稳态扩散。即：

$$\frac{\partial c_i}{\partial t} = -\frac{\partial}{\partial x}\left(-D_i \frac{\partial c_i}{\partial x}\right) \tag{3-79}$$

这就是 Fick 第二扩散定律。

如果 D_i 为常数，得到：

$$\frac{\partial c_i}{\partial t} = D_i \frac{\partial^2 c_i}{\partial x^2} \tag{3-80}$$

如果是三维情况，则在 x、y、z 方向上的扩散系数分别为 D_x、D_y、D_z，得到：

$$\frac{\partial c}{\partial t} = \frac{\partial}{\partial x}\left(D_x \frac{\partial c}{\partial x}\right) + \frac{\partial}{\partial y}\left(D_y \frac{\partial c}{\partial y}\right) + \frac{\partial}{\partial z}\left(D_z \frac{\partial c}{\partial z}\right) \tag{3-81}$$

当为各向同性情况时，即 $D_x = D_y = D_z = D$，得到：

$$\frac{\partial c}{\partial t} = D\left(\frac{\partial^2 c}{\partial x^2} + \frac{\partial^2 c}{\partial y^2} + \frac{\partial^2 c}{\partial z^2}\right) = D\,\nabla^2 c \tag{3-82}$$

3.4.2　浓度场的数值解法

采用差分方法求解扩散微分方程。将求解域划分为等间距网格，如图 3-8 所示。其中，$C_{i,j}$ 表示距离为 $i\Delta x$，经历时间为 $j\Delta t$ 时的浓度。

这里采用前向差分式，当 x 不变时，用泰勒级数表示 $C_{i,j+1}$：

$$C_{i,j+1} = C_{i,j} + \delta t\left(\frac{\partial C}{\partial t}\right)_{i,j} + \frac{1}{2}(\delta t)^2 \cdot \left(\frac{\partial^2 C}{\partial t^2}\right)_{i,j} + \cdots \tag{3-83}$$

忽略高阶微量，得：$\left(\dfrac{\partial C}{\partial t}\right)_{i,j} \approx \dfrac{C_{i,j+1}-C_{i,j}}{\delta t}$

当 t 不变时，利用泰勒级数表示 $C_{i+1,j}$，$C_{i-1,j}$，有：

$$C_{i+1,j} = C_{i,j} + \delta x\left(\frac{\partial C}{\partial x}\right)_{i,j} + \frac{1}{2}(\delta x)^2 \cdot \left(\frac{\partial^2 C}{\partial x^2}\right)_{i,j} + \cdots$$

$$(3-84)$$

$$C_{i-1,j} = C_{i,j} - \delta x\left(\frac{\partial C}{\partial x}\right)_{i,j} + \frac{1}{2}(\delta x)^2 \cdot \left(\frac{\partial^2 C}{\partial x^2}\right)_{i,j} - \cdots$$

$$(3-85)$$

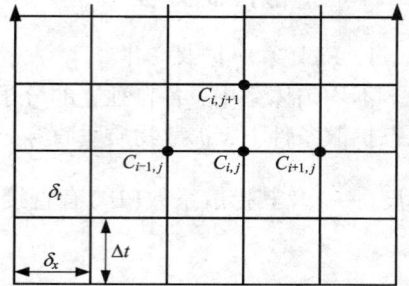
图 3-8 将求解域划分为等间距网格单元

将以上两式相加，并忽略高阶微量，得：

$$\left(\frac{\partial^2 C}{\partial x^2}\right)_{i,j} \approx \frac{C_{i+1,j}-2C_{i,j}+C_{i-1,j}}{(\delta x)^2}$$

代入（3-79）式，得 $\dfrac{\partial C}{\partial t} = D\dfrac{\partial^2 C}{\partial x^2}$，并令 $\delta x = l/m$，$\delta t = t/n$，有：

$$R = \frac{D\delta t}{(\delta x)^2} = \frac{Dt}{l^2}\frac{m^2}{n} = T\frac{m^2}{n} \tag{3-86}$$

其中，$T = \dfrac{Dt}{l^2}$，m 与 n 分别代表 x 与 t 等分的份数（即步数，其量值应根据稳定性与收敛性进行选取），因此最终得到显式方程：

$$C_{i,j+1} = R(C_{i+1,j}+C_{i-1,j}) + (1-2R)C_{i,j} \tag{3-87}$$

在上式中代入具体边界条件 $C_{0,j}$ 和初始条件 $C_{i,0}$，即可得到所有的 $C_{i,j+1}$。

在利用这种方法进行数值求解时，需要注意以下问题：

稳定性：如果 Δx 和 Δt 选择不当，计算会出现摆动。因此要求 $(1-2R) \geqslant 0$，即 $R \leqslant 1/2$；

收敛性：对显式差分方程，只要 $R \leqslant 1/2$，一定收敛。

计算过程中存在的误差主要有截断误差和舍入误差，截断误差是由于用有限差分代替导数引起的，舍去了 $0(\delta t)$ 和 $0(\delta x)^2$，截断误差总小于或等于 $A(\delta t)+B(\delta x)^2$。而舍入误差是由于对有效数字的限制引起的，如果系统是稳定状态，这类误差一般很小，可以不加考虑。

例：对厚度为 5 mm 的钢板进行渗碳处理，处理温度为 950 ℃，初始板内碳浓度分布为 0.2%，要求保持钢板表面碳浓度分布为 0.8%，如图 3-9 所示。求渗碳时间为 20 h 时钢板内的碳浓度分布情况。（950 ℃下，$D = 2.096 \times 10^{-5}$ mm$^2 \cdot$ s^{-1}）

解：根据式（3-86）以及所给参数，有：

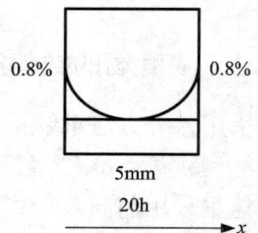
图 3-9 钢板渗碳示意图

$$T = \frac{Dt}{l^2} = \frac{2.096 \times 10^{-5} \times 20 \times 3600}{5^2} = 6.06036 \times 10^{-2}$$

若选择将渗碳距离等分为 30 份，时间步长为 120，即：

$$m = 30, \ n = 120$$

因此：

$$R = T \frac{m^2}{n} = 6.06036 \times 10^{-2} \times \frac{30^2}{120} = 0.4545$$

可以看出，$R < 1/2$，因此选择的步数是合适的。

初始条件：$C_{i,0} = 0.2 \quad (i = 1, 2, \cdots, m-1)$

边界条件：$C_{0,j} = C_{m,j} = 0.8 \quad (j = 0, 1, 2, \cdots, n)$

最后得到如表 3-1 所示的计算结果。

表 3-1　钢板渗碳计算结果

距离	$w(C)/\%$		距离	$w(C)/\%$	
	数值解	解析解		数值解	解析解
0	0.8	0.8	$8\Delta x$	0.4808	0.4870
$1\Delta x$	0.7527	0.7557	$9\Delta x$	0.4560	0.4596
$2\Delta x$	0.7062	0.7119	$10\Delta x$	0.4354	0.4360
$3\Delta x$	0.6612	0.6692	$11\Delta x$	0.4187	0.4164
$4\Delta x$	0.6185	0.6280	$12\Delta x$	0.4059	0.4009
$5\Delta x$	0.5787	0.5887	$13\Delta x$	0.3968	0.3898
$6\Delta x$	0.5423	0.5519	$14\Delta x$	0.3915	0.3831
$7\Delta x$	0.5096	0.5179	$15\Delta x$	0.3897	0.3808

习题及思考题

1. 有限元网格划分的基本原则是什么？指出图 3-10 中网格中划分不合理的地方。

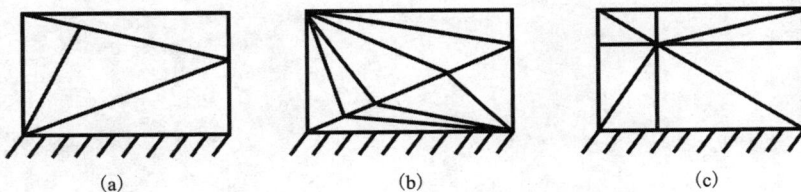

(a)　　　　　　　　(b)　　　　　　　　(c)

图 3-10　有限元网格划分结果

2. 有一半径为 R 的长圆柱形导体，如图 3-10 所示，假设导体介质均匀、各向同性，忽略边缘效应，磁场强度为时间的谐波函数，谐波变化律为 $H(r,t)=H(r)e^{-i\omega t}$，磁场分布为一维对称分布。导体电荷密度为 ρ，介电常数为 ε，导体相对磁导率 μ_r 以及电导率 σ 为常量，线圈与空气的相对磁导率均为 $\mu_r=1$，导体外线圈上施加载荷，其均匀电流密度为 J。试用有限元法求解磁势和电势的场分布以及电磁场的各物理分量。（提示：边界条件利用狄利克雷边界条件和诺依曼边界条件，磁场和电场的偏微分方程彼此对称，其求解方法相同。）

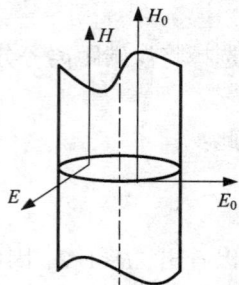

图 3-10 长柱导体的电磁场

3. Gurtin 和 Yatomi 建立了合成材料中两相扩散的一维数学模型，它定义了一个自由相的浓度，并被假设其在硬性物质中扩散，对自由相物质，平衡方程为：

$$\frac{\partial C_f}{\partial t}+\frac{\partial j_f}{\partial x}=-m_f$$

对硬性物质，C_r 为：

$$\frac{\partial C_r}{\partial t}=m_f$$

其中 j_f 是自由相流，m_f 是被包容进来的自由相物质的比率，对自由相的连续方程可假设为：

$$j_f=-D\frac{\partial C_f}{\partial x} \quad \text{和} \quad m_f=\beta C_f-\alpha C_r$$

式中，α、β 为比例系数。试推导此扩散原理所对应的有限元模型的公式。

参考文献

[1] 吴金富，许雪峰. 感应加热工件内电磁场计算及其有限元模拟[J]. 浙江工业大学学报. 2004. 32(1)：58-62.

[2] 胡仁喜，康士廷. ANSYS 电磁学有限元分析从入门到精通[M]. 北京：机械工业出版社，2021.

[3] 章春锋，汪伟，吴天纬，安斯光. 适用于电磁场有限元计算的网格剖分算法[J]. 计算机应用于软件. 2021. 38(6)：219-224.

第4章　材料数据库与专家系统

　　数据是促进人类社会不断发展进步的重要资源。如何妥善保存和科学应用这些数据是人们长期以来十分关注的课题。用户按照自己的需要对数据进行分类存储并加以应用，促进了数据库（Data Base，DB）技术的产生和发展。同时，数据库技术的发展促进了各种计算机应用系统以及集成化信息系统的建立。专家系统（expert system）是通过获取、利用专家知识及知识推理等技术来理解与求解问题的信息系统，是现代数据库应用的一个重要领域。

　　本章主要介绍材料学科中的数据库和专家系统的基础知识、应用及最新研究进展。

4.1　数据库技术

4.1.1　数据库技术的产生和发展

　　数据库是指长期保存在计算机外存上的、有结构的、可共享的数据集合。数据管理经历了三个发展阶段：人工管理、文件管理和数据库管理。

　　20世纪50年代中期以前，是第一代数据库系统，即人工管理阶段。硬件方面只有卡片、纸带、磁带等存储设备，软件方面没有操作系统，没有进行数据管理的软件。此时的数据主要以科学计算为目的。原始数据随程序一起输入、存储、运算及退出。数据是面向应用的数据，不具有共享性。数据需要由应用程序自己来管理，程序与相应的数据有着很强的依赖性，即程序与数据之间不具有独立性。第一代数据库系统属于层次和网状数据库系统，其特点是：支持三级模式的体系结构；用存取路径来表示数据之间的联系；独立的数据定义语言；导航的数据操纵语言。

　　20世纪60年代中期，是第二代数据库系统，即文件管理阶段。硬件方面有了磁带、磁盘等大容量存储设备，软件方面有了操作系统。第二代数据库系统不仅可以用于科学计算，还能用于数据管理。所有相关数据存放在特定的应用文件中，并由该文件系统进行管理。第二代数据库系统，属于关系数据库系统，其特点是：概念单一，实体及实体间的联系均用关系来表示；以关系代数为基础；数据独立性强，数据的物理存储和存取路径对用户隐藏。

　　从20世纪60年代后期开始，进入了第三代数据库系统阶段，即数据库管理阶段。硬件方面出现了大容量且价格低廉的磁盘，软件方面操作系统已开始成熟，为数据技术的发展提供了良好的基础。第三代数据库系统的三个基本特征是：支持数据管理、对象管理和知识管理；必须保持或继承第二代数据库系统的技术；必须对其他系统开放。

4.1.2 数据库数据的主要特征

除了用于管理数据的软件之外，数据的收集、整理和评价是建立一个数据库的关键。和文件管理方式相比，计算机数据库系统管理数据具有以下主要特征：

(1)数据共享 实现数据共享是数据库发展的一个重要原因。在对全部的信息、数据进行了整合和存储之后，数据库将形成一个全新的、开放的、分布式的数据服务平台。各个管理层、各个职能部门之间的数据信息可以相互连接和交互。因此，数据库的数据可供多个用户使用，某个用户只与库中的一部分数据打交道；并且用户数据可以是重叠的，在同一时刻不同的用户可以同时存取数据而互不影响，大大提高了数据的利用率。避免了浪费和在存储、处理信息上的重复步骤，可以使数据库的数据内容更加多元化，便于更好地实现资源配置，节约更多的时间和社会费用。

(2)数据独立性 在文件系统中，应用程序不但与数据文件相互对应，而且与数据的存储和存取方式密切相关。在数据库系统中，应用程序不再同存储器上的具体文件相对应，每个用户所使用的数据有其自身的逻辑机构。数据独立性给数据库的使用、调整、优化和扩充带来了方便，提高了数据库应用系统的稳定性。

(3)减少数据冗余 数据库系统管理下的数据不再是面向应用，而是面向系统。数据集中管理，统一进行组织、定义和存储，避免了不必要的冗余，因而也避免了数据的不一致性。

(4)数据灵活性 数据库技术自身的灵活性，不仅高效地保证了数据信息的收集，并且可以对数据信息进行整合和分析，大大提高了日常事务处理的效率。在不断的技术创新和实践中，数据库中增添了数据的编辑、修改以及后期快速检索等功能，因此能够在实际应用的过程中运用自如。

(5)数据的结构化 数据库系统中的数据是相互关联的，这种联系不仅表现在记录内部，更重要的是记录类型之间的相互联系。整个数据库以适当的形式构成，用户可以通过不同的路径存取数据以满足用户的不同需要，即通过建立不同的数据库，使不同的数据之间产生联系的同时又保证了数据的独立性，大大提升了数据信息的处理效率。

(6)统一的数据保护功能 多个用户共享数据资源，需要解决数据的安全性、一致性和并发控制问题。为使数据安全、可靠，系统一般要对用户使用数据进行严格的检查，对非法用户将拒绝加入数据库，系统还通过其他的数据保护措施来保证数据的安全性和正确性。

4.1.3 数据库系统

1. 数据库系统的组成

数据库系统(data base system，DBS)是指由数据库、数据库管理系统、应用程序、数据库管理员、用户等构成的人机系统。为了提高系统的开发功能，现代的数据库系统都至少包含以下三个部分：

（1）数据库　一个结构化的相关数据的集合，包括数据本身和数据间的联系。它独立于应用程序而存在，是数据库系统的核心和管理对象。

（2）物理存储器　保存数据的硬件介质，如磁盘、光盘、磁带等大容量存储器。

（3）数据库软件　负责对数据库进行管理和维护的软件，具有对数据进行定义、描述、操作和维护的功能，接受并完成用户程序及终端命令对数据库的不同请求，负责保护数据免受各种干扰和破坏。数据库软件的核心就是 DBMS。

2．数据库系统的结构

在数据库系统中，用户可以逻辑地、抽象地处理数据而不必考虑数据在计算机中是如何组织、存放的。为实现这一功能，现代数据库系统结构都为一种三级结构，分别为模式、外模式和内模式。

（1）模式　模式也称逻辑模式或概念模式，是数据库中全体数据的逻辑结构和特征的描述，是所有用户的公共数据视图。模式实际上是数据库数据在逻辑级上的视图，一个数据库只有一个模式。定义模式时不仅要定义数据的逻辑结构，而且要定义数据之间的联系，定义与数据有关的安全性、完整性要求。

（2）外模式　外模式也称用户模式，它是数据库用户能够看见和使用的局部数据的逻辑结构和特征的描述，是数据库用户的数据视图，是与某一应用有关的数据的逻辑表示。外模式通常是模式的子集。一个数据库可以有多个外模式。应用程序都是和外模式打交道的。外模式是保证数据库安全性的一个有力措施。每个用户只能看见和访问所对应的外模式中的数据。

（3）内模式　内模式也称存储模式，一个数据库只有一个内模式。它是数据物理结构和存储方式的描述，是数据在数据库内部的表示方式。例如，记录的存储方式如何；索引按什么方式组织；数据是否压缩，是否加密；数据的存储记录结构有何规定等。

数据库系统的三级模式结构有效地实现了数据库的管理。在数据库的三级模式结构中，数据库模式即全局逻辑结构是数据库的中心与关键，它独立于数据库的其他层次。因此，涉及数据库模式结构时应首先确定数据库的逻辑结构。

4.1.4　数据库管理系统

负责数据库管理和维护的软件系统，称为数据库管理系统（data base management system，DBMS），通常由数据描述和操纵语言、数据库管理控制程序、数据库服务程序三部分组成。数据库的一切操作，如建立、查询、更新、插入、删除、维护以及各种控制，都是通过 DBMS 进行的。DBMS 是位于用户（或应用程序）和操作系统之间的软件。借助于操作系统实现对数据的存储和管理，使数据能被各种不同的用户所共享，DBMS 提供给用户可使用的数据库语言，极大地方便了用户对数据的使用与管理，减轻了用户的工作量，提高了数据库的安全性。

由于在数据库设计时采用不同的数据模型，数据库管理系统又分为层次型、网络型和关系型三种。其中关系型数据库管理系统由于其固有的"容易使用"的特点更吸引人，它的出现促进了数据库的小型化和普及，使得在微型计算机上配置数据库系统成为可能。

4.2 材料数据库

4.2.1 材料数据库的发展

现有的材料数据库主要是欧美等发达国家开发研制的。美国是世界上数据库开发和应用最发达的国家，目前它所拥有的数据库在数量和规模上都居世界首位。美国国家标准局就建有数十个各类数据库，其中材料数据库占有很大的比例，如合金相图数据库、陶瓷相图数据库、材料腐蚀数据库、材料摩擦磨损数据库、晶体结构库、免费材料信息资源数据库。它的晶体数据中心，采用 X 射线、中子衍射和电子衍射等方法测得并收集了 10 万个晶体数据，包括了金属、无机非金属和有机材料。此外，它还建有材料力学性能数据库、金属弹性性能数据中心和金属扩散数据中心等，它的许多数据库在全球具有很高的权威性。

比如，materials project（MP）计算材料数据库平台，是由美国劳伦斯伯克利国家实验室（LBNL）和麻省理工学院（MIT）等单位在 2011 年材料基因组计划提出后联合开发的开放型数据库。MP 数据库存储了几十万条包括能带结构、弹性张量、压电张量等性能的第一性原理计算数据。材料体系涉及无机化合物、纳米孔隙材料、嵌入型电极材料和转化型电极材料。其中大部分的化合物都来自于 Inorganic Crystal Structure Database（ICSD）无机晶体结构数据库，数据在收录前会经过检测，所以其数据具有较高的准确性。平台中的 MP 专用计算软件也是该数据库的主要特色之一，目前已经开发完成了 Materials Explorer、Battery Explorer.、Structure Predictor 等 15 个应用程序并得到了广泛应用。通过这些与数据库相关联的软件可在线对未知材料的性能进行预测，大大减少了实验量，加快了新材料的开发速度。AFLOW 计算材料数据库，是由杜克大学在 2011 年开发的一个开放数据库，数据库中包含了大量第一性原理计算所得的数据，目前已存储了关于无机化合物、二元合金与多元合金等材料数据超过 5 亿条，涉及了 300 余万种材料的结构、性能数据，其中绝大多数数据都是预测得出的，是诸多数据库中数据含量最大的一个。

欧洲各国的数据库开发主要受欧共体的推动，已建成的无机材料晶体结构库（ICSD），是国际上开展第一性原理计算的支撑数据库。该数据库建立时间较长，涵盖了金属、合金、陶瓷等非有机化合物的晶体结构信息。到目前为止，数据库中包含了超过 9 千种结构原型，共计超过 21 万种晶体结构条目。ICSD 每年都会更新两次数据，这些数据部分来源于出版期刊或实验室，还有部分来源于计算机程序生成，现已成为了世界最大的无机晶体结构数据库。不仅一些数据库的计算数据所基于的晶体结构大多来自于 ICSD 数据库，在新材料的研究过程中，ICSD 数据库也被研究人员进行了广泛的应用。此外，德国技术实验协会开发的金属数据库 SOLMA，包含 3000 种黑色和有色金属的数据 2 万多条。荷兰 PETIER 欧洲研究中心开发的高温材料数据库 HT—DB，收集了各种金属、非金属、复合材料的力学和热力学数据。从法国 1989 年发表的法国数据库指南中可以看到，法国有 40 多个材料数据库，内容覆盖了大部分工业材料，如金属、陶瓷、玻璃等。英国有色金属数据中心、石油化学公司、钢铁公司、金属研究所国家物理实验室、Rolls Royce 公司等 l9 个单位都建有各自的材料性能数据库。前苏联大约有 70 个材料数据库分布在研究室、大学、科学院和工业部门，航空工业还有自己的结构材料数据库。日本的数据库多数建于 80 年代，日本金属研究所、日本金属学会建有 30 多个金属和复合材料力学性能数据库，包括疲劳、断裂、腐蚀、高温长时蠕变等数据。日本国家材料科学研究院（NIMS）建立了"材料数据平台"，现已建成材料基本特性数据库、聚合物数据库、金属与合金数据库、超导体数据库等多个高质量数据库并在不断更新。

国际上数据库技术的一个发展特点是国际合作与互联网。例如美国国家标准局的许多材料数据库就是分别与美国金属学会、陶瓷学会、腐蚀工程师协会及能源部合作建立的；美国金属学会与英国金属学会合作开发了金属数据文档库；美国、英国、法国、德国、意大利、加拿大、日本等 7 国联合开发了数据库计划（VAMAS）等。再例如，欧洲热力学数据科学学会（SGTE）组织了包括英、法、德、瑞士等欧洲国家，合作开发了无机和冶金热力学数据库系统，该数据库可用于材料热力学计算。

Pauling File 数据库是世界上最大的无机材料数据库，提供材料的结构，相图和性质等信息，该数据库在建立之初就希望能够应用于材料数据挖掘中，能够发现可以应用于材料设计的新模式。Pauling File 数据库提供了超过 40 万个晶体结构、近 7 万个相图和近 70 万个物理性能数据。Pierre Villars 博士是 Pauling file 数据库的创始人，多年来一直全身心致力于材料晶体结构和相图数据的收集、出版和数据库的建设，阅读了数十万篇文献，逐一整理、比对、入库、多级审核，最终形成了世界上数据质量最高、晶体结构数据最全面的材料数据库。

国内常用的数据形式是各种材料手册，如中国航空材料手册、航空发动机设计用材料数据手册、飞机结构金属材料力学性能手册、机械工程材料手册、塑料手册、国外复合材料性能手册、电子元件材料手册等。上述手册收入的数据比较广泛，是材料性能数据库开发的主要参考文献之一。

20 世纪 80 年代以来，我国在材料数据库技术方面也取得了很大发展。北京科技大学等单位联合建立的材料腐蚀数据库，已积累了 40 多万条材料腐蚀性能数据，建立了 20 个材料环境腐蚀数据库子库，数据已在天宫一号、天宫二号、大飞机工程等国家重大工程中获得应用。武汉材料保护研究所建立的磨损数据库、北京钢铁研究总院建立的合金钢数据库、航空航天部材料研究所建立的航空材料数据库，机械电子部材料研究所建立的机械工程用材料数据库和中国科学院长春应用化学研究所建立的稀土材料数据库等。清华大学材料研究所等单位在 1990 年联合建立了新材料数据库，包括新型金属和合金、精细陶瓷、新型高分子材料、先进复合材料和非晶态材料 5 个子库。这个系统采用先进的 Oracle 关系型数据库管理系统，数据库主要内容为材料牌号、产地、材料成分、技术条件、材料等级、性能及评价等。2016年，由北京科技大学牵头建立的"材料基因工程专用数据库（MGED）"是一个基于材料基因工程的思想和理念建设的数据库及应用软件一体化系统平台。截至目前，该数据库平台包含的催化材料、铁性材料、特种合金、生物医用材料以及材料热力学和动力学数据库等各类材料数据的总量超过了76万条，累计查看量超过2万次。该平台包括了基于云计算模式的材料高通量第一性原理计算软件以及融合数据库的材料数据挖掘计算网络平台，可以实现批量作业的自动生成，并且可以对计算的结果进行自动处理、解析和数据交汇。在目前，中国较为系统的在线数据库为国家材料科学数据共享网，该数据库以北京科技大学为中心，汇集了全国30余家科研单位的数据，整合了超过60万条各类材料科学数据。

近年来，材料数据库技术在我国的科研领域已获得广泛的应用，但目前已经建立的材料数据库大多是单机版的，不利于推广和使用。网络技术的飞速发展，极大地改变了材料科学工作者的科研方式。通过现代网络数据库系统（Sybase、MS SQL Server、Oracle 等），材料科学工作者可以很方便地实现材料数据库、文献资料和程序资源的共享。现在，材料数据库已逐步走向现代化、商业化和网络化，并在材料研究、理化测试、产品设计和决策咨询中得到广泛应用。

材料数据的特点是数据量庞大。目前世界上已有的工程材料就有数十万种，各种化合物达几百万种。材料的成分、结构、性能及使用等构成了庞大的信息体系，而且这一体系还在不断更新、扩充。利用材料数据库和其他信息处理技术，将会极大减少实验工作量，缩短研究周期，降低研发成本并提高研发效率。因此，随着材料科学及数据库技术的发展，材料数据库也得到了迅速的发展。

概括起来，计算机材料性能数据库具有以下的优点：

（1）存储信息量大，存取速度快；

（2）查询方便，不仅可以由材料查性能，而且可以由性能查材料；

（3）通过对不同材料的性能数据的比较，可以实现选材或材料代用；

（4）使用灵活，可以随时输入新材料的最新数据，也可对原有材料的数据及时进行修改和补充；

（5）功能强，可以自动进行单位转换，可以将数据以图形表示，进行数据的派生；

（6）应用广泛，可以与 CAD/CAM 配套使用，实现计算机辅助选材，也可以与知识库及人工智能技术相结合构成材料性能预测或材料设计专家系统。

4.2.2　材料数据库的应用

1．计算机选材系统

选材系统的基础是材料科学数据库，数据库由材料基本信息、加工应用和商业信息三个子系统组成。材料基本信息包括与材料成分有关的数据，如牌号、成分、物理和化学特性数据等。加工应用信息包括加工手段、工艺参数、加工后获得的性能指标等，这是工程设计中的重要数据。商业信息是关于材料产品的信息，包括材料产品的名称、规格、形状、尺寸、生产单位和价格等数据，这些数据为工程设计提供成本和来源等参考。

选材系统可以多种形式提供选材方式。如果用户给定材料的基本特性参数，数据库可以将满足基本特性参数的材料列出，以供选择。也可以设计优化方法，在考虑性能、成本、加工等因素后选择材料。

2. 合金相图数据库系统

为了研究合金组织与性能之间的关系，必须了解合金中各组织的形成及变化规律，合金相图正是研究这些规律的有效工具，是用图解的方法表示合金系中合金状态、温度和成分之间的关系。利用相图就可以知道各种成分的合金在不同温度下由哪些相组成，各相的相对含量、成分在温度变化时可能发生的改变。长期以来，在生产实践中，人们通过各种方法测定得到了大量的二元、三元相图，利用它们来进行新材料的研究、新工艺的开发等。相图的数量巨大，而计算机数据库系统为相图的管理和应用提供了必要的条件。

美国金属学会（ASM）、美国国家标准局（NIST）通过在世界范围内征集以及其他各种渠道，收集了最完整的相图资料，开发出了相图数据库系统，包括二元合金相图数据库系统和三元合金相图数据库系统等。其二元合金相图数据库系统现有 4700 余幅，通过菜单选择可以方便地查找到所需合金的相图、相结构、晶体结构、最大溶解度、熔点等资料。

3. 数据库用于材料热处理工艺设计

在热处理工艺数据库的基础上，开发了计算机辅助热处理工艺设计系统（CAPP），使得工艺设计中的工艺参数选择、保温时间计算、零件图形绘制以及工艺卡片的填写等工作均由计算机来自动完成。系统具有黑色金属热处理工艺设计、有色金属热处理工艺设计和化学热处理工艺设计等功能，由数据库、应用程序包、绘图程序包和计算程序等部分组成。

材料热处理工艺设计时，需要输入的信息有：材料信息、预备热处理工艺信息、最终热处理工艺信息、加热保温时间的计算结果、零件的图形表示等信息。输出信息包括工艺卡片上的所有内容。

4. 数据库在材料物相分析中的应用

在采用 X 射线衍射法进行晶体结构分析时，需要根据标准粉末衍射卡片的数据判别物相的结构。传统的方法是用三强线的 $d-I$ 值进行 PDF 卡片的索引，查出与被测衍射花样相对应的 PDF 卡片。这需要花费大量的时间进行检索、核对和运算等操作。20 世纪 60 年代中期，国外就开始了计算机自动检索的研究工作。用电子计算机控制运行的近代 X 射线衍射仪都配备有计算机自动检索软件，用计算机进行检索、处理 PDF 卡片。目前比较熟悉的计算机自动检索系统主要有 Johnson-Vand 系统和 Frevel 系统，其中 Johnson-Vand 系统由于能检索全部的 JCPDS-PDF 卡片，故得到了 JCPDS 的推荐，应用较为普遍。计算机检索是将所有的 PDF 卡片编成数据库，然后利用检索界面进行检索，一般都提供了按三强线检索，按元素检索和按名称检索等方式，具有方便、快捷、节省资源的优点。用 PC-PDF 检索系统可以分析 PVD 表面图层，由美国、英国、法国和加拿大等国家开发的 PC-PDF 可在相关网站下载该软件的演示版 Demo。

现代的 X 射线衍射仪一般都配有 PDF 计算机检索系统，尽管检索形式和界面不尽相同，但实质上都是依据 JCPDS 的标准 PDF 卡片库与实验得到的衍射图中的衍射峰及相对强度进行对比，加上人工选择来最终实现材料的物相分析。

Materials Data Inc 公司出品的 JADE 软件是用于 X 射线衍射数据处理和分析的软件，它是同类软件中通用性最好，功能最强大，界面友好的软件之一。可以检索材料物相、计算物相质量分数、计算结晶化程度、计算晶粒大小及微观应变、计算点阵常数、计算已知结构的衍射谱、计算残余应力等。

5. 现代网络数据库

网络化的数据库技术在互联网的发展下随之出现，FACT（Facility for the Analysis of Chemical Thermodynamics）是由加拿大蒙特利尔大学计算热力学中心为主开发，它包括了物质和溶液两个数据库以及热力学和相图的优化计算软件。FACT 收集并整理了有关 Internet 网络无机热化学网络地址，形成了一个虚拟的无机热化学中心。Euilib-Web、Reaction-Web、Aqua-Web、和 Compound-Web 是在 FACT 的网站上用得最多的应用程序（有关 FACT 程序的具体介绍参见 5.7.2 节）。美国佐治亚州工学院的网站和 SGTE 的网站都提供了免费的相图数据库。中国科学院工程研究所也提供了一个工程化学数据库。

4.3　专家系统

人工智能（artificial intelligence，AI）是计算机科学、控制论、信息论、神经生理学、心理学、语言学等诸多学科相互交叉、相互渗透而发展起来的一门新兴边缘学科。它主要研究如何用机器（计算机）来模拟和实现人类的智能行为。人工智能技术同原子能技术，空间技术一起被称为 20 世纪三大科技成就。

专家系统（expert system）是人工智能研究领域中最活跃、最具实用价值的领域之一，将使人工智能科学走向实用化研究，又称基于知识的系统，目前已经在各个领域得到了广泛应用。它源于人类专家的知识，实际上是一种智能计算机程序系统，应用人工智能技术，根据一个或多个人类专家提供的特殊领域的知识、经验进行推理和判断，模拟人类专家作决策的过程，解决那些原来只有工业专家自己才能解决的各种各样的复杂问题。

4.3.1　专家系统发展历史

专家系统产生于 20 世纪 60 年代。根据化合物的分子式及其质谱数据帮助化学家推断分子结构启发式的 DENDRAL 系统的出现，标志着人工智能研究中一个新的研究领域——专家系统的诞生。20 世纪 70 年代，专家系统趋于成熟，专家系统的观点也开始广泛地被人们接受。20 世纪 70 年代中期先后出现了一批卓有成效的专家系统，这些专家系统涉及医疗、自然语言处理、数学、化学、地质等多个应用领域。其中有代表性的专家系统有：MYCIN、CASNET、HEARSAY、PROSPECIOR 等。经过将近六十年的发展，专家系统逐渐成熟，理论和技术日趋完善，其应用领域迅速扩大，专家系统技术的研究也在不断向纵深发展，而且正在走向实用化和商品化，取得了巨大的经济效益。

作为一种理论研究工具，专家系统推动了人工智能的发展。作为一种实用工具，专家系统为人类保存、传播、使用和评价知识提供了一种有效的手段。知识是一种宝贵的资源，尤其是专家知识，其推广和使用将会产生巨大的经济效益。

4.3.2　专家系统的构成及工作原理

专家系统实质上就是一个具有智能特点的计算机程序系统，能够在某种特定领域内，模仿人类专家思维求解复杂问题的过程。具有启发性、透明性和灵活性的特点，开发工具可分为程序设计语言(主要包括 LISP 语言以及 PROLOG 语言)和专家系统外壳。在各种专家系统外壳中，CLIPS 和 NEXPERT 在铸造中的应用最为广泛。

专家系统与传统的计算机程序系统有着完全不同的体系结构，通常由知识库、综合数据库、推理机、知识获取机制、解释机制和人机接口六个部分组成，如图 4-1 所示。

知识库是问题求解所需要的领域知识的集合，包括基本事实、规则和其他有关信息。知识的表示形式可以是多种多样的，包括框架、规则、语义网络等等。知识库中的知识源于领域专家，是决定专家系统能力的关键，即知识库中知识

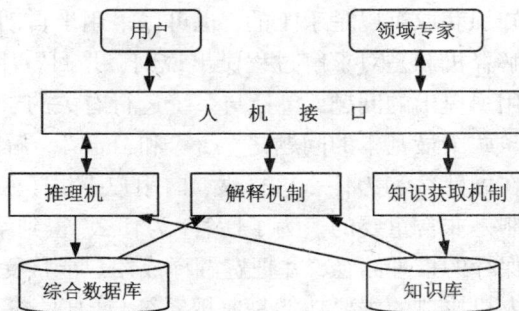

图 4-1　专家系统结构示意图

的质量和数量决定着专家系统的质量水平。知识库是专家系统的核心组成部分，用于存放领域专家提供的专门知识，包括领域知识、历史数据、数学模型等，具有知识的数量和质量的分别。因此，选择合适的知识表达方式和数据结构，把专家的知识形式化地存入知识库中。一般来说，专家系统中的知识库与专家系统程序是相互独立的，用户可以通过改变、完善知识库中的知识内容来提高专家系统的性能。

综合数据库主要由问题的有关初始数据和系统求解期间所产生的中间信息组成，用于存放系统运行过程中所需要和产生的所有信息。数据库的组织、数据间的联系、数据的管理等是设计数据库需要考虑的重要问题。在专家系统中数据的表示与组织应尽量做到与

知识的表示与组织相容，以便推理机能顺利使用知识库中的知识和描述当前状态的数据去求解问题。

推理机是要解决如何选择和使用知识库中的知识，并运用适当的控制策略进行推理来实现问题的求解，是实施问题求解的核心执行机构。它实际上是对知识进行解释的程序，根据知识的语义，对按一定策略找到的知识进行解释执行，并把结果记录到动态库的适当空间中，用于控制整个系统以决定如何使用知识库中的知识和规则得到新知识。推理方式主要有正向推理、逆向推理和正反向混合推理三种。正向推理是由原始数据出发，按一定的策略，运用知识库的知识，推断出结论的方法；逆向推理是先提出结论或假设，然后去找支持这个结论的证据，具有可提高系统运行效率的优点；根据数据库中的原始数据，通过正向推理帮助系统提出假设，然后用逆向推理寻找支持假设的证据，反复此过程，即为正反向混合推理。正向推理和逆向推理是目前应用较为广泛的两种推理方法，一般的铸造问题多为诊断性问题，较多采用反向推理。推理机的程序与知识库的具体内容无关，即推理机和知识库是分离的，这是专家系统的重要特征。

知识获取机制负责建立、更新、修改和扩充知识库，主要是为了实现专家系统的自我学习，在系统使用过程中能自动获取知识，不断完善扩大现有系统功能。是专家系统中把求解问题的各种专门知识从人类专家的头脑中或其他知识源那里转换到知识库中的一个重要机构。知识获取可以是手工的，也可以采用半自动知识获取方法或自动知识获取方法。

解释机制是对求解过程做出说明，并回答用户的提问，即专家系统与用户的交互过程，回答用户提出的问题，包括与系统运行有关的求解过程和与运行无关的关于系统自身的一些问题。两个最基本的问题是"why"和"how"。解释机制涉及程序的透明性，它让用户理解程序正在做什么和为什么这样做，向用户提供了关于系统的一个认识窗口。在很多情况下，解释机制是非常重要的。为了回答"为什么"得到某个结论的询问，系统通常需要反向跟踪动态库中保存的推理路径，并把它翻译成用户能接受的自然语言表达方式。

人机接口的主要功能是实现系统与用户之间的双向信息转换，即系统将用户的输入信息翻译成系统可接受的内部形式，或把系统向用户输出的信息转换成人类所熟悉的信息表达方式。

专家系统的工作过程是系统根据用户提出的目标，以综合数据库为出发点，在控制策略的指导下，由推理机运用知识库中的有关知识，通过不断的探索推理以实现求解的目标。因此，知识库与推理机是专家系统的核心部分，专家系统的工作过程是以知识为基础、对目标问题进行求解的过程，是一个搜索过程。因此，如何进行知识表达将是问题求解成功与否的关键。

4.3.3　专家系统中的知识获取与推理

发展专家系统的关键是表达和运用专家知识。专家系统的知识可以来自报告、手册、数据库、实例研究、经验数据以及个人经验等。

建立知识库时，要把蕴含在知识源中的知识通过识别、理解、选择和归纳等过程抽取出来，而这些知识通常是用自然语言、图、表等形式表示的，必须经过转换变成计算机能够识别和运用的形式。专家系统是运用专家提供的专门知识来模拟专家的思维方式来实现问题的求解，因此，用以存放专家提供的专门知识的知识库是决定一个专家系统是否优越的关键因素，专家系统的性能水平取决于知识库中所拥有知识的数量和质量。知识表示采用产生式、框架和语义网络等几种形式，其中以产生式规则表示应用最普遍，其模式为：IF(条件/前提)、THEN(动作/结论)。

知识库中包含事实(数据)及规则(或者用其他方式表示的知识结构)。规则使用事实作为判断的依据。知识获取是专家系统的关键，也是专家系统设计的"瓶颈"问题，通过知识获取机制可以扩充和修改知识库，实现专家系统的自我学习。推理机是针对当前问题的信息，识别、选取、匹配知识库中的规则，以得到问题求解结果的一种机制，包含一个能决定如何应用这些规则并推导出新的知识的解释程序，同时还包括一个能决定规则使用顺序的调度程序。解释程序能够根据用户的提问，及时对结论、求解过程以及系统当前的求解状态提供说明。用户界面则为人机间相互交换信息提供了必要的手段。

从逻辑基础的角度出发，推理方式可以分为演绎推理、归纳推理、外展推理、非单调推理和不精确推理等。从推理方法的角度出发，可以分为基于规则的推理、基于模型的推理和基于事例的推理。

4.3.4　专家系统的特征和类型

专家系统越来越引起用户和企业的兴趣，得到了广泛的应用。比如，保存由于退休、辞职或死亡等原因而离开的专家而可能失去的专门知识、技术；减少工作中的情绪性波动，确保工作质量的稳定性、一致性；形成知识库，以便其他人可以学习到教科书中没有的经验法则等。

一般来说，专家系统的特征主要有：

(1)专家系统解决的是某个特定领域中的问题，完成类似专家的推理过程，行使的是专家的职能；

(2)专家系统的操作以搜索为主，不以计算为主；

(3)专家系统的处理结果以定性为主，辅以定量，结果不是一个简单的答案，还附有答案的解释和建议；

(4)专家系统对问题的处理路径是不确定的，但最终能得出处理结果；

▶ 131

（5）专家系统可允许不断将新的知识加入到知识库中，以增强自学的能力。

按照工程中求解问题的不同性质，可以将专家系统分为以下几类：

（1）解释专家系统　通过对已知信息和数据的分析与解释，确定它们的含义，如图像分析、化学结构分析和信号解释等。

（2）预测专家系统　通过对过去和现在已知状况的分析，推断未来可能发生的情况，如天气预报、人口预测、经济预测和军事预测等。

（3）诊断专家系统　根据观察到的情况来推断某个对象机能失常（即故障）的原因，如医疗诊断、软件故障诊断、材料失效诊断等。

（4）设计专家系统　按照工具设计要求，求出满足设计问题约束的目标配置，如电路设计、土木建筑工程设计、计算机结构设计、机械产品设计和生产工艺设计等。

（5）规划专家系统　找出能够达到给定目标的动作序列或步骤，如机器人规划、交通运输调度、工程项目论证、通信与军事指挥以及农作物施肥方案等。

（6）监视专家系统　对系统、对象或过程的行为进行不断观察，并把观察到的行为与其应当具有的行为进行比较，以便发现异常情况，发出警报，如核电站的安全监视等。

（7）控制专家系统　自适应地管理一个受控对象的全面行为，使之满足预期的要求，如空中交通管制、商业管理、作战管理、生产过程控制等。

4.3.5　专家系统在材料科学与工程中的应用

下面以耐磨材料选材专家系统、复合材料材料设计专家系统和铸造工艺设计专家系统为例，对专家系统在材料科学与工程中的应用加以说明。

1. 耐磨材料选材专家系统

磨损是机械零件三大失效模式之一，约80%的零件失效是由磨损引起的，因此，合理选择材料是获得良好产品的可靠保证。人们对耐磨材料的广泛研究已积累了大量的经验和数据，借助数据库强大的数据处理能力，可通过查询手段进行选材。但这种选材方式存在无法全面、完整地表示专家知识并进行推理的缺陷，因而在此基础之上建立耐磨材料选材专家系统势在必行。下面以张天云等开发的一套基于数据库的耐磨材料选材专家系统为例进行说明。

（1）系统设计思想

利用数据库技术建立专家系统知识库，通过数据库本身的技术（关联、过滤机制和索引技术等）实现知识推理及专家系统知识库的维护。

根据耐磨材料选材准则，对大量的数据、理论知识及专家的经验进行筛选和归类，建立耐磨材料知识库，只要设计者提出零件的名称或性能要求等参数，系统便能自动根据其知识库中所储存的知识元素和已知属性（即设计要求），在推理机中进行推理，从中初选出所有符合设计要求的已知材料（可能为多种），并提供与所选材料相应的信息资料，同时根据最优化原则，按照不同的评价标准，从若干候选材料中推荐最佳的一种材料（终选）。

（2）系统结构

系统采用模块化结构，如图 4-2 所示。其中，知识库、推理机与功能模块是该系统的核心部分。

人机接口将专家或用户的输入信息翻译为系统可接受的形式，并把系统向专家或用户输出的信息转换为使用者易于理解的形式；知识管理模块的主要功能是维护知识库中的数据，对知识库中的元素进行增加、删除和修改等；知识库以数据库的形式储存耐磨材料的各种相关数据和专家知识；推理机根据获取的信息进行推理，逐步缩小范围，最终确定结论，实现选材功能；综合数据库储存求解过程的初始数据、求解状态、中间结果、假设、目标及最终求解结果；信息获取模块以人机交互或选择组合等方式实现用户信息的输入；功能模块完成材料查询、选材及评价、性能比较和打印等功能。

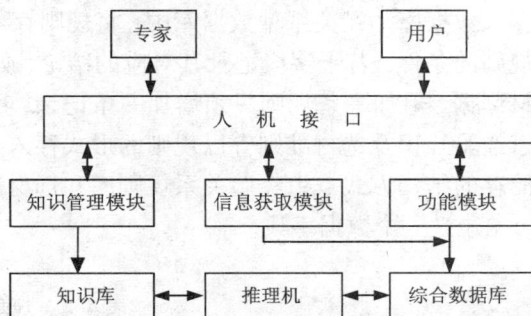

图 4-2　耐磨材料选材专家系统结构

（3）知识库的建立

系统以产生式规则来描述知识，用确定性理论来解决知识的不确定性问题，将材料专家的知识、经验以及选材准则表示成规则的形式。知识库是专家系统的核心，它由耐磨材料信息库和规则库构成。

1）耐磨材料信息库

磨料磨损问题涉及耐磨工件、外界载荷、周围环境和应用效果等多个方面。因此耐磨材料信息库储存有关材料的各种信息，分为若干分库。耐磨材料库储存各类耐磨材料相关数据，如牌号、成分、屈服强度、伸长率、硬度、冲击韧度、抗弯强度、挠度、金相组织、摩擦因数、热处理方法和使用温度等。磨料磨损工作库储存磨料磨损场合的介质环境参数等与应用环境有关的数据，如工作温度、相对（滑动）速度或转速、润滑情况、磨料成分、磨料硬度和其他磨料特性等数据。服务及商业信息库是关于产品的名称、规格、形状、生产厂家、相对价格、使用单位、国标、工业标准、各国牌号对照和有关参考文献等产品信息的储存库。图库储存相关材料的各种实物图、示意图及一些典型零件在实际工作中的动态运行过程图。方法库储存选材评价过程中所用的各种数学模型。此外，还有磨损类型与特征库和磨料磨损典型零件库。

2）规则库

专家系统中运用的较为普遍的知识表示方式是产生式规则，即以 IF…THEN…的形式出现，IF 后面是条件，THEN 后面是结论，条件与结论均可以通过逻辑运算 AND、OR、NOT 进行复合。如果前提条件得到满足，就产生相应的动作或结论。

规则和知识可以看作是数据的集合，所以规则和知识都可以通过一定的变换，以数据的形式存入数据库。在关系型数据库中，将规则存入数据库中，形成规则表。其中由若干字段表示规则的条件，若干字段记录其对应的结论，如表 4-1 所示。数据库中的一条记录表示一条选材判据，追加一条规则只须增加一条记录，因而规则的增减和修改十分方便。系统将大量专家经验知识及选材准则等以规则的形式存入，同时为了知识的匹配与检索的方便，采用分体储存的结构方式。由经验关系规则库和选材准则规则库构成规则库。同时，在建立知识库前，先建立一个数据字典。

表 4-1　规则表示

规则序号	工作条件 1	工作条件 2	要求性能 1	要求性能 2	结论 1	结论 2	结论 3
1	湿	腐蚀磨损	耐腐蚀性		选防锈金属	陶瓷	橡胶
2	凿削式磨损		高韧性		选用高锰钢		

将所有的条件和结论转换成一个符号，然后在知识库中将所有的记录均用相应的符号来表示。这样，针对具有庞大数据量的知识库，可有效索引，加速查询和推理过程；而且大量的文字信息用简单的符号代替，可以节省空间。

（4）推理机

推理机是专家系统的灵魂，它根据知识库中的知识，按一定的推理控制策略，实现推理过程，完成对实际问题的求解。推理机的工作机理由三部分组成：匹配、冲突解决和反应操作。

匹配完成的是规则的引用，即由输入的事实或推理得出的中间结论去匹配相应的规则；冲突解决就是当有一条以上的规则和事实相匹配时，就需要决定首先使用哪一条规则，这其中有多种解决策略；反应操作就是规则被触发后需进行的各种处理。该系统采用正向推理，即从初始数据推出结论，又称数据驱动策略，如图 4-3 所示。推理过程为：根据用户要求，进入推理机进行逻辑判断，搜索

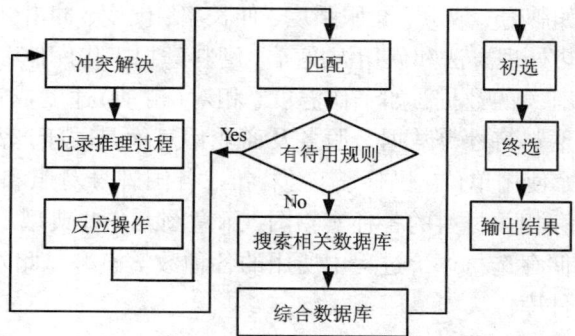

图 4-3　推理机工作流程

知识库，找出适用信息和规则，调取相关数据库信息及知识判据，并存入综合数据库，完成材料的初选；然后再根据用户的要求，如按性能、组成、成本分析、加工工艺、价值工程、目标函数和模糊评判等对材料进行终选；选材结果不仅提供最佳材料，还为用户提供备用的其他材料及排序。

在推理过程中，可能有多条满足条件的结论，即有多条规则可能被激活。推理机将这些规则选出，构成冲突集，进入冲突解决阶段，并按照一定的冲突解决策略从冲突集中选出一条规则执行。这个过程周期性地执行，直到求出问题的解或不再有规则能被激活为止。

（5）系统功能

本系统可实现如下功能：利用数据库管理系统对耐磨材料的相关数据进行各种查询，如可按类别、名称、性能和关键字等，进行多字段组合，实现多重查询；还可对模糊性要求进行精确化处理，实现模糊查询。帮助设计人员更合理、更主动及更精确地选择材料。满足不同选材的需求，有五种方式：1）简单判断选材：对用户输入的耐磨材料及工况调用相关联的数据库，并给出评价信息；2）典型零件选材：对用户提供的典型零件，选择与之匹配的耐磨材料，同时给出其他相关信息；3）综合选材及评价：根据用户提供的选材要求（如载荷、工艺和性能等）进行相近选择，初选出所有符合设计要求的已知材料，并提供与其相对应的信息资料，同时根据最优化原则从若干候选材料中推荐一种，并给出评价；4）目标选材及评价：实现按目标函数、价值工程和成本分析等现代选材方法定量选材，并给出评价；5）模糊综合评价：对多种影响因素进行定量分析、综合评价，选出符合要求的最佳材料。将符合用户需求的材料，提供图形、曲线和数据三种直观、形象的比较方式，供用户参考。此外，还可根据用户的使用要求，提供各种打印支持。

2. 复合材料材料设计专家系统

随着 Internet 的飞速发展，由信息技术与网络技术作为支撑，以资源最优配置为目标的异地协作设计模式也迅速发展起来。设计人员利用网络可以交流信息，研讨设计方案，协同完成设计事务等。在设计的过程中可以突破环境、技术和材料等因素的限制，以产品的最优性能为设计目标，综合考虑多种因素，依靠专家间的协作达到调整和控制产品最终性能的目的。

富威等利用专家系统和网络技术，开发了一个基于 Web 的纤维增强树脂基复合材料设计专家系统原型，它总结了有关的设计原则、经验和规则，能在 web 环境下实现复合材料设计信息的交流和数据的共享，并能实现具有一定功能的复合材料及其典型构件的设计，具有明显的实用价值。

（1）系统的总体设计

该系统是模拟复合材料设计的专家和工程技术人员根据最初的技术要求和实际条件（如载荷情况、环境条件及几何尺寸和尺寸大小的限制等），给出一种设计方案。

复合材料的设计模块包括所选的增强纤维名称、树脂名称、纤维排列方向、纤维体积含量以及最终的材料性能预算。复合材料典型构件设计,则包括所选复合材料种类、层合板铺层顺序以及强度校核的结果。

复合材料的结构设计是选用不同材料进行综合设计(如层合板设计、典型构件设计 、连接设计等)的反复过程。在综合设计过程中必须考虑的一些主要因素有:结构质量、研制成本、制造工艺、结构鉴定、质量控制、工装模具的通用性及设计经验等。复合材料结构设计过程如图 4-4 所示。

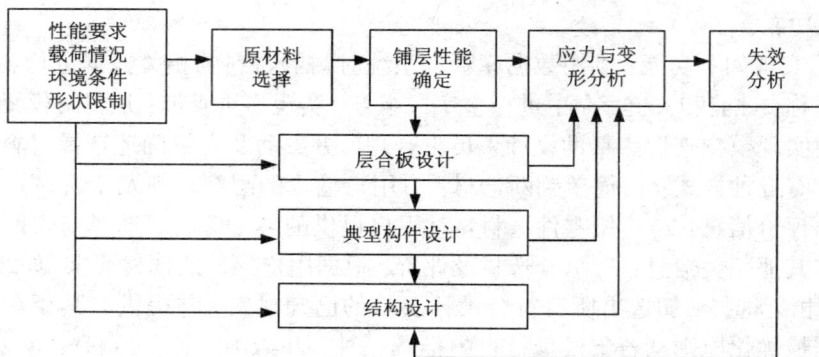

图 4-4　复合材料结构设计框图

(2)系统具体功能模块的实现

1)复合材料材料设计模块

在该模块中,根据用户输入的设计条件,如强度、刚度要求及其他一些性能要求,给出一种根据现有知识得到的设计方案,包括纤维种类、基体种类、纤维排列方向选择、纤维体积含量选择,并针对这种新组成的复合材料,应用复合材料细观力学分析理论进行性能预测。

不同的原材料(包括基体材料和纤维增强材料),以及不同的纤维编织方式,都会影响复合材料的性能,因此,正确选择合适的原材料是整个复合材料设计过程中的关键。在构建原材料选择知识库时,主要考虑的原则有:比强度、比刚度大的原则;材料与结构的使用环境相适应的原则;满足结构特殊性要求的原则;满足工艺性要求的原则以及成本低、效率高的原则。其中对树脂基体的选择要求主要有:具有要求的力学性能;基体材料的断裂伸长率大于或接近纤维的断裂伸长率;满足使用所要求的物理、化学性能以及工艺性。将这些选用要求总结成规则,形成纤维和基体各自的知识库。根据不同的承载能力和使用功能,必须选取合适的纤维和树脂的体积分数,具体的规则和计算公式存放在"纤维体积分数设计知识库"中。将复合材料的刚度、强度预测公式及性能分析知识存放在"纤维、基体材料性能库"中。复合材料的设计流程如图 4-5 所示。

2）复合材料层合板设计模块

在该模块中，采用层合板等代设计方法，根据层合板所受载荷状况，选出比较合理的复合材料层合板铺层顺序，应用复合材料细观力学分析理论对其进行强度校核。该系统采用了蔡-胡失效准则用以判断单层材料在轴向应力作用或平面应力状态下是否失效。

层合板通常由不同方向的单层构成，在外力作用下一般是逐层失效的。因此，层合板的强度指标一般有两个：失效强度，最先一层失效时的层合板正则化内力；极限强度，各单层全部失效时正则化内力。

层合板逐层失效的过程和机理极为复杂，因此，预测层合板极限强度较为困难。这里采用的极限强度计算方法比较简单，首先作层合板的单层应力分析，然后计算各个单层的强度比，强度比最小的单层最先失效，将其退化后，计算一次退化后的层合板刚度及各层的应力，再求各层的强度比。强度比最小的单层继续失效，又令该层退化。再计算二次退化后的层合板刚度及各层的应力。这样，各层依次失效，即可得到各层失效时的强度比。强度比中最大值对应的层合板正则化内力即为层合板极限强度。

图 4-5　复合材料设计流程图

（3）知识表示和知识库

该系统的知识表示采用规则表示法。知识的集合构成知识库，知识库包括原有各类复合材料设计规则和设计过程中产生的新规则、求解策略，这类知识将作为公用资源，通过网络传到服务器，供各客户端扩展设计时使用。

选择规则作为知识表示的主要手段，结合数据库知识来描述所要表示的知识。考虑信息保存的通用性和方便性，采用 SQL Server2000 来管理。如在纤维选择知识库里，设计了数据表来表示纤维选择的知识，如表 4-2 所示。

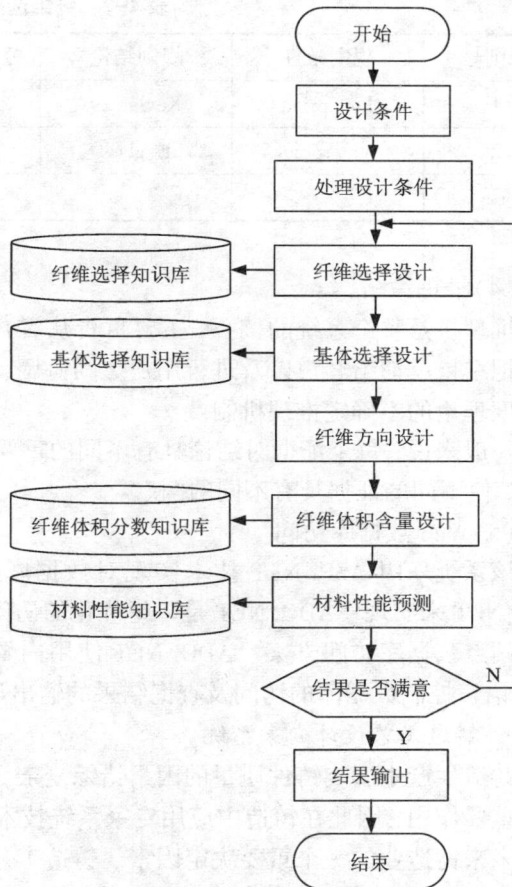

表 4-2　纤维选择知识库结构

规则号	规则条件	规则结论	纤维号	条件可信度	结论可信度
1	Low price	Kevlar 29	8	0.78	0.92
2	Waterproof	E_glass	3	0.82	0.73
…					

（4）推理策略

推理机是整个系统的核心，主要负责从客户端接受请求，利用数据库服务器进行求解，然后把结果反馈给客户以及进行用户之间协调、信息的发布等。该系统采用带有加权的基于可信度理论的不确定推理机制。

一般来说，每个证据对结论具有不同的重要程度。为此，在规则中为每个证据引入加权因子，使不同的证据具有不同的"权"。

（5）Web 数据库访问

该系统采用 ASP. NET 技术实现对数据库的访问。ASP. NET 与数据库的连接则通过 ADO. NET 来实现。ADO. NET 是一组优化的访问数据库专用对象集，为 ASP. NET 提供了完整的站点数据库访问方案。ADO. NET 使用内置的 DataSet 对象作为数据的主要接口，使用 XML 语言控制数据库的访问及查询结果的输出显示。

3. 铸造工艺设计专家系统

铸造生产中影响铸件质量的因素错综复杂，专家的丰富经验和具体指导对获得优质铸件具有重要作用，因此在铸造中应用专家系统技术是非常有必要的，甚至有人指出专家系统将成为未来铸造业的一个重要决定因素。铸造工艺历史悠久，长期以来一直是一种手工经验的积累。虽然近年来铸造工艺 CAD 取得了很大进展，但由于铸造工艺设计涉及多学科知识，各种影响因素众多且关系复杂，在实际生产中，即便较为成熟的工艺也可能出现问题，因此经验显得极为重要。这些经验和规律往往又是对多种影响因素综合作用的归纳，难以用一种理论或模型加以描述。而具有人工智能的专家系统能够模拟铸造专家的决策过程，对复杂情况加以推理和判断，使工艺设计更为合理。随着并行工程技术在铸造应用中的不断深入，产品设计人员与铸造工艺设计专家之间适时交流显得更加重要。把专家知识融于铸造方法选择之中帮助选择最佳的铸造方法正日益引起人们的兴趣。

虽然目前专家系统技术在铸造的许多领域中已展开应用，但关于铸造方法选择和浇冒系统设计的专家系统还刚刚起步。浇冒系统设计中所涉及的铸件一般较为简单，在实用性方面尚需不断加以完善。在今后的工作中应建立更加友好的用户界面，同时注重铸件几何特征提取功能的提高，合理选择分型面，从而简化工艺，提高设计的准确性和研究效率。由于铸造工艺设计中知识形式的多样化，如何有效管理和处理不同类型知识以及它们之间的相互关系，仍是铸造工艺专家系统设计中急需解决的问题。

（1）系统设计思想

选择适当的铸造方法是铸造工艺设计的前提和基础。由于各种决定因素错综复杂，采用专家系统可将各种因素间的关系规范化，给出统一的思考顺序，全面、合理、迅速地选择铸造方法。在铸造方法选择过程中，主要是对规则的管理和运算的匹配，所以铸造方法选择专家系统多基于产生式规则的知识表达。

英国沃里克大学的 A. Er 等采用模块化设计方法及反向推理策略进行了铸造方法选择的研究。铸件质量在很大程度上取决于浇冒系统的设计。传统的浇冒系统设计主要依据流动和传热的一些基本概念及经验，其中经验知识在设计中发挥着重要作用，因此在浇冒系统设计中引入专家系统可行、实用，且具有许多优点。将铸造工艺设计者及专家长期积累的丰富经验储存到知识库中，以利于今后借鉴；普通工艺设计人员也可借助专家系统进行新铸件的浇冒系统设计；采用专家系统能够减少浇冒系统设计的校核时间，从而降低成本，缩短开发周期；经专家系统初步设计的浇冒系统可用于数值模拟过程。

（2）系统结构

该浇冒系统设计基本都由铸件实体造型开始，然后划分网格。在专家系统中，采用经验和启发性规则进行浇注系统设计，并在几何分析基础上确定自然流道。冒口设计依据经验准则，诸如 Chvorinov 准则计算铸件凝固时间最后确定冒口的尺寸和位置。具体设计过程如图 4-6 所示。

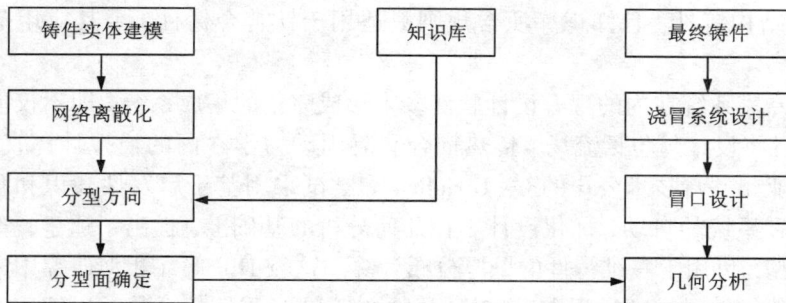

图 4-6 浇冒系统设计流程图

由此可见，铸件的几何特征，诸如铸件边界、砂芯位置、厚壁区域和流道等对浇冒系统的设计至关重要。近年来有人对轻合金、铸钢和球墨铸铁铸件的浇冒系统设计规则进行了系统的归纳和研究，关键的分型设计也有详细的分析和总结。

（3）知识库的建立

该系统知识库由四个相互独立而又关联的子库组成，分别为合金种类、形状复杂程度、铸造精度和产量。根据用户提供的以上信息，系统能够自动推理出最恰当的铸造方法。在伯明翰大学研制的用于铸件设计和加工过程的 CADcast 软件中构造了一个用于选择合金和铸造方法的知识库。根据已选合金初步选择与之匹配的铸造方法，再由零件结构进一步加以确定。但系统要求用户对所选择合金的成分及性能具有一定的了解。专家系统 PCPSES 可从铸件的设计、生产、加工和成本分析特性出发，由砂型(手工或机器)铸造、压铸、壳型铸造、塑料模铸、熔模精铸、金属型铸造和离心铸造中选出适宜的铸造方法。国内在这方面的研究和开发不多，典型的有西北工业大学采用 C 语言构建的铸造工艺 CAD 产生式专家系统开发工具。它能提供近七种铸造方法，其中知识库与数据库采用两种耦合方式，实现了经验与标准相结合的设计模式。

(4)系统发展

近年来，一些研究者对专家系统在浇冒系统设计中的应用进行了不懈的研究，开展了许多卓有成效的工作。例如美国亚拉巴马大学的 J. L. Hill 等采用 CLIPS 开发了一个用于砂型铸造轻金属铸件浇冒系统设计的专家系统 RDEX，该系统利用商业化 CATIA 和 CAEDS 软件包获取边界面表示(B-rep)信息，并在此基础上确定分型方向和分型面。同时采用启发式方法识别厚壁区域，确定冒口、自然流道和浇口位置，最后由 CAEDS 绘出三维浇冒系统结构。但该专家系统目前仅能处理一些简单形状铸件，且要求安放冒口的顶平面与分型面平行。之后，J. L. Hill 及其合作者又将工作进一步扩展到基于知识的熔模铸造浇冒系统 DIREX 软件的研制中。设计中可根据铸件的加工和几何特征为其分配成组技术(GT)编码，从而自动选取相应规则用于浇冒系统设计。但铸件的特征提取算法和浇冒系统设计功能使其仅能处理带毂的圆形轴对称结构铸件，且知识库所含规则只适用于钛合金铸件，令其应用范围受到一定限制。

包括以上专家系统在内的现有设计软件多未形成完整的集成系统，即不仅能够进行浇冒系统设计，而且将设计与包括流场、传热耦合和凝固动力学在内的模拟计算直接联系起来。美国宾夕法尼亚州并行技术公司的 G. Upadhya 等尝试采用基于启发性知识和几何分析的集成方法进行浇冒系统的自动、优化设计。在几何分析的基础上，提出了适于复杂形状铸件的点模数计算模型，可用于三维铸件的壁厚分布计算。这较 Hill 等在相似研究中采用的二维方法更为精确。他们针对推理过程中出现的规则冲突问题，采用权系数予以解决。设计中并未采用专门的专家系统外壳，而代以 FORTRAN 语言。其不足之处在于最终设计结果采用有限差分网格而非实体形式。除此之外，美国密苏里大学研制了倾斜浇注金属型浇冒系统设计的专家系统。该系统运行在 AutoCAD 的 LISP 环境下，采用 AutoCAD 进行铸件的实体造型，以 NEXPERT OBJECT 作为专家系统外壳。通过 LISP 程序获取拓扑信息和几何信息，允许用户以交互或自动方式确定分型方向和分型线。由专家系统给出浇注系统的最佳结构设计，LISP 加以实现。最后还可将设计结构传送给 ProCAST 软件，进行凝固模拟，以分析浇冒系统设计的合理性。

目前国内在这方面的研究还刚刚起步。华南理工大学采用 Turbo-Prolog 语言编制了压铸工艺参数设计及缺陷判断专家系统，提出了压铸工艺参数和缺陷判断的参数设计多途径设计方法，即按人工设计思路和计算机自动搜索差别的辅助设计法。在基础工艺参数设计部分，以速度、温度、压力和时间为主导，确定充填时间、内浇口速度及尺寸。沈阳工业大学在轧钢机机架铸造工艺 CAD 中采用专家系统拟订工艺方案，建立了相应的知识层次结构模型，不同层次上的知识采用不同的表示方法和推理策略。在此基础上进行了造型、制芯方法、铸造种类、浇注位置、分型面选择以及浇冒系统设计。

阅读资料

典型的材料网络数据库

随着网络技术的发展，越来越多的材料数据库实现了网络共享，为广大材料研究者提供了便捷、内容丰富的资源。

（1）中国科学院科学数据中心

网址：http://www.casdc.cn/。1987 年中国科学院牵头正式启动科学数据资源建设，经过多年发展，2019 年全面投入使用。数据库中包括 1144 个数据集，访问人数超过了 16000 万，下载量高达 2000TB。

（2）国家材料科学数据共享网

网址：http://www.materdata.cn/。国内 30 余家科研单位参与建设，整合、重构现有的较为成熟的材料科学数据资源，以钢铁材料、先进合金材料为主，也包含无机非金属材料和高分子材料。

（3）材料基因工程数据库

网址：http://www.mgedata.cn/。我国最大的材料基因工程数据库平台，以核材料、特种合金、生物医用材料、催化材料和能源材料为主，涉及几乎所有材料体系。除数据库外，平台还拥有第一原理在线计算引擎、原子势函数库、在线数据挖掘系统等众多功能。

（4）美国国家标准研究所（NIST）材料数据库

网址：https://www.nist.gov/data。由百余个子库构成，具有严格的评估标准，包括陶瓷数据库，复合材料数据库和腐蚀数据库。

（5）MatNavi 数据库

网址：https://mits.nims.go.jp/en/。日本国立材料科学研究所开发，拥有计算相图、计算电子结构、中子嬗变等 9 个基础性能数据库，蠕变、疲劳、腐蚀等 5 个结构材料数据库，金属材料、CCT 曲线、材料风险信息平台 4 个工程应用数据库以及 5 个数据应用系统，目前已经有超过 149 个国家的 11 万用户注册使用。

（6）Total Materia 材料性能数据库

网址：https：//www. totalmateria. com/。全球最全面的材料性能数据库。由瑞士 Key to Metals 公司自 1999 年起出版发行。该数据库收录含有 75 个国家组织标准的、超过 45 万种金属和非金属材料的 2000 万条详细性能数据，支持 26 种语言版本。主要包括大多数金属材料、高分子材料、硅酸盐材料和复合材料的详细性能数据。

（7）MatWeb 材料性能数据库

网址：http：//www. matweb. com。这是一个免费数据库，包括金属材料如铝合金、钴、铜、铅、镁、高温合金、钛和锌合金等，陶瓷材料，热塑性和热固性高聚物如 ABS、尼龙等。

（8）计算材料数据库平台

网址：https：//www. materialsproject. org/。存储了几十万条包括能带结构、弹性张量、压电张量等性能的第一性原理计算数据。材料体系涉及无机化合物、纳米孔隙材料、嵌入型电极材料和转化型电极材料等。

（9）钢材性能数据

网址：http：//www. key-to-steel. com。包括来自 30 多个国家的钢材性能数据，如钢的标准和分类、化学成分、力学性能、高温性能、疲劳性能以及热处理性能数据等。

习题及思考题

1. 简述数据库数据的构成和主要特征。
2. 试列举材料数据库应用的实例。
3. 简述专家系统的组成、功能和分类。
4. 举例说明材料领域的专家系统是如何实现知识的获取与推理的。
5. 运用专家系统原理，结合实际，构建一个专家系统基本模型。

参考文献

[1] 曾令可，叶卫平. 计算机在材料科学与工程中的应用[M]. 武汉：武汉理工大学出版社，2014.

[2] 许鑫华，叶卫平. 计算机在材料科学中的应用[M]. 北京：机械工业出版社，2006.

[3] 张鹏，赵丕琪，侯东帅. 计算机在材料科学与工程中的应用[M]. 北京：化学工业出版社，2018.

[4] 张天云，杨瑞成，余世杰. 基于数据库的耐磨材料选材专家系统[J]. 机械工程材料. 2006(12)：87-90.

[5] 富威，王鹏，李庆芬. 基于 Web 的复合材料设计专家系统[J]. 哈尔滨工程大学学报. 2004(6)：773-776.

[6] 刘旭. 一种诊断型专家系统的设计与实现[J]. 计算机工程. 2001 (2)：90-92.

[7] 李姿昕，张能，熊斌，等. 材料科学数据库在材料研发中的应用与展望[J]. 数据与计算发展前沿. 2020, 2(02)：78-90.

[8] 李佳. 数据库技术在信息管理中的应用[J]. 电子世界. 2021(23)：146-147.

[9] 杨思慧. 人工智能在材料设计中的应用[J]. 造纸装备及材料. 2020, 49(04)：56-57.

第 5 章　材料科学与工程中的多尺度、多物理场计算与模拟

本章首先对材料科学与工程的发展阶段进行梳理，再对现代材料科学与工程的相关先进研发理念进行简介，以期在数字化浪潮中争取历史主动。然后介绍与材料计算设计和模拟有关的流程概念图，对涉及到的有关重要材料科学基础知识进行简要回顾，着重对常用软件及其功能、使用方法和案例进行详细的讲解。一些计算设计和模拟案例起到了抛砖引玉的作用，读者需参考有关文献资料、教学案例和计算软件进行理论学习和上机实践，撰写实验报告或研究论文，从而掌握有关计算设计理论和计算模拟方法。

5.1　材料科学与工程研究的发展阶段

根据研究方法的变革，可以将材料科学与工程的研究发展分作 4 个阶段：经验测试阶段、理论研发阶段、计算模拟阶段、人工智能阶段。

（1）经验测试阶段

在材料科学与工程研究的早期，研究者往往是以经验科学为主进行材料研究。在该阶段研究者凭借对材料的长时间测试与应用，从而积累对材料特性的经验。该阶段研究者需要经历反复实验，新材料产生的周期长、效率低。

（2）理论研发阶段

随着各领域研究的深入，材料科学与工程的理论基础逐渐成熟起来，理论模型中热力学模型的应用为材料研究提供了众多帮助，提高了新材料的研发效率。

（3）计算模拟阶段

计算机的应用使得材料科学与工程的研究进入了计算模拟阶段，一系列模拟计算方法的出现大大提升了材料科学与工程的研究效率。

（4）人工智能阶段

随着人工智能技术的普及和机器深度学习技术在材料研究领域的应用，AI 技术与材料研发的结合将逐渐紧密，并在材料设计领域发挥极其关键的作用。

5.2　材料科学与工程的数字化研发新概念

（1）材料基因工程（MGI）

现阶段，新科技革命和国际竞争日益加剧，先进技术研究开发过程中的提质、增效、降

耗需求极为迫切。材料基因工程或材料基因组计划（Materials Genome Initiative，MGI），就是在这一迫切需求下提出的一种新的材料科学与工程研究开发范式和文化理念。材料基因工程借鉴生物学上的基因工程技术，探究材料配方、工艺、微观结构与材料固有性质及服役性能之间的定量化或图谱化关系，进而通过调整材料的配方、改变材料的堆积方式或搭配，结合不同的制备工艺，得到具有特定性能的新材料，从而满足各种工程和技术的需要。最早是美国奥巴马政府于 2011 年提出了这一新概念和有关行动计划，随后引起全球主要科技强国的关注，并提出了适合本国国情的研究计划。相对而言，我国在材料基因工程领域行动迅速、坚持创新、成效显著，成为引领全球的重要力量。

（2）中国材料基因组工程

融合高通量计算（理论）/高通量实验（制备和表征）/专用数据库三大技术或三个组成部分，变革材料研发理念和模式，实现新材料研发由"经验指导实验"的传统模式向"理论预测、实验验证"的新模式进行转变，显著提高新材料的研发效率，实现新材料"研发周期缩短一半、研发成本降低一半"的目标；增强我国在新材料领域的知识和技术储备，提升应对高性能新材料需求的快速反应和生产能力；培养一批具有材料研发新思想和新理念、掌握新模式和新方法、富有创新精神和协同创新能力的高素质人才队伍；促进高端制造业和高新技术的发展，为实现"中国制造 2025"的近期目标做出贡献，迎接全球可持续发展对材料科学与工程研究的新机遇和新挑战。

（3）集成计算材料工程（ICME）

集成计算材料工程（Integrate Computational Materials Engineering，ICME）是材料基因工程的基本组成部分。集成计算材料工程将计算和实验手段所获得的材料信息与产品性能分析和制造工艺模拟相结合，旨在把计算材料科学的工具集成为一个整体系统，以加速材料研发和改造工程设计的优化过程，并把设计和制造统一起来，从而在实际制备之前就实现材料成分、制造过程和构件的计算最优化，有效地提高先进材料的研发、制造和投入使用的速度。也有研究者将集成计算材料工程视为逆向工程，认为其可以引导材料科学的发展。集成计算材料工程与当前大力发展的智能制造一脉相承。图 5-1 为美国工程院研究报告中提出的集成计算材料工程框架。

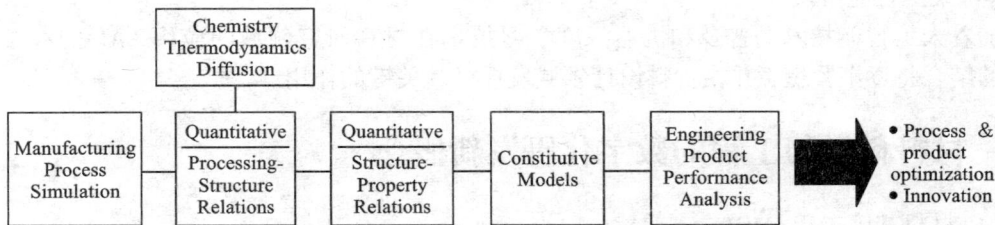

图 5-1　美国工程院研究报告中提出的集成计算材料工程框架

（4）大数据（Big Data）

以容量大、类型多、存取速度快、应用价值高为主要特征的数据集合。大数据最早应用于 IT 行业，目前正快速发展为对数量巨大、来源分散、格式多样的数据进行采集、存储和关联分析，从中发现新知识、创造新价值、提升新能力的新一代信息技术和服务业态。大数据必须采用分布式架构，对海量数据进行分布式数据挖掘，因此必须依托云计算的分布式处理、分布式数据库和云存储、虚拟化技术。

（5）大数据技术

大数据技术（Big Data Technology），是指大数据的应用技术，涵盖各类大数据平台、大数据指数体系等大数据应用技术。

（6）机器学习（ML）

机器学习（Machine Learn，ML）是一门多领域交叉学科，涉及概率论、统计学、凸分析、算法复杂度理论等多门学科。机器学习专门研究计算机怎样模拟或实现人类的学习行为，以获取新的知识或技能，重新组织已有的知识结构使之不断改善自身的性能。它是人工智能的核心，是使计算机具有智能的根本途径，其应用遍及人工智能的各个领域，它主要是归纳、综和，而不是演绎。

（7）人工智能（AI）

人工智能（Artificial Intelligence，AI）是研究、开发用于模拟、延伸和扩展人的智能的理论、方法、技术及应用系统的一门新的技术科学。人工智能是计算机科学的一个分支，它企图了解智能的实质，并生产出一种新的能以人类智能相似的方式做出反应的智能机器，该领域的研究包括机器人、语言识别、图像识别、自然语言处理和专家系统等。

5.3　基于人工智能技术的材料科学研究方法

随着人工智能技术的不断发展与成熟，材料科学研究也进入了高速发展期，基于人工智能技术的材料科学的研究领域主要集中在材料逆向分析、新材料发现以及材料性能预测三个方面，这三个方面也对应着人工智能技术应用的三个步骤：数据的挖掘、模型的训练与优化及模型的应用。材料科学之所以能有效结合人工智能技术，主要得益于以下三点因素：

（1）充足的材料科学理论研究

人工智能技术的应用需要有相应应用领域的理论支撑，随着研究者对材料科学理论研究的深入，越来越多的物理机制以及材料结构与性能的关系能够从理论层面去解释，从而有利于通过计算机基于材料科学理论去模拟真实材料的结构与性能。

（2）多尺度、高通量的模拟计算软件与高效的计算能力

随着材料科学及计算机技术的高速发展，材料模拟计算软件能够愈加精确地模拟不同的材料结构与材料特性。基于多尺度、高通量的模拟计算软件，能更加高效地结合人工计智能

算进行应用，同时结合高效的计算机计算能力，能够将需要大规模算力支持的人工智能技术与模拟计算软件结合起来进行材料科学的研究。

（3）规模化、系统化的材料数据库

材料基因工程理念提出后，规模化、系统化材料数据库逐渐发展成型，并开始关注发展数据共享、数据自动收集和输出等系列新功能。一方面，材料数据库可为高通量的人工智能实验以及高通量计算结果提供海量数据存储空间；另一方面，材料数据库为高通量人工智能计算提供了数据参数，能有效挖掘材料设计原理及指导新材料的设计。

5.4　人工智能材料设计

越来越多的材料科学工作者意识到，未来新材料研究开发的热点将会是"大数据"材料、少数据、高通量计算与机器学习。机器学习在材料科学工程领域的初步应用中因处理复杂体系的灵活性、准确性以及良好的泛化能力，带来了与传统实验和计算模拟手段完全不同的研究视角，展现出了巨大的潜力。然而，机器学习作为材料科学领域一种新的研究手段，其发展仍存一些问题。

首先，限制机器学习技术在材料科学研究过程中进行应用的主要因素就是缺乏有效的数据集。机器学习作为一种数据驱动技术，对数据的依赖性比较强，但材料科学领域中的数据具有获取成本高、过分集中或分散、缺乏统一处理标准等特点，获取一个数据量大、分布均匀、特征参量完整且匹配的数据集往往是非常困难的。一方面，由于材料学领域的学者往往从事某一方向的研究，实验数据集中，又或者研究方向相同但是实验条件差别巨大，数据集容量小，容易出现过拟合现象；另一方面，将不同实验条件下得到的数据进行统一，或者将计算结果与实验测量值进行匹配也是极其困难的，这是因为计算模拟数据无法完全模拟特定的实验条件，而实验数据中又往往缺失与结构和能量相关的特征参数。建立有效的数据集最重要的一点就是要求所有数据具有统一的标准，即数据集的实验体系和实验条件相同、特征变量维数相同、输入与输出相对应等，但是目前的材料研究中，绝大部分数据集都是通过收集实验数据而获得，收集和处理满足研究需求的实验数据往往要花费大量的时间，由此带来的问题就是其前端建立数据集的低效性掩盖了后端数据处理的高效性，使得现阶段机器学习技术在材料领域的发展受到一定的限制。

其次，尽管机器学习方法已在新材料的发现、成分及结构设计、性能预测等方面展现出了巨大的潜力和优势，但是利用机器学习建立的模型是否具有实际的物理和化学意义还需进一步探究。机器学习的过程是一个进行数学运算的黑盒子，通过计算得到的数据间隐藏的关联性和规律是否能够真实反映材料本身的属性，还需要通过大量的事实验证，从而建立更加精确的"描述符"来表示这种关系。因此，机器学习技术目前只能进行一定的探索性工作，给材料科学提供新的思路及新的研究方法，但无法替代传统的实验研究。

当然，机器学习技术带给材料科学领域的更多的是机遇，在未来的发展中，机器学习在材料科学与工程中的应用热点可能将集中在以下几个方面：

（1）"大数据"材料

随着"材料基因组"概念的不断深化，准确全面地表征材料"成分—结构—性能"间的关系是研究和开发新材料的关键，只有真正掌握材料的本质特征，才能更好地应用，甚至实现真正的"按需设计"。

目前已有的研究虽然还处于依靠有限的数据进行探索的阶段，但是也证明了数据驱动型材料科学的研究是非常有效的。随着全世界对材料学数据库的不断重视、整合和完善，越来越多数据资源可供使用，可以极大地推动材料"大数据"的发展进程。如基于实验获得的无机晶体材料数据库（ICSD）、剑桥晶体结构数据库（CSD）、基于理论模拟的量子材料数据库（OQMD）、AFLOW 等都在不断地丰富及开源化，尤其值得推荐的是对各类无机材料非常有用的开源数据库 Material Project（网址：https：//materialsproject. org/），它是加州伯克利大学劳伦斯实验室（Lawrence Berkeley National Laboratory）及麻省理工学院（MIT）在 2011 年发起的项目，旨在通过计算所有已知材料的属性，挖掘材料特性，设计开发新材料，加速材料研究的创新。目前该数据库共收录了无机材料 124515 种，能带结构 52827 个，分子 35336 种，纳米材料 530243 种，弹性张量 13751 个，压电张量 3016 个，嵌入电极材料 4401 种，转换电极材料 16128 种，而且数据库还在不断扩充中。

大数据是当前的一个热门话题，在各个领域都受到了广泛的关注，如何存储、管理和分析海量数据是材料科学研究和其他领域都亟待解决的难题。因此研究大数据背景下的机器学习在材料科学与工程中的应用是未来的一个重要方向。特别地，近些年广泛兴起的深度学习技术在处理大量数据方面表现良好，在图像处理，尤其是微观尺度的结构表征等领域取得了相当大的突破，建立适合的材料图像"描述符"数据库，以更好地探索材料的组织结构。

（2）少数据机器学习

机器学习方法通常需要大量的数据才能有效地学习，但在现阶段的材料科学研究领域，实验数据稀疏，获取困难，速度缓慢，采用一些新型机器学习算法有助于提高有限数据下的学习效率和精确度。

在数据有限的情况下，可以使用数据增广技术，如风格迁移、元学习等来产生相似但又不同的训练样本，增加数据集容量。此外，例如调整神经网络、模仿学习以及贝叶斯框架等新技术，可以在有限数据的情况下一次性解决学习问题，达到人类水平，此类技术适用解决外延性问题，这在高分子材料和材料微观结构预测及模拟方面有着极大的应用潜力。

（3）材料机器学习与高通量计算相结合

高通量计算也是目前计算材料领域的热点之一，如材料配方计算设计时，理论上可以对元素周期表进行依次逐一替换，对材料的成分步长、热处理温度步长、压力步长等可以设置的相当小，从而进行密集扫描式计算筛选。机器学习与高通量计算在本质上具有一定的相似性，都是从大量数据中提取有价值的信息，且具有可并行、可扩展的特点。但是，高通量计算更加偏向计算，即按照设定好的规则完成指定的工作，可以进行数据的组合和筛选，具有较高的"自动化"程度，不具备外延性和泛化能力，相当于一台高效的计算机。而机器学习技术是模仿人类的思维模式，其算法本身带有决策性，有良好的外延性和泛化能力，偏向于"智能化"，相当于经验丰富且高效的科学家。将高通量技术与机器学习技术相结合，利用高通量技术参数标准化和体量大的优势，解决机器学习技术的前端问题，结合互补，扬长避短，有望进一步提升新材料的筛选和研发工作效率。

数据的本质是生产资料和资产，它不是社会生产的"副产物"，而是可被二次乃至多次加工的原料，从中可以探索更大的价值，机器学习的作用就是从已有的数据中挖掘有效信息，获取新的价值。数据驱动下的材料科学研究是一个充满无限可能的新方向，它颠覆了传统研究方式，给人们了解材料物质背后的潜在规律提供了新的途径，机器学习在材料科学与工程领域的应用还只是刚刚开始，未来将有无限可能。

图5-2为萨百晟等人基于北京航空航天大学孙志梅教授研究团队自主开发的人工智能设计平台ALKEMIE，对Ⅲ-Ⅵ族纳米异质结半导体光电异质结进行高通量计算和机器学习的流程图。

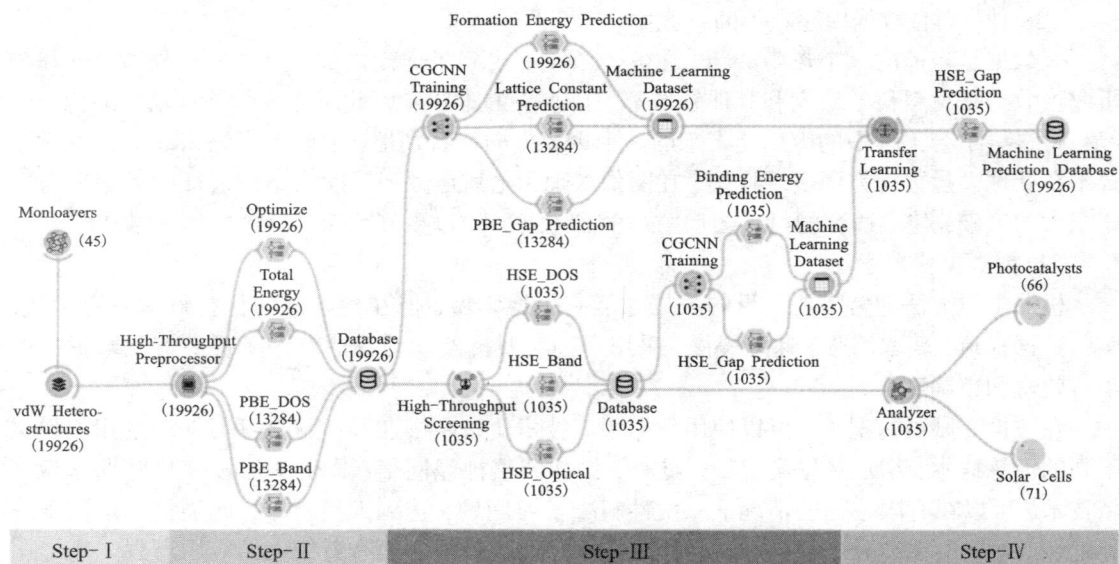

图5-2 基于人工智能设计平台ALKEMIE，对Ⅲ-Ⅵ族纳米异质结半导体光电材料进行高通量计算和机器学习的自动流程图(括号中为涉及到的材料数量)

5.5　材料设计概述

5.5.1　材料设计的定义、范围与层次

众所周知，材料科学与工程的核心内容是对材料的成分、工艺、结构、性能与使用性能等基本要素及相互之间的关系进行定性和定量研究。近 30 年来，随着材料科学、物理学、化学、生物科学、数学、工程科学等诸多学科的发展和成熟，以及计算机软硬件技术的飞速发展，运用高性能计算机和功能强大的材料专业软件对材料科学与工程学科的基本要素及各要素之间的关系进行定量或半定量表征，在计算机上进行材料的成分和工艺设计，并预测其结构与性能已经成为可能，这就是所谓的材料设计与模拟，也称之为计算材料学。计算机辅助材料设计与模拟已成为一门新兴的交叉学科，是除实验研究和理论研究之外解决材料科学与工程中实际问题的第三种重要研究方法，它与实验研究和理论研究之间相互补充和相互促进。计算机辅助材料设计与模拟方法，一方面使我们加深了对材料科学与工程核心问题的理解，另一方面，又促进了材料科学与工程的研究开发向经济、高效和可预见性的方向发展。

通过理论设计来"订做"具有特定性能的新材料，是人们追求的长远目标。自从 20 世纪 50 年代材料研究者提出"材料设计"这一设想以来，材料设计已经取得了巨大进展，目前正处在应用理论、数据和计算来"加速设计"材料的蓬勃发展阶段，尤其是材料基因工程研发理念的提出和实践，极大地促进了新材料研究开发的广度和深度。

对于材料设计的研究层次，目前尚未有统一和严格的划分标准。从广义来说，可按研究对象的空间尺度不同而划分为三个层次：微观设计层次，空间尺度在约 1 nm 量级，是原子、电子层次的设计；连续模型层次，典型尺度在约 1 μm 量级，这时材料被看成连续介质，不考虑其中单个原子、分子的行为；工程设计层次，尺度对应于宏观材料，涉及大块材料的加工和使用性能的设计研究。图 5-3 形象地描绘了材料计算设计与模拟的多尺度框架，既包含了传统的结构材料研究，也包含了复杂的功能材料与器件的研究。所涉及的计算模拟方法分别为：量子力学第一性原理计算（Quantum Mechanics，QM）、分子动力学模拟（Molecular Dynamics，MD）、蒙特卡洛模拟（Monte Carlo，MC）、相图计算技术（CALculation of PHAse Diagram，CALPHAD）、相场模拟（Phase Field Method，PFM）、有限元分析（Finite Element Method，FEM）和概率断裂力学方法（Probabilistic Fracture Mechanics，PFM＊）。

5.5.2　多尺度材料设计

从图 5-3 可以看出，在不同的时间/空间尺度范畴内的研究内容和所用的计算方法是不同的。对微观层次及以下的空间范围，量子力学第一性原理计算、分子动力学模拟、蒙特卡罗法是有力的研究工具。从理论上讲，第一性原理方法只需要 5 个基本物理常数（即电子质

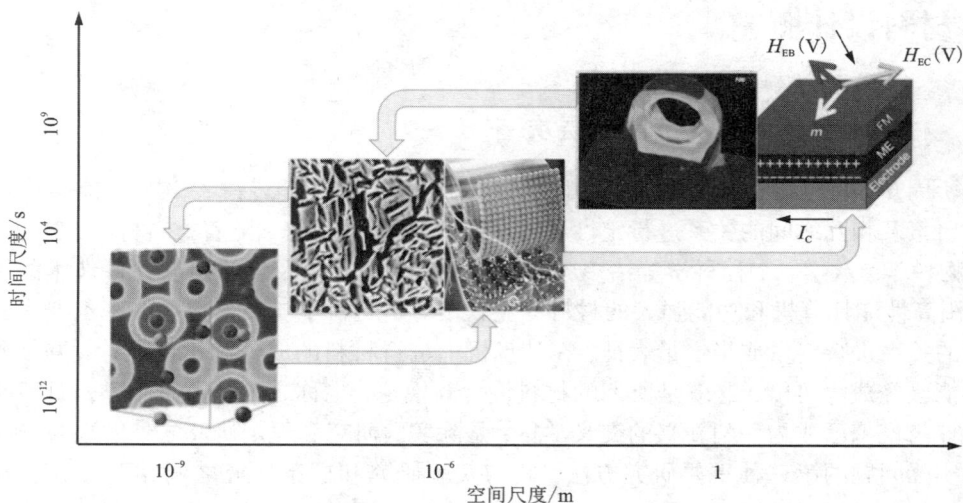

图 5-3　材料计算设计与模拟的多尺度研究层次图解

量 m_0、电子电量 e、普朗克常数 h、真空中光速 c、玻尔兹曼常数 k_B），原子种类和原子在空间中的位置安排（即晶体结构），而不需要其他经验参数，就可以非常精确地计算出体系的总能、微观结构与状态。目前，第一性原理方法在材料科学领域的研究非常活跃，发展异常迅速。分子动力学方法根据粒子间的相互作用势，计算多粒子系统的结构和动力学过程。蒙特卡洛模拟方法也叫随机模拟法，可以用来优化系统的结构，比如材料科学中寻找能量有利的原子排列方式等。对于以连续介质概念为基础的显微尺度模拟计算，主要以材料热、动力学、缺陷动力学和结构动力学等为研究内容，计算热力学与相图，以及相场模拟是最为有效的方法。例如，用热力学方法预测材料的相变过程及相变产物的组成和显微结构后，就可以定量地设计材料的成分和热加工工艺。而对于连续介质力学等宏观问题，有限元方法能有效地处理实际问题。这种方法一般与材料或器、部件的工业生产和使用有关。例如，非晶态合金一般采用液态合金经急冷处理得到，在生产非晶态合金宽带时，必须保证宽带中没有晶化"缺陷"，这就要求所用设备和工艺条件能保证获得均匀高速的冷却条件。采用计算机模拟技术，计算液体合金快冷时的传热传质过程，有助于设计合理的设备和工艺，从而保证产品质量。同时，在一些工程零部件或电子元器件的设计过程中，结合材料的结构与性能，采用有限元分析和概率断裂力学方法，研究零部件的服役可靠性，从而为零部件的优化设计和系统维护提供科学依据。

　　材料设计的各个尺度之间又是相互耦合的。有的学者把这种多尺度框架形象地比喻为材料科学与工程研究中的"食物链"，意思是由前一级时间/空间尺度范畴计算所输出的结果，作为下一级(较大)时间/空间尺度范畴进行计算的输入,这就是所谓的自下而上(Bottom-Up)的设计思路。反之,较大一级时间/空间尺度范畴的结构与性能的本质原因总是可以追溯到前一级的结构与性质,这就是所谓的自上而下(Top-Down)的设计思路。由于计算材料学的发展历史较短,目前材料设计的各个研究层次间的结合并不紧密,人们在研究过程中,常常只能针对某一特殊现象对材料的某一局部进行研究,使得计算材料学的发展受到很大限制。如何发展一种新型的模拟方法,使三种不同模拟层次相耦合,建立计算机模拟的统一模型,成为材料设计发展的关键。美国宾西法尼亚州立大学华人学者刘梓葵教授等人提出了一个多元多相结构材料的多尺度材料设计集成框架,如图 5-4 所示。该理论框架包含四个进程,这些进程通过离散和并行算法以及分布式计算机软件构架集成到一起。

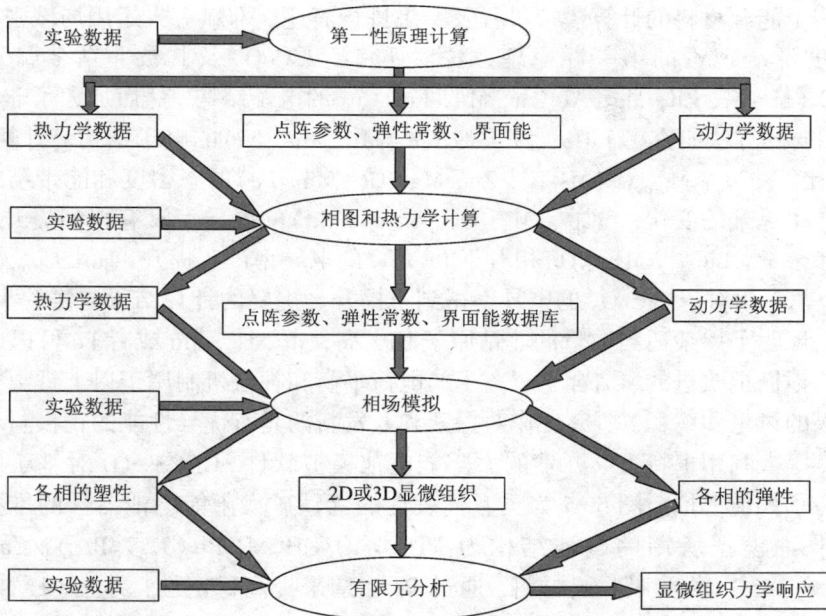

图 5-4　多元多相结构材料的多尺度材料设计集成框架

该理论框架的四个进程描述如下:

(1)基于电子、原子尺度的第一性原理计算(First-Principles Calculations)来预测一元、二元和三元化合物和固溶相的热力学性质、点阵参数、弹性常数、界面能和动力学性质等;

(2)通过相图和热力学计算(CALPHAD)来建立多组元体系的热力学性质、点阵参数、弹性常数、界面能和动力学性质数据库;

(3)通过相场方法(phase field method)模拟显微组织的演化过程和力学性质;

（4）通过有限元分析显微组织的力学响应机制，将组成相的力学性质与材料性质进行真实微尺度（microstate，微态）关联。

对于功能材料与器件的模拟，更加复杂多样化。包含能源材料与器件、光电功能材料与器件、信息功能材料与器件、磁性功能材料与器件，以及结构功能一体化材料与器件等等诸多方面。邓斌应用计算机模拟方法对功能材料的结构和性能等若干问题进行了研究，代表性工作包括以下三个方面：运用第一性原理的方法研究了锂离子电池正极材料的电子结构，导电性能以及它们之间的关系；运用分子动力学方法研究了嵌入轻质小原子或者分子层状石墨体系的热学行为；运用第一性原理的方法研究了单分子科学领域内人工控制化学键的形成及其特性。林灵燕等人亦对一系列钙钛矿太阳能电池组件中，不同材料组分和结构对光电效率等的影响规律进行了数值模拟研究。

下面对若干能源材料的计算模拟过程及结果进行简述。邓斌等人运用局域密度近似框架内的基于密度泛函理论的第一性原理方法，研究了 $LiCoO_2$ 及其被非钴金属元素掺杂后 $LiCo_{0.92}M_{0.08}O_2$（M＝Ni，Zn，Mg，Al，Cr，Mn，Fe，Cu）的电子结构，然后加大了非钴元素掺杂的量，运用相同的方法研究了 $LiCo_{0.67}M_{0.33}O_2$（M＝Mg，Mn，Ni）的电子结构。计算结果表明：与 $LiCoO_2$ 相比，$LiCo_{0.92}M_{0.08}O_2$（M＝Ni，Zn，Mg，Cr，Mn，Fe）的态密度和能带结构分布发生了有利于电导率提升的变化；$LiCo_{0.92}M_{0.08}O_2$（M＝Al，Cu）的电导率没有得到提升；如果加大非钴元素的掺杂量，$LiCo_{0.67}Mg_{0.33}O_2$ 相对于 $LiCoO_2$ 的电导率没有提升，而 $LiCo_{0.67}Mn_{0.33}O_2$ 或者 $LiCo_{0.67}Ni_{0.33}O_2$ 相对于 $LiCoO_2$ 的电导率得到了提升。主要的计算结果与实验事实相符合，因而从理论上证明了掺杂适当数量的非钴原子 Ni，Zn，Mg，Cr，Mn 或者 Fe 可以改善 $LiCoO_2$ 的导电性能。他们把改进的、结合了氧离子的电荷平衡和补偿机制用于以上锂离子电池电极材料计算结果的讨论和解释，研究工作对探索和开发新的具有优异性能的正极材料具有指导意义。林灵燕等人利用根特大学开发的太阳能电池模拟软件 SCAPS-1D 对基于碳电极的钙钛矿电池进行了数值模拟。图 5-5 为具有代表性的钙钛矿太阳能电池器件的堆叠结构和能带结构示意图。模拟所用的电池结构为 FTO/ZnO/$CH_3NH_3Pb(I_{(1-x)}Br_x)_3$/Carbon，其中 $CH_3NH_3Pb(I_{(1-x)}Br_x)_3$ 作为吸收层材料，通过 Br 掺杂来提高稳定性，并且 $CH_3NH_3Pb(I_{(1-x)}Br_x)_3$ 的带隙随着 Br 的增加而准线性增大，在 1.5~2.3 eV 范围内可调，可以进行光谱吸收和器件能带结构的优化。通过改变薄膜深度方向 Br 的含量，设计了两种渐变梯度带隙结构：背梯度和双梯度结构，其中背电极梯度结构增加了载流子的收集能力，并且当梯度深度为 50 nm，背表面带隙为 1.9 eV 时，可以实现 17.89% 的转换效率。此外，还对 FTO/ZnO/Perovskite/Cu_2O/Carbon 结构进行模拟，证明 Cu_2O 无机空穴传输层可进一步提高电池效率，当吸收层厚度为 500 nm，缺陷浓度为 10^{14} cm^{-3} 时，模拟电池效率可以达到 23%。模拟结果还表明，由于前表面光生截流子密度大，导致 ZnO/perovskite 界面的缺陷对电池性能的影响更大。此外，对碳表面进行修饰，提高碳电极的功函数，或采用 Ni 过渡层，有利于提高电池的转换效率。

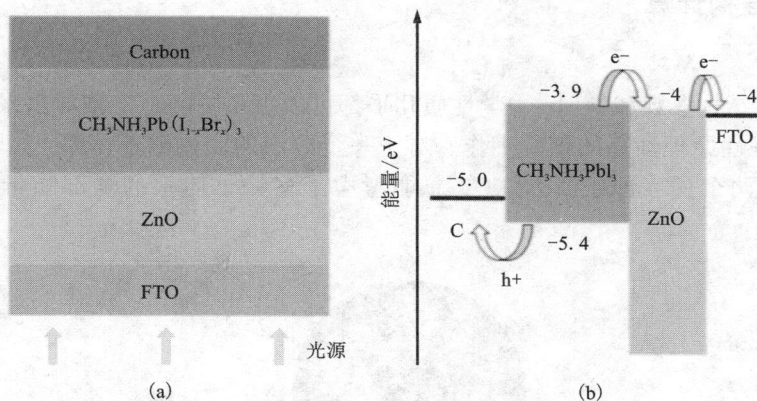

图 5-5　典型钙钛矿太阳能电池器件的堆叠结构和能带结构示意图

5.5.3　计算模拟可靠性的判断方法

对计算模拟结果应进行可靠性评价，揭示其参考价值。可靠性判据一般包括但不限于以下几点：

（1）与基本的物理、化学规律吻合否，如不太吻合，检查计算设置和过程。

（2）与文献中已有的较为可靠的实验值相比较，进行评判；

（3）与已有的其他计算方法的计算结果进行比较；

（4）如果存在较大差异，需开展必要的验证性实验。

值得注意的是，计算模拟通常对具体的材料或器件工程应用场景进行了建模假设，保留主要特征，简化了次要因素。计算过程中，为了便于求解，往往还引入一些近似方法，因此，计算模拟结果与实验真实结果存在一定的差异，也是正常的。如果计算方法合理，但计算模拟结果还是与文献资料不吻合，甚至非常反常，这个时候，也不要轻易否定自己的计算模拟结果，也许你发现了一种具有奇异特性的新奇物质或现象，其创新价值往往更大。

5.6　材料设计基础

为了有效地学习和运用计算机辅助材料设计与模拟技术，要求掌握一定的材料设计基础知识，如材料的原子、电子结构，晶体结构，材料热、动力学，物理场的描述，材料的腐蚀、疲劳和蠕变行为，以及概率断裂力学等。本节先对一些重要和常用的基础知识进行回顾，读者可以根据实际需要，参阅有关资料，复习和掌握必要的材料设计基础知识。

5.6.1 电子结构计算

1. 总能

晶体材料的结构参数和物理、力学性质几乎都可以由系统的总能推导出来，所以求解体系的总能是第一性原理计算的核心工作。对于一个给定的固体电子体系，如图 5-6 所示的 Nd_2O_3 晶体中的两个代表原子 Nd 和 O，总能考虑了多粒子体系的全部能量，如式（5-1）所示：

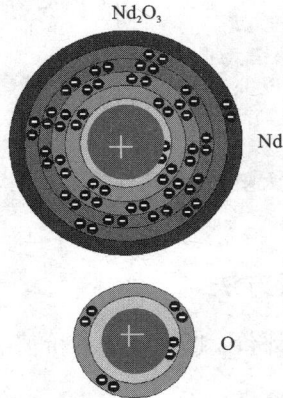

图 5-6 由原子核和电子组成的多粒子体系
（以 Nd_2O_3 中的 Nd 原子和 O 原子为例）

$$E = T_N + T_e + E_{N-N} + E_{e-N} + E_{e-e} \tag{5-1}$$

式中：E 代表系统的总能；T_N 代表原子核的动能；T_e 代表电子的动能；E_{N-N} 代表原子核与原子核之间的两体相互作用势能；E_{e-N} 代表原子核与电子之间的两体相互作用势能；E_{e-e} 代表电子与电子之间的两体相互作用库仑势能。

系统总能的求解过程比较复杂，由于受目前计算机资源的限制，通常通过引入一定的假设和近似处理，如波恩-奥本海默绝热近似（Born-Oppenheimer adiabatic approximation）、密度函数理论（Density Function Theory，DFT）、赝势（Pseduopotential）或投影增强波（Projector Augment Wave，PAW），得到科恩-沈能量泛函（Kohn-Sham energy functional），而科恩-沈能量泛函最小化则对应于体系的基态性质，从而得到体系相应的薛定谔方程。进一步通过波函数自洽迭代法，在局域密度近似（Local Density Approximation，LDA）或广义梯度近似（Generalized Gradient Approximation，GGA）理论框架下求解该薛定谔方程，最终得到体系的总能和特征波函数。图 5-7 为对多粒子体系的系统总能的近似处理和求解过程示意图。当得到体系的总能后，就可以进一步解析并得到材料的晶体学结构参数、物理、化学和力学性能，如平衡点阵常数、弹性模量、相转变熵、生成熵、表面能、能带结构和电子态密度等。

总能	=	原子核的动能	+	电子的动能	+	原子核-原子核之间的势能	+	电子-原子核之间的势能	+	电子-电子之间的势能

$$E_{total} = T_N + T_e + E_{N-N} + E_{e-N} + E_{e-e}$$

波恩-奥本海默绝热近似 $\Rightarrow T_N=0$

$$E_{total} = T_e + E_{N-N} + E_{e-N} + E_{e-e}$$

厄瓦尔德方法　　　赝势/投影增强波　　　密度泛函数理论（DFT）

$$n(r)=\sum_{i=1}^{N}|\phi_i(r)|^2$$

科恩-沈能量泛函

$$E[\{\psi_i\}]=2\sum_i\int\psi_i\left[\frac{\hbar^2}{2m}\right]\nabla^2\psi_i\,d^3r+E_{ion}[\{R_I\}]+\int V_{ion}(r)n(r)d^3r+\frac{e^2}{2}\int\frac{n(r)n(r')}{|r-r'|}d^3r\,d^3r'+E_{XC}[n(r)]$$

科恩-沈能量泛函最小化 $\Leftrightarrow$ 基态性质

局域密度近似（LDA）/广义梯度近似（GGA）　　　波函数自洽迭代求解

$$\left[\frac{\hbar^2}{2m}\nabla^2+V_{ion}(r)+e^2\int\frac{n(r')}{|r-r'|}d^3r'+V_{XC}(r)\right]\psi_i(r)=\varepsilon_i\psi_i(r)$$

薛定谔方程

$$n(r)=\sum_{i=1}^{N}|\phi_i(r)|^2 \qquad E_{tot}[\{\psi_i\}]$$

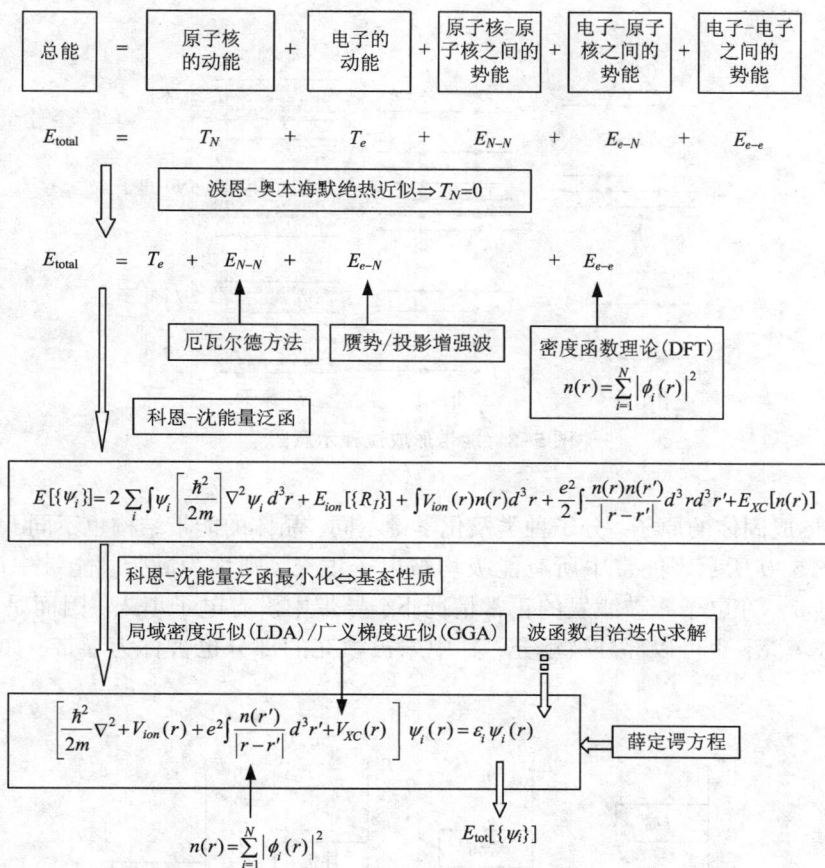

图 5-7　多粒子体系的系统总能近似处理和求解过程示意图

2. 能带结构

能带结构是第一性原理计算结果中具有重要意义的信息，可用来解释金属、半导体和绝缘体的区别。能带的形成过程如图 5-8 所示。电子在原子核外是量子化排布的，它们在各壳层之间的能量差也是量子化的，只能取特定的能量值，不能任意连续变化。原子中电子的量子态称为能级。实际晶体由多个原子排列组成，原子上的电子会产生相互作用。相同壳层的电子可以相互转移，电子运动的波函数发生交叠，能级发生分裂，且连成一条带，电子只能在具有相同的特定能量的量子态之间转移，各层电子形成各自的能带。

能带之间的间隙称为能隙（band gap），也叫禁带（forbidden band）；与原子基态价电子能级相应的能带称为价带（valence band）；与原子激发态相对应的能带称为导带（conduction

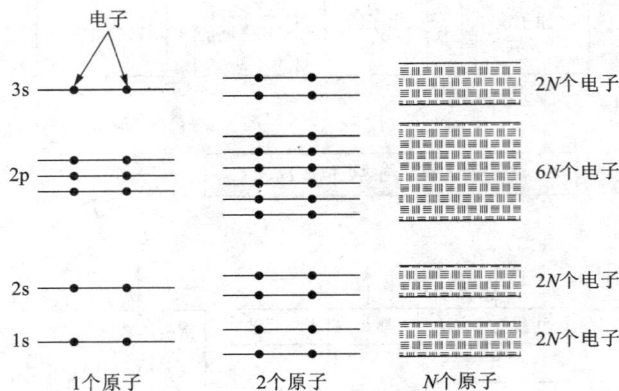

图 5-8　能带形成过程示意图

band)。如果形成固体的原子、分子种类及化学键不同,晶体的能带结构也不同,能带结构的基本类型如图 5-9 所示。能带中所有能级均被电子填充,则称为满带;能带中尚无电子填充,则称为空带。在电子未被激发的正常情况下,导带中没有电子填入,因而是空带,价带中能级可以被填充,也可以部分被填充,其中未填充的部分也被称为导带,如图 5-9(c)所示。

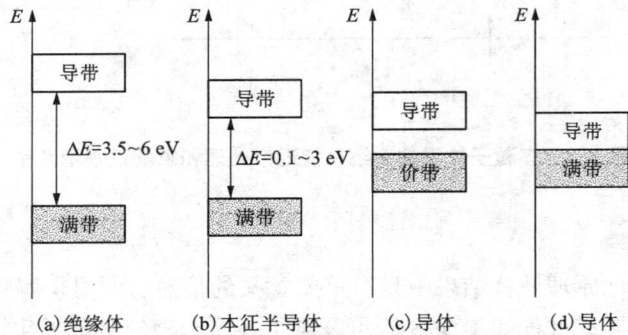

图 5-9　能带结构的基本类型示意图

　　能量最高的满带称为价带,能量最低的空带称为导带。在固体物理学中,通常把能带、禁带宽度以及电子填充能带的情况统称为能带结构。图 5-10 为布里渊区中能带结构示意图,把在布里渊区中能量最高的价带称为价带顶,能量最低的导带称为导带底,分别以 E_v 和 E_c 表示,则禁带宽度 E_g 就是价带顶和导带底的能量间隔,即 $E_g = E_c - E_v$。在基态($T = 0$ K)

下，费米能级是电子的占据态和非占据态的分界，亦即费米能级是电子占据的最高能级。能带结构可用来判断体系是金属、半导体还是绝缘体，如果是本征半导体，还可以看出是直接能隙还是间接能隙。例如，当能隙很小或为 0，则固体为金属材料，在室温下电子很容易获得能量而跃迁至导带而导电；而绝缘材料则因为能隙很大（通常大于 9 eV），电子很难跃迁至导带，所以无法导电。一般半导体材料的能隙约为 1~3 eV，介于导体和绝缘体之间。因此只要给予适当条件的能量激发，或是改变其能隙间距，此材料就能导电。

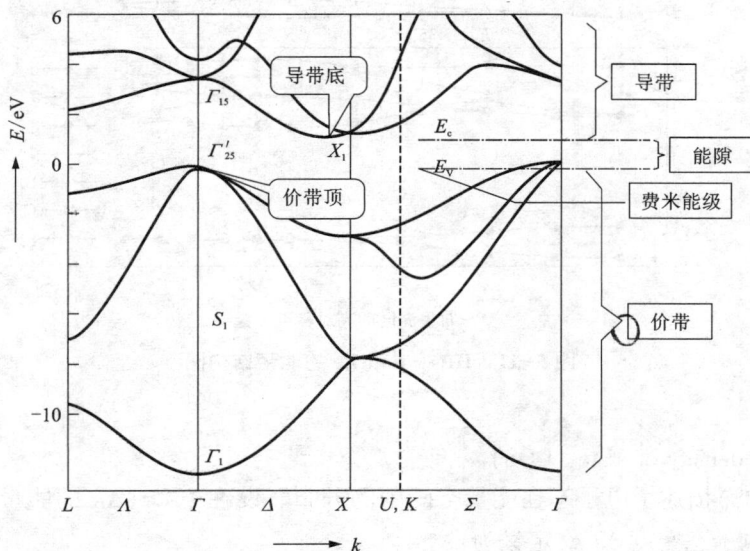

图 5-10　能带结构图解

3. 费米能级（Fermi level）

在基态（$T=0$ K）下，费米能级是电子的占据态和非占据态的分界，亦即费米能级是电子占据的最高能级。根据泡利不相容原理，一个量子态不能容纳两个或两个以上的费米子（电子），所以在绝对零度下，电子将从低到高依次填充各能级，除最高能级外均被填满，形成电子能态的"费米海"。一般来说，费米能级对应态密度为 0 的地方，但对于绝缘体而言，费米能级就位于价带顶。成为优良电子导体的先决条件是费米能级与一个或更多的能带相交。

由商业化软件包 VASP 计算得到的具有萤石结构的 HfO_2（$HfO_2\_fluorite$）的能带结构如图5-11 所示，可以看出该化合物的费米能级为 5.435 eV，而能带结构被划分为两个部分，即导带区和价带区。导带位于 8~18 eV；价带又分为两个区域：-15~-11 eV 和-3~5 eV，在远低于费米能级的这个区域的能带并不具备多大的解读分析价值，因此通常主要分析费米能级附近的能带形状。从图中可以看到，费米能级和导带并没有相交，可以判断出 HfO_2 是半导体物质，并且其导带的最低点和价带的最高点都分别位于布里渊区中心的 Γ 点处，可以初步判断 HfO_2 是具有直接能隙结构的半导体。价带顶到导带底之间的禁带宽度，即本征能隙 E_g 为 3.5 eV。

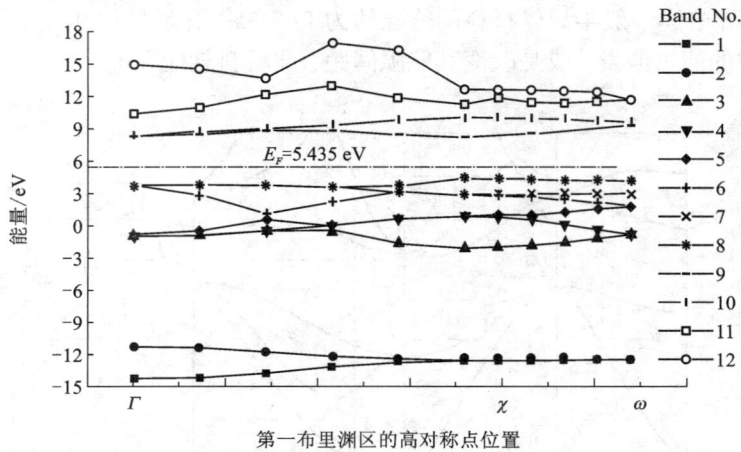

图 5-11　HfO_2_flourite 的能带结构图

4. 态密度（density of state，DOS）

态密度（DOS）描述了电子态在能量空间中的分布。设在 $\varepsilon \sim \varepsilon + \Delta\varepsilon$ 的能量范围内的能级数目为 Δz，则电子态密度 $N(\varepsilon)$ 定义为：

$$N(\varepsilon) = \lim_{\Delta\varepsilon \to 0} \frac{\Delta z}{\Delta\varepsilon} \tag{5-2}$$

电子态密度包括总态密度（TDOS）、局域态密度（LDOS）或分波态密度（PDOS）以及角动量投影态密度。其中，总态密度为所有能带态密度的总和，其表达式如下：

$$N(\varepsilon) = \frac{1}{N} \sum_{n} \sum_{k \in BZ} \delta(\varepsilon - \varepsilon_{nk}) \tag{5-3}$$

上式中，n 求和遍历所有的态，包括占据态和空态，ε_{nk} 是 Kohn-Sham 本征值。

局域态密度（LDOS）就是将总态密度分解到每个原子球在某个半径内的分波态密度（PDOS），其表达式如下：

$$N_{P_R}(\varepsilon) = \frac{1}{N} \sum_{n} \sum_{k \in BZ} A_{nk} \delta(\varepsilon - \varepsilon_{nk}) \tag{5-4}$$

其中 P_R 表示位于 P 点的原子的态密度在以半径为 R 的球内分解，权重 A_{nk} 表示在以 P 点为球心，R 为半径的球内波函数的总和，其定义为：

$$A_{nk} = \int_{r \in P_R} |\psi_{nk}(r)|^2 dr \tag{5-5}$$

5. 能量弥散(dispersion of energy)

同一个能带内之所以会有不同能量的量子态，原因是能带的电子具有不同的波矢(wave vector)，或是 k-向量。在量子力学中，k-向量即为粒子的动量，不同的材料会有不同的能量–动量关系(E-k relationship)。能量色散决定了半导体材料的能隙是直接能隙还是间接能隙。如导带最低点与价带最高点的 K 值相同，则为直接能隙，否则为间接能隙。

图 5-12 为由商业化软件包 VASP 计算得到的 HfO_2_flourite 的电子总态密度曲线，图 5-13 给出了 HfO_2_flourite 中 Hf 原子的 6s，5p 和 5d 轨道上电子分波态密度的分布，以及 O 原子的 2s，2p 和 3d 轨道上各自电子态密度的分布。

从图 5-12 中可以看出，费米能级处于 DOS 值为零的区间中，在费米能级两侧分别有两个尖峰，而两个尖峰之间的 DOS 并不为零。由图 5-13 可知，Hf 原子的 6s 轨道和 O 原子的 3d 轨道态密度几乎为 0，而具有较大局域性的分别为 Hf 原子的 5d 轨道，O 原子的 2s 轨道和 2p 轨道。在能量范围为 $-14 \sim -11$ eV 之间，电子态密度主要是 O 原子的 2s 轨道，Hf 原子的 5d 轨道也有部分贡献，而其余轨道的贡献基本可以忽略不计；在能量范围为 $-2 \sim 5$ eV 之间，电子态密度主要来自于 O 原子的 2p 轨道，Hf 原子的 5d 轨道以及相对较少的 5p 轨道对电子态密度也有部分贡献；在导带能量范围内，电子态密度主要来自于 Hf 原

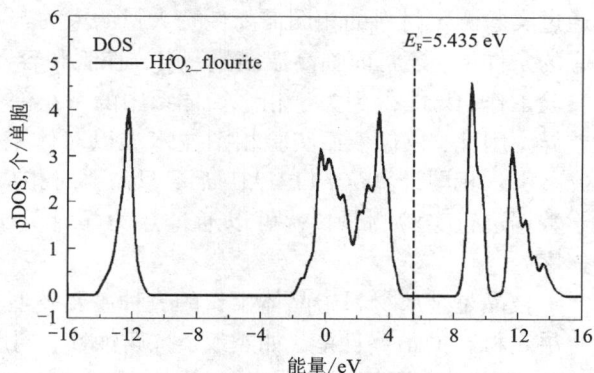

图 5-12　HfO_2_flourite 的电子总态密度曲线

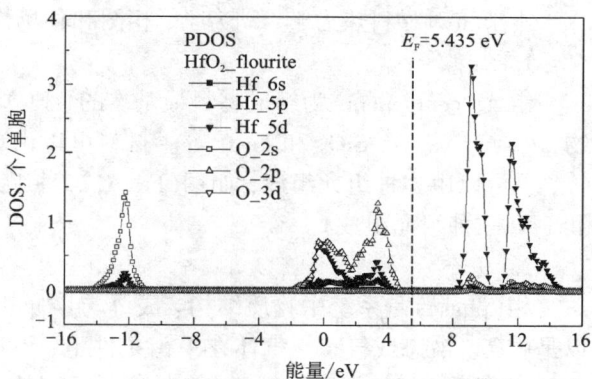

图 5-13　HfO_2_flourite 的电子分波态密度曲线

子的 5d 轨道的贡献，对应的 DOS 曲线有一个占据态极高的尖峰，说明 5d 电子具有很强的局域性，而其余轨道在导带上的态密度基本为 0。

原则上讲，态密度可以作为能带结构的一个可视化结果。态密度的很多分析结果和能带的分析结果可以一一对应，很多术语也和能带分析相通。因为电子能量分布的态密度曲线和能带结构比较直观，因此在固体电子结构计算分析中应用非常广泛。

5.6.2 材料热力学、动力学和相图计算

常见的材料大多由多组元、多相构成，物相组成与显微结构之间具有较为复杂的关系。由于各相的物理、力学性能差异很大，导致它们对材料的总体性能贡献各不同。因此，通过选择适当的成份和工艺条件，控制材料的相比例、相成分以及显微形貌是获得综合性能优良材料的有效途径。长期以来，相图被人们称作是材料研究的指南针，通过相图可以了解到一定体系的材料在不同条件下的相结构情况。另一方面，相图测量的工作量和难度都较大，通过实验测定材料的相图需要耗费大量的人力与物力，在高温、高压、有腐蚀性气体参与反应的条件下，还将面临高温测量、成分控制和容器选择等方面的困难，而且往往通过大量的实验工作，只能得到关于相平衡体系中的一小部分信息。另外，不同出处的相图还经常存在差异。因此，仅仅依靠实验相图技术难以对体系的相图和热力学性质进行完整和全面的研究。引入相图计算（CALPHAD）后，只需要对相应体系的部分关键区域和某些关键相的热力学数据进行实验测量，就可以通过热力学计算方法建立起该体系完整的相图和热力学数据库。

枝晶是金属材料中晶体生长的一种主要类型，通常发生在铸造和焊接过程中，枝晶的形貌决定材料的最终性能，如裂纹、抗腐蚀性、屈服强度及韧性，所以控制凝固过程的枝晶生长是获得理想产品的关键。相场模拟方法（PFM）是一个以热力学和动力学基本原理为基础，用于模拟金属材料凝固过程中微结构演化和力学性质的有力工具。

本节将对材料热力学、动力学、相图和相场模拟的基础知识进行简要介绍。

1. 组元

组元（component）为组成材料最基本的、独立的物质。组元可以是纯元素，也可以是化合物，如 Fe、C、O、SiO_2 和 Fe_3C 等。材料可以由单一组元组成，如纯铁、纯铜和石英（SiO_2）等，也可以由多种组元组成，如钢（Fe、C 二种组元组成）和有色冶金炉渣（主要由 SiO_2、CaO 和 FeO 三种组元组成）。

2. 相

相（phase）是系统中物质结构、成分与性质均匀的部分。相与相之间由界面隔开。相可以是固态、液态或气态。气体在平衡条件下，不论有多少组分，都是均匀的，因此气相只有一种。而固体相结构则比较复杂，按原子排列特点分为单质相、固溶体相和化合物相。单质相如纯铁，纯铜，石墨等；固溶体相如 Fe-C 合金中的奥氏体相（γ-Fe，Austenite）以及 Ti-6Al-4V 中的 β 相（BCC 结构）。根据溶质原子所占据的位置，固溶体相又可分为间隙固溶体和置换固溶体。溶质原子占据间隙位置的为间隙固溶体，溶质原子取代溶剂原子而占据了溶剂原子所占位置的为置换固溶体。显然，固溶体中存在着点缺陷。所谓化合物相也叫中间相，是不同组元间发生相互作用，形成了不同于任一组元的具有独特原子排列和性质的新相。这种新相可以用分子式来大致表示其组成，但这种分子式不符合传统化学价的概念。如 Fe-C

合金中的渗碳体相(Fe_3C, Cementite)，镁合金中的 Laves 相($MgZn_2$)。中间相一般通过金属键结合，具有一定的金属性，也叫金属间化合物(intermetallics)。金属间化合物的特殊结构使其具有独特的电子性质、磁学性质、光学性质、电子发射性质、催化性质、高温强度等，有不少已经被开发成新型材料，如高温超导材料 Nb_3Ge，强永磁材料 $Nd_2Fe_{14}B$，储氢材料 $LaNi_5$，高温结构材料 Ni_3Al、Fe_3Al、Ti_3Al 和 TiAl 等。已发现的金属间化合物达 2 万多种，新的金属间化合物还在不断被发现，目前这一领域备受关注。

不同组元相互作用是形成固溶体，还是化合物，通常基于下面三个主要因素来判断：

(1)电负性因素：组元间电负性相差越小，越易形成固溶体，反之形成化合物；

(2)原子尺寸因素：原子尺寸因素一般采用组元间原子半径之差与其中一组元的原子半径得比来表示，即用 $\Delta r = \dfrac{(r_A - r_B)}{r_A}$，表示原子尺寸因素的大小，其中 r_A 和 r_B 分别为 A 和 B 二组元的原子半径。当组元间电负性相差不大时，Δr 越小越易形成固溶体，否则将增加形成化合物的倾向。

(3)电子浓度因素：电子浓度是指合金晶体中的价电子数与其原子数之比，记作 e/a，如合金中含有摩尔分数为 x，原子价为 V_B 的溶质原子，溶剂原子的原子价为 V_A，则 $e/a = V_A(1-x) + V_B x$。研究发现，在上面二个因素都相同的情况下，电子浓度越小，形成固溶体的倾向越大；电子浓度增大，固溶体将变得不稳定，因而形成化合物的倾向增大。

3. 相平衡、相图与相图计算

多相体系中，体系的性质不会自发地随时间而变化的状态称为相平衡状态。相图是相平衡的图解，描述处于热力学平衡状态的物质系统中材料相的状态、温度、压力及成分之间的关系，又称为平衡图、组成图或状态图。相图计算(CALPHAD)技术的实质是相图与热化学的计算机耦合(computer coupling of phase diagrams and thermochemistry)，它基于由热分析和显微组织分析等关键实验以及第一性原理等理论计算方法所得到的有关体系中的各物相的晶体学结构信息和热力学性质，建立适当的热力学模型，并运用热力学软件对热力学模型中的参数进行优化，得到相关体系的热力学数据库；在此基础上，进一步计算各种形式的相图和热力学函数。

相图计算技术主要由热力学模型、热力学软件和热力学数据库三大部分组成。相图计算技术的理论基础是相平衡。恒温恒压下多相体系中，体系总体吉布斯自由能最低的状态就是相平衡状态，其数学表达式如(5-6)所示；或者组元在各相中的偏摩尔吉布斯自由能相等，如式(5-7)和式(5-8)所示。

$$G_{tot} = \sum_{j=\alpha}^{\psi} n_j G_{m,j} = min \qquad (5-6)$$

$$\mu_i^\alpha = \mu_i^\beta = \cdots = \mu_i^\psi \qquad (5-7)$$

$$\mu_i^\alpha = \frac{\partial G^\alpha}{\partial n_i^\alpha}\bigg|_{T,P,n_j^\alpha \neq n_i^\alpha} \tag{5-8}$$

式中：G_{tot} 为体系的总体吉布斯自由能；ψ 为相数；n_j 和 $G_{m,j}$ 为 j 相的摩尔数和摩尔自由焓；μ_i^α 为 i 组元在 α 相的化学势；n_i^α 为 i 组元在 α 相中的摩尔数；T 为温度；P 为压强。而 j 相的摩尔自由焓 $G_{m,j}$ 可以进一步分解为

$$G_{m,j} = \sum_{i=1}^C x_i\,^0G_i + RT\sum_{i=1}^C x_i\ln x_i +{}^E G_{m,j} + G_{m,j}^{\text{phys}} \tag{5-9}$$

式(5-9)右边第一项为纯组元 i 的标准自由焓对 j 相自由焓的贡献，第二项为理想混合焓对 j 相自由焓的贡献，第三项 ${}^E G_{m,j}$ 为 j 相过剩摩尔自由焓，第四项 $G_{m,j}^{\text{phys}}$ 为物理性质（如磁性）对 j 相自由焓的贡献，由于比较复杂，第四项通常较少考虑，C 为组元数，R 为气体常数，x_i、^0G_i 分别为 j 相中组元 i 的摩尔分数和标准自由焓，^0G_i 为温度的函数，如式(5-10)所示。

$$^0G_i = a + bT + cT\ln T + dT^2 + eT^3 + fT^{-1} \tag{5-10}$$

其中 a、b、c、d、e、f 为标准自由焓的温度系数，可从有关热力学数据手册查得。

对于大多数化合物而言，热力学数据比较短缺，需要通过实验测定来补充必要的数据。近年来，第一性原理计算方法为相图和热力学计算提供了丰富的数据来源。

图 5-14 和图 5-15 给出了一些常见的相图，其中图 5-14 为 Mg-Si 二元系相图，描述了物相区域随温度和成分的变化；图 5-15 为 Al-Fe-Mn 三元系在 1200 ℃时的等温截面图，描述了 Al-Fe-Mn 三元系在 1200 ℃时物相区域随成分的变化。

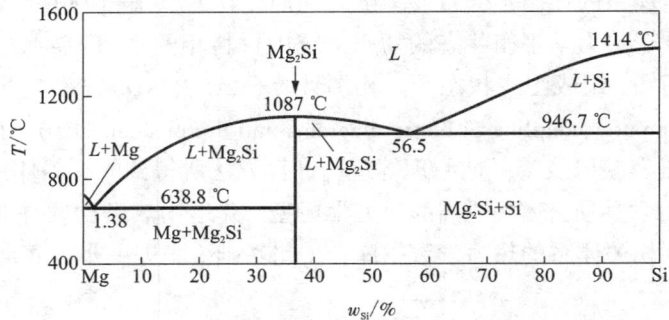

图 5-14 Mg-Si 二元系相图

相图是研究材料成分、温度、组织和性能之间关系的理论基础，也是制定各种热加工工艺的依据。因此，从某种意义上讲，相图是材料研究的指南针。利用相图可以知道不同成分的材料在不同温度下存在哪些相，以及各相的相对量等重要信息。相图在金属材料设计和生产中，可以作为制定熔炼、铸造、锻造和热处理等工艺规程的重要依据；相图对于无机非金

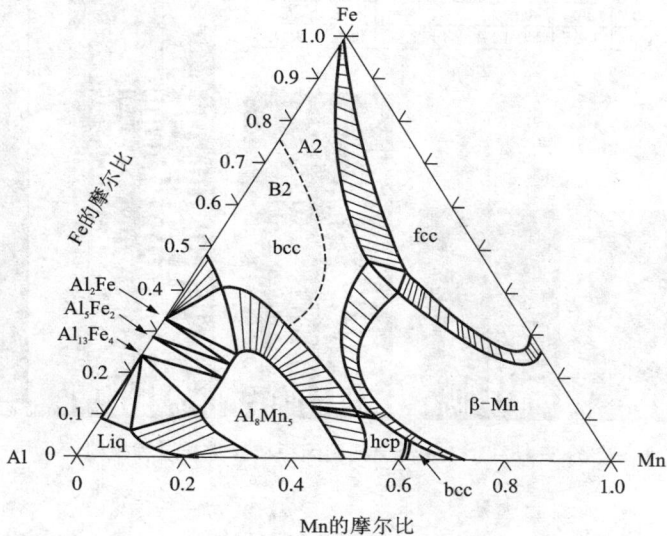

图 5-15　Al-Fe-Mn 三元系在 1200 ℃时的等温截面图

属材料的配方设计和烧成工艺的制定同样具有重要的指导意义。值得注意的是，相图只反映热力学平衡状态(可能性与限度)，不能完全反映非平衡态，必须考虑动力学因素(反应速度等)，但平衡相图可以作为非平衡态研究的基础和重要参考依据。

　　相图计算的发展趋势是将热力学与扩散动力学的计算相结合，并充分运用量子化学第一性原理的研究成果，从而建立更加可靠、包含组元更多、信息更加丰富的数据库，应用于材料的相结构、显微组织、工艺过程与性能的研究开发。

　　4. 相场模拟方法

　　相场模拟方法中，引入的相场变量 $\psi(r, t)$ 是一个有序参量，表示系统在空间/时间上每个位置的物理状态(液态或固态)。在液相区相场变量 ψ 值为 0，相反在固相区 ψ 值为 1，在固/液界面区域内，ψ 的值在 0~1 之间急剧变化。相场理论是以金兹堡–朗道理论为基础，通过微分方程来反映扩散、有序化及热力学驱动的综合作用。相场方程的解可以描述金属材料的固/液界面的状态、曲率以及界面的移动。把相场方程与温度场、溶质场、流动场等外场耦合，则可以比较真实地模拟金属的凝固过程，预测合金铸件的晶粒组织，进而预测铸件的力学性能。相场模拟方法已经被广泛应用于各种扩散和无扩散相变的微结构演化研究，如析出反应、铁电相变、马氏体相变、应力相变、结构缺陷相变等。基于相场方法的镍基合金 IN706 的凝固组织枝晶生长过程模拟如图 5-16 所示。

	Ni	Fe	Cr	Ti	Nb	Al	C
at%	bal	37.7	17.1	1.83	1.8	0.55	0.05

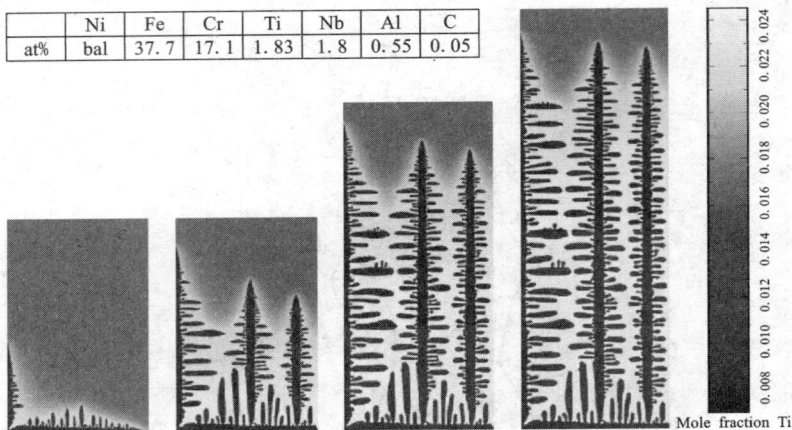

图 5-16　IN706 合金凝固组织枝晶生长过程模拟

5.6.3　基于概率断裂力学的可靠性评价

可靠性评价，也称寿命评价或寿命预测，对于实现新材料的工程应用，工程结构设计及系统维护等都具有非常重要的意义。金属工程构件在铸造、锻造、焊接、热处理及机械加工过程中往往不可避免地存在着一些气孔、疏松、夹杂和偏析等冶金缺陷，而高温用结构陶瓷在烧成和后续加工过程中也不可避免会出现气孔、夹杂等缺陷，工件表面或内部均可能存在不同形状和大小的裂纹。同时，工件在运输和保管环节中，表面还可能出现划痕或划伤。这些缺陷的存在将会对其服役性能产生不利影响。当这些结构件在高温、高压、高应力、腐蚀或辐射等比较恶劣和复杂的工况下进行工作时，将有可能发生断裂失效。例如，国内外电站燃气轮机转子的多起飞裂事故中，多半是由于燃气轮机转子中的冶金缺陷引起的；在管道工程和压力容器中，裂纹类缺陷的扩展与失稳导致的断裂是主要失效形式；在航空航天飞行器中，关键部件的断裂失效也是影响飞行器安全的主要因素之一。因此，重要的工程构件无论是在材料的选择与结构的设计阶段，还是在服役期间，都要考虑材料缺陷对可靠性的影响，既要考虑它们在首次投入使用时发生一次脆断的可能性，又要考虑它们作为裂纹源在蠕变或疲劳应力等的作用下，裂纹扩展导致断裂的可能性。目前，工程构件大多采用不同材质的材料混杂构成，工程构件的几何形状越来越复杂，工作环境更加复杂和恶劣，因此，工程构件的可靠性评价显得越来越必要和重要。质量和可靠性评价不仅成为结构优化设计的重要依据，而且也成为新产品走向市场时必须完成的一项重要工作。例如，在欧盟某型号的高性能燃气轮机转子的商业化开发工程中，质量和可靠性评价就是作为一个重要组成部分而集成到整个研究开发项目中。

　　对于工程材料和结构件的寿命评价，国内外的评定规范均以断裂力学为基础。评价方法通常有两种，即确定性评定方法和可靠性评定方法。确定性评定方法在实际工程应用时由于没有考虑评定参数的不确定因素，往往使得评定结果在参数分散程度小时偏于保守，在参数分散程度大时又偏于危险；而可靠性评定方法则考虑了评定参数客观存在的不确定性，评定结果比较合理，具有较高的应用价值。工程实践中，尽管缺陷的大小、材料性能参数以及载荷都不是确定值，但研究结果表明这些评定参数符合一定的分布规律，可以用可靠性理论缓解评定参数不确定性的矛盾，定量得到工程结构件的可靠度。基于概率断裂力学理论的可靠性评定方法已经开始用于压力容器、气轮机转子和管道的材质选择、结构设计和系统维护等工业实践。

　　进行可靠性评定，首先要明确各随机变量的分布特征。统计资料表明，材料的大多数机械性能可以用对数正态分布或正态分布进行近似描述，而影响断裂韧性的因素较多，用含二参数的威布尔分布描述最佳，正态分布偏于保守。管道在正常工况下的压力和温度都是波动的，一般服从正态分布、对数正态分布或威布尔分布（Weibull Distribution）规律。

　　工程结构件的失效概率通常用下列积分方程式表示：

$$P_{\mathrm{F}} = \int_{g(\theta)} h(\theta)\,\mathrm{d}\theta = \int_{R^n} l_{\mathrm{F}}(\theta) h(\theta)\,\mathrm{d}\theta \tag{5-11}$$

　　其中，θ 表示模型中所有随机变量组成的矢量，$g(\theta)$ 是性能函数，$h(\theta)$ 是变量的概率分布函数。$l_{\mathrm{F}}(\theta)$ 是系统失效的指标因子函数，R^n 表示积分失效域。一般难以用解析法求解上述失效概率的积分方程，必须采用数值法进行积分求解，这是结构可靠性分析软件包开发的核心和难点工作。

　　工程实际应用一般比较复杂，多维性能函数 $g(\theta)$ 通常并不是显式给出，对于几何形状和载荷比较复杂的工程结构件，通常采用有限元分析软件包对有关的应力场、温度场和电磁场等进行分析。

　　图 5-17 为基于有限元分析和概率断裂力学机制的可靠性评定方法的流程框架。

　　在图 5-17 中，ANSYS、ABAQUS 和 PATRAN 是商业化的有限元分析软件包，参见本书前面有关章节的相关介绍。可靠性评定的基本步骤如下：首先经过有限元分析前处理和有限元分析计算得到应力场的分布，然后在此应力场作用下，经过概率断裂力学分析计算，得到工程结构件的整体失效概率（global failure probability，$P_{\mathrm{F(global)}}$）、整体可靠度（global reliability，$P_{\mathrm{R(global)}}$）、每个有限元单元的局部失效概率（local failure probability，$P_{\mathrm{F(local},\,i)}$）和局部可靠度（local reliability，$P_{\mathrm{R(local},\,i)}$）。而工程结构件的整体失效概率、整体可靠度、每个有限元单元的局部失效概率和局部可靠度之间的关系如式（5-12）~（5-14）所示。

$$P_{\mathrm{R(local},\,i)} = 1 - P_{\mathrm{F(local},\,i)} \tag{5-12}$$

$$P_{\mathrm{R(global)}} = \prod_{i=1}^{n} P_{\mathrm{R(local},\,i)} \tag{5-13}$$

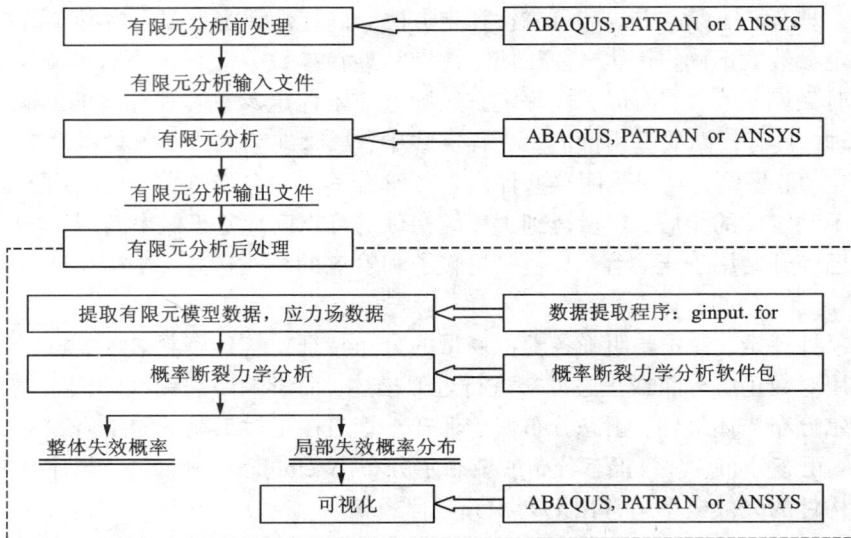

图 5-17 基于有限元分析和概率断裂力学机制的可靠性评定方法流程图

$$P_{F(global)} = 1 - P_{R(global)} \tag{5-14}$$

局部失效概率可视化后，可以直观地表明工程结构件发生失效断裂的关键部位，为工程结构件的材质选择、结构设计和系统维护提供了重要依据。

初始裂纹表现为对数正态分布，a_C 为临界裂纹尺寸，可以由断裂韧性和裂纹几何因子求出，如式（5-15）所示。

$$a_C = \left(\frac{K_{IC}}{Y\sigma_{max}} \right)^2 \tag{5-15}$$

图 5-18 为周期性加载过程中裂纹长度的失效域示意图。随着周期性加载次数的增加，越来越多的原来低于临界裂纹尺寸的初始裂纹达到临界裂纹尺寸，即随着周期性加载次数的增加，图中的 $a(c, 0)$ 将向左移动，从而扩大失效域。求解失效概率时，通过逆向思维，即计算加载次数为 N 周期后，求解出原来多大的初始裂纹尺寸 $a(c, 0)$，可以在加载后达到临界裂纹尺寸 a_c，进而根据初始裂纹的概率分布，积分获得失效域面积。

基于类似框架，人们已经开发出了一些具有较强功能的结构可靠性评定软件包。图 5-19 给出了美国宇航管理局（NASA）路易斯研究中心应用 NESSUS 软件包，对航天飞机主引擎涡轮叶片的结构可靠性作出的研究结果。

采用概率断裂力学方法对涡轮叶片的可靠性研究，不仅能够对含有初始缺陷的涡轮叶片在给定可靠度下的运行寿命进行预测，而且还能直观地对构件局部（尤其是关键部位）的可靠

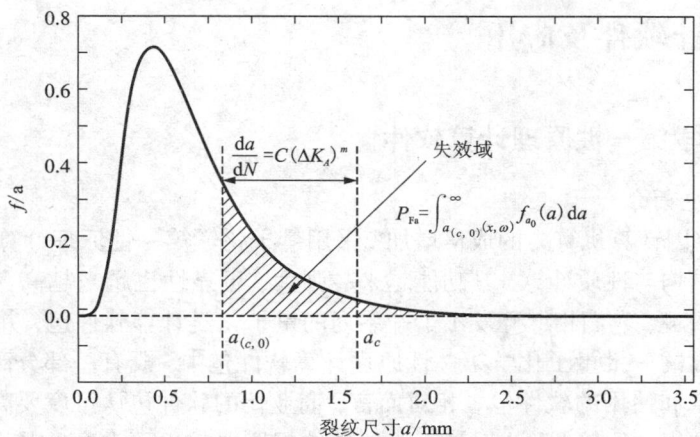

$$\frac{da}{dN} = C(\Delta K_A)^m$$

失效域

$$P_{Fa} = \int_{a_{(c,0)}(x,\omega)}^{\infty} f_{a_0}(a)\, da$$

$a_{(c,0)}$　a_c

裂纹尺寸a/mm

图 5-18　周期性加载过程中失效域示意图

性进行标识,从而科学地进行选材、结构设计和系统维护,为寿命管理提供更为客观和有预见性的指导。

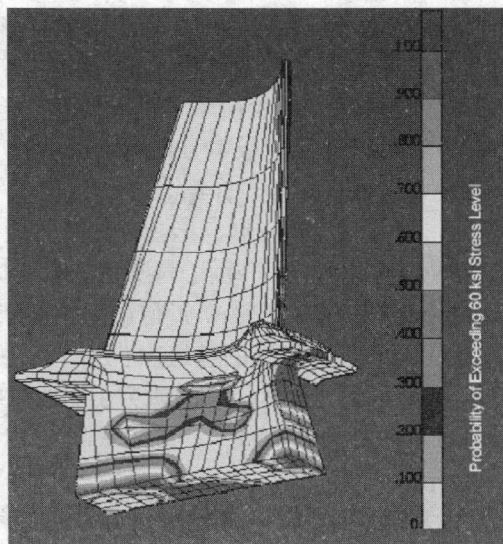

图 5-19　航天飞机主引擎涡轮叶片的结构可靠性分析结果

5.7　材料设计软件及应用

5.7.1　量子化学第一性原理计算软件

1. 常用软件包简介

近三十年来，因计算机算力的成倍增加，采用量子化学第一性原理计算方法能够实现越来越复杂的材料结构与性质计算，其功能越来越强大，可靠性也越来越高，引起了科学工作者的广泛关注和兴趣，人们相继开发出了一系列的量子化学计算软件包，并不定期地进行版本升级。现已推出的一批量子化学第一性原理计算软件包中，既有一部分商业化软件包，也有一部分免费下载和使用的软件包。相对而言，商业化的软件包认可度要高一些，而且一部分商业化软件包的售价比较低廉，对计算机硬件的配置要求也不太高，因此，具有较大的用户群。本节对一些常见的第一性原理计算软件包进行介绍，在具体的教学过程中，读者可以根据现有的计算机软、硬件资源，选择适当的计算软件包进行学习和使用。

（1）ABINIT（http://www.abinit.org/）

ABINIT 是 X. Gonze 领导来自世界各地的志愿者组成的开发团队遵循 GNU 协议，开发出的一个用于电子结构计算的软件包。鉴于 ABINIT 为免费软件包，功能比较全面，始终处于探索前沿，使用手册（abinis_help），教程（tutorial 和 lessons）编写得很好，它除了可以在各类 Unix/Linux 操作平台上运行外，还开发有可在微软 Windows 操作系统下运行的版本，因此，ABINIT 软件包方便易得，可作为第一性原理入门学习的首选软件包。至 2022 年 8 月为止，在 Windows 操作系统或 Linux 下可运行的最新版本号均为 ABINIT 9.6.2。本节对 ABINIT 软件包的开发原理、计算功能和使用方法进行重点介绍。

ABINIT 的主程序使用赝势和平面波，用密度泛函理论计算总能量、电荷密度、分子和周期性固体的电子结构，进行几何优化和分子动力学模拟，用含时密度泛函理论（Time-Dependent Density Functional Theory，TDDFT）或 GW 近似（多体微扰理论）计算激发态。此外 ABINIT 软件包还提供了大量的工具程序，程序的基组库包括了元素周期表 1~109 号所有元素。ABINIT 适用于固体物理、材料科学、化学领域的研究，处理对象包括周期性固体（如导体、半导体、绝缘体）、分子、材料的表面和界面等。具体而言，ABINIT 软件包具有以下功能和物理特性：

A. 计算晶体倒易空间中原子核与电子构成的多粒子体系的总能量

A.1. 计算使用平面波和赝势，程序可以使用多种不同的赝势。对整个周期表适用的有两种：Troullier-Martins 型和 Goedecker 型（这种类型包括自旋-轨道耦合）。ABINIT 软件包还有四个代码可以产生新的赝势。

A.2. 总能量的计算使用密度泛函理论（DFT）。可以使用大多数重要的局域密度近似

（LDA），包括 Perdew-Zunger 近似；可以使用两种不同的局域自旋密度（LSD），包括 Perdew Wang 92 和 M. Teter 的 LSD；还可以使用 Perdew-Burke-Ernzerhof, revPBE, RPBE 和 HCTH 等的广义梯度近似（GGA）（包括自旋极化和非极化）。

A.3. 自恰场计算生成 DFT 基态，以及相关的能量和密度。此后的非自恰计算可以对能带结构的大量 k-点产生本征能量。态密度的计算既可以采用四面体方法，也可以用模糊技术。

A.4. 程序本身可以处理金属和绝缘体系。

A.5. 晶胞可以是正交或者非正交，计算可以输入任何对称性及相应的 k-点集。

A.6. 可以包含自旋极化和自旋非极化计算；可以有效地处理反铁磁性；可以对总能量计算非共线磁性；可以约束晶胞的总磁矩。

A.7. 总能量、力、张量和电子结构的计算可以考虑自旋-轨道耦合。

A.8. 能量可分解为不同的成分（如局域势、XC、Hartree、…）。

A.9. 计算内部电子本征值。

A.10. 能够输出费米能级附近的电子态密度，为 STM 图象计算提供一种简单方法。

A.11. 能够计算正电子的寿命。

B. 计算总能量和本征能量

B.1. 用解析公式计算 Hellman-Feynman 力。

B.2. 计算应力和应力分量。

B.3. 用 Berry 相公式计算极化。

B.4. 对原子位移、应变和均匀电场的响应进行计算。从而进一步计算出介电常数、压电常数、弹性常数、声子结构、以及自由能、熵和比热等热力学性质。

B.5. 计算磁化系数矩阵和介电矩阵。

B.6. 解析计算电子本征能量关于波矢的导数。

B.7. 计算光学传导性。

B.8. Born 有效电荷的能带分解，以及局域化张量的计算。

B.9. 计算电-光等非线性响应系数。

B.10. 由线性响应声子谱计算得到电子-声子矩阵。

C. 激发态计算

C.1. 用 GW 近似计算电离能和亲和能。

C.2. 用 TDDFT 计算原子和分子的（单重、三重）激发态和振荡强度。

C.3. 计算频率依附性的线性光学响应。

D. 原子位移和晶胞参数优化

D.1. 用不同的方法寻找平衡构型，可以同时优化晶胞参数。

D.2. 用 Numerov 或 Verlet 算法进行分子动力学计算。

▶ 169

D.3. 自动分析键长键角。原子坐标的格式支持用可视化软件 XMOL 显示。

E. 分析和图形工具

E.1. 后期处理程序 cut3d 用于分析密度和势文件。它还可以改变文件格式，提取 2D 平面或者 1D 线，此外还可以分析波函数文件。

E.2. 另一个后期处理程序 aim，用于进行 Bader 的"原子中的分子"（AIM）密度分析。

E.3. 对可视化程序产生格式化数据：键结构（用 XMGR 显示），不同参数的总能量（用 XMGR 显示），电荷密度（3D 轮廓线，先用 cut3d，再用商业程序 matlab；cut3d 也可以产生 2D 密度图）。

E.4. 后处理程序 band2eps 自动画出 eps 格式的声子散射曲线。

F. 与其他软件包的接口

F.1. ABINIT 与其计算结果的后处理程序 WanT 具有良好接口，能够计算局域 Wannier 函数的极值，以及纳米结构的输运特性。

F.2. ABINIT 与计算固体和分子性质的量子蒙特卡洛计算软件 CASINO 具有良好接口。

F.3. ABINIT 可以使用 XML 赝势，与 SIESTA 软件包具有共性。

（2）VASP（https://www.vasp.at/）

VASP（Vienna Ab-initio Simulation Package）是使用赝势和平面波基组，进行从头量子力学分子动力学计算的软件包。VASP 基于有限温度下的局域密度近似（用自由能作为变量），以及对每一分子动力学（MD）步骤采用有效矩阵对角方案和有效 Pulay 混合求解瞬时电子基态。这些技术可以避免原始的 Car-Parrinello 方法存在的问题。而后者是基于电子、离子运动方程同时积分的方法。力与张量可以用 VASP 很容易地计算。VASP 的计算效率高，计算过程比较稳定，且售价低廉，对硬件系统要求不高，因此，目前在固体物理与材料科学的第一性原理计算中，VASP 是最流行的软件之一。

（3）Material Studio（https://www.materialstudio.com/）

Material Studio 是一个计算机材料模拟和建模的平台，能方便的建立 3D 分子模型，深入分析有机、无机晶体、无定形材料以及聚合物，可以在催化剂、聚合物、固体化学、结晶学、晶体粉末衍射以及材料特性等材料科学研究领域进行性能预测、聚合物建模和 X 射线衍射模拟，操作灵活方便，并且能最大限度地运用网络资源。

（4）Gaussian（https://gaussian.com/）

Gaussian 是做半经验计算和从头计算使用最广泛的量子化学第一性原理计算软件包之一。它由于采用高斯型原子局域基组而得名。可用来预测气相和液相条件下，分子和化学反应的许多性质，包括：分子的能量和结构、过渡态的能量和结构、化学键以及反应能量、分子轨道、偶极矩和多极矩、原子电荷和电势、热化学性质、屏蔽和磁化系数、自旋-自旋耦合常数、振动圆二色性信号强度、电子圆二色性信号强度、超精细光谱、旋光性、非谐性的振动分析和振动-转动耦合、电子亲和能及电离势、各向异性超精细耦合常数、静电势和电子密度、振动频率、红外和拉曼光谱、NMR、极化率和超极化率、热力学性质和反应路径。它可以用改进的 ONIOM 多尺度方法计算大分子，可以施加周期性边界条件来研究固体，可以用来模拟实验中常见的各种谱图，还可以模拟溶剂效应。

（5）Phonopy

Phonopy 是一个使用 python 以及 C 等高级语言实现的晶体声子计算分析软件包，可以计算声子色散谱、声子态密度和分态密度、随温度而变化的声子热力学性质和热物理性质（包括自由能，热容量，熵，热膨胀，体积弹性模量等）。以 VASP 为接口，Phonopy 有两种工作方式：一种是有限位移法，力常数由 VASP 软件包计算原子在超晶胞中被移动后的受力情况得到（Parlinsk－Li－Kawasoe 方法）；另一种是密度函数微扰（density functional perturb theory，DFPT），它是利用 VASP 软件包计算得到 Hessian 矩阵（写在 vasprun. xml 里），然后由 phonopy 读取 Hessian 矩阵并生成力常数文件（FORCE_CONSTANTS）。由此进一步计算出体系的声子谱、频谱态密度、热力学和热物理性质。声子计算将基态性质计算拓展到有限温度下的结构和性质计算，应用意义巨大。

（6）第一性原理计算辅助软件

为了方便可视化和不同格式转换，准备计算所需文件，以及对计算结果进行后处理，一些热心研究者相继开发出了一些辅助软件，这些软件具有功能强大，使用方便的优点，且为免费开源软件，并能持续完善和扩充功能。

1）VESTA 晶体结构可视化软件

VESTA（visualization for electronic and Structural analysis）是由日本国立科学博物馆的 Koichi MOMMA 和京都大学的 Fujio IZUMI 开发出的一款用于对晶体结构和电子结构进行可视化处理的免费专业软件。VESTA 功能十分强大，它可以非常简单地实现晶体结构建模、查看其结构信息、调整晶体结构参数和显示外观、输出图片或转换数据格式等一系列功能。

VESTA 十分小巧，仅有 60 MB，下载后无需安装，解压即可使用（下载链接：http://jp-minerals. org/vesta/en/download. html）。除了可以在 Windows 系统下使用，它也可以在 MacOS 和 Linux 上使用。自 2017 正式推出至今，其功能也在不断完善，最新的版本是 VESTA 3.5.8。图 5-20 给出了 VESTA 软件包中晶体结构文件格式转换选项卡，图 5-21 给出了使用 VESTA 软件包实现的几种不同的晶体结构（电子结构）表达图。

2）VASPKIT

市面上已经有不少可以对 VASP 做前处理或者后处理的软件，VASPKIT 就是其中相当出色的一款，它集中了许多热门的前处理、后处理模块。目前用户规模庞大，发展势头强劲。其功能选项界面如图 5-22 所示。

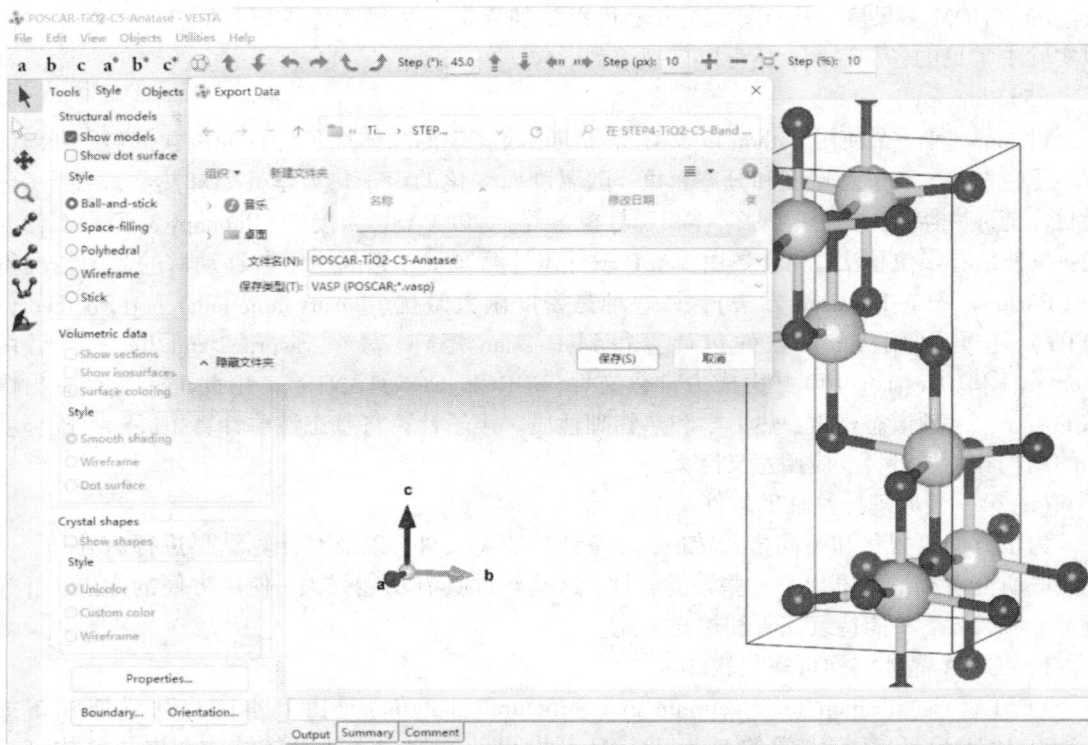

图 5-20　VESTA 软件包中晶体结构文件格式转换选项卡

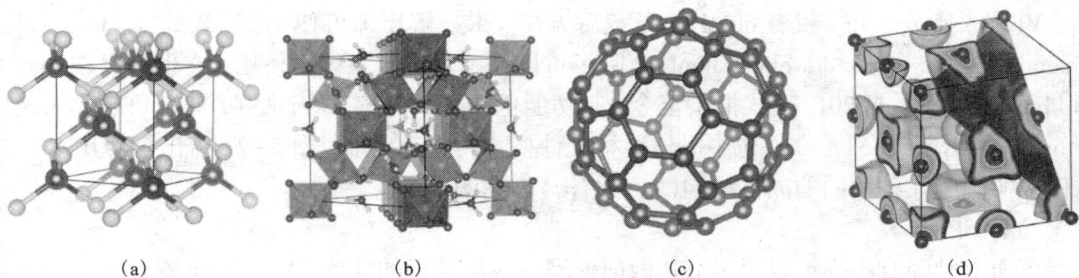

(a)　　　　　　　　(b)　　　　　　　　(c)　　　　　　　　(d)

图 5-21　用 VESTA 软件包实现的几种不同的晶体结构(电子结构)表达图

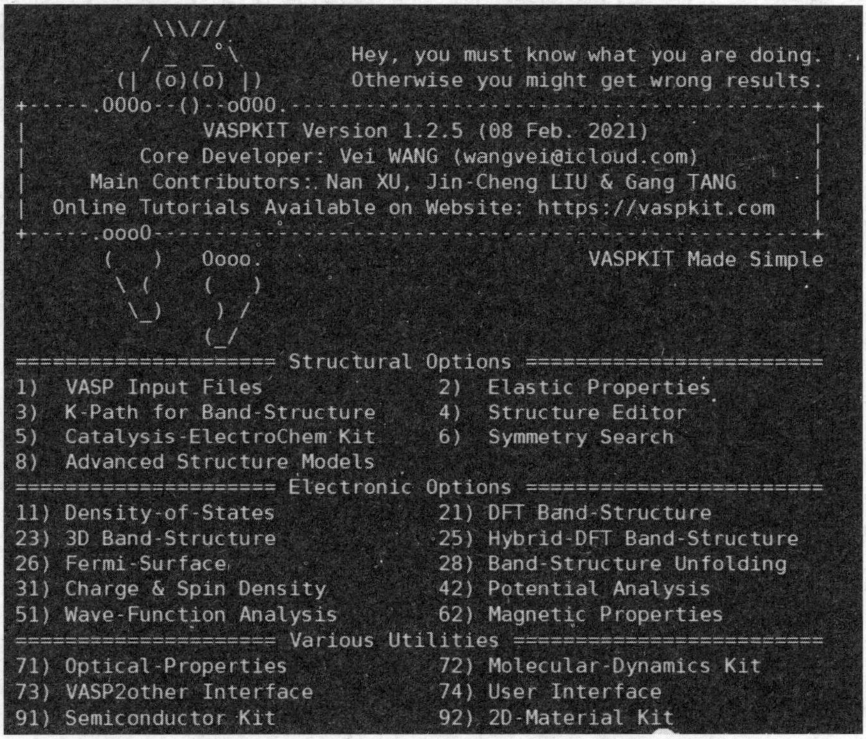

图 5-22　VASPKIT 软件包的功能选项界面

2. 软件使用举例

不同的第一性原理计算软件的参数设置和运行过程有很多相似之处，掌握了一种计算软件，别的软件就可以触类旁通。

目前在第一性原理计算领域，vienna ab initio simulation package(VASP)已经成为应用最广泛、用户数量最庞大、发表论文最多的软件包之一。

VASP 软件包学习过程中常用网站推荐如下：

VASP 官网：https://www.vasp.at/

VASP 手册：https://www.iteye.com/resource/u014396272-7108253

VASP 计算教程：https://www.vasp.at/tutorials/latest/

其他教程：

大师兄科研网《Learn VASP The Hard Way》：https://www.bigbrosci.com/categories/LVASPTHW/

VASP 入门到精通：https://jingyan.baidu.com/season/49126

图 5-23 给出了目前晶体材料研究的具体思路和计算内容，VASP 软件包功能强大，有关计算目标任务能够有效完成。当然，亦可选用本教材早期推荐过的免费、方便、易学的 ABINIT 软件包进行学习，它的教学案例丰富，教程为手把手教学。感兴趣的读者可以根据用户指南和附带教程进一步深入学习。

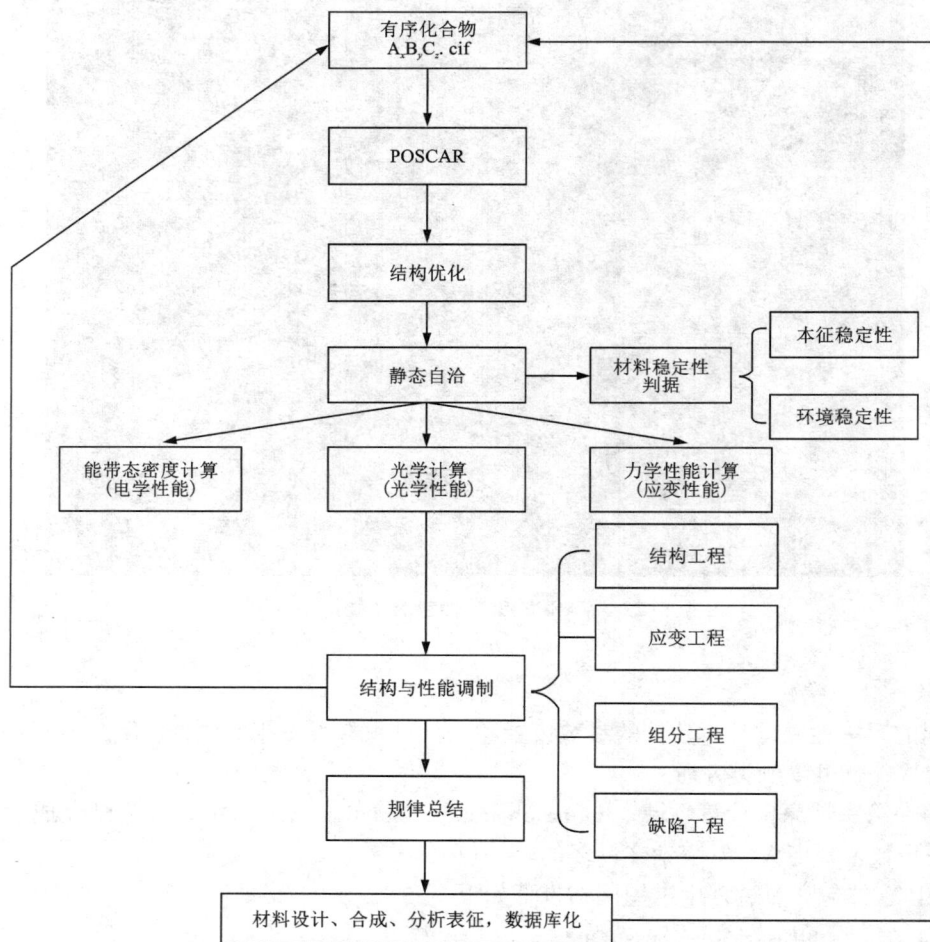

图 5-23 有序化合物材料的计算设计流程图

在应用 VASP 软件进行基本计算时，一般需要自行准备下面四个文件，并进行有目的的参数设置，当然，文件缺失时，VASP 软件包也可能采用默认参数设置进行计算，这就可能导致目标不一致，得不到预期的结果。

INCAR（控制参数设置，决定了计算的目的和方法，以及计算结果的选择性输出）；

KPOINTS(采用离散计算方法，倒空间撒点的取样信息)；

POSCAR(晶体结构信息，包括晶轴基矢的长度和方向(初基矢量，Primitive Vectors)和原子的位置(基矢，Basis Vectors))；

POTCAR(赝势文件，包含不同种类的元素的势函数信息，需要从同一类势库中选取，不得混库选取，不然无法执行计算)。

上述四个文件，相对而言，POTCAR 最简单，直接拷贝粘贴在一起即可。自动网格模式的 KPOINTS 撰写也很简单，INCAR 的设置，需要根据计算目的进行适当定制，而不同结构的晶体结构文件 POSCAR，各不相同，准备难度相对较大。

下面以锐钛矿 TiO_2 中 Co 原子取代 Ti 原子浓度 12.5%(即 $Co_2Ti_{14}O_{32}$ 体系)的原始文件为例，说明各个文件的参数设置。

(1) INCAR

INCAR 涉及到的参数设置很多，有的是相互关联的，输出文件 OUTCAR 中会列出所有可能需要设置的参数。理论上，这需要具有较好的物理基础，通过阅读 VASP manual，进行合理设置，但作为一般研究者可以基于其他研究者提供的一个化合物的计算模板，绝大多数参数使用 VASP 默认值(default value)，仅有少部分需要按需设置，如下面标注了下划线的参数标签(tag)。若出现运行问题，按提示进行适当修改，基本就能解决。

简洁地，INCAR 一般只需关注下列参数设置，就能实现大多数常规计算。

System = TiO2-AT-221

##Startparameter for this run：

PREC =　　　normal　normal or accurate（medium，high low for compatibility）

ISTART =　　1　job：0-new　1-cont　2-samecut

ICHARG =　　1　charge：1-file　2-atom　10-const　11-DOS or Band

ISPIN =　　　2　spin polarized calculation?

Electronic Relaxation 1

ENCUT =　　　520. 0 eV

NELM =　　　120；NELMIN=2；NELMDL=-12

# of ELM steps

EDIFF =　　　0. 5E-05　stopping-criterion for ELM

LREAL =　　　F　real-space projection

Ionic relaxation

EDIFFG =　0. 5E-04　stopping-criterion for IOM

NSW =　　　10　number of steps for IOM

IBRION =　　2　ionic relax：0-MD 1-quasi-New 2-CG

ISIF =　　　3　stress and relaxation

POTIM = 　　0.5000　　time-step for ionic-motion

DOS related values：

ISMEAR = 　0；

SIGMA = 　　0.20　　broadening in eV −4-tet −1-fermi 0-gaus

Electronic relaxation 2（details）

IALGO = 　　48　　algorithm

Write flags

LWAVE = 　　T　　write WAVECAR

LCHARG = 　T　　write CHGCAR

LELF = 　　　T　　write electroniclocaliz. function（ELF）

LORBIT = 　　11　　0 simple，1ext，2 COOP（PROOUT）

INCAR 中最频繁改变的一个标签是 ISIF，表示特定的结构弛豫模式和输出选项，其赋值与功能如表 5-1 所示。

表 5-1　INCAR 中表示特定的结构弛豫模式和输出选项的标签 ISIF 赋值表

ISIF	计算力	应力张量	弛豫离子	改变元胞形状	改变元胞体积
0	是	否	是	否	否
1	是	trace only[a]	是	否	否
2	是	是	是	否	否
3	是	是	是	是	是
4	是	是	是	是	是
5	是	是	否	是	否
6	是	是	否	是	是
7	是	是	否	否	是

（2）KPOINTS

KPOINTS 采用 Monkhorst-Pack 或 Gamma 自动划分网格模式，并根据基矢的长短来设置合适的分割数。对于 TiO_2，在现有的计算平台条件下选取 4×4×4 的 K 点网格。K 点撒点越密，计算精度越高，计算成本也越高，一般情况下只要保持求解收敛精度满足要求即可。其KPOINTS 设置如下：

K-Points

0

Monkhorst-Pack

4　4　4

0　0　0

在计算能带结构时，需要根据布里渊区形状来选择 K 点。值得注意的是，一个晶胞中原胞有不同的选取方法，布里渊区的高对称点的取法因人而异。因此，建立一套对材料原胞和布里渊区高对称点的标准取法十分必要。美国杜克大学 Setytanan 和 Curtarolo 经过系统测试，于 2010 年在 Computaional Materials Science 期刊发表出了一全套不同晶系的三维点阵单胞和初基原胞的取法，参见文献：Wahyu Setyawan and Stefano Curtarolo, High-throughput electronic band structure calculations: Challenges and tools, Computaional Materials Science, 2010, 49 (2): 299-312. https://doi.org/10.1016/j.commatsci.2010.05.010

正交晶系的第一布里渊区代表性 k 空间路径如图 5-24 所示，选取路径为：Γ-X-S-Y-Γ-Z-U-R-T-Z|Y-T|U-X|S-R，正交晶系对应的高对称点的简约坐标值如表 5-2 所示。

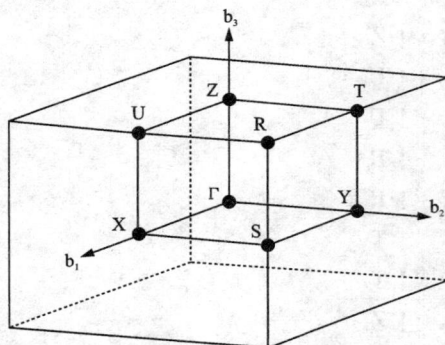

图 5-24　正交晶系的第一布里渊区代表性 k 空间路径

表 5-2　正交晶系对应的高对称点的简约坐标值

$\times b_1$	$\times b_2$	$\times b_3$		$\times b_1$	$\times b_2$	$\times b_3$	
0	0	0	Γ	1/2	0	1/2	U
1/2	1/2	1/2	R	1/2	0	0	X
1/2	1/2	0	S	0	1/2	0	Y
0	1/2	1/2	T	0	0	1/2	Z

KPOINTS 设置如下：

K-Points along high symmetry lines in orth.

5 # 5 intersections

Line-mode

Reciprocal

0	0	0	# Gamma
0.5	0	0	# X
0.5	0	0	# X
0.5	0.5	0	# S
0.5	0.5	0	# S
0	0.5	0	# Y
0	0.5	0	# Y
0	0	0	# Gamma
0	0	0	# Gamma
0	0	0.5	# Z
0	0	0.5	! Z
0.5	0	0.5	! U
0.5	0	0.5	! U
0.5	0.5	0.5	! R
0.5	0.5	0.5	! R
0	0.5	0.5	! T
0	0.5	0.5	! T
0	0	0.5	! Z
0	0.5	0	! Y
0	0.5	0.5	! T
0.5	0	0.5	! U
0.5	0	0	! X
0.5	0.5	0	! S
0.5	0.5	0.5	! R

(3) POSCAR

POSCAR 中包含了晶格几何坐标和离子的位置。对于 TiO_2 来说，为了进行 Ti 原子的 12.5% 和 6.25% 取代，将锐钛矿原胞分别转变 2×2×1 超晶胞(Supercell)进行计算。

从文献或晶体结构数据库中查阅到的锐钛矿 TiO_2 晶胞的 cif 结构文件主要信息如下：

Anatase-type TiO_2

Compound TiO_2-[Anatase] Titanium oxide

Cell 3. 7867, 3. 7867, 9. 5149, 90, 90, 90

I41/AMDZ（141）V = 136.44

Atom	（site）	Oxid	x	y	z	B	Occupancy
Ti1	(4a)	4	0	0.750	0.125	0	1
O1	(8e)	−2	0	0.750	0.3333	0	1

进一步查询通用晶体结构信息库，获得空间群为 141 号的 Wyckoff Positions，如表 5-3 所示。

表 5-3　空间群为 141 号的 Wyckoff Positions（I41/amd）[origin choice 2]

Multiplicity	Wyckoff letter	Site symmetry	Coordinates
			(0, 0, 0) +, (1/2, 1/2, 1/2) +
...	...	...	...
16	f	.2.	(x, 0, 0) (−x+1/2, 0, 1/2)(1/4, x+3/4, 1/4) (1/4, −x+1/4, 3/4) (−x, 0, 0)(x+1/2, 0, 1/2)(3/4, −x+1/4, 3/4) (3/4, x+3/4, 1/4)
8	e	2mm.	(0, 1/4, z) (0, 3/4, z+1/4) (1/2, 1/4, −z+1/2) (1/2, 3/4, −z+1/4)
8	d	.2/m.	(0, 0, 1/2) (1/2, 0, 0)(1/4, 3/4, 3/4)(1/4, 1/4, 1/4)
8	c	.2/m.	(0, 0, 0) (1/2, 0, 1/2)(1/4, 3/4, 1/4)(1/4, 1/4, 3/4)
4	b	−4m2	(0, 1/4, 3/8) (0, 3/4, 5/8)
4	a	−4m2	(0, 3/4, 1/8) (1/2, 3/4, 3/8)

据此，写出 TiO_2-Anatase 单胞的 POSCAR 结构文件，其中"#"后面为注释内容，软件不读。

system = TiO_2-Anatase #
1.0　　# (a = 3.7867 Å, b = 3.7867 Å, c = 9.5149 Å)
3.7867　　0　　　　0
0　　　　3.7867　　0
0　　　　0　　　　9.5149
Ti O
4　8
selective dynamics

```
Direct   #(简约坐标)
0. 0 0. 75 0. 125        FFF       # Ti 1
0. 5 0. 75 0. 375        FFF       # Ti 2
0. 5 1. 25 0. 625        FFF       # Ti 3
1. 0 1. 25 0. 875        FFF       # Ti 4
0 0. 25 0. 083           FFT       # O1
0 0. 75 0. 333           FFT       # O2
0. 5 0. 25 0. 417        FFT       # O3
0. 5 0. 75 0. 167        FFT       # O4
0. 5 0. 75 0. 583        FFT       # O5
0. 5 1. 25 0. 833        FFT       # O6
1. 0 0. 75 0. 917        FFT       # O7
1. 0 1. 25 0. 667        FFT       # O8
```

锐钛矿 TiO_2 的 $2 \times 2 \times 1$ 超晶胞的结构是由 4 个原胞构成，形成 48 个原子的超晶胞 $Ti_{16}O_{32}$。构造的锐钛矿原胞（Primitive Cell）的 POSCAR 文件如下。采用选择性动力学模式，仅对化合物中可变坐标分量进行弛豫（赋予标签 T，(= Ture)），其他坐标分量赋予 F (= False)，用#注解了由单胞坐标转换为超晶胞的计算过程，软件不用读取。

根据此原胞文件构造锐钛矿 $2 \times 2 \times 1$ 超晶胞 POSCAR 文件如下：

```
System = AT-221SPC # TiO2-Anatase 2×2×1 Supercell
1. 0       #Primitve cell 3. 7867, 3. 7867, 9. 5149
7. 5734       0            0
0             7. 5734      0
0             0            9. 5149
Ti   O   # or Ti Co O
16   32  # 15 1 32
SLECTIVE DYNAMICS
Direct
0 0. 375 0. 125       FFF # X0/2 Y0/2 Z0          # 0/2 0. 75/2 0. 125 # Ti atoms
0. 5 0. 375 0. 125    FFF # X0/2+0. 5 Y0/2 Z0     # 0/2+0. 5 0. 75/2 0. 125
0 0. 875 0. 125       FFF # X0/2 Y0/2+0. 5 Z0     # 0/2 0. 75/2+0. 5 0. 125
0. 5 0. 875 0. 125    FF F # X0/2+0. 5 Y0/2+0. 5 Z0  # 0/2+0. 5 0. 75/2+0. 5 0. 125
0. 25 0. 375 0. 375   FFF # X0/2 Y0/2 Z0          # 0. 5/2 0. 75/2 0. 375
0. 75 0. 375 0. 375   FFF # X0/2+0. 5 Y0/2 Z0     # 0. 5/2+0. 5 0. 75/2 0. 375
0. 25 0. 875 0. 375   FFF # X0/2 Y0/2+0. 5 Z0     # 0. 5/2 0. 75/2+0. 5 0. 375
```

```
0.75 0.875 0.375    FFF # X0/2+0.5 Y0/2+0.5 Z0      # 0.5/2+0.5 0.75/2+0.5 0.375
0.25 0.625 0.625    FFF # X0/2 Y0/2 Z0              # 0.5/2 1.25/2 0.625
0.75 0.625 0.625    FFF # X0/2+0.5 Y0/2 Z0          # 0.5/2+0.5 1.25/2 0.625
0.25 1.125 0.625    FFF # X0/2 Y0/2+0.5 Z0          # 0.5/2 1.25/2+0.5 0.625
0.75 1.125 0.625    FFF # X0/2+0.5 Y0/2+0.5 Z0      # 0.5/2+0.5 1.25/2+0.5 0.625
0.5 0.625 0.875     FFF # X0/2 Y0/2 Z0              # 1.0/2 1.25/2 0.875
1.0 0.625 0.875     FFF # X0/2+0.5 Y0/2 Z0          # 1.0/2+0.5 1.25/2 0.875
0.5 1.125 0.875     FFF # X0/2 Y0/2+0.5 Z0          # 1.0/2 1.25/2+0.5 0.875
1.0 1.125 0.875     FFF # X0/2+0.5 Y0/2+0.5 Z0      # 1.0/2+0.5 1.25/2+0.5 0.875
0 0.125 0.083       FFF # X0/2 Y0/2 Z0              # 0.0/2 0.25/2 0.083 O atoms
0.5 0.125 0.083     FFF # X0/2+0.5 Y0/2 Z0          # 0.0/2+0.5 0.25/2 0.083
0 0.625 0.083       FFF # X0/2 Y0/2+0.5 Z0          # 0.0/2 0.25/2+0.5 0.083
0.5 0.625 0.083     FFF # X0/2+0.5 Y0/2+0.5 Z0      # 0.0、2+0.5 0.25、2+0.5 0.083
0 0.375 0.333       FFF # X0/2 Y0/2 Z0              # 0.0 0.75 0.333
0.5 0.375 0.333     FFF # X0/2+0.5 Y0/2 Z0          # 0.0/2+0.5 0.75/2 0.333
0 0.875 0.333       FFF # X0/2 Y0/2+0.5 Z0          # 0.0/2 0.75/2+0.5 0.333
0.5 0.875 0.333     FFF # X0/2+0.5 Y0/2+0.5 Z0      # 0.0/2+0.5 0.75/2+0.5 0.333
0.25 0.125 0.417    FFF # X0/2 Y0/2 Z0              # 0.5/2 0.25/2 0.417
0.75 0.125 0.417    FFF # X0/2+0.5 Y0/2 Z0          # 0.5/2 +0.5 0.25/2 0.417
0.25 0.625 0.417    FFF # X0/2 Y0/2+0.5 Z0          # 0.5/2 0.25/2+0.5 0.417
0.75 0.625 0.417    FFF # X0/2+0.5 Y0/2+0.5 Z0      # 0.5/2+0.5 0.25/2+0.5 0.417
0.25 0.375 0.167    FFF # X0/2 Y0/2 Z0              # 0.5/2 0.75/2 0.167
0.75 0.375 0.167    FFF # X0/2+0.5 Y0/2 Z0          # 0.5/2 +0.5 0.75/2 0.167
0.25 0.875 0.167    FFF # X0/2 Y0/2+0.5 Z0          # 0.5/2 0.75/2+0.5 0.167
0.75 0.875 0.167    FFF # X0/2+0.5 Y0/2+0.5 Z0      # 0.5/2+0.5 0.75/2+0.5 0.167
0.25 0.375 0.583    FFF # X0/2 Y0/2 Z0              # 0.50/2 0.75/2 0.583
0.75 0.375 0.583    FFF # X0/2+0.5 Y0/2  Z0         # 0.50/2+0.5 0.75/2 0.583
0.25 0.875 0.583    FFF # X0/2 Y0/2+0.5 Z0          # 0.50/2 0.75/2+0.5 0.583
0.75 0.875 0.583    FFF # X0/2+0.5 Y0/2+0.5 Z0      # 0.5/2+0.5 0.75/2+0.5 0.583
0.25 0.625 0.833    FFF # X0/2 Y0/2 Z0              # 0.50/2 1.25/2 0.833
0.75 0.625 0.833    FFF # X0/2+0.5 Y0/2 Z0          # 0.50/2+0.5 1.25/2 0.833
0.25 1.125 0.833    FFF # X0/2 Y0/2+0.5  Z0         # 0.50/2 1.25/2+0.5 0.833
0.75 1.125 0.833    FFF # X0/2+0.5 Y0/2+0.5 Z0      # 0.5/2+0.5 1.25/2+0.5 0.833
0.5 0.375 0.917     FFF # X0/2 Y0/2 Z0              # 1.0/2 0.75/2 0.917
```

1.0 0.375 0.917	FFF # X0/2+0.5 Y0/2 Z0	# 1.0/2+0.5 0.75/2 0.917
0.5 0.875 0.917	FFF # X0/2 Y0/2+0.5 Z0	# 1.0/2 0.75/2+0.5 0.917
1.0 0.875 0.917	FFF # X0/2+0.5 Y0/2+0.5 Z0	# 1.0/2+0.5 0.75/2+0.5 0.917
0.5 0.625 0.667	FFF # X0/2 Y0/2 Z0	# 1.0/2 1.25/2 0.667
1.0 0.625 0.667	FFF # X0/2+0.5 Y0/2 Z0	# 1.0/2+0.5 1.25/2 0.667
0.5 1.125 0.667	FFF # X0/2 Y0/2+0.5 Z0	# 1.0/2 1.25/2+0.5 0.667
1.0 1.125 0.667	FFF # X0/2+0.5 Y0/2+0.5 Z0	# 1.0/2+0.5 1.25/2+0.5 0.667

图 5-25 给出了锐钛矿(Anatase)结构的 TiO_2 的单胞和 2×2×1 超晶胞原子模型。

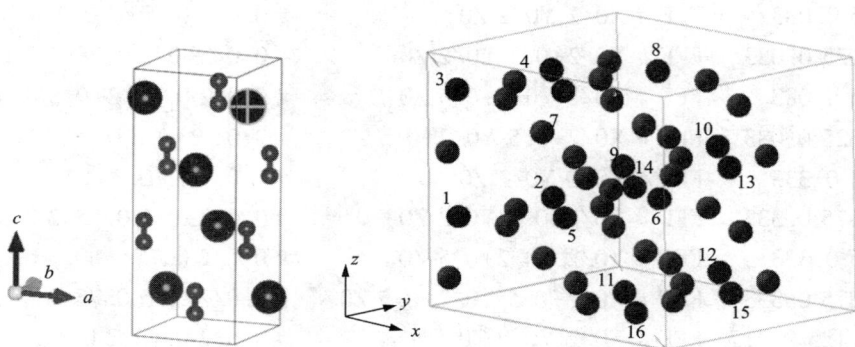

图 5-25　锐钛矿 TiO_2 的单胞和 2×2×1 超晶胞原子模型

相对来说，POSCAR 的准备难度较大，我们可以参照晶体结构相同的化合物，将其作为初始结构，进行晶胞参数优化，对于其他化合物，可以从文献或数据库中获得同类化合物的 cif 结构文件，运用 VESTA 辅助软件，创建 POSCAR，若要了解其结构细节，进行手工创建 POSCAR，以及构建超晶胞(supercell)，需要对晶体学知识有深入的分析，如相应的空间群类型(序号)、相应晶胞的初基矢量(晶轴矢量)以及描述原子位置的基矢及 Wyckoff 位置演绎表等。

（4）POTCAR

POTCAR 中包含了 VASP 计算过程中使用的赝势。从与 VASP 软件包配套的 PBE 或 LDA 赝势库里，分别选取与 POSCAR 中原子坐标所定义的原子类型相对应的交换关联势函数文件内容，放置在一个 POTCAR 文件中即可，需要注意的是，势函数内容连接时，要注意格式严格，需要换行，又不能空出一行。

准备好必要的计算文件后，就可按照一定的逻辑顺序，逐步进行计算，并获得相应的计算结果，然后进行相应的数据提取、列表或作图分析。图 5-26 中分门别类地列出了计算文件，不同的研究者采用的计算文件夹命名方式可能不同，但为便于交流，记忆和分辨，一般采用步骤顺序进行标识，S1-r31 表示第一步（Step1），采用的 ISIF = 3 的弛豫（relax）模式，且为第一试探批次，许用的最大试探次数为 INCAR 文件中的 NSW 标签赋值，对一般不太复杂的结构，通常建议赋予 NSW = 10，故标识为 S1-r31。同理，S2-r32 表示第二步（Step2），采用的 ISIF = 3 的弛豫（relax）模式，且在第一试探批次结果结构文件基础上，为第二试探批次，依此类推，S3-r33 表示第三步（Step3），采用的 ISIF = 3 的弛豫（relax）模式，且在第二试探批次结果结构文件基础上，为第三试探批次。简言之，S1-r31、S2-r32 和 S3-r33 的目的和设置文件相同，区别在于计算时的初始结构文件不同，后一步是在前一步计算结果的基础上，继续进行结构弛豫，目的是获得总能最低，相应地维持结构存在时所需外力最小时对应的平衡晶体结构。当然，对于对称性高的简单结构，试探次数可能减少一次，对于复杂结构，试探次数可能增加一次，达到 S4-r34，也可以通过调整 INCAR 中 NSW 离子允许的弛豫试探次数，如将 NSW 由 10 调整为 15，从而在合理计算周期内达到一定精度要求的自洽计算。进一步地，根据 VASP 软件计算方法和指南，进行第四步计算，S4-rf 表示弛豫终了（relax finally），基于优化后的晶体结构，进行一步电子自洽计算（electron wave functional self-consistent calculation），获得基态总能、电子波函数和电荷密度 CHG 和 CHARGCAR 文件。进一步计算态密度或能带时，一定要以"电子自洽"得到的 CHGCAR 为输入文件。

文件夹中多个任务均标识为 S5，表示这几个任务没有先后顺序，可以同时开展计算。其中 S5-band 表示能带结构计算文件夹，S5-dos 表示态密度计算文件夹，S5-optics 表示光学性质计算文件夹，S5-elastics 表示弹性计算文件夹，S5-DFPT 表示声子计算文件夹。具体计算过程中的文件设置需求和差异，参照编者提供的电子案例，需要时，可邮件联系索取（wubo@ fzu. edu. cn，654489521@ qq. com）。

图 5-27 给出了纯锐钛矿相 TiO_2 的电子态密度，图 5-28 给出了纯锐钛矿相的能带结构。从图 5-27 中可以看出，费米能级附近的价带（VB）主要由 O 原子的 2p 轨道组成，宽度约为 6.26 eV，导带（CB）主要由 Ti 原子的 3d 轨道组成，宽度为 5.85 eV。由于一个 Ti^{4+} 被六个 O^{2-} 包围，构成 TiO_6 八面体，根据晶体场理论，d 轨道分裂成低能的 $t_{2g}(d_{xy}, d_{xz}, d_{yz})$ 态和高能的 $e_g(d_{z^2}, d_{x^2-y^2})$ 态两部分，因此费米能级附近的导带被分裂成上、下两部分，价带和上导带主要由 O-2p 和 Ti-e_g 态组成，而下导带主要由 O-2p 和 Ti-t_{2g} 态构成。能带结构与态密度曲线反应出的能带间隙值均为 1.96 eV，明显低于实验值 3.2 eV。尽管晶胞参数吻合很好，但计算出的能带

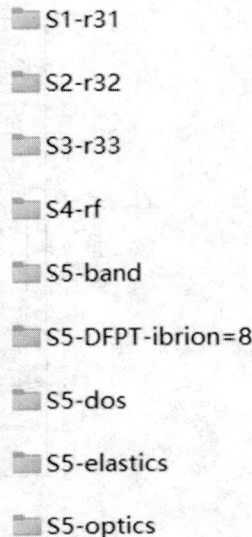

S1-r31

S2-r32

S3-r33

S4-rf

S5-band

S5-DFPT-ibrion=8

S5-dos

S5-elastics

S5-optics

图 5-26　VASP 第一性原理计算计算任务流程文件夹

间隙整体偏低，这是当前计算所面临的的共同问题。若需精确计算设计，需要采用更高级的修正算法，往往又增加了人为参数，偏离了第一性原理计算时，不需要太多人为设置参数的初衷。

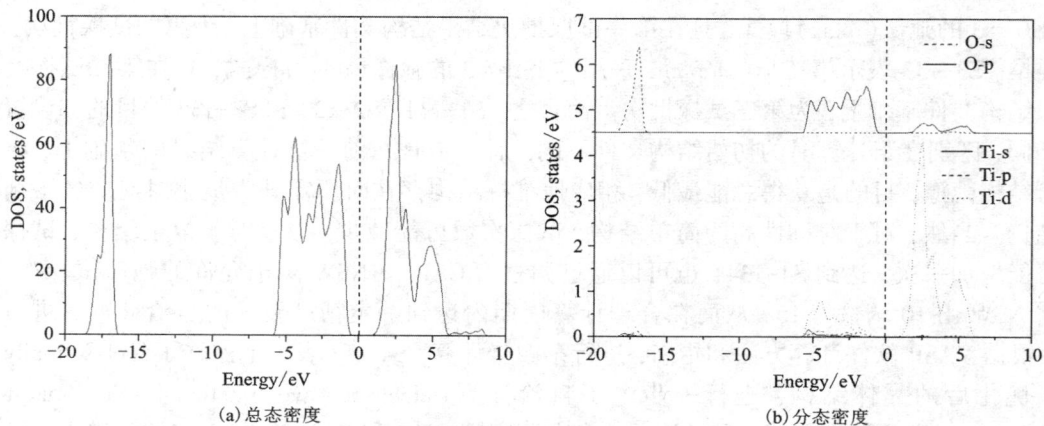

(a) 总态密度　　　　　　　　　　　　　(b) 分态密度

图 5-27　锐钛矿 TiO$_2$ 的态密度

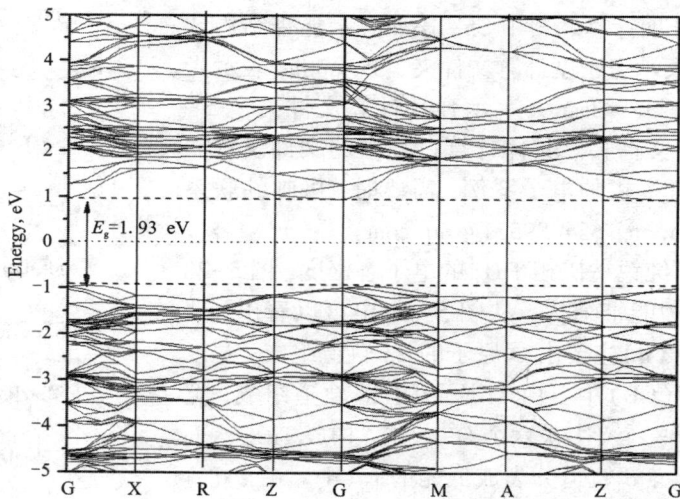

图 5-28　锐钛矿 TiO$_2$ 的能带结构

表 5-4 为计算获取的晶胞参数和能带间隙值，进一步表明晶胞参数计算结果与实验值吻合很好，但能带间隙整体偏低。

表 5-4　锐钛矿相 TiO_2 的结构参数和带隙值

a/nm	c/nm	E_g/eV	数据来源
3. 825	9. 514	1. 93	本文计算值(GGA)
3. 807	9. 712	2. 05	本文计算值(LDA)
3. 7848	9. 5124	3. 2	实验值
3. 796	9. 695	2. 082	文献计算值(GGA)
3. 692	9. 471	2. 0	文献计算值(LDA)

值得指出的是，计算结果的可靠性不仅与所选取的近似方法和参数设置有关，也与所选用的软件包的成熟程度有关。因此，实际应用中，必须进行一定的测试计算，将计算结果与一些已知的比较可靠的晶体结构的性质参数进行比较，从而对计算软件包进行有效的选择，并对相关参数进行合理设置，最终得到有价值的计算结果。

5.7.2　材料热力学和相图计算软件

相图计算技术经过近 40 年的发展，已开发出一批应用软件。国际期刊《CALPHAD》2002年曾经出版了一期关于热力学软件综述的专辑(详见 Calphad，2002，26(2)：141-312)，其中比较著名的热力学软件有瑞典的 Thermo-Calc、加拿大的 FactSage 和美国的 PANDAT 等。它们都具有很强的功能，能处理许多复杂的问题，并能很快完成十分繁杂的热力学和参数优化计算。读者可以从它们的官方网站上申请和下载演示版本进行学习。这些软件的共同特点是集成了具有自洽性的热力学(热化学)数据库。尽管不同的应用软件使用的热力学模型基本类似，但是数据库的格式有所不同，因此，基于不同软件的热力学数据库之间的通用性还有待进一步改善。下面简单介绍常用的相图计算软件包 Thermo-Calc，FactSage 和 PANDAT 软件，然后对 Thermo-Calc Windows(TCW)软件包的操作过程进行简单演示。

1. Thermo-Calc (http://www.thermocalc.se/)

Thermo-Calc 软件最初是由瑞典皇家理工学院材料科学与工程系的 M. Hillert 等人开发的，自从 1981 推出 Thermo-Calc 第一版后，逐渐升级了 10 余个版本，最近刚刚发布了 2022b版本。瑞典皇家工学院(KTH)和马克斯普朗克(MPI)钢铁研究所合作，将合金热力学和动力学进行耦合研究，导致了与 Thermo-Calc 并行发展的 DICTRA (DIffusion Controled TRAsfomation)动力学计算软件的形成。Thermo-Calc 系列软件包括：

- TCC(Thermo-Calc Classic)是用于平衡、热力学性质和相图计算软件的传统版本，采用 DOS 界面下的命令行格式。
- TCW(Thermo-Calc for Windows)是用户界面友好的 Thermo-Calc 的 Windows 版本。
- DICTRA 是合金系统中合金元素扩散模拟的通用工具。

● TC-Interfaces 是 TC 程序界面，即热力学计算二次开发平台，可以在用户自己的软件中调用 Thermo-Calc。

Thermo-Calc 软件含有众多功能模块，主要有用于多元复相平衡和相图计算的 POLY-3、用于评估热力学参数的 PARROT、用于处理 Gibbs 自由能的 GIBBS_ENERGY_SYSTEM、用于数据库操作的 DATABASE RETRIEVAL、用于分步模拟化学反应的 REACTOR_SIMULATOR_3、用于以 Scheil 模型模拟凝固过程的 SCHEIL_SIMULATION、分别处理位势相图和水溶液 E-pH 图的 POTENTIAL-DIAGRAM 和 POURBAIX_DIAGRAM，以及简易处理二元和三元相图的 BINARY-DIAGRAM-EASY 和 TERNARY-DIAGRAM 等。

DICTRA 软件可以运用由 Thermo-Calc 所建立起来的热力学数据，通过同时求解控制液态和固态相变的扩散和热力学方程，精确模拟多元合金系统中组元的扩散过程。该软件在材料烧结、热处理及表面处理等领域获得了成功的应用。

Thermo-Calc Software 公司通过国际合作研究，开发出了与该软件配套使用的一系列热力学和扩散动力学数据库，可以兼容 Thermo-Calc 和 DICTRA 软件。目前可以提供以下应用领域的数据库：

● 钢铁与铁合金
● Ni 基超合金
● Al/Ti/Mg 合金
● 气体、纯无机／有机物、普通合金
● 炉渣、液态金属、熔盐
● 陶瓷、硬质材料
● 半导体、合金焊料
● 材料加工，过程冶金与环境相关
● 水溶液、材料腐蚀和湿法冶金体系
● 矿石、地球化学与环境
● 核材料、核燃料与核废物

下面对典型的 Thermo-Calc 软件进行介绍。

（1）传统版本热力学计算软件（Thermo-Calc Classic，TCC）

TCC 具备通用、计算灵活和功能众多的特点，应用非常广泛，如今全球已经有 1000 多个教育、科研和工业用户选择了 TCC。作为较为成熟的热力学计算软件，TCC 内置了许多专业模块。运用功能强大的求解器和后处理功能，TCC 可以计算单质、化合物、液体、固溶相、水溶液、气体混合物和聚合物的热力学性能。TCC 可以完成材料科学与工程领域众多的计算，如：多元体系的液相面投影图计算；相图（二元、三元、等值截面、等温截面等）计算；单质、化合物、固溶相的热力学性质计算；挥发物的化学势、偏气压计算；Scheil-Gulliver 凝固模拟；热力学参数、驱动力计算；多相平衡（可计算 20 种以上成分）计算；钢铁表面、铁合金精炼过程中氧化层的形成计算；热液作用、变质、岩石形成、沉淀、风化过程的演变等土壤化学和环境问题计算；化学反应的热力学性能计算；性能曲线(相分数、吉布斯自由能、热熔、体积等)分析(可计算 40 种以上成分)；亚平衡、次平衡计算；水溶液运动性能计算；特殊值(如 T_0，A_3 温度，绝热温度 T，冷淬因素，$\partial T/\partial x$ 等)分析；钢铁表面、钢铁/合金精炼的氧化层形成模拟；腐蚀、循环、重熔、烧结、煅烧、燃烧中的物质形成模拟；CVD 图、薄膜成形计算；CVM 计算、化学有序-无序计算；稳态反应热力学计算；数据库的制定与修正；卡诺循环模拟；其他平衡态的计算模拟。

　　TCC 还开发了许多专业模块来完成专门功能，如数据读取模块、计算、后处理模块等。所有命令都可采用缩写形式键入。使用宏文件可以保存复杂的命令行，并可以无限制的修改重复使用。目前在专业用户中，因自主性强，TCC 甚至比 TCW 更加流行。

　　图 5-29 给出了由 TCC 中的 BIN 模块自动计算所得到的 Fe-Cr 二元合金体系的相图、热力学函数和相分数，其中图 5-29(a) 为全温度和成分范围内的二元相图，图 5-29(b) 为 600℃时全成分范围内 Fe-Cr 二元系中所有可能存在相的 Gibbs 自由能曲线，图 5-29(c) 为成分给定的二元合金 Fe-50Cr 中稳定相的质量分数随温度的变化关系曲线，有学者称之为工艺相图，具有很强的实用性。

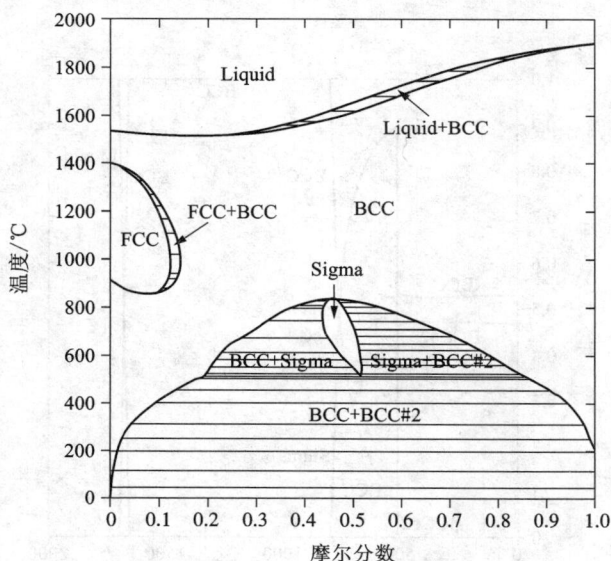

图 5-29(a)　Fe-Cr 二元相图

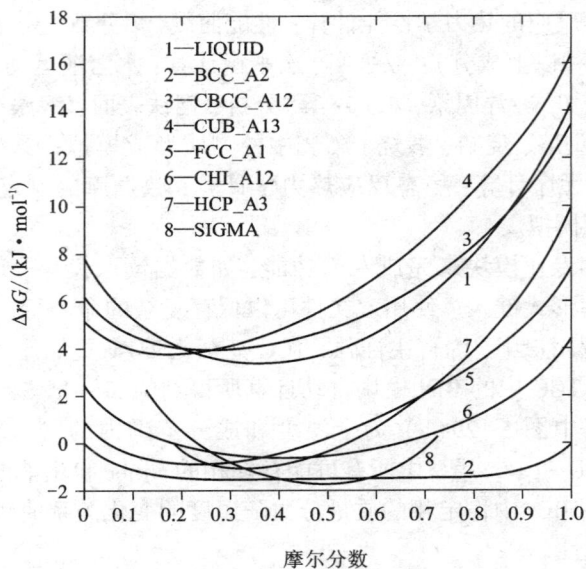

图 5-29(b)　Fe-Cr 二元系在 600 ℃时各相的 Gibbs 自由能

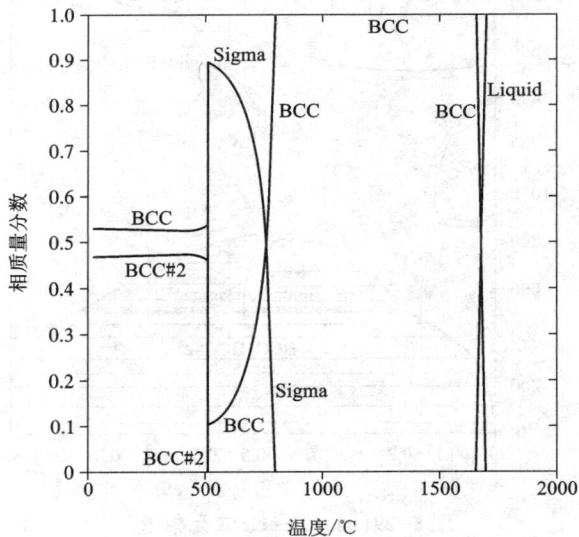

图 5-29(c)　Fe-50Cr 中稳定相的质量分数随温度的变化关系曲线

（2）Windows 版本的热力学计算软件（Thermo-Calc for Windows，TCW）

1）TCW 简介

TCW 是 Thermo-Calc 的 Windows 版本，用户界面友好，特别适用于想要快速得到计算结果的非专业用户，目前的最新版本为 TCW 4。使用 TCW 时，用户只需输入很少的初始条件（如成分等），便可运用 Windows 操作界面中的菜单、按钮等进行多元相图计算，并可通过 TCW 的绘图功能将计算结果进行直观的描述。TCW 和 TCC 使用同样的计算引擎和数据库，TCW 注重友好的操作界面，而 TCC 强调功能的灵活性。尽管 TCW 易学易用，但是与 TCC 相比，TCW 也牺牲了小部分的功能。可以预测，随着软件工程的发展，TCW 的功能会越来越完善，界面也会更加友好，有可能最终替代 TCC。

2）TCW 操作范例

因版权所限，采用低版本的软件进行介绍，读者可以申请最新版本的试用版，体验软件的最新功能。TCW 2 的操作主界面如图 5-30 所示。

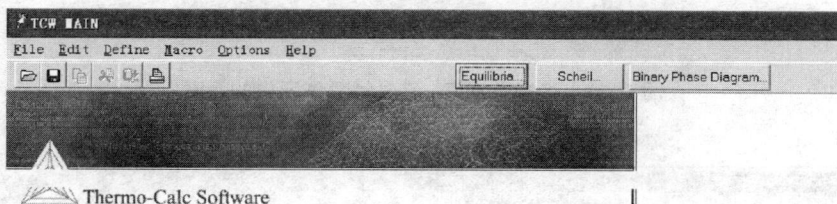

图 5-30　TCW 2 的操作主界面

下面通过计算双相不锈钢的相分数和组成随温度变化的实例，简单演示 TCW 的操作过程。计算时，设置合金的成分为 Fe-25Cr-7Ni-4Mo-0.27N-0.3Si-0.3Mn（wt.%），温度区间为 873 至 1773 K。运行 TCW，通过操作界面选择相关元素，数据选择界面会自动运行，选择合适的数据库和相关元素，点击下一步按钮，便切换到 TCW 条件设置界面，如图 5-31～图 5-35 所示。

设置合金成分（Fe-25Cr-7Ni-4Mo-0.27N-0.3Si-0.3Mn，wt.%），初始温度（1100 ℃），系统大小（1 mol）和压强（100 KPa），如图 5-32 所示。进行下一步，相平衡计算便自动执行。

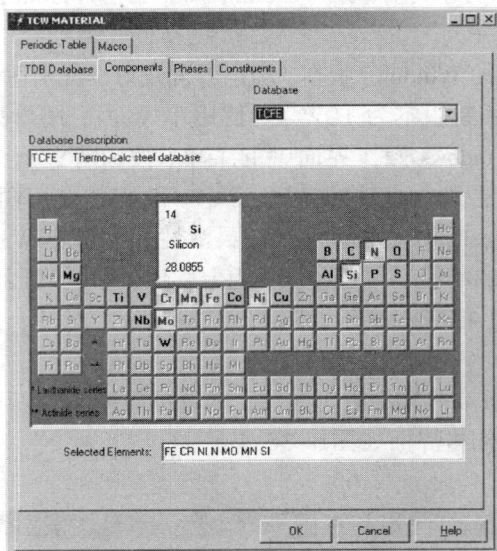

图 5-31 选择数据库，定义计算体系中的元素

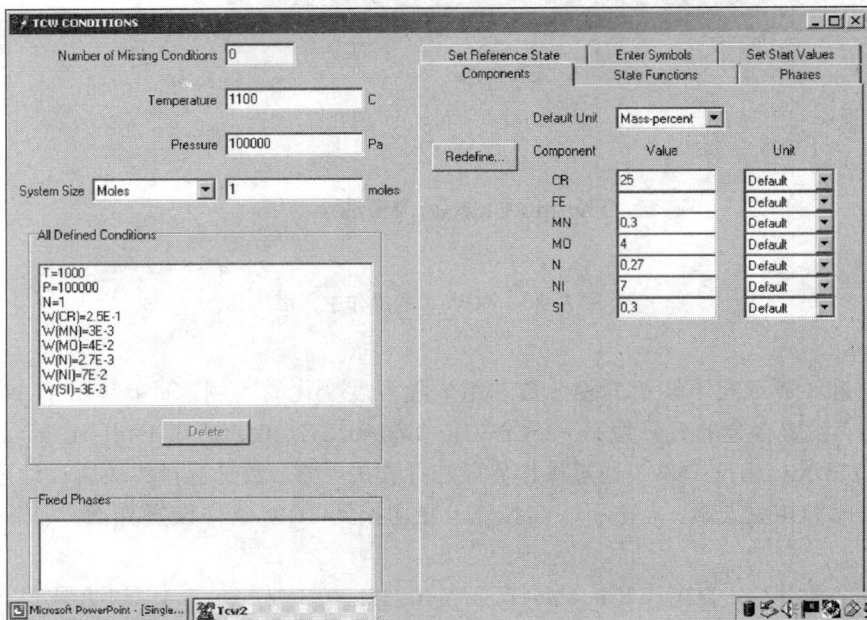

图 5-32 设置体系的状态变量

　　从图 5-33 所示 TCW 的主界面上就可以找到平衡状态下各相的比例和成分。可以看出，系统是一个铁素体(BCC_A2#1)和奥氏体(FCC_A1#1)的混合物。计算过程中会跳出 TCW MAP/STEP DEFINITION(绘图参数定义)，选择温度作为唯一的可变参数后，进行下一步，便可计算出不同温度下的相平衡。

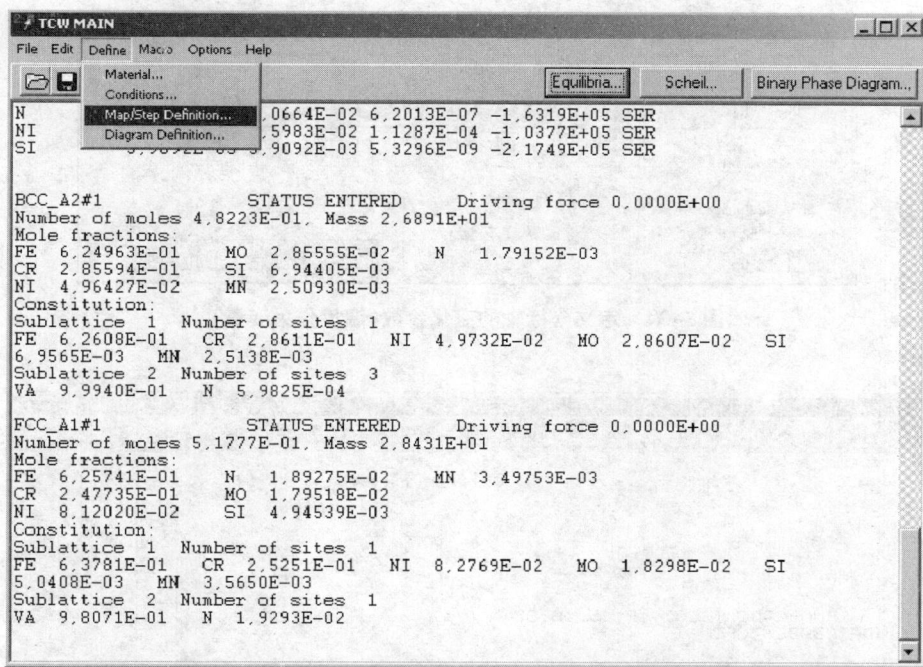

```
🔧 TCW MAIN                                                          _ □ ×

File  Edit  Define  Macro  Options  Help

        📁  💾   Material...                      Equilibria...   Scheil...   Binary Phase Diagram...
                  Conditions...

 N                Map/Step Definition...     0664E-02  6,2013E-07  -1,6319E+05  SER
 NI               Diagram Definition...      5983E-02  1,1287E-04  -1,0377E+05  SER
 SI               3,9092E-03  5,3296E-09  -2,1749E+05  SER


 BCC_A2#1                 STATUS ENTERED      Driving force 0,0000E+00
 Number of moles 4,8223E-01, Mass 2,6891E+01
 Mole fractions:
 FE  6,24963E-01    MO  2,85555E-02    N   1,79152E-03
 CR  2,85594E-01    SI  6,94405E-03
 NI  4,96427E-02    MN  2,50930E-03
 Constitution:
 Sublattice  1  Number of sites  1
 FE  6,2608E-01    CR  2,8611E-01    NI  4,9732E-02    MO  2,8607E-02    SI
 6,9565E-03    MN  2,5138E-03
 Sublattice  2  Number of sites  3
 VA  9,9940E-01    N  5,9825E-04

 FCC_A1#1                 STATUS ENTERED      Driving force 0,0000E+00
 Number of moles 5,1777E-01, Mass 2,8431E+01
 Mole fractions:
 FE  6,25741E-01    N   1,89275E-02    MN  3,49753E-03
 CR  2,47735E-01    MO  1,79518E-02
 NI  8,12020E-02    SI  4,94539E-03
 Constitution:
 Sublattice  1  Number of sites  1
 FE  6,3781E-01    CR  2,5251E-01    NI  8,2769E-02    MO  1,8298E-02    SI
 5,0408E-03    MN  3,5650E-03
 Sublattice  2  Number of sites  1
 VA  9,8071E-01    N  1,9293E-02
```

图 5-33　平衡状态下的相组成和相成分

　　在 TCW DIAGRAM DEFINITION(图表定义)窗口中，通过定义坐标轴不同的变化参数便可得到各种不同的结果曲线，而默认状况下的图表便是随温度变化的相分数和组成曲线，如图 5-34 所示。单击 OK 按钮便可得到相应的曲线。

　　从图 5-35 所示的双相不锈钢随温度变化的平衡相分数曲线中可以看出，这种合金很容易形成有害相如 Cr_2N(HCP_A3#2)、Sigma 相。

　　以上的计算结果还可以通过 Redefine(重定义)按钮得出很多其他的图表曲线，如铁素体相成分随温度变化的曲线等，如图 5-36 和图 5-37 所示。从中可以看出，当温度低于 950 ℃时，铬和钼随之减少，而第二相如 Sigma 相和 Cr_2N 相在此区间基本稳定。尽管图 5-37 画出了铁素体相全温度范围内的成分变化，而实际上由图 5-35 可知，铁素体相只在部分温度区域内稳定存在，这有待于软件在数据处理功能上的改进。

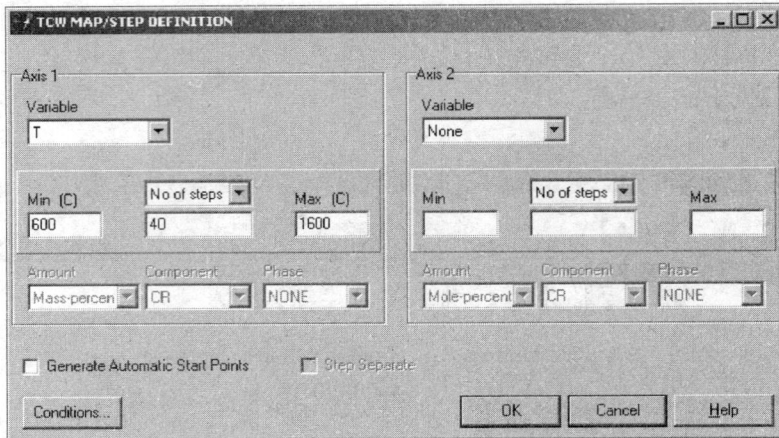

图 5-34 定义坐标轴的变化参数（温度作为变量）

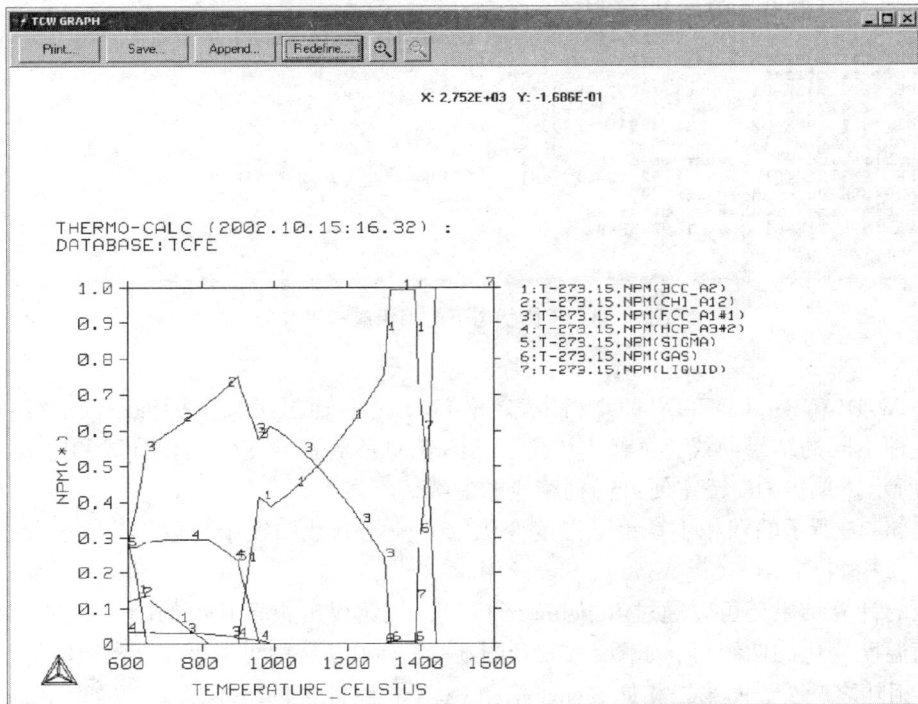

图 5-35 双相不锈钢随温度变化的平衡相分数曲线

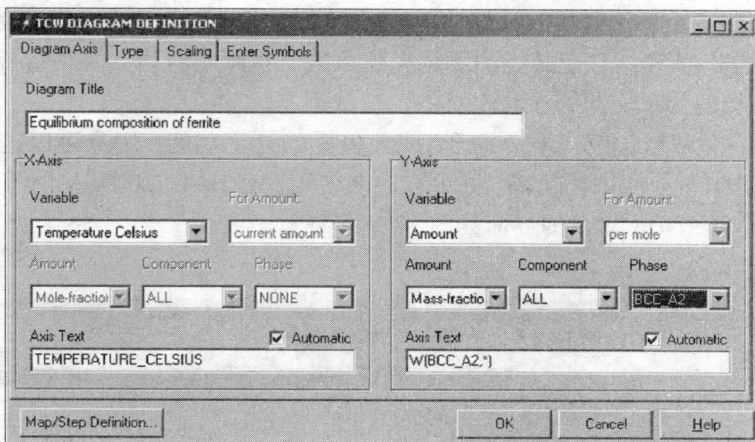

图 5-36　定义相图坐标轴

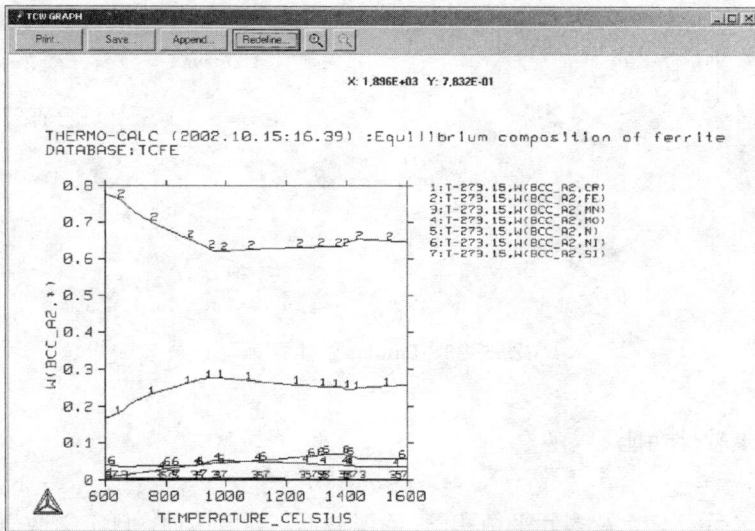

图 5-37　铁素体相成分随温度的变化关系曲线

2. PANDAT（http://www.computherm.com）

（1）PANDAT 软件简介

PANDAT 开发者为美国 Wisconsin-Madison 大学著名华人教授 Y. Austin Chang 领衔的研究团队。他们在 1996 年创建了 CompuTherm LLC 公司，到 2022 年 3 月为止，最新版本为

PANDAT 7.0。PANDAT 7.0 除了在运算速度上做了重大改进外，还推出了 Windows 界面环境中的相图优化功能及氧化物相的计算功能。PANDAT 软件包友好的操作界面及标准、高质量的数据库，可靠的计算结果让其得到了越来越多的工程师与科研人员的青睐，已被世界众多知名公司与高校使用。

PANDAT 7.0 免费教学版，开放了所有二元体系的计算功能，用户可以进行二元体系的相图计算、热力学计算、相图优化等，并可在注明使用 PANDAT 7.0 Demo 的前提条件下将研究成果公开发表。PANDA 软件的界面如图 5-38 所示。

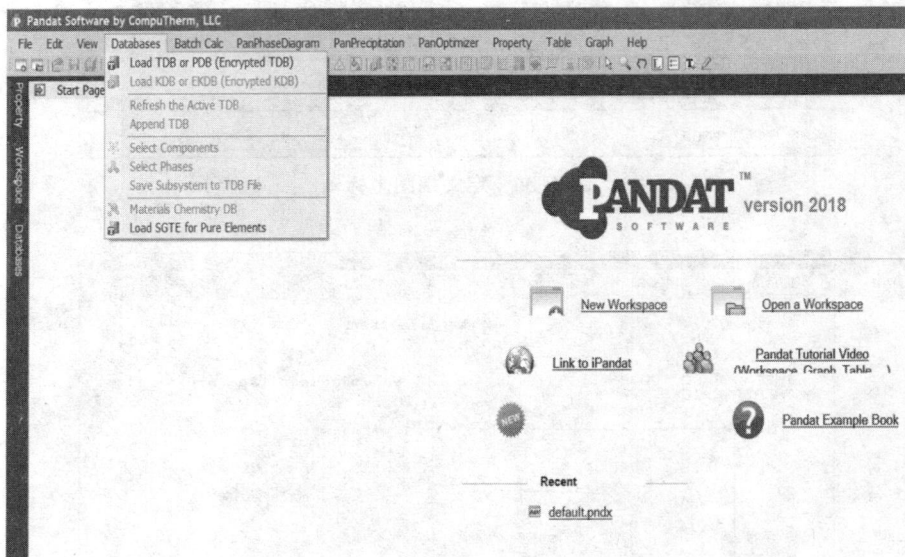

图 5-38　Pandat 软件界面

（2）PANDAT 软件功能

1）相图计算

平衡相图：二元、三元及多元平衡相图（等温截面、等值截面、自定义截面）。

点计算：固定成分和温度。

线计算：固定成分或固定温度或温度和成分线性变化。

平面计算：等温截面、等值截面和用户自定义截面等投影图。

2）液相线计算

可以自动计算出液相线（熔点）及一次析出相，并可画出等温线。

3）凝固计算

输出信息包括固相分数、密度、比热和焓等随温度变化的曲线，凝固模型包括杠杆原理模型和 Scheil 模型。

3. FactSage（http://www.factsage.com）

FactSage 是一个集成计算软件和数据库的热化学软件包，由加拿大蒙特利尔大学的 A. D. Pelton 和 W. C. Bale 教授研制的相图软件 FACT-Win/F * A * C * T，与德国 GTT 公司（Aachen）的 K. Hack 和 G. Eriksson 博士研制的相图软件 Chemsage/SOLGASMIX 在 2001 年有机融合而形成的一个软件包。2022 年 1 月最新版本为 FactSage8.2。该软件包在微软视窗界面上运行，具有提供系统信息、数据库、计算和管理等优异功能，使用较为方便。FactSage 软件界面如图 5-39 所示。

图 5-39　FactSage 软件界面

近年来，通过加拿大、德国、美国和澳大利亚等国的国际合作，使 FactSage 软件包中集成了大量化合物和溶液热化学数据库。其无机化合物热化学数据库是世界上现存最大的经过精确评估的热力学数据库，而其中的 SiO_2-CaO-Al_2O_3-Cu_2O-FeO-MgO-Na_2O-K_2O-TiO_2-

Ti_2O_3–Fe_2O_3–ZrO_2–CrO–Cr_2O_3–NiO–B_2O_3–PbO–ZnO 熔体/玻璃体系数据库，是目前国际上公认的最好的炉渣/玻璃数据库之一。图 5-40 是采用 FactSage 软件计算铜精矿火法冶炼工艺中常涉及到的 Cu–SO_2–O_2 体系在 1000 K 下的优势区相图的计算结果。

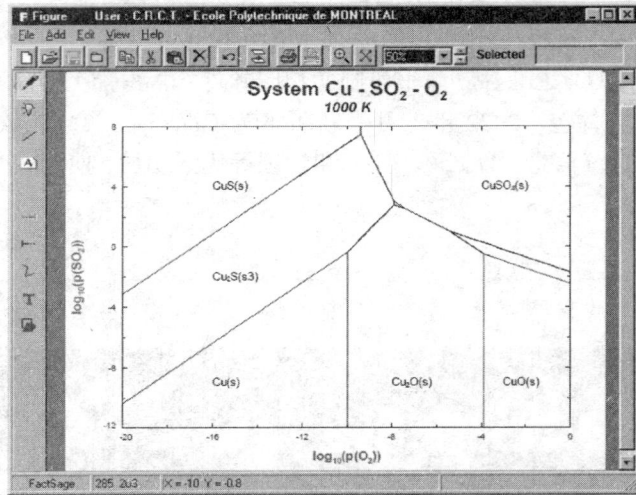

图 5-40　由 FactSage 软件的相图模块计算得到的 Cu–SO_2–O_2 体系在 1000 K 下的优势区相图

　　总之，相图计算软件功能越来越强大，界面越来越友好，在材料研究和工业领域都得到了广泛应用，并发挥着重要作用。

5.7.3　基于有限元分析和概率断裂力学的可靠性评价软件

　　工程结构件的可靠性评价通常是基于物理场的有限元分析和概率断裂力学来进行的。从一定意义上讲，它是有限元分析的二次开发（或称有限元分析的进一步后处理）。经过近 30年的发展，在这方面，目前已经开发出了一些功能比较强大的概率断裂力学设计软件。国际著名期刊《Structural safety》在 2006 年开辟一个专辑（详见 Structural safety，2006，28（2）：1-216），介绍了 9 种比较著名的结构可靠性评价软件包，包括 ANSYS PDS DesignXplorer，CalPEL/FERUM/OpenSees，COSSAN，NESSUS，PERMAS－RA/STRUREL，PHIMECA，PROBAM，PROFES 和 UNIPASS。这些软件包与第三方有限元软件紧密结合，能够处理包括材料性质、几何结构和载荷等随机变量对结构安全的影响；同时，这些软件包能够实现并行处理，具有良好的图形用户界面（Graphical User Interfaces，GUIs），便于学习和掌握。下面主要介绍 NESSUS 软件包。

　　（1）NESSUS 软件包简介

NESSUS（Numerical Evaluation of Stochastic Structures Under Stress）是美国西南研究院

（SwRI）为美国宇航管理局（NASA）开发的一个模块化的结构/机械零部件及系统的概率分析软件系统。它结合了最新的概率算法和通用数值方法，最初目的是针对航天飞机的主发动机进行失效概率分析。它能够模拟载荷、材料特性、几何形状、边界条件和初始条件的随机性，也能使用许多确定性的建模工具，如有限元、边界元和爆炸流体动力学，以及自定义的 Fortran 子程序。NESSUS 软件包能够进行非常广泛的工程实际问题的失效分析。NESSUS 可与许多著名的第三方软件和确定性分析软件进行无缝联接，确保高质量完成工程实际问题的概率分析。

NESSUS 采用最小二乘法和极大似然法的最优拟合方法，处理随机变量的样本数据，建立随机变量分布数据库，并以图形形式给出概率密度和累积分布函数。NESSUS 提供了强大的功能和图形用户界面，使用十分方便。

（2）NESSUS 软件的分析流程

1）数据输入
- 建立概率故障树；
- 输入对应于概率故障树事件的极限状态方程；
- 输入随机变量；
- 有限元模型（建立映射关系）。

2）分析过程
- 选择计算方法；
- 选择分析类型；
- 设置响应量；
- 设置变量间的相关性；
- 设置置信区间；
- 自动计算。

3）结果输出
- 可靠度数值；
- 概率敏感度分析结果；
- 重要结果分析。

（3）NESSUS 软件分析实例

NUSSES 软件包应用领域非常广泛，已经经过成千上万的实际工程问题测试。图 5-41 是对某一重要金属零件的塑性应变和失效概率分布的分析结果，可以看出：（a）图所示的等效塑性应变轮廓线关键区域与（b）图所示的失效概率轮廓线关键区域并不一致，这一分析结果表明在进行结构设计和选材时，必须充分考虑结构的敏感区域。总之，为了确保工程结构的安全，尤其是工程结构件由多种材料构成，或者工程结构件处于比较复杂和恶劣的工作环境中时，可靠性分析显得非常重要和必要，是结构设计与系统维护中不可缺少的环节。

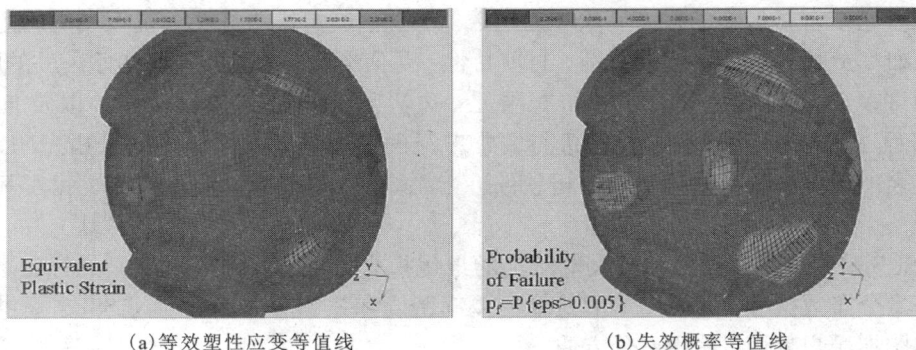

(a)等效塑性应变等值线   (b)失效概率等值线

图 5-41 塑性应变和失效概率分析结果

5.8 计算机辅助材料设计与模拟举例

计算机辅助材料设计与工艺模拟已经广泛应用于材料科学与工程研究的实践中。本节通过几个典型的实例,来进一步理解有关材料科学与工程的理论与计算模拟方法,内容涉及多尺度计算模拟与多物理场耦合研究。

5.8.1 无机功能材料设计──过渡金属元素掺杂 TiO_2 光催化剂的电子结构第一性原理研究

TiO_2 由于具有性质稳定、催化效率高、价格低廉和无毒性等优点,是一种重要的光催化材料,然而由于 TiO_2 的禁带宽度约为 3.2 eV(锐钛矿),其光催化活性仅限于紫外光范围。为了使其吸收波长范围拓展到自然光中的可见光区(波长大于 400 nm),通过掺杂改性来减小其禁带宽度是一种有效的途径。张立昆等人通过元素掺杂取代部分 Ti 原子,来计算其电子结构,获得了能带结构和态密度曲线,探索了掺杂原子种类和取代量对电子结构的影响,并采用 Sol-Gel 技术进行材料制备,分析了其物相特征、光吸收特性和光催化降解有机物等性能。对于锐钛矿结构的纯净 TiO_2,本章前面结合 VASP 软件,已经对其能带结构进行了计算分析。限于篇幅,本案例主要给出了不同掺杂元素和含量对电子结构和光催化特性的影响规律,关于光学、磁性特征的计算分析,请参阅有关文献资料。

锐钛矿相 TiO_2 为间接带隙半导体,带隙为 1.93 eV。针对过渡金属元素 M(M=Co、Ni、Ag、Pt、Zn、Cr、Cu)掺杂锐钛矿相 TiO_2 的体系 $M_1Ti_{15}O_{32}$ 的研究结果表明,掺杂对 TiO_2 带隙的调控主要是通过杂质原子的 d 轨道与 Ti-3d 及 O-2p 轨道的相互作用来实现,并且除 Zn 之外,其他元素掺杂均使 TiO_2 的能带结构发生了不同程度的改变。对于 Co 或 Ag 掺杂锐钛矿相 TiO_2 的 $M_2Ti_{14}O_{32}$ 体系,掺杂原子沿超晶胞中 Ti 原子的最近邻方向排列时体系结构最稳定，$Co_2Ti_{14}O_{32}$ 体系形成的四条杂质能级均位于导带底，$Ag_2Ti_{14}O_{32}$ 体系也形成了四条杂质能级，两条位于价带顶，两条位于禁带中部成为中间能级，可吸收较小的光子能量而实现间接跃迁。

在计算模拟的基础上选取了部分体系进行实验研究，通过溶胶-凝胶法制备了 TiO_2 掺杂样品，测试结果表明，400 ℃烧结的掺杂样品都表现为锐钛矿相 TiO_2 结构；不同浓度的 Co 或 Ag 掺杂都使 TiO_2 的吸收带红移，其中掺杂 Co 样品的吸收带红移明显，进入了可见光区；电导率测试结果表明，掺 Co 样品电导率较低，为 $9.81×10^{-9}$ S·cm^{-1}，而掺 Ag 样品是优良的导体，电导率可达 1.66 S·cm^{-1}；$CoTi_{15}O_{32}$ 样品催化降解甲基橙的效果较好，可见光照 1 h 后达到饱和时光催化效率比纯 TiO_2 提高了 67.79% 左右。磁性过渡金属原子掺杂 TiO_2 具有较为显著的光催化和稀磁特性，可望进一步研究开发出 TiO_2 基稀磁半导体和光催化复合功能材料。下面主要给出了过渡金属元素 Co 掺杂锐钛矿相 TiO_2 的计算结果。

掺杂 Co 原子之后，锐钛矿结构的 $Co_1Ti_{15}O_{32}$ 体系在原 TiO_2 禁带中产生了四条比较平稳的新杂质能级，如图 5-42 所示。其中，两条位于导带底，两条位于价带顶，分别与价带和导带发生强烈相互作用来提升价带，降低导带，从而使带隙减小至 1.26 eV。这与赵宗彦等人的计算结果类似。Co 掺杂锐钛矿 TiO_2 后，位于价带顶位置的新增杂质能级可以与 O-2p 轨道复合形成价带顶，并且通过剪刀算符修正后，禁带宽度为 2.65 eV，吸收带边移至 500 nm 附近。由于 Co 掺杂后没有引入中间能级，不会形成新的空穴俘获中心，因此可以有效地提高 TiO_2 的光催化活性。

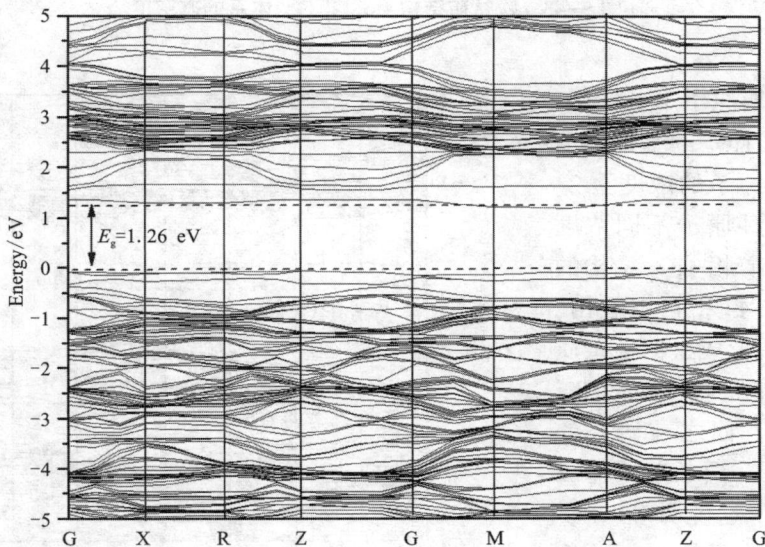

图 5-42　锐钛矿结构的 $Co_1Ti_{15}O_{32}$ 体系的能带结构

图 5-43 为锐钛矿结构 $Co_1Ti_{15}O_{32}$ 体系的态密度曲线图。可以看出，杂质能级主要由 Co-3d 轨道组成。进一步分析可知，Co-4s，Ti-3s 和 O-2s 轨道都没有参与成键，因此，是 O-2p，Ti-3d，Co-3d 三个轨道共同组成了价带和导带。魏志钢等计算后也认为，Co 掺杂锐钛矿 TiO_2 晶体后，Co-3d 轨道进入禁带并与 O-2p 轨道发生作用，使 TiO_2 的吸收带边红移。值得注意的是，此处费米能级出现杂质能级，由态密度曲线得到的能带间隙与能带结构读出的带隙值有一定差异，应以能带结构为准。

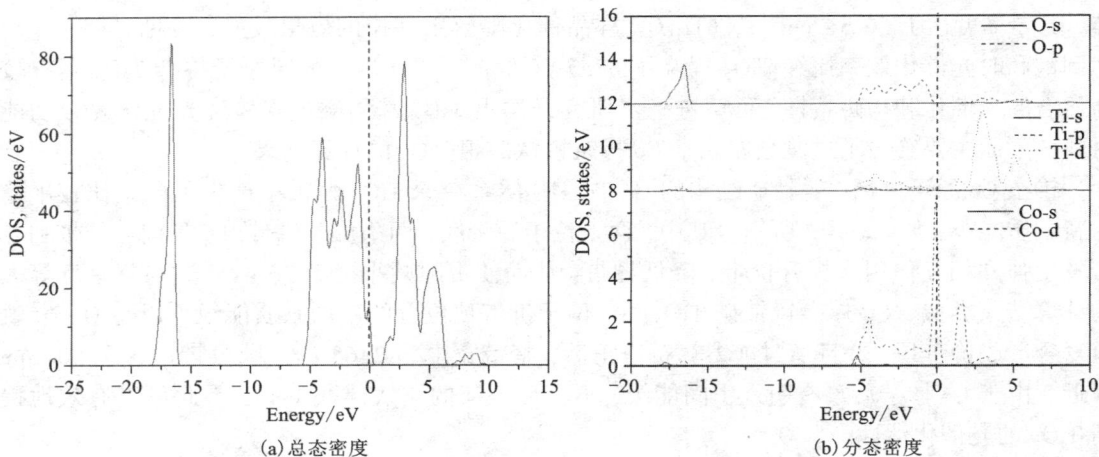

(a) 总态密度　　　　　(b) 分态密度

图 5-43　锐钛矿结构 $Co_1Ti_{15}O_{32}$ 体系的态密度

在过渡金属原子 1/16 掺杂锐钛矿结构的 TiO_2 的基础之上继续提高掺杂原子的浓度至 2/16，以研究同种原子不同浓度的掺杂对锐钛矿相 TiO_2 结构的影响。从图 5-44 中可以看出，$Co_2Ti_{14}O_{32}$ 体系形成了四条杂质能级，均位于导带底，使带隙减小为 1.05 eV。而之前研究的 $Co_1Ti_{15}O_{32}$ 体系，两条杂质能级位于导带底部，这说明 Co 原子掺杂时，掺杂浓度的增加可使杂质能级的数量增多。

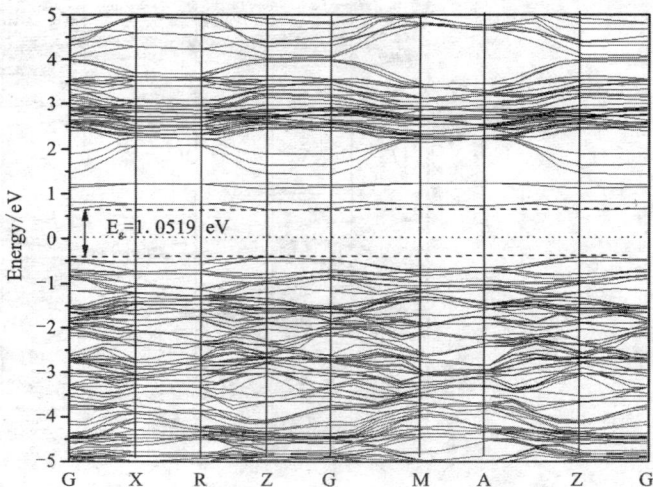

图 5-44　锐钛矿结构 $Co_2Ti_{14}O_{32}$ 体系的能带结构

图 5-45 为锐钛矿结构 $Co_2Ti_{14}O_{32}$ 体系的态密度曲线图。可以看出，O-2p、Ti-3d 和杂质能级 Co-4s 及 Co-3d 轨道共同组成了掺杂体系的价带和导带。通过实验发现，Co 掺杂在 TiO_2 的带隙中形成了交错的缺陷能级，减小了禁带宽度，故光生电子在吸收较低能量时即可发生跃迁，从而导致光谱红移和光响应范围扩大，提高了 TiO_2 的光利用率。

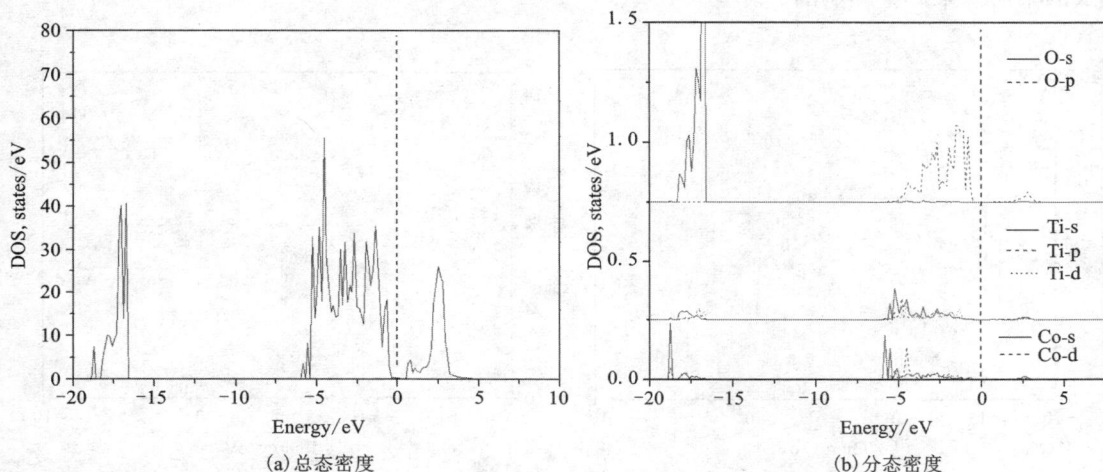

(a) 总态密度

(b) 分态密度

图 5-45　锐钛矿结构 $Co_2Ti_{14}O_{32}$ 体系的态密度

图 5-46 为锐钛矿结构 $Ag_1Ti_{15}O_{32}$ 体系的能带结构。可以看出，Ag 原子掺杂使得在原 TiO_2 的价带顶附近，靠近禁带中部的位置产生了两条杂质能级。由于杂质能级与价带顶有一定的能量差，因此属不完全杂化。Ag 原子掺杂为电子提供浅受主能级，提升了价带，从而使得带隙减小至 0.965 eV。另一方面，由于杂质能级比较靠近禁带中部，可以为光生电子-空穴提供新的复合场所，将会降低 TiO_2 的光催化活性，因此 Ag 掺杂浓度过高时反而不利于材料光催化性能的提高。

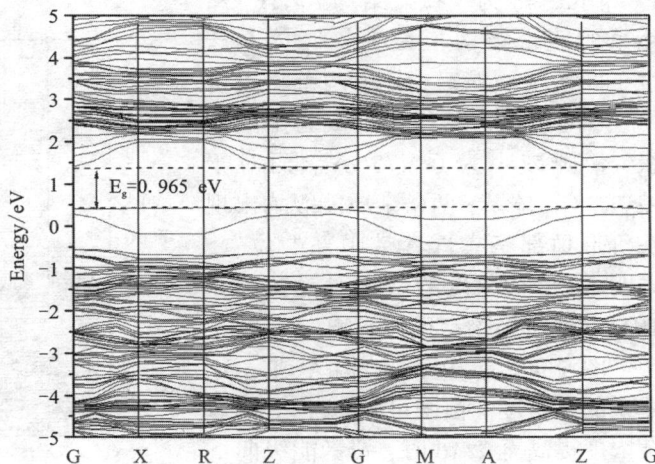

图 5-46　锐钛矿结构 $Ag_1Ti_{15}O_{32}$ 体系的能带结构

图 5-47 为锐钛矿结构 $Ag_1Ti_{15}O_{32}$ 体系的态密度。可以明显看出,掺杂之后,杂质能级由 Ag-4d 轨道组成。Ag-4d 轨道提供新的浅受主能级,有助于光激发载流子的迁移,使得 TiO_2 的吸收边红移。Ag-5s,Ti-3s 和 O-2s 轨道都没有参与成键,因此,O-2p,Ti-3d,Ag-4d 三个轨道共同组成了价带和导带。因此 Ag 离子掺杂是通过在材料带隙中提供一个 Ag-4d 轨道组成的杂质态来产生影响的。

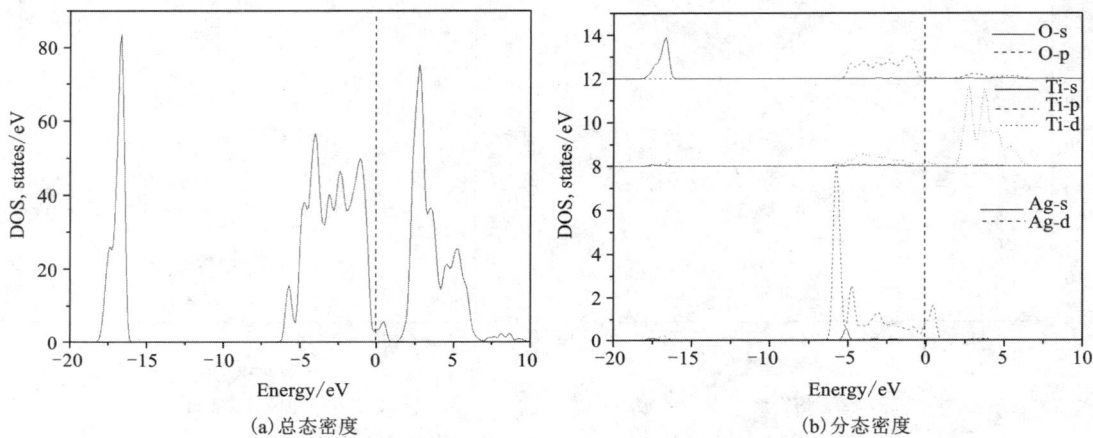

(a)总态密度   (b)分态密度

图 5-47　锐钛矿结构 $Ag_1Ti_{15}O_{32}$ 体系的态密度图

图 5-48 为锐钛矿结构 $Ag_2Ti_{14}O_{32}$ 体系的能带结构。$Ag_2Ti_{14}O_{32}$ 体系产生了四条杂质能级,其中两条靠近价带顶,两条位于禁带中部成为中间能级,带隙减小为 0.475 eV。而对于 $Ag_1Ti_{15}O_{32}$ 体系,两条杂质能级均出现在价带顶部略靠近禁带中部的位置,说明 Ag 掺杂浓度的增大对锐钛矿相 TiO_2 的能带结构有很大影响。

图 5-49 为锐钛矿结构 $Ag_2Ti_{14}O_{32}$ 体系的态密度。由图可知,当 Ag 的掺杂浓度提高至 2/16 时,费米能级向下移动至靠近价带顶的位置,说明掺杂之后,价带中含有较多的自由空穴(即

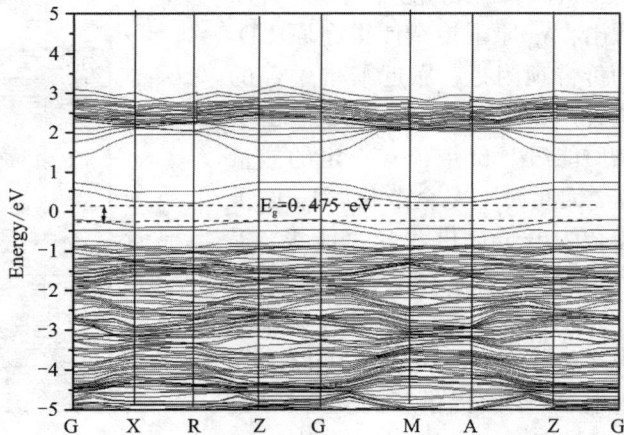

图 5-48　锐钛矿结构 $Ag_2Ti_{14}O_{32}$ 体系的能带结构

多数载流子），易于形成 p 型半导体，此时价带中越靠近 EF 的能级被空穴占据的概率越大。

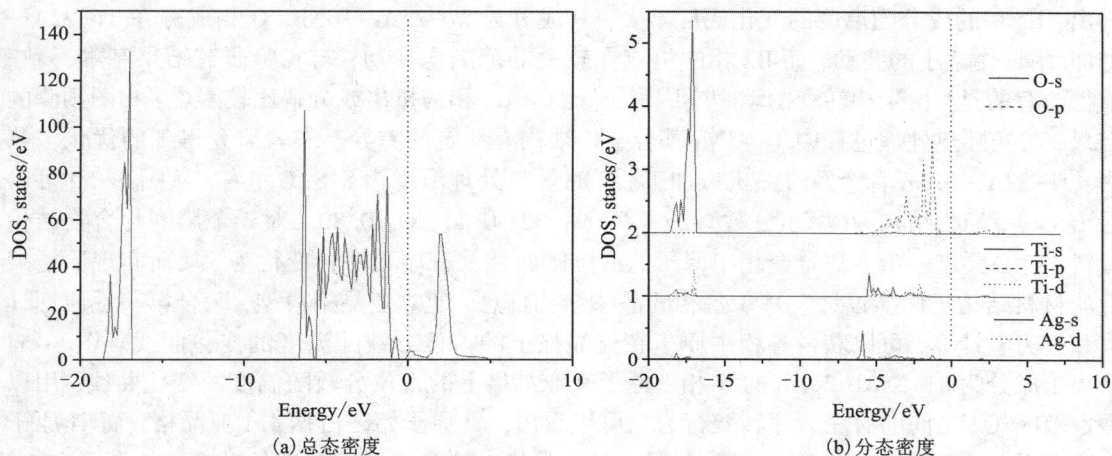

(a)总态密度 (b)分态密度

图 5-49　锐钛矿结构 $Ag_2Ti_{14}O_{32}$ 体系的态密度

以上计算结果很好地解释了掺杂后电子结构的变化与实验中观测到的光催化活性差异的关系，对于从原子、电子层次上探索和设计新型光催化剂具有重要的参考价值。

5.8.2　金属材料设计——Ti_2AlNb 基合金的相结构设计

在适当的热加工工艺条件下，Ti-22Al-27Nb 是综合力学性能最为优越的 Ti_2AlNb 基合金，具有轻质、高温、高强的显著优势，是未来最有希望在航空、航天发动机上进行应用的结构材料之一。但是，该合金是一个对热加工工艺十分敏感的多相材料，相结构变化规律较为复杂。随着热加工工艺的不同，合金中可能包括有序密排六方结构的 α_2 相、有序体心立方结构的 B2 相和有序正交结构的 O 相。其中 α_2 相的弹性和强度较高，B2 相为塑性增强相，O 相具有优异的抗蠕变性能。此外，各个组成相还会发生有序无序转变，这些都会对合金的弹性性能、拉伸性能和蠕变性能产生显著的影响。因此，深入研究合金相结构的演化过程，计算合金在不同温度时的相比例和相组成，将会为合金的热处理工艺优化设计提供重要依据。本节采用相图计算（CALPHAD）技术，利用现存的，经过优化的 Ti-Al-Nb 三元系热力学数据库，运用 Thermo-Calc 相图和热力学软件预测 Ti-22Al-27Nb 合金在不同温度下的相比例和相组成。

运用 CALPHAD 技术计算得到 Ti-22Al-27Nb 合金的平衡相结构，见图 5-50～5-53。计算时未考虑 B2↔β，α_2↔α 和 O1↔O2 之间的有序无序转变。从图 5-50 可以看出，Ti-22Al-27Nb 合金相结构的演化过程：合金在 1050 ℃ 以上为 B2 单相区，在 1005～1050 ℃ 之间是

α_2+B2 两相共存区，在 750~1005 ℃之间是 α_2+B2+O 三相共存区，在 724~750 ℃之间是 O+
B2 两相共存区，在 724 ℃以下是单一 O 相区。从图 5-51~图 5-53 所示的合金各相组成可以
看出，α_2 相的成分随温度的变化幅度不大，其成分为 Ti-25Al-16Nb，O 相成分在 Ti-22Al-
27Nb 附近作微小的波动，而 B2 相的组成在较大的范围内变动，与实验研究结果基本一致。
值得注意的是，由于相转变的动力学因素，低温下 α_2 相的析出或分解比较困难，相图预测的
结果，与实际热处理过程中 Ti_2AlNb 基合金相结构有一定的差异。实验研究得到的优化工艺
为：Ti-22Al-27Nb 合金经过热机械加工后，时效热处理温度为 815 ℃左右，从图 5-50 可以
看出，其平衡相结构为(摩尔分数)：α_2：0.09；B2：0.11；O：0.80。对于金属间化合物结构
材料，有必要进一步弄清合金相中原子的占位倾向性及有序无序转变行为，从而实现原子尺
度的材料结构与性能设计。基于各相的晶体结构信息，建立亚晶格模型，联合第一性原理计
算和热力学计算，可以获得各相中原子在亚晶格上的占位分数随温度的变化曲线。图 5-54
给出了成分为 Ti-25Al-25Nb 的 O 相中原子在亚晶格上的占位分数随温度的变化曲线，用以
探索 O1↔O2 之间的有序无序转变行为。可以看出，Al 原子始终占据 4c1 亚晶格，而 Ti 原子
主要占据 8 g 亚晶格，Nb 原子主要占据 4c2 亚晶格，随着热处理温度的升高，Ti 原子和 Nb
原子的占位出现无序化趋势，与中子实验值吻合很好。这些基础数据为合金力学性能计算和
优化设计提供了重要基础数据。可望实现从合金成分到精细物相结构到力学性能的全链条计
算设计。

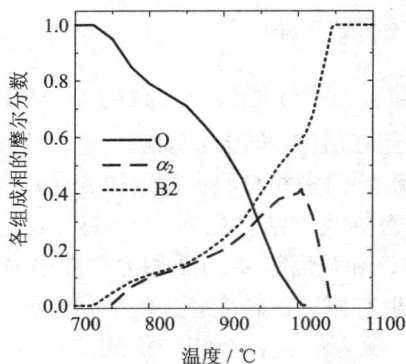

图 5-50　Ti-22Al-27Nb 合金的
相比例与温度的关系

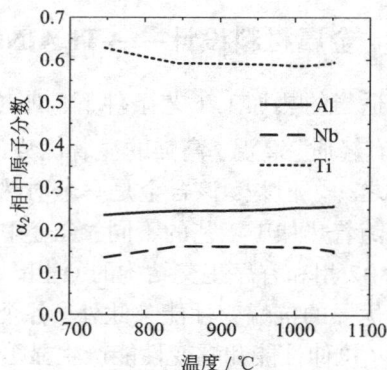

图 5-51　Ti-22Al-27Nb 合金中
α_2 相的组成与温度的关系

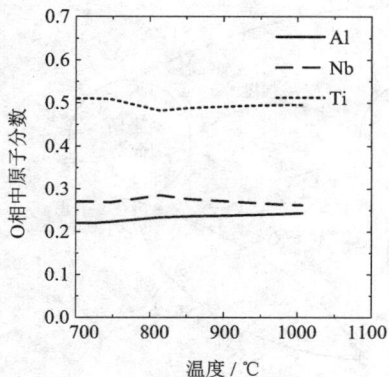

图 5-52　Ti-22Al-27Nb 合金中
O 相的组成与温度的关系

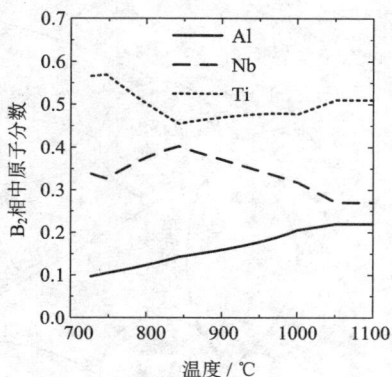

图 5-53　Ti-22Al-27Nb 合金中
B2 相的组成与温度的关系

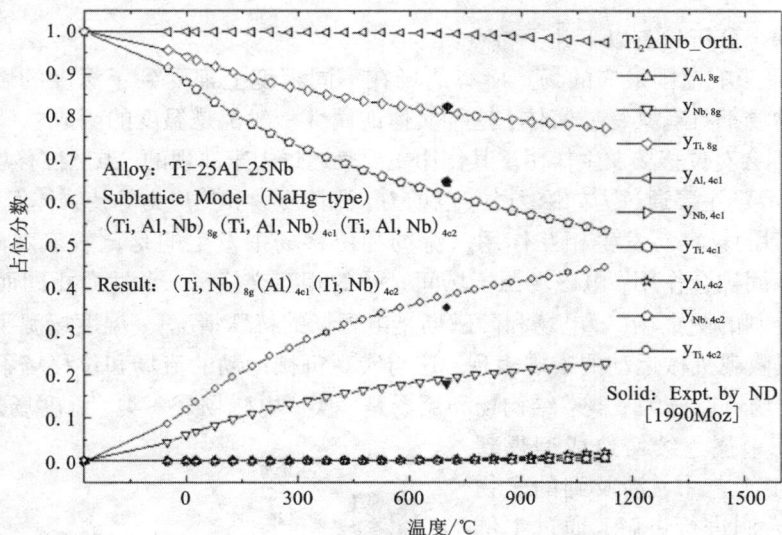

图 5-54　各原子的占位分数随温度的变化关系曲线

5.8.3　多场耦合应用实例——液态金属连续铸造工艺的多物理场模拟

多场耦合工程问题分析涉及的领域非常广泛，例如声学、生物科学、化学反应、弥散、电磁学、流体动力学、燃料电池、地球科学、热传导、微电机系统、微波工程、光学、光子学、多孔介质、量子力学、无线电频率部件、半导体设备、结构力学、传动现象和热处理等许多领域。图 5-55 直观地表达了多场耦合关系。

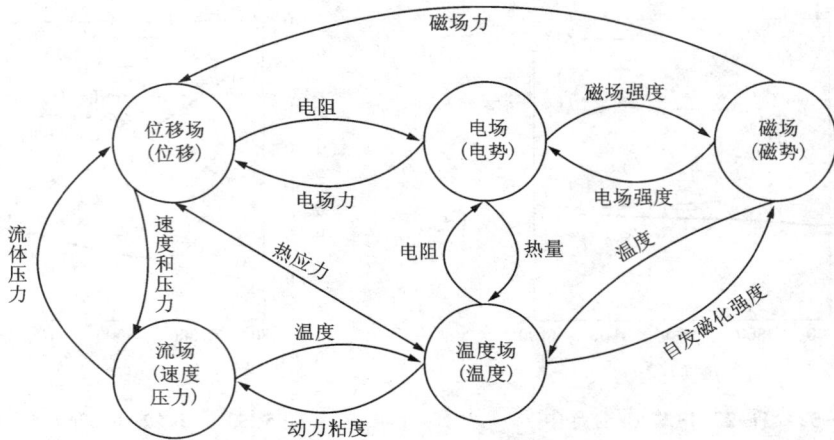

图 5-55　多场耦合关系图

多物理场耦合分析具有以下几个特点：

● 温度场是影响范围最广的场。所有的场在不同程度上都受到了温度的影响，这主要是因为任何一种场都具有其物质实体，这种实体的属性一般都是温度的函数。

● 所有场都会对位移场发生作用。其作用主要是通过力来实现的，虽然位移场的基本变量是位移，但是外界场主要通过力如磁场力、电场力、流体压力和热应力等使物体发生变形。

● 性质相似的场容易发生相互作用。流场和位移场中发生的是比较宏观的机械运动，二者容易发生流固耦合作用；电磁场源于场间光子的相互交换，二者性质相同而使得电磁场几乎成为不可分割的两个场（静电场和静磁场是电磁场的特殊情况）；温度场源于大量分子的无规则运动，是微观机械运动的宏观表现，这与宏观机械运动的流场和位移场不同。所以总体上，上述五个场可以分为三类：结构场和流场是一类，电磁场是一类，温度场是一类。

本节以液态金属连续铸造成型得到金属棒材的加工工艺中，涉及到的多物理场耦合模拟为例进行讲解，通过本例的学习，对多场耦合问题有一个初步的认识。模拟过程用 COMSOL Multiphysics 多场耦合软件包完成，模型库的路径（Model Library path）为：

Heat_Transfer_Module/Process_and_Manufacturing/continuous_casting

液态金属连续铸造成型得到金属棒材的加工过程如图 5-56 所示。模拟铸造

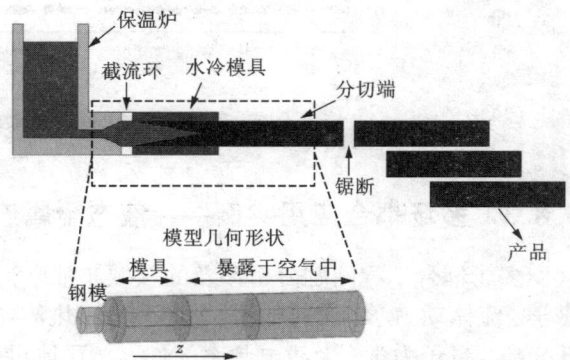

图 5-56　金属的连续铸造过程剖面图

过程的传热和流体动力学，对于优化铸造过程的铸造速率，冷却速率等工艺参数以及铸造模具设计、冷却方式设计等具有重要意义。为了得到准确的模拟结果，将传热和相变过程相结合，根据潜热和物理性质变量，模拟从液态到固态的相变过程和金属流场。

　　根据铸件的几何特征，建模时，将上图中的 3D 几何模型简化成一个 2D 轴对称模型，其中 r 为铸件径向方向，z 为轴向方向，如图 5-57 所示。图 5-58 显示了有限元计算网格的划分结果，考虑到模拟精度和计算速度的要求，固液混合区域的网格划分更加密集。

　　模具中的液态金属冷却时发生凝固并释放潜热，材料特性也发生了显著改变。对于纯金属来说，相转变温度是一个固定值，而对于大多数合金来说，相转变温度跨越一个温度区域。由于较宽的相转变温度区和凝固动力学因素，模型中包含一个固液混合区，且在模拟时将连续铸造过程视为稳态过程。传热过程中的热平衡方程为：

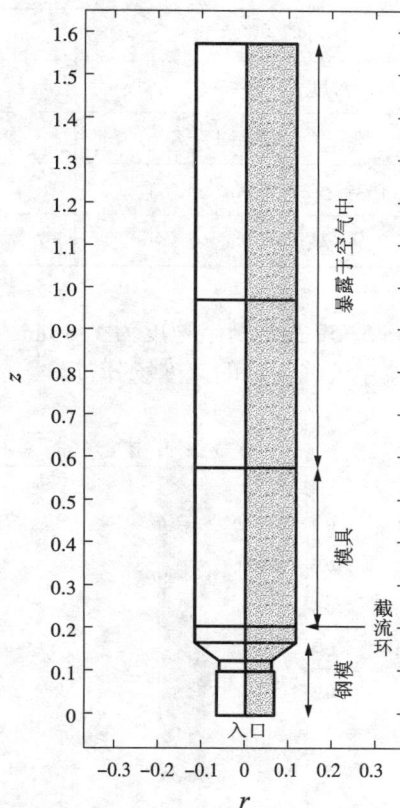

图 5-57　连续铸造过程的二维轴对称模型

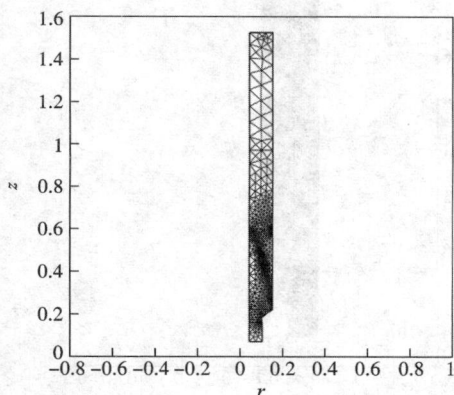

图 5-58　计算网格划分结果

$$\nabla \cdot (-k \nabla T) = Q - (\rho C_p u \cdot \nabla T) \tag{5-16}$$

式中，k、C_p 和 Q 分别表示热导率、比热和单位体积的外界热源量。

　　凝固过程中金属液体的热容 C_p 会发生显著变化，其中单位质量金属液体释放的热量用焓变 ΔH 表示。采用 Navier-Stokes 公式来描述连续铸造过程中可压缩流体的非等温流动模式的层流流动。

表 5-5 列出了模型中使用的有关材料参数, 其中 η 为粘度。此外, 熔点 T_m 设为 1356 K, 凝固过程中的熔变 ΔH 设为 205 kJ/kg。

表 5-5　模型中使用的有关材料参数

性　质	熔体	固体
密度 $\rho/(\text{kg}\cdot\text{m}^{-3})$	8500	8500
比热容 $C_p/(\text{J}\cdot\text{mol}^{-1}\cdot\text{K}^{-1})$	530	380
热导率 $k/(\text{W}\cdot\text{m}^{-1}\cdot\text{K}^{-1})$	200	200
粘度 $\eta/\text{Pa}\cdot\text{s}$	0.0434	

图 5-59 为当铸造速度为 1.6 mm/s 时, 铸件尾端的温度场分布和相分布。图 5-60 为铸造尾端用流线表示的速度场分布。

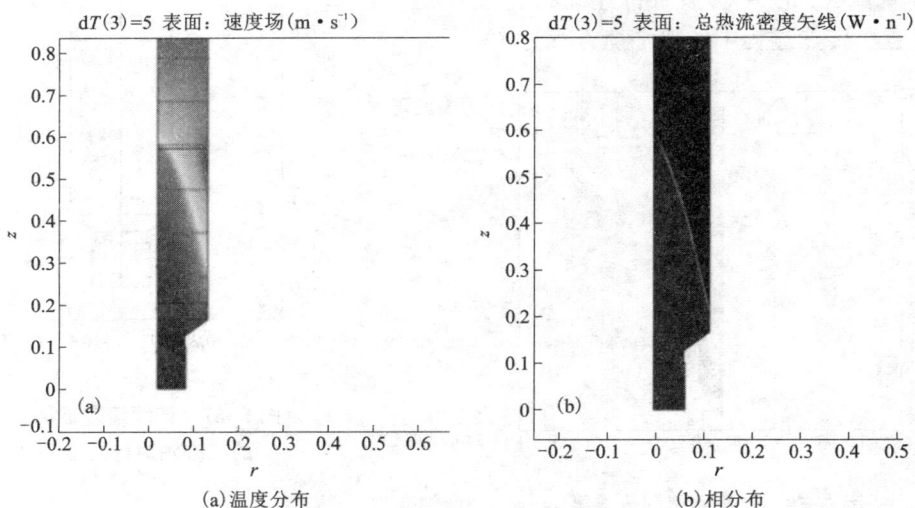

(a) 温度分布

(b) 相分布

图 5-59　铸件尾端的温度分布和相分布

多场耦合模拟结果清楚地表明了铸造模具内复杂的温度场、物相和流场分布, 速度场流线表明在靠近钢模壁处流体出现"扰动", 导致速度场流线在靠近钢模壁处呈现涡流状, 提示在实际铸造过程中将出现表面质量不均匀现象。根据这一模拟结果, 铸造工程师可以通过优化钢模的形状来避免可能出现的问题。

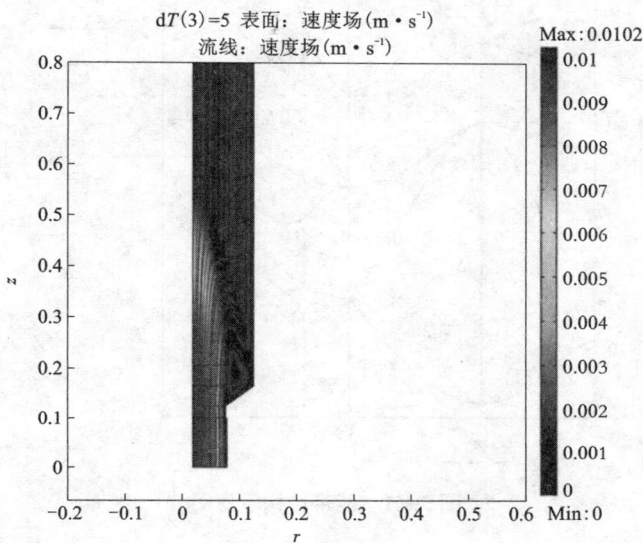

图 5-60　铸件尾端用流线表示的速度场分布

　　总之，通过对连续铸造加工过程中铸件内部的温度场、流场、热流场和相分布进行模拟仿真，可以实现对铸件质量的预测，并可优化铸造工艺方案。

习题及思考题

　　1. 谈谈您对材料基因工程以及材料科学与工程中的数字化研发的理解和展望。

　　2. 思考回答下列问题，加深对计算材料学的理解。

　　a. 计算材料学的定义；b. 计算材料学与实验材料学、材料理论研究的关系；c. 如何评价材料计算结果的可靠性；d. 计算材料学的意义。

　　3. 第一性原理计算分析填空题。

　　基于原子、电子尺度的量子化学第一性原理计算在材料科学领域具有广泛的应用，比如研究材料的晶体结构、能带结构、力学性质、光学性质、电学性质、磁学性质、掺杂改性或合金化效应、结构与相变等。

　　(1) 请标定出图 5-61 中方框中所表示的含义。其中 A 为 (　　　　　)；B 为 (　　　　　)；C 为 (　　　　　)；D 为 (　　　　　)；E 为 (　　　　　)；F 为 (　　　　　)；

　　(2) 图 5-62 为纯净 TiO_2 和掺杂体系的 $Ti_{14}Co_2O_{32}$ 的能带结构，则纯净 TiO_2 的能带带隙 (Band Gap, Eg) 值为 (　　　) eV，掺杂体系的 $Ti_{14}Co_2O_{32}$ 的能带带隙值为 (　　　) eV。

▶ 209

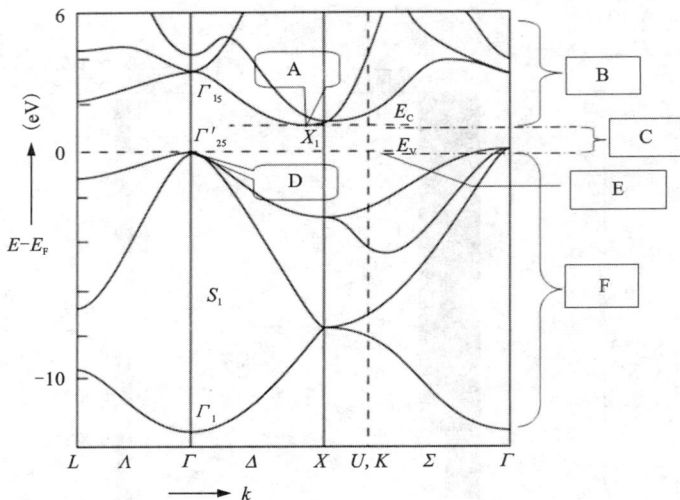

图5-61　能带结构示意图

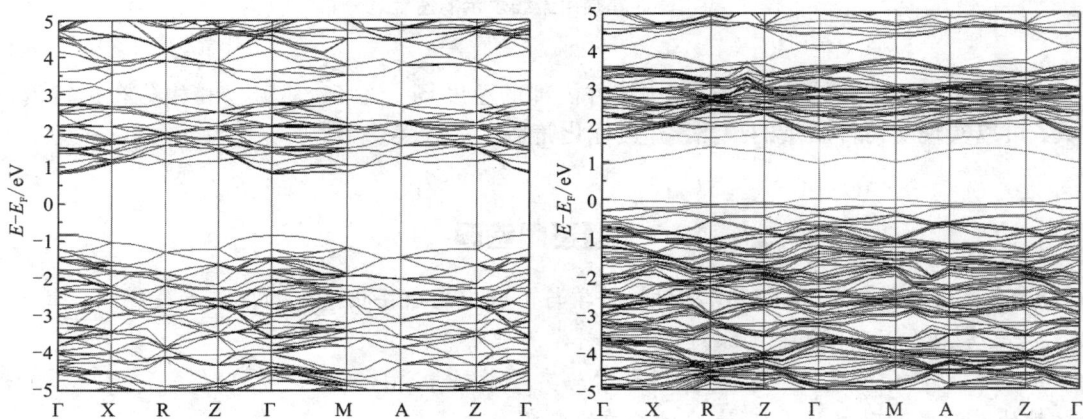

图5-62　金红石结构的纯净 TiO_2 和掺杂体系的 $Ti_{14}Co_2O_{32}$ 的能带结构

4. 参考下列物质的晶体学描述，写出格式化的 POSCAR 结构文件，并用第一性原理计算软件计算纤锌矿结构的 ZnS，ZnO，SiC，AlN，CdSe，BN 在基态(0 K)下的晶体结构、电子结构和性质，即平衡晶格常数、晶胞体积、可变内坐标参数，态密度、能带结构、光学和力学性质，并进行比较。

- The Wurtzite（B4）Structure
- Prototype：ZnS（Wurtzite）纤锌矿

- Pearson Symbol：hP4
- Strukturbericht Designation：B4
- Space Group：P63mc（Cartesian and lattice coordinate listings available）
- Number：186
- Other Compounds with this Structure：ZnO, SiC, AlN, CdSe, BN, C（Hexagonal Diamond）
- Reference：Kisi andElcombe, Acta Cryst. C45, 1867（1989）.
- Primitive Vectors：

A1 = 1/2 a X−1/2 31/2 a Y

A2 = 1/2 a X+1/2 31/2 a Y

A3 = c Z

- Basis Vectors：

B1 = 1/3 A1 + 2/3 A2 = 1/2a X + 1/2 3−1/2 a Y（Zn）（2b）

B2 = 2/3 A1 + 1/3 A2 + 1/2 A3 = 1/2a X−1/2 3−1/2 a Y + 1/2 c Z（Zn）（2b）

B3 = 1/3 A1 + 2/3 A2 + u A3 = 1/2 a X + 1/2 3−1/2 a Y + u c Z（S）（2b）

B4 = 2/3 A1 + 1/3 A2 +（1/2 + u）A3 = 1/2 a X − 1/2 3−1/2 a Y +（1/2 + u）c Z（S）（2b）

Primitive vectors

a（1）= 1.91135000　−3.31055531　0.00000000

a（2）= 1.91135000　3.31055531　0.00000000

a（3）= 0.00000000　0.00000000　6.26070000

Volume = 79.23078495

Basis Vectors：

Atom	Lattice Coordinates			Cartesian Coordinates		
Zn	0.33333333	0.66666667	0.00000000	1.91135000	1.10351844	0.00000000
Zn	0.66666667	0.33333333	0.50000000	1.91135000	−1.10351844	3.13035000
S	0.33333333	0.6666666 7	0.37480000	1.91135000	1.10351844	2.34651036
S	0.66666667	0.33333333	−0.12520000	1.91135000	−1.10351844	−0.78383964

5. 已知立方结构（CUB）的第一布里渊区的高对称性 K 点取点如图 5-63 和表 5-6 所示，请写出用于能带结构计算的格式化的 KPOINTS 文件的 K 点坐标。

表 5-6　CUB 第一布里渊区 K 点对称性坐标

×b₁	×b₂	×b₃		×b₁	×b₂	×b₃	
0	0	0	Γ	1/2	1/2	1/2	R
1/2	1/2	0	M	0	1/2	0	X

Conventional lattice
$a_1 = (a, 0, 0)$
$a_2 = (0, a, 0)$
$a_3 = (0, 0, a)$

Primitive lattice
$a_1 = (0, a/2, a/2)$
$a_2 = (a/2, 0, a/2)$
$a_3 = (a/2, a/2, 0)$

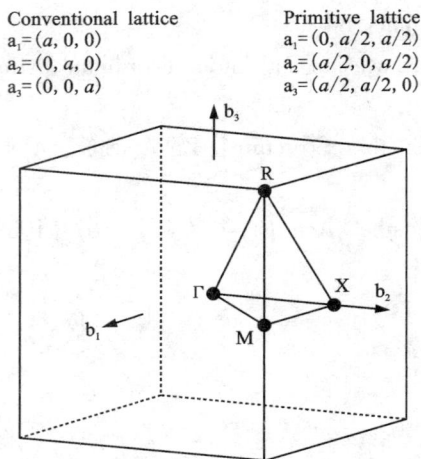

图 5-63   CUB 第一布里渊区

KPOINTS

K-KPOINTS for Cubic

10 ! 10 intersections

Line-mode

RECIPCAL

……

6. 从 CompuTherm LLC 公司网站上申请并下载 PANDAT 7.0 免费教学版软件，安装后，计算 Al-Mg-Si 三元系在 500 ℃和 600 ℃时的等温相图，以及成分为 Al-5Cu-10Mg-3Si (at.%)的 Al 合金在 500 ℃和 600 ℃的相组成、各相的成分及各相的 Gibbs 自由能。

7. 充分利用网络学习资源，收看第一性原理计算软件、热力学软件及有限元软件系列培训课程视频。

8. 根据课程学习和文献调研，构思一个材料计算设计与模拟的学术论文方案，写出选题依据、研究内容和目标，研究方案和预期结果，并上机完成计算和结果处理，完成可投稿论文初稿，提供 3~5 篇主要中外文参考文献。

参 考 文 献

［1］李波，杜勇，邱联昌等.浅谈集成计算材料工程和材料基因工程：思想及实践［J］.中国材料进展，2018，7：506-525.

［2］苏航.材料数字化的盛宴.本文首发于微信公众号：新材道，新材道网站 www. atsteel. com. cn，2019.

［3］博客网文.人工智能在材料科学的应用.原文链接：https://blog. csdn. net/weixin_37934180/art icle/details/108611051.

［4］知乎网文.机器学习与材料未来热点："大数据"材料、少数据、高通量计算！原文链接：https://zhuanlan. zhihu. com/p/423689872(原创，发布于 2021-10-20 17：00).

［5］孙中体，李珍珠，程观剑，等.机器学习在材料设计方面的研究进展［J］.科学通报，2019，64(32)：3270~3275.

［6］博客网文.开源材料数据库 Materials Project，原文链接：https://blog. csdn. net/jessica0307/article/details/105773451 (jessicablingbling 原创，发布于 2020-04-26 19：11：45).

［7］Liu Z K, Chen L Q, Raghavan P, et al. An integrated framework for multi-scale materials simulation and design［J］. Journal of Computer-Aided Materials Design，2004，11(2-3)：183~199.

［8］周健，梁奇峰.第一性原理材料计算基础.北京：科学出版社，2019.

［9］乔芝郁，郝士明.相图计算研究的进展［J］.材料与冶金学报.2005，4(2)：83~90.

［10］徐达鸣，傅恒志，李庆春.材料凝固成形多尺度多场量耦合计算机模型化［J］.中国基础科学，2004(4)：17~24.

［11］Baisheng Sa, Rong Hu, Zhao Zheng, et al. High-Throughput Computational Screening and Machine Learning Modeling of Janus 2D III-VI van der Waals Heterostructures for Solar Energy Applications［J］. Chem. Mater. 2022，34，6687-6701.

［12］Guanjie Wang, Liyu Peng, Kaiqi Li, et al. ALKEMIE：An intelligent computational platform for accelerating materials discovery and design［J］. Computational Materials Science，186，110064-110074，2021.

［13］邓斌.功能材料结构与性能若干问题的计算机模拟研究［J］.复旦大学博士学位论文，复旦大学，2006，上海.

［14］林灵燕，江琳沁，陈达贵，李平，邱羽.高效率碳电极钙钛矿电池的模拟研究［J］.第六届新型太阳能电池材料科学与技术学术研讨会论文集，2019，北京.

［15］Lingyan Lin, Linqin Jiang, Ping Li, et al. Simulation of optimum band structure of HTM-free perovskite solar cells based on ZnO electron transporting layer［J］. Materials Science in Semiconductor Processing，2019，90：1-6.

［16］K. Momma and F. Izumi. VESTA 3 for three-dimensional visualization of crystal, volumetric and morphology data［J］. J. Appl. Crystallogr. ，2011，44，1272-1276.

［17］D. 罗伯，计算材料学.北京：化学工业出版社，2002.

［18］M. C Payne, M. P. Teter, D. C. Allan et al. Iterative minimization techniques for ab initio total-energy calculations：molecular dynamics and conjugate gradients［J］，Rev. Mod. Phys. ，1992，64：1045-1097.

［19］樊康旗，贾建援.经典分子动力学模拟的主要技术［J］.微纳电子技术，2005，4(3)：133-138.

［20］福州大学多尺度材料设计与应用实验室（材料基因工程研究所）http://mcmf. fzu. edu. cn.

［21］小木虫之计算模拟社区，http：//muchong. com/bbs/index. php？gid=289.

［22］晶体结构 wyckofff position 查询官网：www. cryst. ehu. es/.

［23］量化软件 ABINIT 官网：www. abinit. org/.

［24］VASP 软件包学习过程中常用网站推荐：VASP 官网：https：//www. vasp. at/；VASP 手册：https：//cms. mpi. univie. ac. at/vasp/vasp/vasp. html；VASP 官网计算教程实例：https：//cms. mpi. univie. ac. at/wiki/index. php/Category：Examples；大师兄科研网教程《Learn VASP The Hard Way》：https：//www. bigbrosci. com/categories/LVASPTHW/.

［25］热动力学计算软件包 Thermo-Calc 官网：www. thermocalc. se/.

［26］热动力学计算软件包 Pandat 官网：https：//computherm. com/.

［27］热动力学计算软件包 FactSage 官网 https：//www. factsage. com/.

［28］有限元软件 ANSYS 官网：http：//www. ansys. com/.

［29］张立昆. 过渡金属元素掺杂 TiO_2 的稀磁半导和光催化复合功能特性研究［J］. 福州大学硕士学位论文，福州大学，福州，2012.

［30］吴波，陈露，付金彪，等. Ti_2AlNb 基合金热处理中的相结构与相变预测［J］. 材料热处理学报，2009，30（4）：189-193.

［31］B. Wu, M. Zinkevich, F. Aldinger, et al. Prediction of the Ordering Behaviours of the Orthorhombic Phase Based on Ti_2AlNb Alloys by Combining Thermodynamic Model with Ab initio Calculation［J］. Intermetallics，2008，16（1）：42~51.

［32］Qiong Peng, Kangming Hu, Baisheng Sa, et al. Unexpected elastic isotropy in a black phosphorene/TiC_2 van der Waals heterostructure with flexible Li-ion battery anode applications［J］. Nano Research，2017，10（9）：3136-3150.

［33］Qiong Peng, Rui Xiong, Baisheng Sa, et al. Computational mining of photocatalysts for water splitting hydrogen production：two dimensional InSe-family monolayers［J］. Catal. Sci. Technol. ，2017，7，2744.

［34］Qiong Peng, Zhenyu Wang, Baisheng Sa, et al. Blue Phosphorene/MS_2（M = Nb, Ta）Heterostructures As Promising Flexible Anodes for Lithium-Ion Batteries［J］. ACS Appl. Mater. Interfaces 2016，8，13449-13457.

［35］Rong Chen, Tian Liang Xie, Bo Wu, et al. A goneral approach to simulate the atom distribution, lattice distortion, and mechanical properties of multi-principal alloys based on sile preference：using FCC CoNiV and CoCrNi to domonstrale and compare［J］. Journal of Alloys and Compounds，2023，935：168016.

［36］Kangming Hu, Jinchang Huang, Zhenyi Wei, et al. Elastic and thermodynamic properties of the Ti2AlNb orthorhombic phase from first-principles calculations［J］. Phys. Status Solidi B，2017，254（6）：1600634.

［37］Bo Wu, Yan Zhao, Hamid Ali, et al. A reasonable approach to describe the atom distributions and configurational entropy in high entropy alloys based on site preference［J］. Intermetallics 2022，144：107489.

第6章 材料加工过程的计算机控制

材料加工是指金属材料、无机非金属材料以及高分子材料的成形制造等加工工艺过程，涉及到材料工程和机械制造两个领域。材料加工不仅重视产品的外形尺寸，而且重视产品的内在质量，如组织和性能等。产品的内在质量主要取决于材料加工过程中的实时参数状态。参数的精确测量和控制对产品质量的提升有着决定性的作用。

近年来，计算机技术及其应用得到了迅猛的发展，其应用范围越来越广，几乎涉及到每个行业。随着计算机技术的高速发展，计算机在材料性能检测和材料加工过程控制等领域也得到了广泛深入的应用。其中，材料加工参数的计算机测量以及加工过程的计算机控制与自动化技术发展最快，取得了非常显著的社会和经济效益。计算机在材料加工过程中的应用在降低操作人员劳动强度的同时，显著地改善了产品质量，提高了加工精度，而且大幅度提高了劳动生产率。

6.1 计算机控制概述

6.1.1 计算机控制的概念

在工业生产过程中，温度、压力、流量、转速、成分等工艺参数能反映出生产过程的进展状况。原始的生产过程是通过人工进行控制的，对工艺参数的检测、对偏离程度的判断和决策以及最后的执行都是由操作人员完成的。人工控制的劳动强度很大，而且要受到操作人员的能力和经验等因素的限制，难以做出及时准确的判断和控制。为了解决人工判断存在的问题，最初在生产过程中采用了具有一定分析、判断和决策能力的模拟控制器。尽管与人工控制相比，模拟控制器有很大的进步，但由于每个控制器只能控制一个参数，当需要控制的参数很多时，需要安装较多的控制器，管理和使用都很不方便。

计算机具有精度高、速度快、存储量大以及具有逻辑判断功能等特点，既能对被控制参数进行自动控制，又可以进行集中控制和管理，还能够在所有的控制器、工段、车间及部门之间进行信息交换。利用计算机能够将整个生产过程的控制与管理有机地结合起来，从而在工厂或集团层次上实现更加高级和复杂的控制和管理。计算机控制系统(computer control system，简称 CCS)是应用计算机参与控制并借助一些辅助部件与被控对象相联系，以达到一定控制目的而构成的系统。图 6-1 为一般计算机控制系统的基本形式。从中可以看出，该系统通过测量元件对生产过程的某一参量(如温度、流量、压力、速度和位移等)进行测量，给出一定形式的电信号，然后经由 A/D 转换器将电信号转变为数字信号，反馈给计算机。计算机将反馈来的信号与设定值进行比较，如果二者之间存在误差，调节器就输出一个数字控制信号，由 D/A 转换器转变为电信号后驱动执行机构，使被控参量的值与设定值趋于一致。

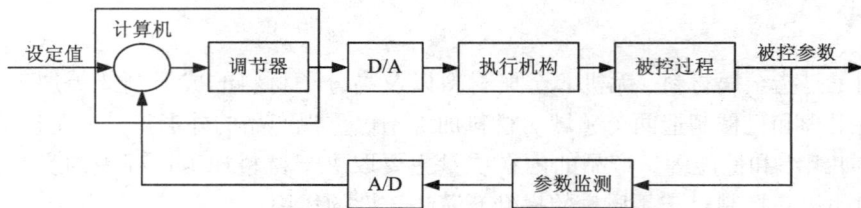

图 6-1　计算机控制的基本形式

计算机控制就是对被控对象的有关参数(如温度、压力、流量、转速、转角、电压、电流、相位、功率、状态等)进行采样并转换成统一的标准信号，通过输入通道把用数字量或由模拟量转换而来的数字量表示的各种参数信息传送给计算机，然后计算机根据这些信息，按照预先规定的控制规律进行运算和处理，并通过输出通道把运算结果以数字量或转换成模拟量的形式去控制被控对象，使被控参数达到预期目标。

总体而言，计算机控制系统就是充分运用计算机强大的计算、逻辑判断和记忆等信息加工能力，利用微处理器的各类指令，获取符合某种控制规律的程序，微处理器执行程序实现对被控参数的控制。相较于一般的控制系统，计算机控制系统控制规律的改变只需要改变计算程序即可。

6.1.2　计算机控制系统的结构和组成

由于用途或控制目的的不同，计算机控制系统的规模、结构、功能及其完善程度等可以存在很大差别，但所有的计算机控制系统都是由硬件和软件这两个基本部分组成的。计算机控制系统的组成如图 6-2 所示，硬件是指计算

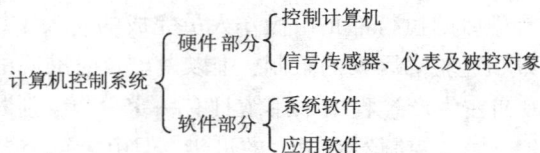

图 6-2　计算机控制系统的构成

机及其外围设备，包括信息传感器、仪表和被控对象，软件是指管理计算机的程序和生产过程控制的应用程序。计算机控制系统是通过各种接口及外部设备与生产过程相联系，并对生产过程进行数据处理及控制的。

下面对计算机控制系统各部分的功能进行介绍。

1. 硬件部分

计算机控制系统的硬件主要由主机、外部设备、过程输入输出设备以及广义被控对象组

成，如图 6-3 所示。

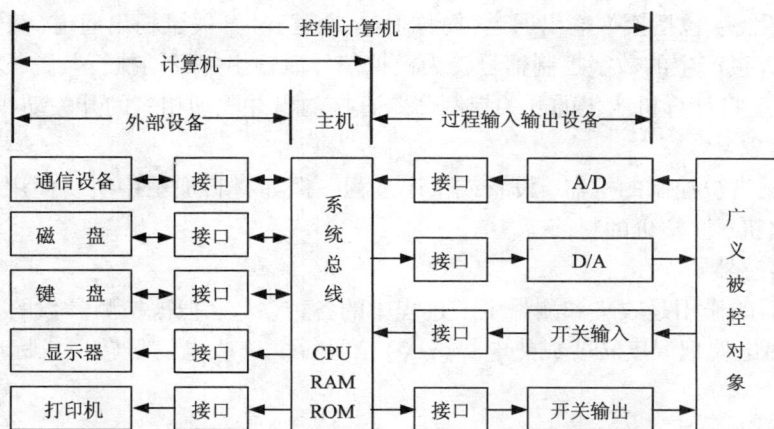

图 6-3　计算机控制系统的硬件组成框图

（1）主机

主机是整个控制系统的核心，是由中央处理器（CPU）和内储存器（RAM 和 ROM）通过系统总线连接而成的。按照预先存放在内存中的程序和指令，不断地通过输入设备获取被控对象运行状况的信息，并按照规定的控制规则自动地进行运算和判断，再通过输出设备向被控对象发出相应的控制命令，以实现对被控对象进行自动控制的目标。

（2）外部设备

外部设备是为了扩大主机的功能而设置的。常用的外部设备有四类：输入设备、输出设备、外储存器和通信设备。

输入设备：常用的是键盘，用来输入程序、数据和操作命令。

输出设备：常用的有打印机、绘图机、CRT 显示器等，它们以字符、曲线、表格和图形等形式来反应被控对象的运行状况和有关的控制信息。

外储存器：常用的是硬盘、软盘、光盘、U 盘等，它们具有输入和输出两种功能，用来存放程序和数据，作为内储存器的后备储存设备。

通信设备：用于与其他相关的计算机控制系统或计算机管理系统之间进行联网通信，形成规模更大，功能更强的网络分布式计算机控制系统。

（3）过程输入输出设备

过程输入输出（process input output，简称 PIO）设备是用来在计算机与被控对象之间传递生产过程的信息，是联结两者的桥梁和纽带。

过程输入设备：包括模拟输入通道（简称 A/D 通道）和开关量输入通道（简称 DI 通道）。

A/D 通道将测量仪表测得的被控对象各种参数的模拟信号转变为数字信号，并输入计算机；DI 通道将反映被控对象状态的开关量或数字信号输入计算机。

过程输出设备：包括模拟输出通道（简称 D/A 通道）和开关量输出通道（简称 DO 通道）。D/A 通道将计算机产生的数字控制信号转为模拟信号后输出并驱动执行装置，对被控对象实施控制；DO 通道将计算机产生的开关控制命令直接输出并驱动相应的开关动作。

（4）被控对象

被控对象是指被控制的机器、设备或生产过程。例如材料加工中所要使用的加热炉、焊机、轧机、挤出机、注塑机的料筒等。

（5）信号传感器

信号传感器的作用是收集和测量生产过程中的各种参数，把被检测参数的非电信号转换成电信号，如热电偶把温度转变成热电势（mV）信号等。这些电信号转换成标准电平后再送入计算机。

（6）执行机构

执行机构是控制系统中的重要部件。计算机输出的控制信号是由执行机构来执行的，它使生产过程达到预定的目标。执行机构通常由执行器和调节阀两部分组成。

2. 软件部分

对于控制系统来说，除上述几部分硬件之外，软件也是必不可少的。软件是完成各种功能的计算机程序的总和，如操作、监控、管理、控制、计算和自诊断等。软件的优劣，不仅影响硬件功能的发挥，而且也影响计算机对生产过程的控制品质和管理水平。软件分为系统软件和应用软件两大部分，见表 6-1。

（1）系统软件

系统软件是计算机通用性软件，主要包括操作系统、数据库系统和一些公共服务软件，如计算机语言编译、程序诊断和网络通信等软件。系统软件通常是由计算机厂家和专业的软件公司研究和生产的，可以从市场上购买。计算机控制系统设计人员一般情况下没有必要自己研制系统软件，但也需要了解和学习使用系统软件，以便更好地开发应用软件。

（2）应用软件

应用软件是计算机在系统软件的支持下实现各种应用功能的专用程序，一般包括控制程序、过程输入和输出接口程序、人机接口程序、显示、打印、报警和事故处理程序等。其中控制程序用来执行预先设计的控制算法，其优劣直接影响到控制系统的品质。过程输入和输出接口程序与过程输入和输出通道硬件相配合，共同实现计算机与被控对象之间的数据和信息传递。应用程序一般是由计算机控制系统厂家或用户自己编写。用户采用哪一种语言来编写应用程序，主要取决于控制系统软件配备的情况和整个系统的要求。

表 6-1　计算机控制系统软件分类

软 件	系统软件	操作系统	磁盘操作系统程序、管理程序等
		诊断系统	调节程序、诊断程序等
		开发系统	程序设计语言——汇编语言、算法语言等 语言处理程序——汇编程序、解释程序、编译程序等 服务程序——编辑程序、装配程序 模拟系统——系统模拟、仿真、移植软件 数据管理系统
		信息处理	资料检索、文字翻译、企业管理
	应用软件	过程监视	巡回检测程序
			数据处理程序
			过程分析程序
			上下限检查及报警程序
			工艺操作台服务程序
			数字滤波及标度变换程序
		过程控制预算	控制算法程序：PID 算法、最优化控制、串级调节、系统辨识、比值调节、前馈调节、其他
			信息管理程序：文件管理、信息生成调度、输出、打印、显示等
			事故处理程序
		公共服务程序	基本运算程序、函数运算程序、数码转换程序、格式编辑程序

6.1.3　计算机控制系统的分类

　　计算机控制系统的分类方法很多，可以按照系统的功能分类，也可以按照控制规律分类，还可以按照控制方式分类。本书按照系统的功能或工作任务进行分类，可以分为以下几种类型。

　　1. 直接数字控制系统

　　由控制计算机取代常规的模拟调节仪表直接对生产过程进行控制，由于计算机发出的信号为数字量，故得名为直接数字控制（Direct Digital Control，DDC）。DDC 控制的原理如图 6-4 所示。DDC 控制利用计算机对多个被控参数进行巡回检测，并与设定值进行比较，再

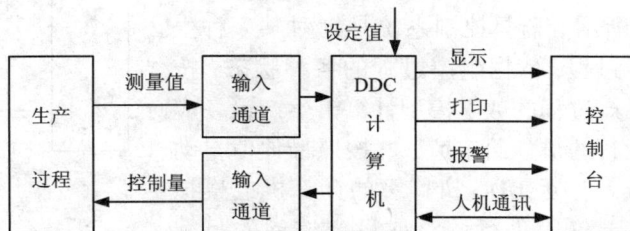

图 6-4　直接数字控制系统

按比例–积分–微分（PID）规律或直接数字控制方法进行控制运算，然后将计算机输出的控制量转换成执行机构的控制信号，直接去控制生产过程，使工业受控对象的状态保持在给定值上，偏差小且稳定。

DDC 控制的优点是灵活性大，可靠性高和价格便宜。DDC 控制利用计算机强有力的数值计算和逻辑判断推理能力，通过软件不仅可以实现常规的反馈控制、前馈控制以及串级控制等控制方案，而且可以方便灵活的实现模拟控制器难以实现的各种复杂的控制规律，如最优化控制、自适应控制、多变量控制、模型预测控制以及智能控制等，从而获得更好的控制性能。一般情况下，DDC 控制常作为更复杂的高级控制的执行级。

2. 操作指导控制系统

操作指导控制系统又称为数据处理系统（Data Processing System，简称 DPS），其原理如图 6-5 所示。在这种系统中，每隔一段时间，计算机进行一次采样，经 A/D 转换后送入计算机进行加工处理，然后再进行报警、打印或显示操作。计算机的输出不直接用来控制生产对象，操作人员根据输出的结果进行设定值的改变或必要的操作。

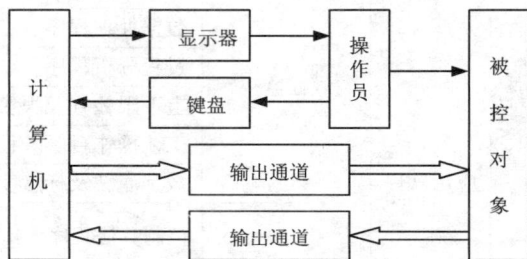

图 6-5 计算机操作指导系统

该系统最突出的优点是结构比较简单，且安全可靠。对于它给出的操作指导，操作人员可以根据自己的经验判断它是否合适，以便决定是否接收这种指导。由于操作人员的参与，避免了危险。因此，这种控制系统特别适合于控制规律尚不清楚的生产过程，或用于试验新的数学模型和调试新的控制程序等。它的缺点是仍要人工进行操作，使得系统的控制变慢了，而且不能同时操作几个回路。

3. 监督控制系统

监督控制系统（supervisory computer control，简称 SCC）系统，是在 DDC 系统加上监督级而构成的，其原理如图 6-6 所示。监督控制系统是针对某一种生产过程，依据生产过程的各种状态，按生产过程的数学模型计算出生产设备应运行的最佳给定值，并按照最佳值自动或人工对 DDC 执行级的计算机或模拟调节仪表进行调整或设定控制的目标

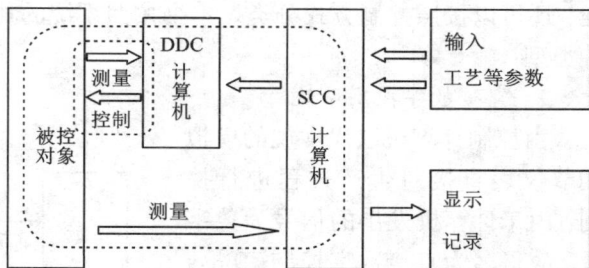

图 6-6 计算机监督控制系统

值。由 DDC 或调节仪表对生产过程各个点（运行设备）行使控制。

SCC 加 DCC 实际是一个二级控制系统，SCC 计算机和 DDC 计算机之间通过信息互联，

实现简单数据传送。SCC 计算机负责工艺段、车间的最优化分析和计算,并将结果作为最优化操作条件,重新设定 DDC 计算机的给定值,由 DCC 计算机执行过程控制,使工况保持最优。一旦 DDC 用计算机出现故障,可临时由 SCC 计算机替代 DCC 功能,使系统可靠性提高,并保证生产安全。SCC 系统的特点是能保证受控的生产过程始终处于最佳状态情况下运行,因而获得最大效益。直接影响 SCC 效果优劣的首先是它的数学模型,为此要经常在运行过程中改进数学模型,并相应修改控制算法和应用控制程序。

4. 顺序控制系统

在这种控制系统中,计算机根据被控对象的运行状态,严格按照预定的时间先后顺序或逻辑顺序产生相应的操作命令,并以开关量的形式输出,使被控对象的各个环节或部件按照预定的规格顺序协调动作来完成相应的生产加工任务。这种系统常用于机械加工过程和连续生产过程中的启动、停止以及故障连锁保护阶段,数控机床就是一种典型的计算机顺序控制系统,市面上出售的各种类型的可编程控制器(programmable logical controller,简称 PLC)就是专门用于顺序控制系统的计算机。

5. 分布式控制系统

分布式控制系统(distributed control system,简称 DCS)也称为分散控制系统或集散控制系统。分布式控制系统是将控制系统分成若干个独立的局部控制子系统,用以完成受控生产过程自动控制任务。在这种系统中,只有必要的信息才传送到上一级计算机或中央处理器,而大部分时间各个计算机都在并行工作。分布式控制系统由直接数字控制级(DDC)、计算机监督控制级(SCC)和综合信息管理级(management information system,简称 MIS)组成,其结构如图 6-7 所示。

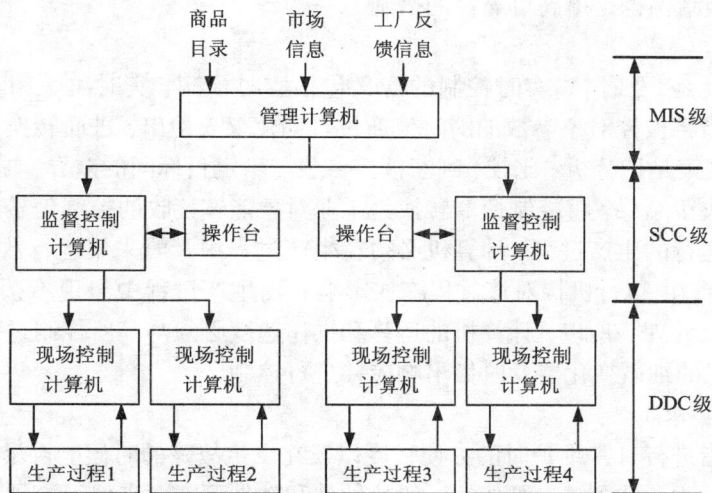

图6-7 计算机分布式控制系统

MIS 级：根据企业规模及管理范围的大小又可以分为公司管理级、工厂管理级和车间管理级等。

SCC 级：一般作为车间级或厂级，它根据生产工艺信息，按照某种目标进行最优控制和自适应控制，自动调整下一级 DDC 控制的设定值。

DDC 级：对生产工艺流程或生产设备进行巡回检测和直接控制。

分布式控制系统具有通用性强、组态灵活、控制功能完善、数据处理方便、整体安全性及可靠性高、生产经营活动的信息数据获取、传递和处理快捷及时等优点。能够适应工业生产过程的多种需求，是目前国际上公认的最好的控制方式之一。

6.1.4　计算机控制系统的主要特点和基本要求

计算机可以被用来完成控制任务，构成计算机控制系统。用于控制的计算机和用于科学计算的计算机相比，二者之间相同之处是都由各种类型的硬件和一定数量的软件构成的。测控用计算机又自己的特点，对检测与控制计算机及其系统有以下要求：

1. 可靠性要求

对工业生产过程控制来说，由于生产的过程是连续的，其生产设备一般一年或更长的时间才大修一次，在生产期间一般不允许停机检修。计算机发生任何故障都将对生产过程产生严重的影响。因此，特别要求计算机控制系统要具有很高的可靠性。计算机系统可靠性的高低，主要取决于它所采用的元件质量、生产工艺水平和整机设计技术。由于微型计算机的可靠性较高、价格低廉，因而可以在关键部位采用冗余措施(例如使用两台计算机，其中一台作为备份用)，从而达到提高系统可靠性的目的。另外，由于每个微处理芯片只负责一个局部工作，采用分散型结构也是提高可靠性的措施之一。

2. 实时控制

实时的意思就是"及时"。实时控制的含义包括实时检测、实时决策和实时控制三个方面。实时检测是指将被控对象参数的瞬时值通过自动化仪表检出，进而转换为工控机能够识别的数据；实时决策是指分析、比较、判断被控参数与给定目标间的差异，提出控制方案；实时控制是指根据决策结果，将控制命令转换为工业对象能够接收的控制信号。由于材料加工是按照一定规律运行的生产过程，计算机必须在生产过程中及时采集运行数据，进行各种计算，发出控制命令，由执行机构对该过程施加影响。当生产过程中出现不正常情况时，应及时进行报警和事故处理。所以，计算机的运算和操作速度必须与其所控制过程的运行状况相适应，对运行状况的细微变化要及时做出响应并进行控制。

3. 可维护性要求

可维护性是指进行日常维护时的方便程度以及在发生故障的时候能否尽可能的缩短排除故障所用的时间。为了达到这一要求，一般从硬件和软件两方面来保证。硬件的结构应该采用插件式，这样当损坏的插件被确定后，可以很方便地更换插件，使系统恢复工作。系统软件中应有诊断程序，当发生故障时能够及时发现和判断故障部位。另外，管理程序还必须能保证当某些输出输入单元被暂时断开时，系统仍能够继续正常工作。

4. 对环境的适应性

用于数据处理或科学计算的计算机可以安装在十分完善的环境中，温度和湿度能够进行调节，而且计算机不会受到外界震动的影响。但是，用于材料加工过程控制的计算机系统必须安装在距离控制现场不远的地方，有的甚至被装在插入式线路板上，直接装在被控制的装置或机器设备上，像高分子材料加工常用的注塑机、挤出机等。一般情况下，工业用控制计算机安装地点的环境温度可能很高，粉尘浓度较高，另外还会有腐蚀性气体，外界震动等不利条件，但控制用计算机在这种环境下应当还可以正常工作。

6.2　材料加工过程计算机控制示例

6.2.1　加热炉温度控制

加热炉是材料加工中最常见的一种设备，它存在于各个工艺过程，并处于咽喉和关键位置，直接影响产品的质量和成本。另一方面，加热炉又是能耗极大的设备，如热轧过程中使用的均热炉。加热炉的能耗一般要占全厂能耗的 60% 左右。因而，对其进行计算机控制，实行有效操作，是提高生产率、节约能源的有效措施。利用计算机可以实现对加热炉的温度、保温时间、升降温速率、气氛和工序动作等参数的自动化控制。计算机不仅可以对单台加热炉进行控制，而且可以同时对多台加热炉进行控制。计算机已成为材料加工设备及工艺过程控制的重要组成部分。

温度控制在加热炉设备自动化控制中是一个非常重要的方面。但加热炉是一个非线性的、时变的、分布参数复杂的被控对象，具有滞后的特性，因而加热炉的炉温是一个较难控制的参数。

1. 加热炉计算机控制系统的构成

加热炉加热温度的改变是通过调节加热元件的输入功率来实现的，加热炉温度控制系统如图 6-8 所示。炉温控制过程如下：首先测温元件将检测到的温度信号调制放大后通过 A/D 转换器转换为数字信号，然后将这一数字信号通过 I/O 接口输入计算机。计算机在得到温度测量数字信号后，将其与温度设定值进行比较，得到偏差值，然后计算机按照设定的控制算法，得出温度控制量，再经 I/O 接口输出到 D/A 转换器转换为模拟信号后，由执行机构去调节加热炉输入功率，使加热炉始终保持在温度设定值附近，保证加工工艺的实现。加热炉温度控制系统主要可分为温度测量和温度控制两部分。

(1) 温度测量

测量温度的方法很多，按照与被测介质是否接触，可以分为接触式和非接触式两大类。

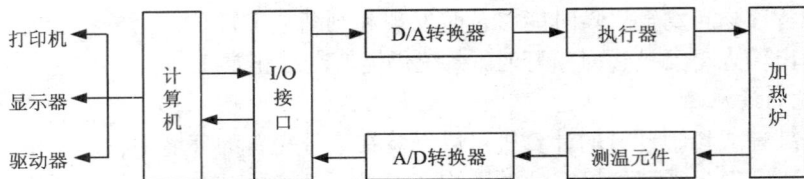

图 6-8　加热炉温度计算机控制系统框图

接触式测温需要将测量体与被测介质进行接触，被测介质与测量体之间进行热交换，当达到热平衡时，测量体的温度即为被测介质的温度。非接触式测温是通过接收被测介质发出的辐射热来温度测量的。常见的接触式测温仪主要有膨胀式温度计、压力式温度计和热电偶温度计等几种。热电偶温度计的原理是热电效应。将两种不同的金属材料接触并构成闭合回路，当两个触点温度不同时，回路中便会出现毫伏量级的热电动势，这一电动势可以准确反映温度。这种由两种不同金属材料组合而成的元件被称为热电偶。热电偶温度计在工业生产过程中使用极为广泛，它具有精度高、响应时间快、在一定的范围内热电动势与温度基本呈单值线性关系，稳定性和复现性较好，测温范围宽等优点。

　　加热炉一般是用热电偶温度计来测量炉温的，得到的热电势经 A/D 转换器把模拟信号转换成数字信号之后，再通过 I/O 接口将信号输入计算机。

　　（2）温度控制

　　温度控制是整个控制系统的核心，计算机在得到温度测量数字信号后，将其与温度设定值进行比较，得到偏差值，然后计算机按照设定的控制算法，如 PID 算法、最优化算法等进行控制决策计算，得出温度控制量，再经 I/O 接口输出到 D/A 转换器转换为模拟信号后，由执行机构去调节加热炉输入功率，使加热炉始终保持在温度设定值附近。PID 控制是加热炉控制系统中最常用的一种控制方法，下面对 PID 控制进行简单的介绍。

　　PID 控制是最早发展起来的控制方法之一，表示比例（proportional）–积分（integral）–微分（differential）控制。在工业过程中，由于控制对象的精确数学模型难以建立，系统的参数又经常发生变化，运用现代控制理论分析要耗费很大代价进行模型辨识，且往往不能得到预期的效果，所以人们常采用 PID 调节器。随着计算机技术的发展，采用计算机系统来实现 PID 控制时，其软件系统的灵活性、易完善性等优点得以发挥，而且其算法简单、通用性强、可靠性高，所以 PID 控制得到了越来越广泛的应用。

　　PID 控制器由比例单元（P）、积分单元（I）和微分单元（D）组成。

　　比例（P）调节作用：是按比例反应系统的偏差。系统一旦出现了偏差，比例调节立即产生调节作用以减少偏差。比例作用大，可以加快调节，减少误差，但是过大的比例，将使系统的稳定性下降，甚至会造成系统的不稳定。

　　积分（I）调节作用：是使系统消除稳态误差。如果系统出现误差，积分调节就开始进行，直至误差完全被消除，积分调节才停止。积分作用的强弱取决于积分时间常数 T_i，T_i 越小，积分作用就越强，反之 T_i 越大则积分作用越弱。加入积分调节会使系统稳定性下降，动态响应变慢。积分作用通常与另外两种调节规律相结合，组成 PI 调节器或 PID 调节器。

微分(D)调节作用：微分作用反映系统偏差信号的变化率，具有预见性，能预见偏差变化的趋势，因此能产生超前的控制作用，在偏差还没有形成之前，已被微分调节作用消除。因此，可以改善系统的动态性能。在微分时间选择合适情况下，可以减少调节时间。微分作用对噪声干扰有放大作用，因此过强的微分调节，会降低系统的抗干扰能力。此外，微分反映的是变化率，而当输入没有变化时，微分作用输出为零。微分作用不能单独使用，需要与另外两种调节规律相结合，组成 PD 或 PID 控制器。

其输入 $e(t)$ 与输出 $u(t)$ 的关系为：

$$u(t) = K_p \left[e(t) + \frac{1}{T_i} \int_0^t e(t)\mathrm{d}t + Td\frac{\mathrm{d}e(t)}{\mathrm{d}t} \right] \tag{6-1}$$

或者

$$U(s) = K_p E(s) + K_i \frac{E(s)}{s} + K_d s E(s) \tag{6-2}$$

式中：K_p 称为比例系数；K_i 称为积分系数；K_d 称为微分系数。使用中只需设定三个参数即可。在很多情况下，并不一定需要全部三个单元，可以取其中的一到两个单元，但比例控制单元是必不可少的。

2. 故障显示与报警

在工作过程中，加热炉中的热电偶可能会出现断偶的现象，使热电偶回路断开而无法产生热电势，从而使得测温系统无法获得加热炉内的温度信息。在这种情况下，如果计算机不能及时发现故障，极有可能误判为加热炉内的温度尚未达到温度设定值而继续加热，导致加热炉温度超过温度设定值，甚至会造成将待加工的工件以及加热炉烧毁的严重事故。因而，在加热炉温度控制系统中必须设置热电偶断偶保护报警系统。当热电偶断偶后，测温系统输入计算机的温度数字信号将为零或满量程，这时计算机将根据预先设定的规则进行判断，当计算机确定热电偶断偶后应马上用声或光等信号报警，并强制将加热炉的输入功率减小为零，以保证加热炉设备的安全。

3、分区温度控制

加热炉工作过程一般可以分为升温-恒温-降温三个阶段。在不同的阶段可以采用不同的控温策略：(1)在升温的过程中当加热炉内的实际温度远离控制点时，可以快速升温，从而减少升温阶段所需的时间，提高设备的使用效率。采用全功率或比例控制决策，尽量提高升温速率。(2)当炉内温度升高到控制点附近时，要减少超调量，使升温过程尽可能平滑地接近并稳定于控制点，提高温度的控制品质。(3)采用模糊控制推理决策或 PID 控制算法。

在工业生产过程中，由于需要控制的参数较多，并要求显示工艺流程，一般都采用上下位计算机系统来实现控制。上位计算机完成显示和管理的功能，如工艺流程图的显示、控制参数的设置、与下位机的通信以及故障报警等。下位机一般适合于工业现场使用的计算机，如工业可编程控制器(PLC)，用于完成检测现场的参数、计算控制参数的输出值、向执行器发出控制指令以及与上位机的通信等。

6.2.2　焊接过程的计算机控制

焊接过程的计算机控制一般分为自动测量、自动操作和自动调制三个环节。自动测量即通过测量元件对影响焊接工艺过程的变量进行连续的或周期性的测量，然后将测量得到的模拟信号通过 A/D 转换器转换成数字信号并通过 I/O 接口输入计算机。当测量值与设定值之间存在偏差时，计算机按照预先设定的规则进行计算并给出控制信号，经 I/O 接口输出到 D/A 转换器转换成数字信号，这一反馈信号使执行器产生动作，对被控焊接过程做出调整。自动操作即按照预先设定的程序，在某一工序完成后或进行到一定程度时，自动地进入下一道工序。自动调整可在整个焊接过程中使工艺参数自动地保持在预定的范围内，维持一定的精度。一般情况下，自动调整均采用闭环控制系统。

焊接自动化的核心是实现对焊接工艺过程的实时检测和自动控制。由于焊接工艺的复杂性，而且在焊接过程中涉及到冶金熔炼、热传导、材料物理化学性质变化、焊接结构以及焊接质量的要求等，这些因素使得对焊接过程的控制成为一个高度非线性、多变量耦合、大范围不确定因素和随机干扰强的对象的控制问题。

焊接过程的计算机控制主要是由焊接程序的控制、焊接参数的控制、焊接进行方向的控制以及焊缝质量的控制等几方面构成，下面以 TIG 焊机的自动控制为例对焊接过程的计算机控制进行介绍。

钨极氩弧焊(gas tungsten arc welding，简称 GTAW)又称为钨极惰性气体保护焊(Tungsten-arc Inert-Gas welding，简称 TIG)。TIG 焊使用纯钨或活化钨电极，以惰性气体-氩气作为保护气体的气体保护焊。钨棒电极只起导电作用而不熔化，在焊接过程中可以填丝也可以不填丝。填丝时焊丝应从钨极的前方填加。

在引弧前需要将管内抽成真空，然后充入

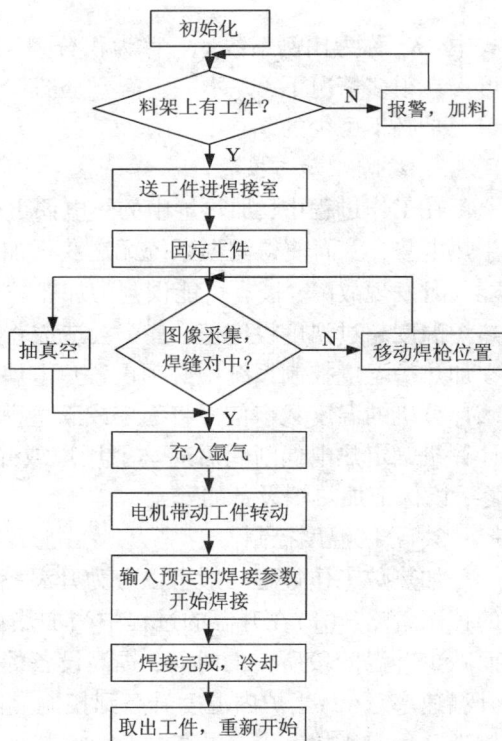

图 6-9　典型焊接流程框图

氩气，将管内的空气置换干净后才能开始焊接。焊接过程中要注意避免焊丝与钨极的接触以及焊丝深入到电弧的弧柱区，否则就会造成焊缝夹钨和破坏电弧的稳定。焊丝端部不能离开保护区，以避免氧化，影响焊缝的质量。在填丝过程中避免扰乱氩气的气流，停弧时继续用氩气保护熔池，以防焊缝氧化，典型的焊接流程如图 6-9 所示。

TIG 焊采用二级分布式控制系统。主机采用 PC 机，负责数据的输入和管理工作；各个现场控制采用单片机，完成各个功能模块的控制任务，PC 机与单片机之间采用标准的串口 RS-232 协议进行信息的交换。整个计算机控制系统包括：计算机、接口、执行机构和终端。整个控制系统由焊接电源、弧长控制器、送丝机构、焊炬位移机构和检测机构组成。

1. 焊接电源控制

TIG 焊机采用变极性电源，由计算机控制系统控制焊机的输出电流波形。焊接电源控制系统是一个负反馈控制系统，焊接电流 I 是一个被控参数。焊接电源可以完成恒流控制和脉冲输出，焊接电源控制系统如图 6-10 所示。当计算机通过 D/A 转换卡将预置信号输出到焊接电源时，焊接电源就会提供一个相应的电流。用电流传感器测量焊接电源输出电流的大小，然后将测量到的信号经 A/D 转换器输入到计算机。计算机将测量值与设定值进行比较并按照预先设定的规则进行计算，经由 D/A 转换器输出一个新的控制信号到焊接电源，从而实现对焊接电源的控制。

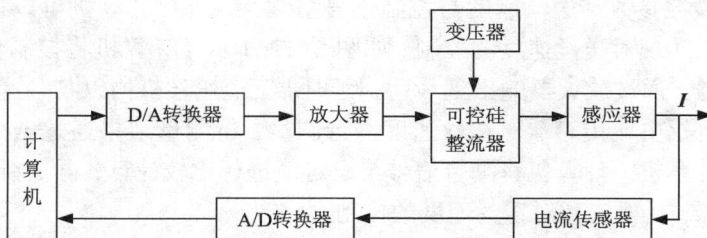

图 6-10 焊接电源控制系统框图

由于在焊接开始的时候需要利用高频振荡器引弧和稳弧，会对计算机控制系统造成严重的干扰。因而，在系统的硬件中采用下面的抗干扰措施：

（1）将计算机放在金属保护盒内并安放在远离焊接电源的位置；

（2）用光电管将计算机与焊接电源隔开；

（3）计算机的输入和输出电缆采用双绞线；

（4）将计算机的金属保护盒与焊接电源的罩壳分别接地。

2. 弧长控制

在焊接过程中，弧长会随着工件壁形状的变化而变化，这会影响到焊件的表面质量，甚至会产生焊接缺陷如烧穿或未焊透等。为了解决这一问题，需要对弧长进行控制。弧长控制系统是一个电弧电压负反馈控制系统，预置信号是控制参数，而与弧长 L 相对应的电弧电压 U 是一个被控参数，如图 6-11 所示。预置信号与电弧电压之间存在一个对应关系。当计算机通过 D/A 转换器输出一个预置信号时，在系统中就会维持一个相应的电压或弧长。在此系统中，对弧长的控制是利用电弧电压传感器来实现的。通过电弧电压传感器获取一个模拟信号，然后此信号经过 A/D 转换器转换成数字信号后传输给计算机，计算机将此信号与预置信号进行比较并进行计算，然后重新输出一个控制信号到焊接电源，焊接电源根据此控制信号调整电压。

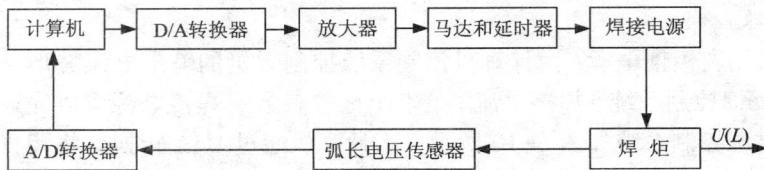

图 6-11　弧长控制系统示意图

3. 送丝过程控制

为了减小负载转矩对送丝速度的影响，送丝控制系统采用的是电枢电流正反馈控制，其中送丝速度 V 是被控参数。送丝速度与控制信号呈线性关系，计算机可以通过 D/A 转换器传送的控制信号来实现对送丝速度的控制，如图 6-12 所示。计算机将控制信号经 D/A 转换器转换成模拟信号，通过放大器输出到马达和延时器后，送丝机构以某一速度送丝。通过电枢电压传感器与电枢电流传感器对送丝速度进行测量，将测量结果通过 A/D 转换器转换成数字信号并输入计算机。计算机将测量信号与设定值进行比较计算，再重新输出一个控制信号到马达和延时器，从而实现对送丝速度的控制。

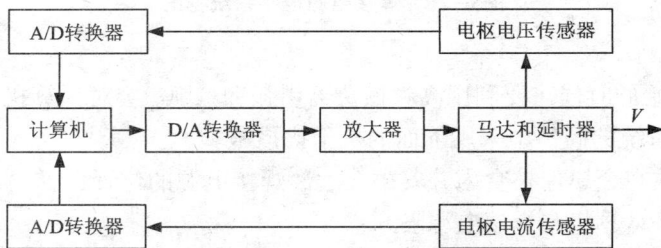

图 6-12　送丝控制系统框图

4. 焊炬位移控制

在焊接过程中需要根据工件的位置来调节参数，因此必须要知道行走电弧的确切位置。焊炬位移控制系统如图 6-13 所示。该系统采用伺服马达作为执行部件，通过旋转传感器从伺服马达获取地址和速度信息，然后把这些信息反馈给伺服电动机，从而完成位置和速度的双重闭环控制。系统中采用的位置控制卡是计算机与伺服电动机之间的接口。利用这个接口，一方面计算机把位置和速度的控制信号传送给伺服电动机，另一方面伺服电动机又把通过旋转变压器反馈来的信息传送给计算机。这样，计算机就能够对伺服电动机实现实时控制，根据行走电弧的实际位置提供合适的焊接参数。

图 6-13　焊炬位移控制系统框图

5. 检测设备

在焊接过程中，需要利用检测设备对熔池的动态情况以及焊缝的轨迹进行监测，然后将获取的信息反馈给控制系统进行实时控制。焊接质量控制主要包括两个方面：一是焊缝的自动跟踪；二是焊缝的熔透及成形控制。实现这两个方面控制的前提条件是获得这两方面的信息，这也就是检测系统要完成的任务。在本系统中预先对焊接轨迹进行规划，然后在焊接过程中进行实时纠偏跟踪。本系统采用模式识别技术，由摄像头和图像采集卡构成摄像系统，图像采集卡接收摄像头的视频信号，在计算机显示器上输出图像，获得焊缝的熔透和成形信息。检测过程如下：

（1）利用 CCD 传感器从工件的正面获取熔池的清晰图像；

（2）采用快速有效的图像处理算法，对采集到的熔池图像进行处理，提取出熔池的几何参数，如熔池宽度、熔池半长、熔池面积以及熔池后拖角等；

（3）计算机根据知识库中熔池几何参数与焊缝熔透性与成形状态的对应关系进行计算，获取熔池的物理参数；

（4）计算机根据检测到的信息对各项物理参数进行调节，从而实现对焊接过程的实时控制。

6. 外围设备

外围设备包括专用键盘、监视器、打印机、远控盒等，是用来执行焊接参数的输入、修改、显示和输出的。远控盒采用异步串行通信方式与主机相互传送数据和指令，它先将控制指令下达给主机，再由主机去控制相应的现场计算机。远控盒的主要任务是完成焊接前焊接物理位置的调整，焊接过程中各种焊接参数的调整，并显示控制命令和焊接参数。

习题及思考题

1. 简述实时控制的含义。
2. 加热炉温度控制系统的构成包括几个部分，每个组成部分的功能是什么？
3. 焊接控制系统可分为哪几个部分，其功能是什么？
4. 根据计算机控制系统的原理，对热处理控制系统进行设计，并画出其框图。

参 考 文 献

[1] 刑建东, 陈金德. 材料成形技术基础[M](第2版). 北京: 机械工业出版社, 2020.
[2] 王香, 马旭梁, 候彦芬. 材料加工过程控制技术[M]. 哈尔滨: 哈尔滨工业大学出版社, 2015.
[3] 栾贻国. 材料加工中的计算机应用基础[M]. 哈尔滨: 哈尔滨工业大学出版社, 2005.
[4] 周好斌. MCS-51单片机基础及其在材料加工中的应用[M]. 北京: 中国石化出版社, 2017.
[5] 樊自田. 材料成形装备及自动化[M](第2版). 北京: 机械工业出版社, 2018.

第 7 章　材料检测中的计算机应用

计算机在材料的性能测试、组织结构观测与分析等中的应用，是材料科学中计算机应用的一个重要方面。本章以材料的物相及成分检测、组织结构检测、力学性能检测和物理性能测量等方面的各种实际问题为例，介绍计算机在材料检测领域的应用。

7.1　材料的物相及成分检测

材料的组成对材料的性能和应用有很大的影响，许多材料的合成和制备正是通过改变材料的成分来调整材料的性能。因此，材料成分的检测对于材料研究有着特别重要的意义。

在材料物相分析中应用最广的是 X 射线衍射分析（XRD），而在元素成分分析中常用的方法是电子探针和光谱分析等，下面介绍计算机在材料物相及成分检测领域的典型应用。

7.1.1　X 射线衍射分析

X 射线衍射方法是对材料物相进行定性和定量分析的最主要技术之一。X 射线物相分析给出的结果，不是试样化学成分，而是由各种元素组成的固定结构的化合物（即物相）的组成和含量。多晶 X 射线衍射分析法又常称为粉末 X 射线衍射分析法，因为此法通常都要先把样品制成很细的粉末才便于实验使用。多晶 X 射线衍射分析法有着广泛的用途：判断物质是否为晶体；判断是何种晶体物质；判断物质的晶型；计算物质结构的应力；定量计算混合物质的比例；计算物质晶体结构数据等。数字化的 X 射线衍射仪的运行控制以及衍射数据的采集分析等过程都可以通过计算机系统以在线方式来完成。计算机配有一套衍射仪专用的控制分析操作系统。它包括一系列衍射仪操作的功能程序和许多衍射数据分析的应用程序，还有衍射工作常用数据表、操作步骤的查询程序。下面以物相的定性和定量分析为例，介绍计算机在材料物相分析过程中的应用。

1. 定性相分析

近代 X 射线衍射仪都是由电子计算机控制运行的。在计算机上设定各种参数后，可以随着衍射角的改变，由数据采集系统和处理软件实时地在计算机显示器上得到衍射花样。测定相对强度 I/I_1 值（I_1 为最强线的强度），并由软件计算面间距 d 值，列表输出或打印。根据 d–I 值进行 PDF 卡片的索引，查出与被测衍射花样相对应的 PDF 卡片，确定材料的物相组成。

传统的定性相分析方法有三强线法、特征峰法等，从 20 世纪 60 年代中期开始，国外开展了计算机自动检索的研究工作。目前用电子计算机控制运行的近代 X 射线衍射仪都配备有计算机自动检索软件。主要由数据文件库和检索匹配两部分组成。可大大提高工作效率，并且可以排除某些不必要的人为因素，尤其是在多组分的物相分析中优势明显。但缺点是计算机判断出的成分较多，也可能造成某些遗漏，不利于最后的判断。

近年来从国外引进的先进 XRD 设备可以通过内置的数据库对未知物相进行"三强线"的计算机匹配，从而对物相进行定性鉴定。目前，内容最丰富、规模最庞大的多晶衍射数据库是由 JCPDS(Joint Committee on Powder Diffraction Standards)编纂的《粉末衍射卡片集》(PDF)。自 1942 年由美国材料试验学会(ASTM)和美国 X 射线与电子衍射学会(美国晶体学会的前身)，联合编辑出版了第一版 PDF 卡(又称为 ASTM 卡片集)，收集有约 2800 种化合物的数据，为 X 射线衍射物相鉴定方法的应用准备了条件；而后 PDF 卡不断增补修订，自 1957 年起，每年增补一批数据卡片，称为一"集"(se)，并删除一批旧的数据卡。参加编纂工作的专业协会陆续增加，至 1964 年，正式成立了国际 JCPDS 协会，继续负责 PDF 卡的编纂审订工作，1998 年改由国际衍射数据中心(ICDD)收集编辑出版 PDF 卡组，并以 Window 方式建立数据库。至 1987 年增至 37 集，化合物总数超过 50000 种。

2. 定量相分析

定量分析，是在已知物相类别的情况下，通过测量晶体的积分衍射强度来测算各自的含量，可以直接按照峰高的数值大小做半定量的相对强度分析，也可以通过计算 XRD 衍射图谱中各强度峰下的曲线积分面积来确定各物相的相对含量。如果采用后一种方式，那么 XRD 的图谱曲线由于严重的非连续平滑状态(大多数 XRD 曲线的"奇点"使得曲线的一阶导数不存在)使得采用数学连续函数积分的方法几乎成为不可能。而使用小坐标网格法来"临摹"该曲线，再用人工统计网格数近似确定积分面积，会带来很大的工作量。

下面介绍一种利用计算机取点对非连续平滑曲线进行离散化的方法，即用计算机软件模拟 XRD 曲线所围面积，并定量计算各物相的相对含量。

系统包括三个主要模块：曲线离散化和 X/Y 队列产生模块、图像处理模块和数学处理模块。同时充分注意到了几个主要模块的独立性，保证系统设计和后续数学运算模块进一步调整的通用性。其流程图为：XRD 图谱以光栅图形方式进入系统——物理坐标与逻辑坐标的转换与校正——图像锁定——曲线离散化(X/Y 队列)——重绘标准曲线——曲线图像分析——对衍射峰做曲线面积积分——结果输出/数据库接口。

软件系统的实现步骤如下：

(1)将任意 XRD 图谱曲线读入计算机，自动实现从物理坐标系到逻辑坐标系的坐标转换和校正(图像的自适应与锁定)。

(2)对逻辑坐标系中的曲线进行数字离散化，同时重新绘制逻辑坐标系内的标准曲线。

(3)对离散化后的标准曲线进行图像分析处理，局部修正离散化后的曲线。

(4)对离散化后的曲线进行数字积分(同时在曲线上直接勾勒出被积分区域的轮廓线)，

求得各物相的相对含量,其中几何积分精度要求为 0.000001。

(5)对系统产生的结果(离散化曲线和 X/Y 坐标队列)做标准的接口输出,同时考虑数据库接口问题。

(6)如果输入不是源于 XRD 图谱的离散化,而是给出精确的像素队列,则精确给出数字积分结果。

采用该软件系统,可以在多种材料的 XRD 衍射图谱分析中,方便地得到材料的相对物相含量。

7.1.2　电子探针仪

电子探针仪(EPMA)利用一束聚焦很细且被加速到 5~30 keV 的电子束,轰击用显微镜选定的待分析样品上的某个"点",利用高能电子与固体物质相互作用时所激发出的特征 X 射线波长和强度的不同,来确定分析区域中的化学成分,是目前较为理想的一种微区化学成分分析手段。电子探针的主要结构包括电子束照射系统(电子光学系统)、样品台、X 射线分光(色散)器、真空系统、计算机系统(仪器控制与数据处理)。其中计算机系统用于控制产生电子束的电磁透镜系统、样品台驱动系统、X 射线分光器运行系统、X 射线检测器系统等硬件,以及信号数据采集、计算分析等各种图像处理软件。电子探针仪使用的 X 射线谱仪有波谱仪和能谱仪两类。

利用电子探针可以对样品进行定性分析和定量分析。其中定性分析是利用 X 射线谱仪,先将样品发射的 X 射线展成 X 射线谱,记录下样品所发射的特征谱线的波长,然后根据 X 射线波长表,判断这些特征谱线是属于哪种元素的哪根谱线,最后确定样品中含有什么元素;定量分析时,不仅要记录下样品发射的特征谱线的波长,还要记录下它们的强度,然后将样品发射的特征谱线强度(只需每种元素选一根谱线,一般选最强的谱线)与成分已知的标样(一般为纯元素标样)的同名谱线相比较,确定出该元素的含量。

电子探针分析有 3 种基本工作方式:定点分析、线扫描分析和面扫描分析。

1. 定点分析

用波谱仪分析时可通过改变分光晶体和探测器的位置,得到分析点的 X 射线谱。将样品表面选定的待分析微区或粒子移至电子束轰击之下,驱动谱仪晶体和检测器连续改变 L 值,即改变晶体的衍射角 B,记录下 X 射线信号强度随波长的变化曲线,将谱线强度峰值所对应的波长与标准波长相比较,即可获得分析微区内所含元素的定性结果。若用能谱仪分析时,采用多道谱仪并配以电子计算机自动检谱设备,可在很短(15 min)时间内定性完成从 4Be 到 92U 全部元素的特征 X 射线波长范围的全谱扫描。

微区定点成分分析在合金沉淀相和夹杂物的鉴定等方面有着广泛的应用。考虑到空间分辨率,被分析粒子或相区的尺寸一般应大于 1~2 μm。对于用一般方法难于鉴别的各种类型的非化学计量式的金属间化合物(例如 A_xB_y,其中 x 和 y 不一定是整数,且分别在一定范围内变化），以及元素组成随合金成分及热处理条件不同而变化的合金碳化物、硼化物、碳氮化物等，可通过电子探针分析鉴定。

应该注意，利用谱线强度的直接对比判断元素的相对含量，只是一种半定量的分析结果。这是因为，第一，电子束与样品相互作用，激发出样品表面微区内元素的特征 X 射线信号的过程是一个十分复杂的物理现象，谱线的强度不仅与各相应元素的存在量有关，而且还会受到样品化学成分的影响，这称为"基体效应"。第二，谱仪在扫描过程中测量各元素谱线时的条件也不完全相同。例如直进式谱仪虽可保持出射角恒定，但晶体的衍射强度随衍射角的不同有较大变化，此外计数管对不同波长的 X 射线检测的灵敏度也有差异，这就是所谓的"谱仪效应"。第三，入射电子束与样品相互作用时，会有一定的深度和侧向扩展（均为微米数量级），由于谱仪实际接受的 X 射线信号来自电子束轰击点下几个微米数量级的范围，它可能已经超越了选定的相区域，因而所得的结果将是该体积内的某种平均成分，这称为"体积效应"。

2．线扫描分析

利用线扫描分析可以获得某一元素分布均匀性的信息。当入射电子束在样品表面沿选定的直线轨迹（穿越粒子和界面）进行扫描时，谱仪检测某一元素的特征 X 射线信号并将其强度（计数率）显示出来，也可直接在二次电子或背散射电子扫描像上叠加显示扫描轨迹和 X 射线强度的分布曲线，这样可以更直观地表明元素质量分数的不均匀性与样品组织之间的关系。

X 射线信号强度的线扫描分析，对于测定元素在材料内部相区或界面上的富集和贫化，分析扩散过程中质量分数与扩散距离的关系，以及对材料表面渗层组织进行分析和测定等都是一种十分有效的手段。但遗憾的是，对我们特别感兴趣的 C、N、B 以及 Al、Si 等低原子序数的元素，检测的灵敏度不够高，定量精度较差，有关技术尚在进一步完善之中。

3．面扫描分析

面扫描分析实际上是扫描电子显微镜的一种成像方式。入射电子束在样品表面作光栅扫描，谱仪固定接受某一元素的特征 X 射线信号，并借此调制荧光屏的亮度，即可获得 X 射面扫描像。在面扫描图像中，元素质量分数较高的区域应该是图像中较亮的部分。若将元素质量分数分布的不均匀性与材料的微观组织联系起来，就可以对材料进行更全面的分析。但在实际的操作条件下，不同区域间的质量分数差至少应该大于 2 倍，才可能获得衬度较好的图像。此外，应该注意，在面扫描图像中，同一视域不同元素特征谱线扫描像之间的亮度对比，不能被认为是各元素相对含量的标志。

7.1.3 光谱分析

由于每一种元素都有自己的特征谱线，因此可以根据光谱来鉴别物质和确定它的化学组成，这种方法叫做光谱分析。光谱分析的优点是非常灵敏而且迅速，在材料成分分析和结构分析中起着重要作用。

每种元素的特征光谱通常包括很多谱线，判断元素的存在并不需要将该元素所有谱线都找出来，而只需要找出 2～3 根灵敏线即可。灵敏线是一些激发电位低的光谱线，它们的强度大，在很低含量就能出现。材料成分的定性分析一般选用灵敏线作为分析线，用元素光谱图对比即可。定量分析是根据被分析元素谱线的强度确定其含量的。光谱仪中待测试样被激发后产生特征光，由入射狭缝经光栅分光后，形成不同波长的光通道，然后通过光电倍增管，将光信号转为电信号，再经各通道的电流频率转换器形成不同频率的脉冲信号，计算机专门设计计数器对脉冲进行计数，其计数值即为各单色光的谱线强度。

现今的光谱仪都采用计算机采集和数据处理系统，例如荧光光谱分析仪系统，如图 7-1 所示，傅里叶变换红外光谱仪，如图 7-2 所示，傅里叶变换红外光谱仪数据处理系统的核心是计算机，用于控制仪器的操作、收集数据和处理数据。

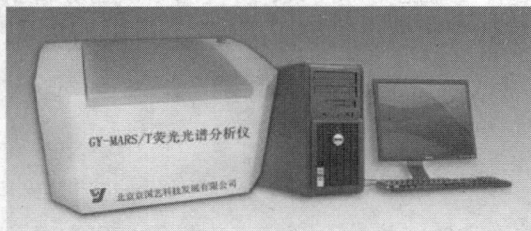

图 7-1 X 射线荧光光谱仪

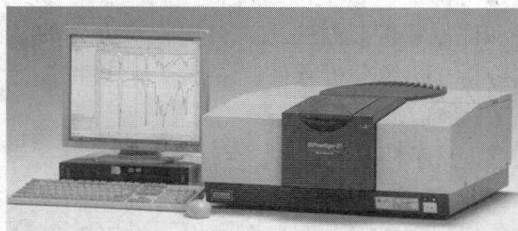

图 7-2 傅里叶变换红外光谱仪

在采集系统中，计算机每隔 0.02 s（供电频率 50 Hz）对各个分析通道巡检一次。

计算机系统应用软件可完成以下功能：

（1）测量参数选择

不同样品进行不同元素的检测时，许多测量控制参数都有所不同。在应用软件中应能选择不同的参数，建立测量控制参数文件，并存储在磁盘中。测量控制参数选择子菜单中包含装载测量控制参数文件、显示测量控制参数文件、输入测量控制参数文件、修改测量控制参数文件、存储测量控制参数文件等。

（2）定标处理

测量前仪器都需经标准样品校准。标准样品中各元素浓度与仪器相应通道的光谱线强度计数值一般以文件形式存储，应用软件在工作时调用此文件与实测时的光谱线进行比较，得出被测样品的元素含量值。

（3）常规测量过程控制

完成一般的常规测量过程，同时数据系统把测量数据依通道存入测量数据文件。

（4）分析测量结果

依据测量数据文件对被测样品作出分析，给出被测样品的成分分析结果。

计算机测控系统的使用已使光谱仪成功地用于一些要求在现场快速成分分析的地方，例如炉前快速成分分析等。据统计在日本的钢铁成分分析中，约90%的任务是由原子发射光谱仪（AES）和X射线荧光光谱仪（XFS）完成的。在线现场快速成分分析系统的主体是一个半自动全封闭的光谱实验室，它由实验室箱体、快速取样和自动磨样机、发射光谱仪、数据网络和数据传输终端5部分组成。实验室箱体是专门设计的，具有防震、防尘、防电磁干扰等性能，使其可以在工业现场使用；快速取样和自动磨样机使其可以满足在线快速成分分析的要求；数据网络和数据传输终端将成分分析数据迅速传输给中心计算机，从取样分析到将分析数据传输给中心计算机，全过程不超过150秒。

以上各种分析设备几乎都是在计算机采集和数据处理系统控制下进行工作的。这些计算机系统都提供了不同的设备控制、数据处理分析软件，功能非常强大，对检测结果的分析精度和详尽程度是过去人工分析很难办到的。其数据处理软件主要包括：计算、模拟软件；数据分析、图像分析软件；设备控制软件等。

7.2　材料的组织结构检测

材料科学是以材料的成分、加工工艺、组织结构和性能的关系及其变化规律为研究对象的，所以材料科学研究中通常都要检测直接影响性能的材料组织，评价材料缺陷；在了解材料组织与缺陷，以及其与材料性能之间的关系和变化规律的基础上进行计算机仿真，则是材料科学研究的新手段。

7.2.1　定量金相分析

金相分析是对金属材料进行研究和性能测试的重要手段。定量金相分析早期是用人工方法进行的，如网络法、称重法等，但准确性和重现性差，效率低，在某些情况下还无法实现。因此一直以来对金相组织的分析多采用定性分析，难以实现定量测量。随着计算机模式识别技术发展起来的金相图像分析系统则可以对灰度反差较大的金相组织实现定量分析和测量。

计算机金相图像分析系统在自动检测方面具有较高的测量精度。其基本原理是用视频采集卡或数码相机等硬件设备，采集到金相显微镜中的金相图片，再对该图片进行处理和分析，得到相关检验结果。分析系统具有测量速度快、重现性好的优点，并且能够连接金相显微镜、扫描电镜和数码相机等外部设备，有丰富的图像输入、编辑、增强、变化和切割功能，并且能够进行目标选取及目标分析，可对特征物自动完成测量，所以图像分析系统在金相定量检测方面得到了广泛使用。目前生产厂家开发了许多符合国家标准的定量金相检测专用软件，如金属晶粒尺寸测定软件包、球墨铸铁球化率评级软件包、汽车渗碳晶粒度测定软件包等，满足了材料检测、材料研究和部分金相定量评级的需要。

为保证测量结果的准确性，图像定量检测很重要的一点就是要得到高质量的金相图像。试样要求平整、无污点、无磨痕；为保证测量结果的精度，还要求试样能进行反映组织细节的腐蚀，但不能过腐蚀。理想的腐蚀是采用染色的方法，依靠各相的颜色不同进行区别。

为了能够真实的反映组织的含量，要求对试样尽可能地测定较多的视场，用多次测量的平均值代表真实值，以减少测量误差。在测量时，对视场的选择应该是客观的、非人为的；应选择合适的放大倍数，使组织图像的细节尽可能地分辨清晰。

金相图像分析系统可以对合金相和非金属夹杂物等进行定量测量，可以对合金组织进行评级和定量测量，还可以分析粉末冶金过程中的粉末粒度等。

金相图像分析系统经过数十年的不断升级和发展，已形成一套设计先进、功能齐全、软件丰富、性能稳定、测量精确可靠、测量方法符合国际国内标准的金相图像分析产品。典型的有北京唯恩视信科技发展有限公司的 VNT QuantLab-MG 分析系统。该分析软件特点是：统一、简洁、素雅的分析操作界面；100 多项金相检测与评定功能；高效率、高稳定性的分析功能；有效的金相组织选取工具；独特的晶界重建算法；功能完备的彩色图文报告生成与管理器；图像几何参数测量工具；真实比例尺图像输出功能。上海中恒仪器有限公司 MAS-3 金相图像分析系统，具有自动评级、新建报告、打开报告、几何测量、查看图库、定倍打印和图像拼接的功能。

其他的金相图像分析系统有：长方光学仪器有限公司的 CF-2000 系列金相图形分析系统；北京时代新天科贸有限公司的 Image v2.17 金相分析软件；北京中科科仪计算技术有限责任公司开发的 SISC IAS.V8.0 金相图像分析系统等。

7.2.2　计算机仿真

在大量的材料显微组织检测的基础上，可实现对材料组织及其与性能之间变化关系的计算机仿真，通过计算机仿真建立材料的显微组织模型，又可使用该显微组织模型预测材料的性能。

下面以颗粒增强复合材料显微组织的计算机仿真过程为例进行说明。颗粒增强复合材料的性能对其显微组织特别敏感，建立两者之间的关系已经成为颗粒增强复合材料显微组织设计的重要内容。由于材料是不透明的，直接观测实际材料的三维显微组织非常困难。目前采用的方法主要有：从材料二维截面推测其三维组织特性及参量的体视学方法，材料的系列金相截面进行三维重建的方法等。其中体视学方法是一种间接的方法，试样要满足一定的条件，而系列金相截面进行三维重建法工作量大。采用计算机仿真模拟具有不同颗粒和基体组织参数的颗粒增强复合材料显微组织具有明显的优势。

首先建立颗粒增强复合材料的显微组织模型。

1. 增强粒子的空间分布

颗粒增强复合材料中颗粒的组织结构参数包括粒子形状、尺寸、位置及空间分布、数量（体积分数和总颗粒分数）等，这些颗粒的几何特性参数都会影响到材料的性能。可以用数据结构来表示颗粒的几何特性参数。

模拟实际复合材料中颗粒的空间分布是要重点解决的问题，因为颗粒分布对材料的性能有着重要影响，而目前对于颗粒分布特别是三维空间分布的表征研究还很不充分。由于获得实际复合材料的颗粒空间分布较为困难，代价昂贵，尤其需要通过计算机仿真等手段去获得空间分布可以改变的、接近实际的颗粒组织模型，以便研究颗粒空间分布的表征方法及其对材料性能的影响。

颗粒仿真程序运行得到的颗粒坐标和每个颗粒的其他可变参数一起存入数据文件中，供后续仿真程序使用。

2. 基体的蒙特卡洛（Monte Carlo）仿真

颗粒增强复合材料的基体组织一般是多晶聚集体，而晶粒的形状、尺寸及尺寸分布等参数对其性能有着重要的影响。因此不论对于单相材料还是多相复合材料，在显微组织尺度对多晶基体组织进行表征和模型化都是非常重要的，可以利用蒙特卡洛仿真方法来模拟多晶基体的晶粒长大过程。这种仿真方法所得到的多晶基体组织与实际上的近似等轴的晶粒组织非常接近。

蒙特卡洛法亦称为随机模拟或随机抽样技术。前已述及（见2.4节），蒙特卡洛法是对某一问题作出一个适当的随机过程，并用由随机样本计算出的统计量值来估计随机过程的参数，从而由这个参数找出最初所述问题中包含的未知量的方法。如果某一问题的现象是随机过程，可以原封不动地把它进行数值化模拟。蒙特卡洛法用随机数来描述粒子的运动，并使其符合波尔兹曼分布。用这种方法处理得到的粒子瞬时分布很接近实际情况。

3. 三维可视仿真结果

首先产生不同数量（体积分数和总颗粒分数）、形状、尺寸、位置及空间分布的颗粒组织数据，而后在颗粒组织的基础上产生基体组织，得到具有不同平均晶粒尺寸的颗粒增强复合材料的显微组织。

在仿真程序中，颗粒的形状可以选择为球状、椭球体、圆柱体、规则多面体。颗粒的空间分布可以选择为周期分布、随机分布、层状分布、线状分布、团聚分布，通过改变颗粒和基体组织参数，可以仿真各种实际颗粒增强复合材料的显微组织。

在得到三维可视仿真结果后，可以作任意的二维截面处理，可用于颗粒组织和多晶聚集体的体视学研究；也可用于颗粒空间分布的表征问题的研究；并可将三维仿真组织转化为数据文件，在赋予其中各相的材料性质后，可作为颗粒增强复合材料的材料模型。

7.3　材料的力学性能检测

　　材料的力学性能是指材料在不同环境(温度、湿度、介质)下，承受各种外加载荷(拉伸、压缩、弯曲、扭转、冲击、交变应力等)时所表现出的力学特征。随着科学技术与工业生产的发展，材料力学性能的检测范围变得越来越广，对检测技术的要求也越来越高，测试材料力学性能的实验设备的功能和精度也发生了很大变化。如拉压试验机，过去应用摆锤式测力计，在遇到类似塑料、橡胶等需要较高的试验速度的材料时，由于摆锤摆动的惯性引起的负荷误差竟达 15%，现在采用具有电子测力、测变形以及机电伺服控制技术和计算机技术的电子试验机，示值精度已达到量程的±0.1%。另外，由于计算机技术的引入，也使得测试材料力学性能实验设备的自动化程度大幅度提高。

7.3.1　万能材料试验机

　　万能材料试验机一般是由测量系统、驱动系统、控制系统及电脑等结构组成。随着新工艺、新材料的不断涌现，对材料试验设备的要求也相应的提高。国内外已经出现了各种计算机控制的材料试验机测试系统(CAT)。CAT 系统泛指在试验机上采用计算机辅助测试的高级测试控制系统，它的应用软件大多是针对材料的常规测试项目开发，使用方便。目前许多工程技术人员针对所从事的材料研究项目对 CAT 系统进行二次软件开发，使得 CAT 系统的功能不断加强。图 7-3 为 HY-930LC 型万能材料试验机的示意图。

　　1. 系统的工作原理及主要配置

　　系统的基本工作原理是：通过电磁反馈实现对于材料力学性能的表示，由引伸

图 7-3　HY-930LC 型万能材料试验机测试系统

仪、力传感器分别测得试验过程中的变形值、力值信号，经放大器放大后，通过 A/D 转换板(有的采用通用性很强的多功能板卡，能与各种仪表、传感器匹配连接，进行应变、应力、位移等物理量的测试)将模拟信号转换为计算机能够接收的数字信号，经过计算机处理，获得所需的试验数据。二次开发的 CAT 系统(采用多功能板卡)还可以使用各种外接传感器，如应变片、液压传感器等。这些外接传感器的信号经过动态电阻应变仪或其他放大器处理后变

成电压信号输入到多功能板卡。其系统组成如图7-4所示。

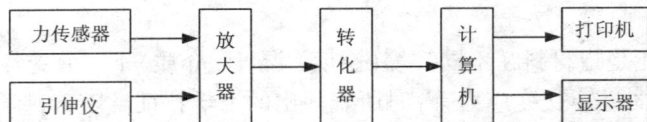

图7-4 万能材料试验机的计算机辅助测试系统组成

各种仪表、传感器的满量程电压输出可以是不同的，可以通过程序设置增益大小来设置多功能板卡A/D通道的满量程电压输入，从而使各A/D通道分别适应不同满量程电压输出的仪表，充分发挥各种仪表的潜力和精度。

对于材料试验机的控制装置来说，大量地使用计算机技术，通过数字化的数据改变，使得传统的数据经过数字/模拟（digital/analog，D/A）转换器的接口进行转化，转化为数字控制，这也是目前国内外对于材料试验机控制系统的研究方法。原有的材料试验机是使用手柄进行开关调节，其操作过程受到操作人员的影响相对较大，所以无法对自身进行连续性的自控系统调节，与此同时，电液伺服阀对于控制的目标虽然可以实现连续高精度控制，但相对来说制造成本过高，而且存在极高的维修费用与日常能源消耗费用，对自身材料试验测量的液体清洁度要求过于严格，使得使用过程中存在极大的限制。随着计算机控制的引入，对材料试验机的功能要求不断提高，既要实现缓慢或微小的位移，又要能实现一定速度的试验过程控制；既可进行应力控制，也需进行应变控制，还要能进行二者的复合控制，且其控制范围相当宽。因此一般的小流量阀是无法完成试验机液压控制的，需要一种特殊的PWM数控电液比例阀作为小流量阀，此阀采用数控形式，与计算机和多功能板卡连接非常方便。计算机、PWM流量阀和直接驱动流量阀的多功能板卡构成了材料试验机的PWM数字伺服系统，使材料试验机的控制精度、控制稳定性、控制范围和软件设计的难易程度都得到了很大改善。

2. 系统软件的组成

系统软件采用多层菜单形式，有试验参数设定、数据采集、数据处理和试验结果输出等子菜单。试验参数设定子菜单中包含传感器参数设定、试验类型设定和试验参数设定。系统人机界面友好，操作易于掌握。

为了消除试验过程中随机干扰信号和周期性高频信号的影响，在采样过程中运行实时软件滤波程序。在试验过程中，当各物理量达到设置好的采样条件时，就把各A/D通道的采样数据送入相应的数组文件，同时计算机将相应的各物理量同步地绘制在屏幕的曲线上。

为了把多功能板卡各A/D通道中采样数据转换成各物理量实际值，需要对每一个传感器进行标定，以得到多功能板卡各通道的采样数据与相应各物理量的转换关系。运行标定程序，标定在采样数据与相应的各物理量之间直接进行，并直接反映在屏幕显示和保存的数据中。

3. 主要功能

(1) 主要力学性能指标的测量

能够依据标准和要求测量材料的力学性能指标；能够根据不同类型的试样(棒材、板材、管材、螺纹钢等)自动计算试样的横截面积、标距，大大简化了试验过程，提高了工作效率；能把力学性能指标在屏幕上以曲线形式或表格形式显示出来；能够对各种外接传感器进行数据采集和处理，并可根据科学试验的需要设计配置不同的传感器和信号采集仪表，扩充了材料试验机的用途。

(2) 试验过程控制

在试验过程中可实时跟踪计时，把变形值、力值、应力速率、应变速率等参量呈现在屏幕上，可根据标准和要求很容易地对应力速率、应变速率进行控制。可对力–变形曲线及力–时间曲线(不同颜色和不同位置)进行显示控制。也可以对试验结果进行时域分析，这对于流变试验(松弛试验、蠕变试验及利用常应力速率和常应变速率确定模型参数的试验)等需要反复加卸载的试验过程是必不可少的。

(3) 模拟再现试验过程

试验过程数据自动存入对应文件，试验结束后可以在屏幕上模拟再现试验过程，其中包括变形值、力值、应力速率、应变速率等变化，这有助于分析试验过程中的受力状况。试验过程数据文件可根据需要随时打印出来。

(4) 试验曲线的计算

无论在试验过程中，还是在试验后，以数据文件的方式调出的试验曲线都可以进行某些指标值的计算。

(5) 试验报表功能

可以根据标准和要求设计试验报表格式，能够把试验数据输入到设计好的试验报表中，还可以根据标准和要求，很方便地打印出试验报告单。

(6) 数据管理功能

由于试验数据、试验曲线、力学性能指标都以数据文件的形式存入计算机，因此可以很方便地检索所需要的数据，并能够根据要求对数据进行分类、排序等。

数据统计功能也很有用，例如可以绘制各种性能指标的统计直方图，直观地帮助分析原材料、产品的质量状况，对工厂的质量管理有重要意义。

材料试验机的计算机化使得材料力学性能数据的取得更方便、更全面、更可靠。

7.3.2　冲击试验机

冲击试验机是指对试样施加冲击试验力，进行冲击试验的材料试验机，主要用于测定金属材料在动态载荷作用下抵抗冲击的性能，广泛应用于各个领域中。由于整个冲击实验形变断裂过程一般只有数毫秒，为了细分测试过程，测试系统的采样周期应该是微秒级的，而传统的冲击试验装置无法达到这一要求，因此需要配置高速数据采集和处理计算机系统，才能获得更精确的试验数据。

1. 冲击试验装置

冲击试验装置由四个部分组成：冲击试验机、数据采集系统、微型计算机和打印机或绘图仪，见图 7-5。

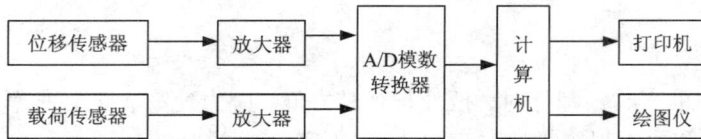

图 7-5　冲击试验装置图

（1）载荷传感器　用于测量试样在冲击试验过程中所承受的载荷。载荷传感器采用灵敏度极高的半导体应变片作为传感元件，接低漂移的直流电源。

（2）位移传感器　用于测量试样在冲击力作用下的变形过程。选用高精度位移电位计作为位移传感器，其造价低，精度高。将位移电位计安装在摆锤轴上，根据电位计的偏转角度，测出直流电压数值，从而测出试样的形变量。

（3）A/D 模数转换器　用于将测量模拟量转换成为数字量，选取 12 位模数转换器即可满足精度要求。由于整个形变断裂过程只有数毫秒，为了比较精确地测出载荷和形变的时间曲线，特别是测定载荷、形变位移的特征值，如弹性极限、屈服强度、抗拉强度及裂纹扩展起始点和止裂点等，采样周期应该是微秒级的。研制和选用微秒级的高速 A/D 模数转换器就成为整个采样系统的基础。所选取的 A/D 模数转换器，其内部需要带有缓冲存储器。因为 A/D 模数转换器采样速度很快，而计算机传输数据的速度相对较慢，故需要把采集的数据先暂存在缓冲存储器中，再进行处理。

安装在摆锤上的负荷传感器和安装在摆锤轴上的位移传感器，同时将载荷和位移信号通过各自的放大器，放大成适合 A/D 模数转换器输入的信号送入 A/D 模数转换器，将模拟量转换成为数字量输入到计算机中进行处理。

2. 冲击试验数据采集和处理

在计算机自动控制下，系统控制释放摆锤并进行数据采集，将载荷和形变电信号转换成数字信号输入给计算机。

首先确定采样周期。例如，根据实测的冲击试验结果，若按比例 10% 的误差要求，采样周期最大为 7 μs。根据采样定律，采样角频率 $\omega_s \leqslant \omega_{max}$，则采样的离散信号 $Y(t)$ 能够不失真地恢复原来的连续信号,其中 ω_{max} 是连续信号 $Y(t)$ 频谱特性中的最大角频率。所以采样周期 $T_s \leq T_{max}/2$,即 $T_s \leq 3.5\ \mu s$。

为防止电磁振动的干扰,采样一定要从摆锤锤头刀口接触到试样时开始。摆锤下落到接触试样这段时间可用延时程序避开。

冲击实验采集的数据会在采集结束后自动读入到计算机存储区,并在显示器上显示载荷 P 与位移 f 的关系曲线,以便实验人员直观了解冲击实验过程。

采集结束后计算机进行数据处理。为了划分冲击过程的各个阶段和测定材料的冲击弯曲强度指标,需要求出载荷 P 与位移 f 关系曲线的各个特征值,主要是屈服点、抗拉强度和止裂点。

曲线的各个特征值可根据曲线斜率 dP/df 的变化来判断,功可通过 P-f 曲线相应部分的积分求得。

通过计算机数据采集和处理系统,可以完整地记录材料的整个冲击过程,较准确地测定出材料冲击断裂曲线上的各特征值和相应的三部分功,从而确定材料性质,为正确评价材料提供了科学根据,把材料检测技术提高到了一个新的水平。

7.4 材料的物理性能测量

材料物理性能的内容相当广泛,包含了电、热、磁等多方面的性能。它们的测试方法各不相同,测试设备也有许多种类。例如采用双臂电桥或电位差计测量导电材料的导电性;采用电感膨胀仪、电容膨胀仪测量材料的热膨胀系数;采用磁性测量仪测量合金的铁磁性等。还有一些特殊材料如超导材料等具有特殊性能,就要采用一些特殊的测试方法。这些测试设备的动作控制、参数测量、数据处理等,都可以使用计算机来很好的解决。只是要注意每一种具体的测试设备或测试方法,涉及到的具体测试参数往往有各自的特别之处,在计算机采集系统、计算机控制系统、计算机数据处理系统的设计中要特别解决才行。

7.4.1 磁性测量中的计算机数据处理

在磁性测量中,冲击法由于测量装置简单,灵敏度高,测量精度高,目前依然是我国直流磁性测量的主要方法。但冲击法测量不连续,测量过程繁琐,尤其是测量磁化曲线、磁滞回线以及最大磁导率等磁参量时,需要测量很多点才能保证绘制的曲线及测得的参量值足够准确,而且数据处理时需逐点计算,工作量很大,导致实际测量过程中测量点的减少,使绘制出来的曲线粗糙,测得的磁参量准确度不高。改用计算机作测量数据处理,不仅提高了测量速度,也保证了测量精度。

1. 磁性测量数据处理简介

测量磁通冲击常数:

$$K_{\mathrm{H}} = \Delta I \cdot M / \alpha_{\mathrm{H}} \qquad\qquad (7-1)$$

式中：K_{H}——磁通冲击常数，Wb/mm；

$\quad\quad M$——标准互感值，H；

$\quad\quad \Delta I$——电流改变量，A；

$\quad\quad \alpha_{\mathrm{H}}$——检流计偏转量，mm。

标定磁场 H 下的检流计偏转量：

$$\alpha_{\mathrm{H}} = 2(A_1 N_{\mathrm{H}}) \cdot \mu_0 \cdot H / K_{\mathrm{H}} \qquad\qquad (7-2)$$

式中：α_{H}——标定磁场下的检流计偏转量，mm；

$\quad\quad A_1 N_{\mathrm{H}}$——磁场测量线圈常数；

$\quad\quad \mu_0$——真空磁导率，H/m；

$\quad\quad H$——磁场强度，A/m；

计算磁感应强度：

$$B_{\mathrm{H}} = K_{\mathrm{B}} \cdot \alpha_{\mathrm{B}} / (2 N_{\mathrm{B}} \cdot S) \qquad\qquad (7-3)$$

式中：K_{B}——测量时的磁通冲击常数，Wb/mm；

$\quad\quad \alpha_{\mathrm{B}}$——测量时的冲击检流计偏转量，mm；

$\quad\quad N_{\mathrm{B}}$——磁感应测量线圈；

$\quad\quad S$——试样横截面积，m^2。

试样横截面积：

$$S = m / (L_0 \cdot \rho) \qquad\qquad (7-4)$$

式中：m——试样质量，kg；

$\quad\quad L_0$——试样平均磁路长，m；

$\quad\quad \rho$——材料密度，$\mathrm{kg/m}^3$。

试样平均磁路长：

$$L_0 = \pi \cdot (D + d) / 2 \qquad\qquad (7-5)$$

式中：D——试样外径，m；

$\quad\quad d$——试样内径，m。

试样平均磁场强度：

$$H = N_1 \cdot I / L_0 \qquad\qquad (7-6)$$

式中：N_1——磁化线圈匝数；

$\quad\quad I$——磁化电流，A；

$\quad\quad L_0$——平均磁路长，m。

导磁率：

$$\mu = B / H \qquad\qquad (7-7)$$

按上述处理过程只能得到测量中一点处的磁感应强度、磁场强度和导磁率，而在实际实验中测量的往往不止一点，绘制曲线时，需要测量的点还要更多。这就使数据处理的工作量变得很大，也容易出现失误。因此采用计算机进行测量数据处理非常必要，下面简单介绍相关的计算机程序。

2. 程序各部分说明

（1）主程序　控制整个程序的运行；负责测量参数的初始化；负责控制权的转移；负责传输数据，并保证传输的准确性；保证友好的人机交互；负责将处理结果返回给用户。

（2）子程序 1　完成磁感测量的数据处理，并将结果返回给主程序，同时交出控制权。

（3）子程序 2　完成最大导磁测量的数据处理，并将结果返回给主程序，同时交出控制权。

（4）子程序 3　完成磁化曲线测量中的数据处理，并绘制出曲线图。

3. 程序优点

（1）为便于操作，在主程序中设计了一个选择菜单，可方便地进行操作选择和结束程序。

（2）采用模块化程序设计方法，三个子程序独立地完成各自的处理工作，互不可见、互不影响。

（3）采用双精度浮点型数据类型，保证了处理结果的精确性。

（4）在绘制磁化曲线的过程中，由于事先不能确定要处理几个点。定义了自引用结构，建立了一个动态链表来接收和处理任意个数的测量点。

程序使用 C 语言编制、调试完成，并用于实践。大大提高了试验员的工作效率，并保证了测试结果的准确性。经实践检验，该程序完全满足实际需要。源程序参见参考文献[6]。

7.4.2　超导材料特性曲线的计算机测量

在超导材料性能研究过程中，测试是获得试验样品各种性能参数的重要手段，测试结果的准确程度直接影响到研究工作的进程。

在超导材料的各种性能参数中，临界电流值 I_C 是表征超导材料超导性能的最重要的参数之一，也是工程实际应用研究的重要参数。从测量得到的超导电压与电流特性关系曲线中，不仅可以确定超导材料的临界电流 I_C，而且还能从中获得一些有关超导材料本质特征的重要信息。

超导电压与电流特性关系曲线可分为三个区域：超导态、临界态和正常态。其中临界态的电压变化行为直接与超导材料的性质、结构密切相关，该区域的超导电压与电流特性关系曲线通常被描述成指数形式：

$$V = V_0 \left(\frac{I}{I_0} \right)^n \tag{7-8}$$

式中，I_0 是电压为 V_0 时的电流值；n 反映了超导电压与电流的特性曲线形态，表明超导材料从超导状态到普通材料状态过渡段的突变情况，其值通常在 $10 \sim 100$ 之间。

　　所以，临界态区域的超导电压与电流特性关系曲线的精确测量，对于了解超导材料的特性信息具有重要意义。为了快速采集和处理数据，以达到临界态小区域内精确测量的目标，需要使用计算机特性曲线采集系统。

　　1. 特性曲线采集系统及精度问题

　　脉冲法是目前超导材料研究领域中测定超导电压与电流特性曲线的一种有效方法。

　　在计算机采集系统控制下，脉冲电源依次向超导材料试验样品施加强度不断增加、具有一定时间宽度的电流脉冲，与此同时，在每一个电流脉冲持续期间采集相应的样品电压值。计算机用采集到的相应电压与电流关系数据做出超导材料电压与电流特性曲线，再对电压与电流特性曲线进行拟合处理，最终得到临界电流值 I_C。

　　为了提高测试结果精度，应当采用较小的电流递增步长值(特别是在临界态区域)，以便采集到尽可能多的临界态曲线区域的数据点，从而更精确地描述电压与电流特性曲线，获得更为精确的临界电流值 I_C。可是，单一采用较小的电流递增步长值的处理方法会导致在整个测试范围采集数据量过大，造成最有价值的临界态区域数据尚未记录下来，就出现了记录数组超出存储器容量的限制或在计算过程中出现溢出等问题。实际上，对于超导材料电压与电流特性曲线的测试而言，最希望临界态区域数据尽可能多，其他两个区域数据则不用太多，因为理论上超导材料电压与电流特性曲线在这两个区域内只不过是一条水平直线和一条斜直线，包含的材料性质信息量不多。

　　解决问题的方法是在测试过程中，整个测试范围内不同的区域采用不同的电流递增步长，即在超导态区域和正常态区域采用较大的电流递增步长值，而在临界态区域采用较小的电流递增步长值。这样既能提高临界态区域测试结果精度又不致过分增大采集数据量。

　　2. 变电流递增步长计算机采集系统的实现

　　测试范围内不同的区域采用不同的电流递增步长值，在临界态区域采用较小的电流递增步长值，就要对计算机采集系统进行改动，以达到变电流递增步长，保证测量过程完成。

　　(1)硬件和测试流程的改进

　　为实现较小的电流递增步长值，采用 12 位 D/A 接口板代替原来的 8 位 D/A 接口板。例如选用脉冲电流发生器的 200 A 档位，这样就可以获得 1/4095 档位的电流分度值，即 200 A/4095＝48.84 mA，也就是最小的电流递增步长值可以达到 48.84 mA，这就提供了实现变电流递增步长的物质基础。

　　由于不知何时改变电流递增步长值，在实际测试过程中需要对每一个超导材料试验样品进行多次测量。第一次采用较大的恒电流递增步长值进行测试范围内全程粗测试，以获得临界电流值 I_C 的大致范围，然后根据该临界电流值 I_C 的大致范围选择预先设定的开始较小电流递增步长时的电流值和结束较小电流递增步长时的电流值，进行变电流递增步长的正式测试。这样使实际测试过程简单迅速，编程过程可大大简化。

　　(2)软件流程

软件程序分为样品测试控制和数据分析处理两大模块。

测试控制模块用于完成测试参数设定和测试过程控制的工作。模块内容与硬件设备密切相关，管理系统包含 A/D 和 D/A 接口、控制接口、图形接口等。

软件为使用人员提供了一个良好的人机对话窗口，每一次采集的电流、电压、电流递增步长值都可显示出来，所采集的数据也会被绘制成电压与电流特性曲线。这样就可以及时了解到所采集数据的大小和所处的区域，使操作控制非常直观。采集的测试数据和电压与电流特性曲线在测试结束前以文件形式保存。

数据分析处理模块首先对采集的数据进行计算，并通过拟合处理（多种拟合方式可供选择）得到电压与电流特性曲线；再通过判据条件获得临界电流值 I_C，最后完成测试结果的存储等。这部分与硬件设备联系较少，但计算量大，程序结构复杂。

（3）测试使用情况

表 7-1　初测实验数据和原始实验数据比较

项　　目	原始数据	12 位变步长	8 位定步长
测试电流范围/A	1~30	1~30	1~30
测试电压范围/μV	1~30	1~30	1~30
电流递增步长/A	0.5	0.5/0.1	0.5
临界电流值 I_C/A	22.06	21.27	21.60
特性指数 a	31.41	33.93	25.70

表 7-1 是对国内循环比对实验中的标准试样进行测试得到的数据，其中"原始数据"为国内循环比对实验中的测试数据，代表了目前得到承认且可信度比较高的正确结果，只不过是时间较长；"8 位定步长"是采用 8 位 D/A 转换电压与电流特性曲线采集系统得到的测试数据，代表了目前试验样品的真实值；"12 位变步长"是采用 12 位 D/A 转换电压与电流特性曲线变电流递增步长计算机采集系统得到的测试数据，它采用分区域变电流递增步长测试，可以看到由于采用分区域变电流递增步长测试，使得临界态区域取得的采集点多，对于临界态曲线段的描述更为细致，从而导致新的更为准确的测试结果产生。

总之，这套新的变电流递增步长计算机采集系统实现了对超导材料试验样品进行自动变电流递增步长测试和数据分析处理，使超导材料的标准化、自动化测试得到了进一步的改进和完善，使我国的超导材料研究工作又往前迈进了一大步。

7.4.3　金属熔点附近热物性参数的计算机测量

金属熔点附近热物性参数包括热导率、导温系数和洛伦兹数等。由于测量中待测试物质状态的维持、控制要求准确，用一般测量仪表难以精确测量。

传统的测试方法是施加一温度梯度于待测试物质，并在测试过程中保持这一温度差的情况下，通过测得单位时间、单位面积内流过待测试物质的热流量，由傅立叶定律求得热导率。这套方法由于有温度差，因此使得在冷凝过程中生成的凝结相难以保持其微观结构及热、电物理性质的真实性，不可避免地引起测量误差，使得测量结果不理想。

在新的采用相界面移动速率进行测量的测试方法中，可以分成固相和液相两个方向来测量。对固相热物性参数测试时，可先将相变室内待测试物质熔化，并将待测试物质熔体保持在稍高于熔点的温度下一段时间，使其温度均匀；然后突然将其底部面温度降到低于熔点的某一温度，并在测试过程中保持这一温度不变，造成冷凝过程从底部面开始，使固、液相界面随时间的推移逐渐向上移动，直至冷凝过程结束。根据相界面和地表面距离与冷凝时间的关系、相界面和地表面距离的温度差、待测试物质熔体的相变潜热，可计算出固相在熔点附近的导温系数。由导温系数 α 与热导率 λ 的关系 $[\lambda = \alpha/(C_p \cdot \rho)]$，可以计算出热导率，同样可以反向进行一次类似的测量。

1. 计算机在线检测控制系统

为保证相变室内始终是一维轴向导热，应将相变室外壁温度控制在被测物质的熔点附近，则应检测相变室外壁温度2-3个点。为检测相变过程中的轴向温度变化，应测量相变室内被测物质的温度2-3个点。为检测相变室上、下底部面的温度以控制熔化和冷凝过程及相界面的移动，需将一极细的瓷管沿轴向插入被测物质，形成电阻探测器，两端与一恒流电源相连。利用被测物质固、液相的电阻率差别很大的特点，通过测定电阻探测器两端的电压变化就可以测定电阻探测器的电阻变化，从而测定相界面的移动速率，故应检测探测器电压1个点。

2. 计算机在线检测控制工作原理

为了满足上述参数检测和温度控制，系统要实现8路检测(7个温度点和1个电压点)和2路负载的控制。负载为分别装备在相变室上、下底部面的电阻丝加热器，这两组电阻丝加热器分别用来控制相变室上、下底部面的温度，也就是控制测试过程中被测物质的熔化和其冷凝过程以及相界面的移动。其中能否进行相变室上、下底部面温度的精确动态测量和控制，是本系统成败的关键。

温度传感器和电阻探测器检测来的输入信号经 PCLD-779 多路模拟转换开关选择后，再经多功能数据采集卡 PCL-812PG 进行 A/D 转换送入计算机。多功能数据采集卡 PCL-812PG 有一常驻内存程序，该程序包含了利用 PCL-812PG 进行 A/D、D/A 转换的库文件。

计算机接收到输入的检测信号后，运行专门设计的软件包，利用 PID 控制增量算式，进行比较、运算而得出控制命令。程序一方面在屏幕上显示并储存控制值，另一方面输出控制命令。

输出的控制命令经多功能数据采集卡 PCL-812PG 进行 D/A 转换，再送入 ZK1 型晶闸管电压调节器，调节电阻丝加热器两端的电压，从而控制相变室上、下底部面的温度。

3. 用户界面

计算机在线检测控制系统的用户界面用于用户与控制系统做人机对话，可选择是进行在线检测过程还是进行检测结果显示。

计算机在线检测控制系统软件包首先调用用户界面程序，生成用户选择菜单。该菜单包括进行在线检测过程、进行检测结果显示、退出选项。选择进行在线检测过程则生成在线检测用户界面，在进行检测的同时将检测过程的各检测参量显示在屏幕上，以便用户了解在线检测过程的进程；选择检测结果显示则生成显示结果用户界面，只需输入检测结果文件名，即可显示所选择的检测结果，还可以观察该次检测的动态过程。

计算机在线检测控制系统在友好的用户界面的基础上，较理想地实现了检测参量的自动检测，统一存储、集中显示和温度控制，保证了检测所需的边界条件，达到了减少误差、提高检测精度的目的。

阅读资料

高应变速率下材料的力学行为测试

早在 1914 年，Hopkinson 就提出了测试瞬态脉冲应力下材料力学性能的压杆技术。1949 年，Kolsky 对它做了改进，发展成分离式 Hopkinson 杆（即 SHPB-Split Hopkinson Pressure Bar）实验装置。利用 SHPB 装置可以方便地记录加载脉冲的应力-应变、应力-时间、应变率-时间的动态曲线，研究应变率敏感材料的动态特性。该装置不仅使高速加载试验容易实现，而且，在加载方式上由最初的单轴压缩向三轴压缩或拉伸、扭转方向演化发展。在测试材料上，SHPB 最初设计用于金属材料的测试，并在金属材料的动力特性测试方面取得了成功的应用；随着 SHPB 技术的发展，实验材料也由金属转为其他各种材料。20 世纪 90 年代起，利用 SHPB 测试准脆性材料的动力学特性成为了研究热点。

典型的 SHPB 装置由气枪、撞击杆、输入输出杆、吸收杆、试样、V 型轨道、应变片、超动态应变仪、数字存储示波器和微机组成。目前，SHPB 技术可广泛用于测试材料在高应变率下（$10^2 \sim 10^4/s$）的应力-应变曲线，是研究材料动态力学性能最基本的实验装置。其装置结构如图 7-6 所示。

Hopkinson 压杆试验有三个条件，即假定杆和试样中的应力都是一维的；假定试样中的应力、应变都是均匀的和忽略试样和杆端面间的摩擦效应。Hopkinson 压杆系统的测试精度主要取决于以上三个条件的满足程度。

该实验系统的基本原理是，发射装置以一定的速度发射弹丸撞击输入杆，并在输入杆上产生压缩应力波，当应力波传播到输入杆与试件接触端时，一部分应力波反射回输入杆，而

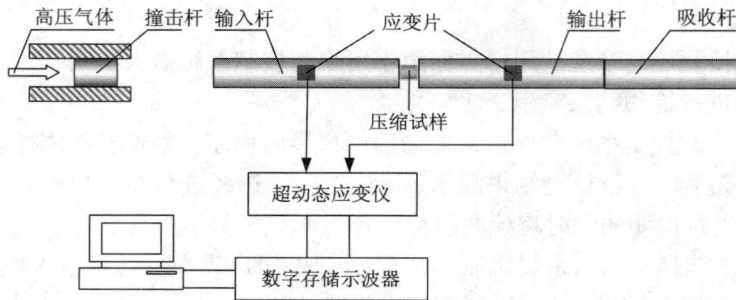

图 7-6　Hopkinson 压杆结构示意图

另一部分则传递给试件，对试件实施冲击加载。利用贴在弹性杆上的应变片测得的加载波形，用间接的方法推算出来在两杆之间的试件的动态应力-应变关系。根据应力波理论，试样所受的应力 $\sigma(t)$、应变 $\varepsilon(t)$ 及应变率 $\dot{\varepsilon}$ 可用式(7-9)、(7-10)和(7-11)求得。

$$\varepsilon(t) = \frac{2C_0}{l_0} \int_0^t \left[\varepsilon_r(t) - \varepsilon_\tau(t) \right] \mathrm{d}t \tag{7-9}$$

$$\dot{\varepsilon} = \frac{2C_0}{l_0} \left[\varepsilon_r(t) - \varepsilon_\tau(t) \right] \tag{7-10}$$

$$\sigma(t) = E \left(\frac{A}{A_0} \right) \varepsilon_\tau(t) \tag{7-11}$$

式中，E，C_0 分别为弹性杆的弹性模量和压杆中的弹性波速；l_0 为试件长度；ε_τ，ε_r 分别为透射、反射应变信号。

　　该系统的数据处理过程为：通过应变片测试被测材料在冲击过程中的形变信号，并由超动态应变仪接收，再通过数字存储示波器将模拟信号转化为数字信号输送到计算机中，然后通过计算机程序，对所测得的实验数据进行处理，即可求解得到被测材料在高速加载条件下的应力-应变关系曲线、应力-时间关系曲线及应变-时间关系曲线等。

习题及思考题

1. 计算机在材料成分检测中起到了哪些作用？
2. 简单描述计算机在组织结构分析中的具体应用。
3. 材料试验机测试系统(CAT)的组成有哪些，计算机在其中起到了哪些作用？
4. 举例说明，在材料的物理性能测量中，计算机是如何实现数据处理的？

参 考 文 献

［1］孟哲，李红英，戴小军，等. 现代分析测试技术及实验［M］. 北京：化学工业出版社，2019.

［2］左演声，陈文哲，梁伟. 材料现代分析方法［M］. 北京：北京工业大学出版社，2000.

［3］常铁军，祁欣. 材料近代分析测试方法［M］. 哈尔滨：哈尔滨工业大学出版社，2018.

［4］许鑫华，叶卫平. 计算机在材料科学中的应用［M］. 北京：机械工业出版社，2006.

［5］邱大年. 计算机在材料科学中的应用［M］. 北京：机械工业出版社，1990.

［6］闫勇彦. 计算机在磁性测量数据处理中的应用［J］. 物理测试. 2002（6）：26-32.

［7］张旺峰 卢正欣. 高应变率时的转变动力学测试及组织形貌观察［J］. 西安交通大学学报，2002（1）：86-89.

［8］王新，徐捷，穆宝忠. 晶体的 X 射线衍射物相分析方法研究［J］. 实验技术与管理，2021，38（3）：29-33.

［9］吴艳. 材料试验机检测的流程优化分析与常用方法研究［J］. 无线互联科技，2019，16（16）：123-124.

第8章　数据与图形图像处理
过程中的计算机应用

　　在材料研究中，经常需要对大量的原始数据进行比较、计算、转换、拟合等分析处理，以从复杂的数据中得到反映材料本质特征的真实信息。计算机技术的发展使得材料数据的处理变得迅捷、简单。目前可用于数据处理的软件很多，如 Excel、Axum、Sigma Plot 及 Origin 等。一般的材料数据处理可借助 Excel 完成；Origin 软件除了数据分析、数理统计之外，还具有图表、绘图、曲线拟合等方面的功能。

　　随着材料科学研究的不断深入和计算机技术的飞速发展，计算机图像分析技术逐渐成为研究材料结构与性能关系的重要手段。如在晶粒度测量、夹杂物评定、相分析、显微硬度测量、孔隙率及涂层厚度测定等方面，计算机图像分析技术发挥了重要作用。

8.1　数据与图像处理常用软件简介

8.1.1　Excel 软件简介

　　Excel 是 Office 的一个组件，是功能强大的电子表格处理软件，它与文本处理软件的差别在于它能够运算复杂的公式，且具有数据运算能力及数据统计功能，可以有条理地显示结果，使用起来方便快捷。本节对 Microsoft Excel 的数据处理和图表功能进行简单介绍，关于 Microsoft Excel 的基础知识，可查阅相关专门书籍。

　　1. 关于 Excel 单元格和区域的引用

　　引用的目的在于标识工作表上的单元格或单元格区域，并指明公式中所使用的数据的位置，在公式和函数中起到变量或数组的作用，见表 8-1。通过引用，可以在公式中使用 Excel 工作表不同部分的数据，或者在多个公式中使用同一单元格的数值。

　　引用可分为相对引用和绝对引用，在复制包含相对引用的公式时，Excel 将自动调整复制公式中的引用，以便引用相对于当前公式位置的其他单元格。在不希望改变的引用前加上美元符号（$），这样就能进行绝对引用。例如，$C$1 为绝对列与绝对行，进行复制或填充时始终指向 C1；C$1 为相对列与绝对行，如果复制到右下单元格，则新单元格中的引用自动调整为 D$1；$C1 为绝对列与相对行，如果复制到右下单元格，则新单元格中的引用自动调整为 $C2；C1 为相对列与相对行，如果复制到右下单元格，则新单元格中的引用自动调整为 D2。

表 8-1　Excel 单元格和区域的引用

引用举例	意　　义
A10	指 A 列第 10 行的单个单元格
A10：A20	指位于 A 列从第 10 行到第 20 行范围内的单元格区域
B15：E15	指位于第 15 行从 B 列到 E 列范围内的单元格区域
5：5	指第 5 行的所有单元格
5：10	指位于从第 5 行到第 10 行范围内的所有单元格
H：H	指 H 列的所有单元格
H：J	指位于从 H 列到 J 列范围内的所有单元格
A10：E20	指左上角为 A 列第 10 行、右下角为 E 列第 20 行的单元格区域
B5：B15,D5：D15	联合多个引用以逗号(,)分隔。本例指 B5：B15 和 D5：D15 两个区域的联合引用
A1：D3, B1：C5	生成对两个引用中共有的单元格的引用以空格分隔，本例指 A1：D3 和 B1：C5 两个区域的交叉区域

2. Excel 公式

Excel 中的公式最前面是等号(=)，后面是参与计算的元素(运算数)，这些参与计算的元素通过运算符(见表 8-2)隔开。每个运算数可以是常量数值、单元格或引用单元格区域、函数等。Excel 从等号开始根据运算符优先次序执行计算，相同优先级的从左到右计算，可以使用括号组合运算来控制计算的顺序，括号括起来的部分将优先执行计算。

表 8-2　公式中的运算符

算术运算符	含义	示例	比较运算符	含义	示例
+(加号)	加	3+3	=(等号)	等于	A1=B1
-(减号)	减	3-1	>(大于号)	大于	A1>B1
*(星号)	乘	3*3	<(小于号)	小于	A1<B1
/(斜杠)	除	3/3	>=(大于等于号)	大于等于	A1>=B1
%(百分号)	百分比	20%	<=(小于等于号)	小于等于	A1<=B1
^(Shift+6)	乘方	3^2(3 的 2 次方)	<>(不等于号)	不等于	A1<>B1

3. Excel 函数

函数是一些预定义的公式，它们使用一些称为参数的特定数值按特定的顺序或结构进行计算。例如，SUM 函数是对单元格或单元格区域进行加法运算，其结构如下：

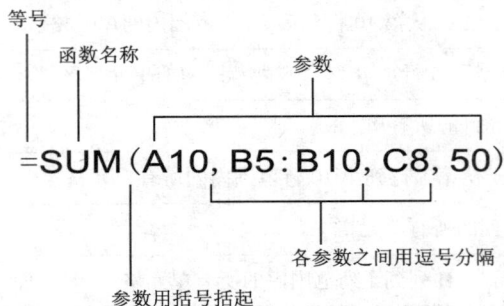

等号
函数名称
参数

$$=SUM(A10, B5:B10, C8, 50)$$

各参数之间用逗号分隔
参数用括号括起

可将某函数作为另一函数的参数使用，即函数内部嵌套函数。Excel 函数包括数据库函数、日期与时间函数、财务函数、信息函数、逻辑函数、查询与引用函数、数学与三角函数、统计函数、文本函数等几大类。数据处理过程中常用的部分函数见表 8-3。

表 8-3　Excel 常用函数

函数名称	函数用途	参　数　要　求	返回值
数学与三角函数			
ABS	绝对值	实数	正数
ACOS	反余弦	−1~1 之间	0~π 弧度
ASIN	反正弦	−1~1 之间	−π/2~π/2 弧度
ATAN	反正切		−π/2~π/2 弧度
CEILING	向上取整	（数值，基数） 例：ceiling(4.42,0.1)	绝对值增大 本例为 4.5
COMBIN	组合数	（总数，组合中对象数） 例 C_8^2 为 combin(8,2)	本例为 28
COS	余弦	弧度	余弦值
COUNTIF	条件计数	（范围，"条件"） 例："不及格门数" countif(B3:G3,"<60")	本例为 2 门
DEGREES	弧度转换为度	（弧度角）	度
EXP	e 的幂	（e 的指数）	e 的幂
FACT	阶乘	（非负数），截尾取整	正整数

续表8-3

函数名称	函数用途	参 数 要 求	返回值
FLOOR	去尾舍入	（数值，基数） 例：floor(2.5,1)	绝对值减小 本例为2
GCD	最大公约数	（数值1，数值2，…）	正整数
INT	向下取整	（实数） 例：int(8.9) 取整为 8 　　int(-8.9) 取整为-9	代数值减小的整数
LCM	最小公倍数	（数值1，数值2，…）	正整数
LN	自然对数	（正实数）	正实数
LOG	对数	（正实数，底数），底数缺省为10	正实数
LOG10	以 10 为底的对数	（正实数）	正实数
MOD	取余	（被除数，除数）	余数
PI	π	（），无参数	π 值
POWER	乘幂	（底数，指数）	乘幂
RADIANS	度转换为弧度	（度）	弧度
RAND	随机数	（），无参数	0~1 之间随机数
ROUND	四舍五入	（实数，位数）	按位数舍入
SIN	正弦	（弧度）	正弦值
SQRT	正平方根	（正实数）	正平方根
SUM	求和	（数值1，数值2，…）	和
TAN	正切	（弧度）	正切值
统计函数			
AVERAGE	算术平均	（数值1，数值2，…）	算术平均值
MAX	最大值	（数值1，数值2，…）	最大数值
MEDIAN	中值	（数值1，数值2，…）	中位数
MIN	最小值	（数值1，数值2，…）	最小数值
逻辑函数			
AND	逻辑与	（逻辑式 1，逻辑式 2，…） 例：and(1<2,6>5)	TRUE 或 FALSE 全真时为 TRUE 本例为返回 TRUE
IF	判断真假值	（逻辑式，真时表达式，假时表达式） 例：if(67,"及格","不及格")	二表达式之一值 本例为"及格"

续表8-3

函数名称	函数用途	参 数 要 求	返回值
OR	逻辑或	（逻辑式 1,逻辑式 2,…） 例:or(1<2,5>6)	TRUE 或 FALSE 全假时为 FALSE 本例为返回 TRUE
查找与引用函数			
INDIRECT	间接引用	（"表示单元格的字符串","样式"） 例：indirect("B3")	TRUE 或 FALSE 全真时为 TRUE 本例为单元格 B3 的值
日期与时间函数			
DAY	日期的天数	（日期）	整数 1~31
MONTH	日期的月份	（日期）	整数 1~12
NOW	当前日期和时间	（），无参数	当前日期和时间
TODAY	当前日期	（），无参数	当前日期
YEAR	日期的年份	（日期）	四位整数
文本函数			
VALUE	字符串转成数值	（"字符串"） 例:value("12")	数值 本例为 12
EXACT	检测两个字符串是否完全相同	比较两个文本字符串，如果它们完全相同，则返回 TRUE，否则返回 FALSE。 例：if(EXACT(B3, C3)，"相同"，"不相同")相同或不相同	
FIXED	将数字舍入到指定的小数位数	以小数格式对该数进行格式设置，并以文本形式返回结果。 FIXED(number, decimals, no_commas) 例：A3 为 123456. 788，利用公式" = FIXED(A3, 2, TRUE)"，并隐藏逗号	本例为 123456. 79

4. Excel 的图表功能

在 Excel 工作表中选定数据单元格区域，选择"插入丨图表丨所有图表"，即弹出所有图表对话框，然后根据提示作出符合要求的图表。Excel 的主要图表功能见表8-4。

表 8-4　Excel 的图表功能一览表

图表类型	子图表类型	说　　明
柱形图	簇状柱形图	比较相交于类别轴上的数值大小。
	堆积柱形图	比较相交于类别轴上的每一数值所占总数值的大小。
	百分比堆积柱形图	比较相交于类别轴上的每一数值所占总数值的百分比大小。
	三维簇状柱形图	
	三维堆积柱形图	
	三维百分比堆积柱形图	
	三维柱形图	比较相交于类别轴上和相交于系列轴的数值。
条形图	簇状条形图	比较相交于类别轴上的数值大小。
	堆积条形图	比较相交于类别轴上的每一数值所占总数值的大小。
	百分比堆积条形图	比较相交于类别轴上的每一数值所占总数值的百分比大小。
	三维簇状条形图	
	三维堆积条形图	
	三维百分比堆积条形图	
折线图	折线图	显示随时间或类别而变化的趋势线。
	堆积折线图	显示每一数值所占大小随时间或类别而变化的趋势线。
	百分比堆积折线图	显示每一数值所占百分比随时间或类别而变化的趋势线。
	数据点折线图	
	堆积数据点折线图	
	百分比堆积数据点折线图	
	三维折线图	带有三维效果的折线图。
饼图	饼图	显示每一数值相对于总数值的大小。
	三维饼图	带有三维效果的饼图。
	复合饼图	将用户定义的数值提取并组合进第二个饼图的饼图。
	分离型饼图	显示每一数值相对于总数值的大小，同时强调每个单独的值。
	分离型三维饼图	
	复合条饼图	将用户定义的数值提取并组合进堆积条形图的饼图。

续表8-4

图表类型	子图表类型	说　　　明
XY 散点图	散点图	显示单个或多个数据系列的数据在某种时间间隔条件下的变化趋势。
	平滑线散点图	
	无数据点平滑线散点图	
	折线散点图	
	无数据点折线散点图	
面积图	面积图	显示各种数值随时间或类别而变化的趋势线。
	堆积面积图	显示每一数值所占大小随时间或类别而变化的趋势线。
	百分比堆积面积图	显示每一数值所占百分比随时间或类别而变化的趋势线。
	三维面积图	
	三维堆积面积图	
	三维百分比堆积面积图	
圆环图	圆环图	类似于饼图,但可以包含多个系列。
	分离型圆环图	类似于分离型饼图,但可以包含多个系列。
雷达图	雷达图	显示相对于中心点的数值变化。
	数据点雷达图	
	填充雷达图	被数据系列所覆盖的区域填充有颜色的雷达图。
曲面图	三维曲面图	在连续曲面上跨两维显示数值的趋势线。
	三维曲面(框架图)	不带颜色的三维曲面图。
	曲面图(俯视)	颜色代表数值范围。
	曲面图(俯视框架图)	不带颜色的曲面图。
气泡图	气泡图	比较成组的三个数值,类似于散点图,且第三个值显示为气泡数据点的大小。
	三维气泡图	

（5）Excel 的绘图功能

Excel 自身带有绘图工具，方便快捷且简单易学，随时随地可以绘图。在 Excel 的工具栏上，点击主菜单的"插入"，点击"形状"选择一种插入的形状，选中绘制的该形状，即可看到 Excel 程序主界面上方出现的"绘图工具"。绘图工具栏显示如图 8-1 所示。

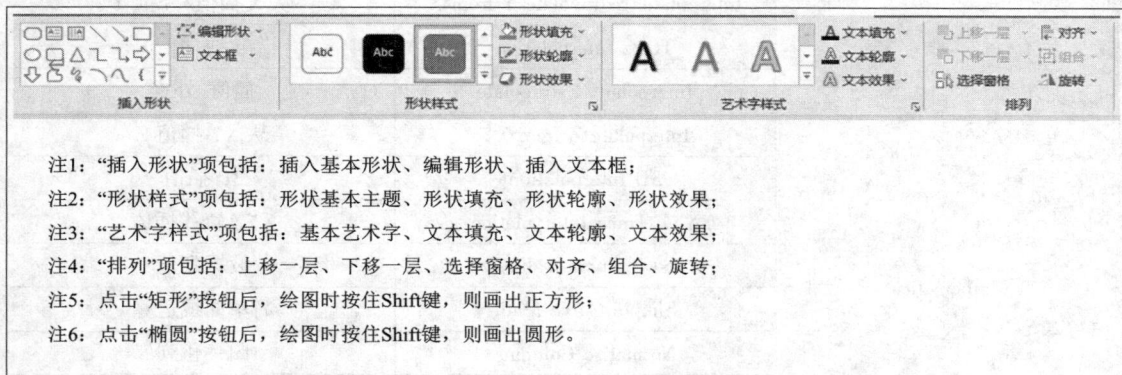

注1：“插入形状”项包括：插入基本形状、编辑形状、插入文本框；

注2：“形状样式”项包括：形状基本主题、形状填充、形状轮廓、形状效果；

注3：“艺术字样式”项包括：基本艺术字、文本填充、文本轮廓、文本效果；

注4：“排列”项包括：上移一层、下移一层、选择窗格、对齐、组合、旋转；

注5：点击“矩形”按钮后，绘图时按住Shift键，则画出正方形；

注6：点击“椭圆”按钮后，绘图时按住Shift键，则画出圆形。

图 8-1　Excel 的绘图功能

8.1.2　Origin 软件简介

Origin 是美国 OriginLab 公司出的数据分析和绘图软件，最新版本为 Origin 2022，其窗口菜单和工具栏随着操作对象的不同而变化。工作表菜单项有 File（文件）、Edit（编辑）、View（视图）、Data（数据）、Plot（绘图）、Column（列）、Worksheet（工作表）、Format（格式）、Analysis（分析）、Statistics（统计）、Image 图像、Tools（工具）、Perferences（设置）、Connectivity（连接）、Window（窗口）和 Help（帮助）。绘图菜单项与工作表菜单项略有差异，没有 Plot（绘图）、Column（列）、Worksheet（工作表），代之以 Graph（图形）和 Insert（插入），两种窗口的 Analysis 菜单的内容也有所变化，对比如下。

1. Origin 的数据分析与数理统计功能

Analysis 菜单主要功能是进行数据分析，子菜单内容见表 8-5；Statistics 菜单的功能是进行数理统计，子菜单内容见表 8-6。

表 8-5　Origin 的数据分析（Analysis）子菜单

一级子菜单	二级子菜单	功　　能
（1）工作表窗口菜单项		
Mathematics		数学
	Interpolate/Extrapolate Y from X	从 X 插值/外推 Y
	Trace Interpolation	轨线插值
	Interpolate/Extrapolate	插值/外推
	Interpolate Z from XY	从 XY 插值 Z
	3D Interpolation	3D 插值
	XYZ Trace Interpolation	XYZ 轨线插值
	Set Column Values	设置列值
	Simple Curve Math	简单曲线运算
	Normalize Columns	归一化列
	Simple Column Math	简单列运算
	Differentiate	微分
	Integrate	积分
	Polygon Area	多边形面积
	XYZ Surface Area	XYZ 表面面积
	Average Multiple Curves	计算多条曲线的均值
Data Manipulation		数据操作
	Subtract Reference Data	减去参考数据
	Reduce Duplicate X Data	删减重复数据
	Reduce by Group	按分组删减
	Reduce to Evenly Spaced X	删减成等间距
Fitting		拟合
	Linear Fit	线性拟合
	Fit Linear with X Error	带 X 误差的线性拟合
	Polynomial Fit	多项式拟合
	Multiple Linear Regression	多元线性回归
	Nonlinear Curve Fit	非线性曲线拟合

续表 8-5

一级子菜单	二级子菜单	功　　能
Fitting	Nonlinear Implicit Curve Fit	非线性隐函数曲线拟合
	Nonlinear Surface Fit	非线性曲面拟合
	Simulate Curve	拟合曲线模拟
	Simulate Surface	拟合曲面模拟
	Exponential Fit	指数拟合
	Single Peak Fit	单峰拟合
	Sigmoidal Fit	S 型函数拟合
	Compare Datasets	拟合数据比较
	Compare Models	拟合模型比较
	Rank Models	最优模型
	Find Apps	查找 App
Signal Processing		信号处理
	Smooth	平滑
	FFT Filters	FFT 滤波器
	IIR Filter	IIR 滤波器
	SIFT	STFT
	FFT	快速傅里叶变换
	Wavelet	小波变换
	Convolution	卷积
	Coherence	相干性
	Correlation	相关性
	Hilbert Transform	希尔伯特变换
	Envelope	包络
	Decimation	抽取
Peaks and Baseline		峰值及基线
	Multiple Peak Fit	多峰拟合
	Peak Analyzer	峰值分析
	Batch Peak Analysis Using Theme	通过主题批量峰值分析
Most Recently Used Items		最近经常使用的操作

续表8-5

一级子菜单	二级子菜单	功　　能
（2）绘图窗口菜单项		
Statistics	Descriptive Statistics	描述性统计
Mathematics	2D Interpolate Extrapolate	2D 插值/外推
	Normalize Curves	曲线归一化
	Simple Curve Math	简单曲线运算
	2D Volume Integrate	2D 体积积分
	Custom Filter	自定义滤波器
	Median Filter	中值滤波器
	Special Filter	特殊滤波器
Data Manipulation	Subtract Straight Line	减去直线
	Vertical Translate	垂直平移
	Horizontal Translate	水平平移
Fitting		
Signal Processing	2D Correlation	2D 相关性
Peaks and Baseline		
Most Recently Used Items		

表 8-6　Origin 的数理统计（Statistics）子菜单

一级子菜单	二级子菜单	功　　能
Stats Advisor		统计向导
Descriptive Statistics		描述统计
	Statistics on Columns	列统计
	Statistics on Rows	行统计
	Cross Tabulation and Chi-Square	交叉表格和卡方分析
	Discrete Frequency	离散频数
	Frequency Counts	频数分布
	2D Frequency Counts/Binning	二维频数分布
	Distribution Fit	分布拟合

续表8-6

一级子菜单	二级子菜单	功　　能
	Normality Test	正态性检验
	Correlation Coefficient	相关系数
	Partial Correlation Coefficient	偏相关系数
	Grubbs Test	Grubbs 检验
	Dixon's Q-test	Dixon's Q 检验
Hypothesis Testing		假设检验
	One-Sample t-Test	单样本 t 检验
	Paired Sample t-Test	配对样本 t 检验
	Two-Sample t-Test	双样本 t 检验
	One-Sample Test for Variance	单样本方差检验
	Two-Sample Test for Variance	双样本方差检验
	Two-Sample t-test on Rows	行双样本 t 检验
	Paired Sample t-test on Rows	行配对样本 t 检验
	One-Sample Proportion Test	单样本比率检验
	Two-Sample Proportion Test	双样本比率检验
ANOVA		方差分析
	One-Way ANOVA	单因素方差分析
	One-Way Repeated Measures ANOVA	单因素重复测量方差分析
	Two-Way ANOVA	双因素方差分析
	Two-Way Repeated Measures ANOVA	双因素重复测量方差分析
	Three-Way ANOVA	三因素方差分析
Nonparametric Tests Survival		非参数检验
	One-Sample Wilcoxon Signed Rank Test	单样本 Wilcoxon 符号秩检验
	Paired Sample Sign Test	配对样本符号检验
	Paired Sample Wilcoxon Signed Rank Test	配对样本 Wilcoxon 符号秩检验
	Two Sample Kolmogorov-Smirnoy Test	双样本 Kolmogorov-Smirnov 检验
	Mann-Whitney Test	Mann-Whitney 检验
	Kruskal-Wallis ANOVA	Kruskal-Wallis 方差分析
	Mood's Median Test	Mood 中位数检验

续表 8-6

一级子菜单	二级子菜单	功　　能
	Friedman ANOVA	Friedman 方差分析
	（NPH）K Independent Samples	（NPH）K 独立样本
	（NPH）Paired Samples	（NPH）配对样本
	（NPH）Iwo Independent Samples	（NPH）独立双样本
Analysis		生存分析
	Kaplan-Meier Estimator	Kaplan-Meier 估计
	Cox Model Estimator	Cox 模型估计
	Weibull Fit	Weibull 拟合
Multivariate Analysis		多变量分析
	Principal Component Analysis	主成份分析
	K-Means Cluster Analysis	K-均值聚类分析
	Hierarchical Cluster Analysis	系统聚类分析
	Partial Least Squares	偏最小二乘
	Discriminant Analysis	判别分析
Power and Sample Size		功效和样本量大小
	（PSS）One-Proportion Test	（PSS）单比率检验
	（PSS）Two-Proportion Test	（PSS）双比率检验
	（PSS）One-Sample t-Test	（PSS）单样本 t 检验
	（PSS）Two-Sample t-Test	（PSS）双样本 t 检验
	（PSS）Paired t-Test	（PSS）配对样本 t 检验
	（PSS）One-Variance Test	（PSS）单方差检验
	（PSS）Two-Variance Test	（PSS）双方差检验
	（PSS）One-Way ANOVA	（PSS）单因素方差分析
ROC Curve		ROC 曲线
Find Apps		查找 App
Most Recently Used Items		最近经常使用的操作

2. Origin 的图表功能

在 Origin 主窗口的中下部有一组图表按钮,其功能与 Excel 的图表功能相似。在 Origin 的 Data1 中选定数据列或数据范围之后,点击这些图表按钮,Origin 会自动作出图表,显示在 Graph1 中。Origin 的图表按钮及其功能见图 8-2。

Line	Scatter	Line-Symbol	Column	Double-Y	Box Chart	Area	Polar θ(X) r(Y)	Japanese Candlestick	Template Library	XYZ 3D Bars	3D Colormap Surface	3D Scatter	Contour-Color Fill	Contour Profiles
线形图	散点图	点线图	柱状图	双轴图	箱线图	面积图	极坐标图 θ(X)r(Y)	K 线图	模板库	XYZ 3D 条状图	3D颜色映射曲面	3D散点图	等高线图(颜色填充)	等高线剖面

图 8-2　Origin 的图表功能按钮

点击菜单栏中的"Plot"标签后,会显示一系列模板,左侧是不同类型的模板,右侧是各类型模板中的具体模板名称和图表示例。常用图表见表 8-7。

表 8-7　Origin 的图表分类

Category (分类)	Template (模板名)	Preview (示例图)	Category (分类)	Template (模板名)	Preview (示例图)
Basic 2D (标准二维图形)	Graphs (图形)		Standard 2D (标准二维图形)	Graphs (图形)	
	Line 线形图	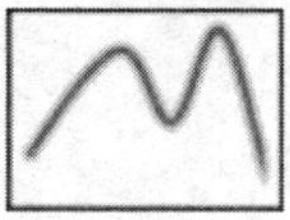		Scatter 点图	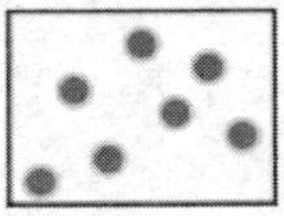
	2 PointSegmant 2 点线段图	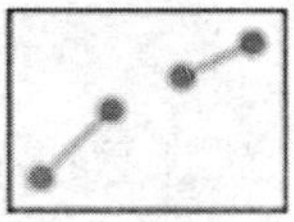		Line Series 线条序列	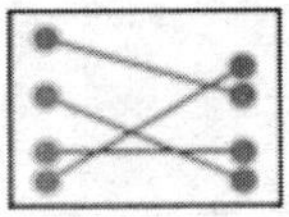

续表8-7

Category（分类）	Template（模板名）	Preview（示例图）	Category（分类）	Template（模板名）	Preview（示例图）
	Line+Symbol 点+符号图			Bar 条形图	
	Column 柱形图			Pie 饼图	
	Area 面积图			FillArea 填充面积图	

Special Line（特殊线形图）	Graphs（图形）	Preview（示例图）	Special Line（特殊线形图）	Graphs（图形）	Preview（示例图）
	Error Band 误差线图			DoubleY 双 Y 轴图	
	Polar 极线图			SmithCht 史密斯圆图	
	HLClose 股价图			Ternary 三相图	
	Vector XYAM 矢量图			Vector XYXY 矢量 XYXY	

续表 8-7

Category (分类)	Template (模板名)	Preview (示例图)	Category (分类)	Template (模板名)	Preview (示例图)
3D (三维)	Graphs (图形)		3D XYY (三维 XYY)	Graphs (图形)	
	3D Bars 三维条形图			3D Ribbons 绶带图	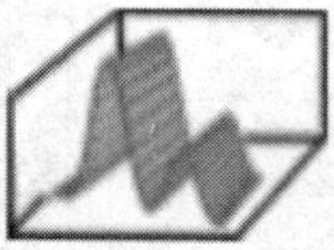
	3D Walls 墙壁图	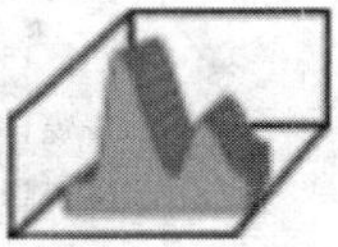		3D Waterfall 三维瀑布图	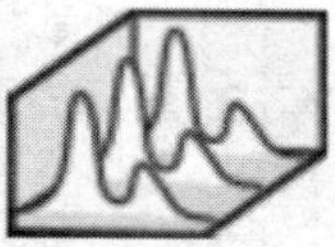
Statistical (统计图)	Graphs (图形)		Statistical (统计图)	Graphs (图形)	
	Box Chart 方框图	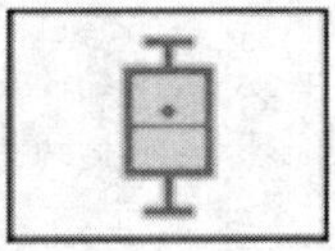		Histogram 柱状图	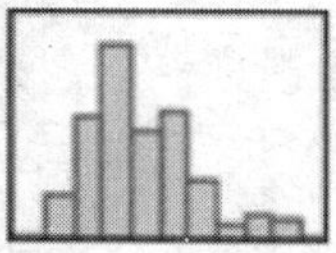
Multi-Panel /Axis (拼屏图)	Graphs (图形)		Panel (拼屏图)	Graphs (图形)	
	Vertical 2 Panel 上下双屏图	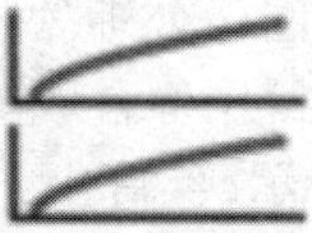		Horizontal 2 Panel 左右双屏图	
	4 Panel 四屏图	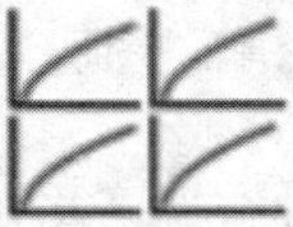		9 Panel 九屏图	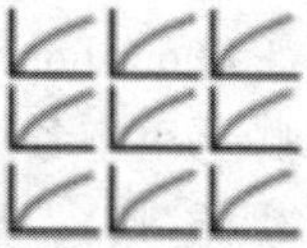

3. Origin 的绘图功能

在 Origin 的左侧有一列"Tools"绘图工具按钮，主要功能包括屏幕控制、数据读取和绘图等功能，如图 8-3 所示。

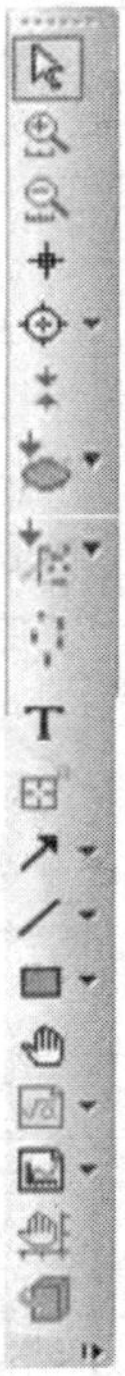

按钮	英文名称	名称汉译	功　能
	Pointer	指针	对象选择模式
	Scale In	局部放大	放大坐标轴，双击恢复
	Scale Out	恢复显示	恢复坐标轴刻度
	Screen Reader	屏幕读取	读取屏幕坐标值，单击指针恢复
	Data Highlighter	数据高亮显示	高亮显示数据点及相关工作表
	Data Selector	数据选取	选定数据范围，单击指针恢复
	Selection on active plot	当前图形上的选择	在当前图形上进行区域数据选择
	Mask points on active plot	屏蔽活动绘图上的点	在分析中屏蔽不会使用的数据
	Draw Data	画数据点	自由形式绘制数据点
	Text Tool	文本工具	在窗口中添加文本
	Annotation	标注	在窗口中添加标注
	Arrow Tool	画箭头	在窗口中画箭头
	Line Tool	画线	在窗口中画直线
	Rectangle Tools	画矩形	在窗口中画矩形
	Zoom-Panning Tool	放大–平移工具	拖拽或放大页面
	Insert Equation	插入公式	在窗口中插入公式
	Insert Graph	插入图	在窗口中插入图
	Scale Zoom-Panning Tool	刻度	缩放或平移刻度
	Rotate Tool	旋转工具	旋转选定的对象

图 8-3　Origin 的绘图工具按钮

8.1.3　Photoshop 软件简介

Photoshop 是 Adobe 公司出品的功能强大的图像处理软件，是当今世界上用户最多也最为成功的图像处理软件之一，可以进行图像修改、图像合成等工作。Photoshop 简单易用，最新版本（Photoshop 2022）的工作界面如图 8-4 所示（实际上，Photoshop 的工作界面多年来一直未有明显变化）。

Photoshop 的主菜单共有 9 项：文件、编辑、图像、图层、选择、滤镜、视图、窗口和帮助，这些菜单中各个子菜单功能见表 8-8。

在"图像|模式"菜单中，含有位图、灰度、双色调、索引颜色、RGB 颜色、CMYK 颜色、Lab 颜色、多通道、8 位/通道、16 位/通道等二级子菜单。RGB 颜色的图像最佳储存格式为 .jpg 文件，图像失真小，占用字节少；索引颜色的图像最佳储存格式为 .gif 文件；灰度图像的最佳储存格式为 .gif 或 .tif 文件，位图图像的最佳储存格式为 .tif 文件。将 RGB 模式彩色图像转换为黑白二色的位图图像（二值化处理），需先过渡性地转换到灰度模式才能转换成位图图像，然后保存为 .tif 文件。

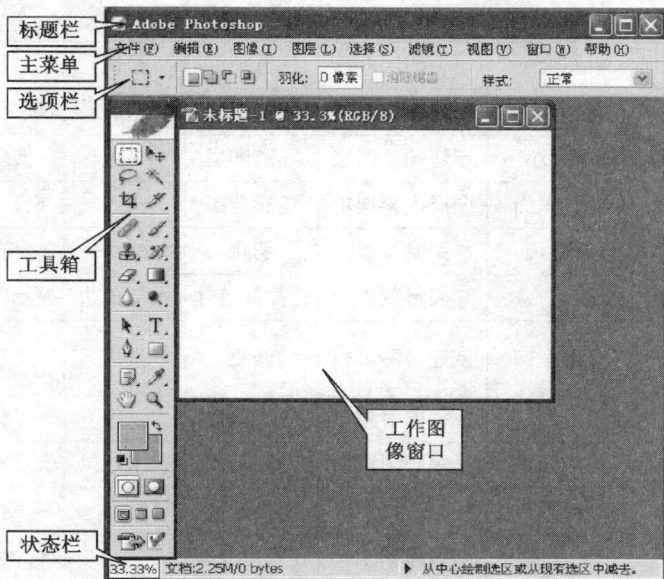

图 8-4　Adobe Photoshop 的工作界面

在"文件|存储为"菜单调出的对话框中，格式包括：psd（Phtoshop 工作文件）、bmp（未压缩的位图）、gif（索引）、jpg、tif（压缩的位图）。注意保存为 tif 格式文件时，TIFF 选项要选 LZW，字节顺序选 IBM PC，不然的话，文字识别（OCR）软件无法打开 .tif 文件。

表 8-8　Photoshop 的子菜单

文件	编辑	图像	图层	选择	滤镜	视图	窗口
新建	还原	模式	新建	全选	上次滤镜操作	校样设置	排列
打开	向前	调整	复制图层	取消选择	转换为智能滤镜	校样颜色	工作区
浏览	返回	复制	删除	重新选择	滤镜库	色域警告	导航器
打开为	消褪	自动色调	重命名图层	反选	液化	像素纵横比修正	动作
打开为智能对象	剪切	自动对比度	图层样式	所有图层	图案生成器	放大（Ctr++）	段落
最近打开文件	拷贝	自动颜色	智能滤镜	取消选择图层	像素化	缩小（Ctr+-）	工具

续表8-8

文件	编辑	图像	图层	选择	滤镜	视图	窗口
关闭	合并拷贝	图像大小…	新建填充图层	查找图层	扭曲	满画布显示	工具预设
关闭全部	粘贴…	画布大小…	新建调整图层	隔离图层	杂色	实际像素	画笔
存储	粘贴入	旋转画面	图层内容选项	色彩范围	模糊	打印尺寸	历史记录
存储为…	消除	修整…	图层蒙板	羽化	渲染	屏幕模式	路径
恢复	拼写检查	裁切…	矢量蒙板	选择并遮住	画笔描边	显示额外内容	色板
导出	查找和替换文本	显示全部	创建剪贴蒙板	修改	素描	显示	通道
生成	填充	复制	智能对象	扩大选取	纹理	标尺	图层
共享	描边	应用图像	视频图层	选取相似	艺术效果	对齐	图层比较
联机服务	自由变换	计算	栅格化	变换选区	视频	对齐到	文件浏览器
置入嵌入对象	变换	变量	新建基于图层的切片	在快速蒙板模式下编辑	锐化	锁定参考线	信息
置入链接的智能对象	自定义画笔	应用数据组	图层编组	载入选区	风格化	清除参考线	选项
打包	定义图案	陷印	取消图层编组	存储选区	其他	新参考线	颜色
自动	定义自定形状	分析	隐藏图层		Digimarc	锁定切片	样式
脚本	清理		排列			清除切片	直方图
导入	颜色设置		对齐链接图层				字符
文件简介	快捷键		分布链接图层				状态栏
打印	菜单		锁定组中的所有图层				1 标题-1
打印一份	工具栏		合并图层				2 标题-2
退出	首选项		合并可见图层				…
			拼合图层				
			修边				

在"图像|调整"菜单中，含有色阶、自动色阶、自动对比度、自动颜色、曲线、色彩平衡、亮度/对比度、色相/饱和度、反相、阈值等二级子菜单。为使得图像便于分析，常常对图像进行二值化处理，就是将图像上的像素点的灰度值设置为 0 或 255，也就是将整个图像呈现

出明显的黑白效果的过程。二值图像每个像素只有两种取值：要么纯黑，要么纯白。常用 Photoshop 对图像进行二值化处理，需用到其中的灰度、反相、色阶和阈值功能。

若想调整图像的分辨率，降低存储文件的字节数（图像质量相应降低），可通过"图像|图像大小"菜单来进行，而"图像|画布大小"相当于调整相纸的大小，调小画布相当于对洗好的照片裁边，调大画布相当于在照片外边裱上白纸。

"图像|旋转画面"菜单有 180°、90°（顺时针）、90°（逆时针）、任意角度、水平翻转画布、垂直翻转画布等子菜单，对图像进行人工倾斜校正时要用到"任意角度"。

用鼠标选取图像局部后，进行"图像|裁切"操作，则虚框内的图像内容保留下来，虚框外的内容被裁去。"图像|修整"功能会自动将图像周边无用内容（如白底）裁去，仅留下有用信息，以节省存储空间。

Photoshop 中的阈值命令，能将灰度或彩色图像转换为高对比度的黑白图像。使用时可以指定某个色阶作为阈值，所有比阈值亮的像素转换为白色，所有比阈值暗的像素转换为黑色。"阈值"命令对确定图像的最亮和最暗区域很有用。在实际应用中，可直接对图像进行阈值调整（菜单栏"图像|调整|阈值"），以达到各种极端黑白的效果。也可以添加"阈值"调整图层，通过设置各种图层混合模式，配合改变图层不透明度，以实现多种图像效果。

除了通过菜单"视图|放大/缩小"可以缩放工作图像窗口的显示比例之外，还可以通过快捷键"Ctrl ＋ ＋"

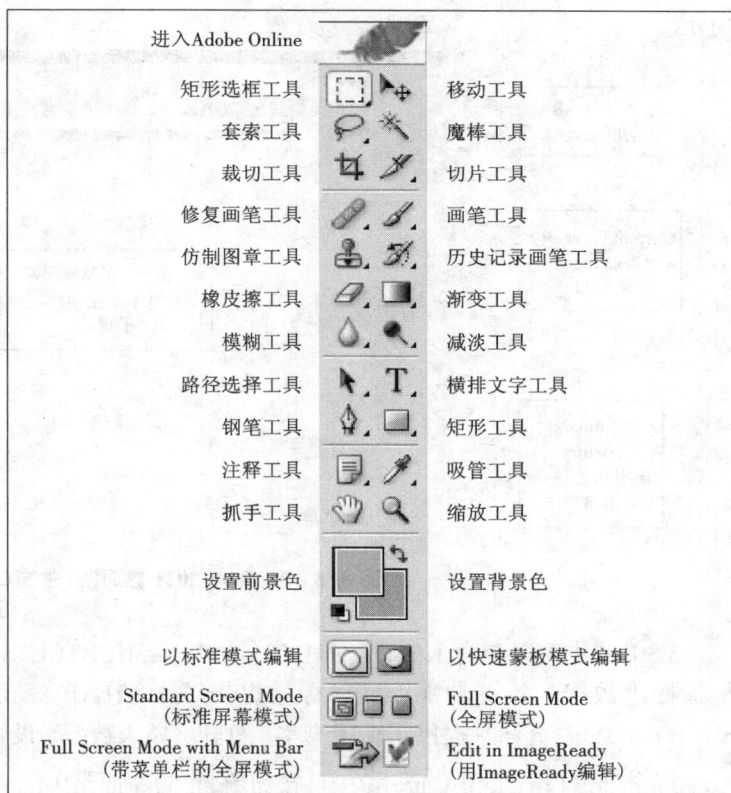

图 8-5 Adobe Photoshop 的工具箱

（Ctrl+加号）和"Ctrl ＋ －"（Ctrl+减号）放大或缩小显示比例。

Photoshop 的工具箱如图 8-5 所示，光标停留到这些工具按钮上时，会自动提示该工具的功能。

8.1.4 MatLab 图像处理工具箱简介

MatLab 是国际公认的最优秀的科学计算与数学应用软件之一。其内容涉及矩阵代数、微积分、应用数学、有限元法、科学计算、信号与系统、神经网络、小波分析及其应用、数字图像处理(DIP)、计算机图形学、电子线路、电机学、自动控制与通信技术、物理、力学和机械振动等方面。MatLab 的特点是语法结构简单,数值计算高效,图形功能完备,特别受到以完成数据处理与图形图像生成为主要目的的科研人员的青睐。

1、MatLab 简介

在 MatLab 主窗口中,层叠平铺了 Command Window(命令窗口)、Workspace(工作空间)、Command History(命令历史记录)、Current Directory(当前目录)等 4 个子窗口,如图 8-6 所示。

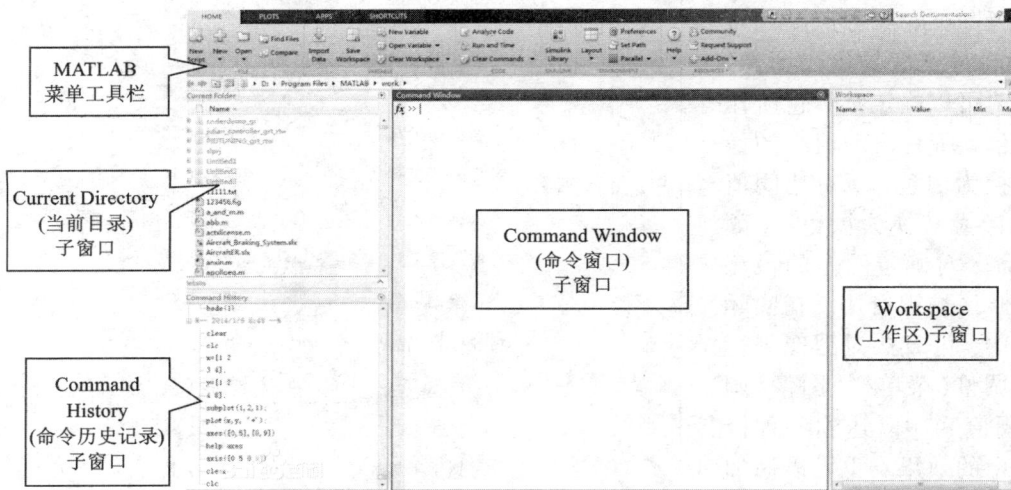

图 8-6　MatLab 2021 界面图(主窗口)

MatLab 主窗口包含 HOME、PLOTS、APPS、SHORTCUTS 四个标签。其中,PLOTS 绘图标签提供数据的绘图功能;APP 标签提供了 MATLAB 涵盖的各工具箱的应用程序入口;SHORTCUTS 主页标签提供了新建脚本、打开、导入数据、设置路径、预设等主要功能。

每个子窗口右上角 Close(关闭)按钮 █ 的左面是 Undock from Desktop(单独打开)按钮 █,单独打开后各子窗口的菜单中均有 View | Dock…一项,使单独打开的子窗口平铺进入主窗口。下面介绍各子窗口的用途。

Command Window 命令行窗口是 MATLAB 非常重要的窗口,用户可以在此输入各种指令、函数和表达式等。≫为运算提示符,表示 MATLAB 处于准备状态。在该窗口中,用户可以运行函数，执行 MATLAB 的基本操作命令，以及对 MATLAB 系统的参数进行设置等。MATLAB 具有良好的交互性，当在提示符后输入一段正确的运算式时，只需按"Enter"键，命令行窗口中就会直接显示运算结果。在 MATLAB 命令行窗口中运行的所有命令都共享一个相同的工作区，所以它们共享所有的变量。当单击命令行窗口右上角的图标时，可以对命令行窗口进行清除、全选、查找、打印、页面设置、最大化、最小化以及取消停靠等操作，其中，取消停靠可以使命令行窗口脱离 MATLAB 界面成为一个单独的窗口。同理，单击独立的命令行窗口右上角的图标并选择"停靠"，可使命令行窗口再次合并到 MATLAB 主界面中。例如在提示符>>后输入数字"1"，按 Enter 键，窗口中将显示如下：

    ans =

        1

ans 是结果的默认变量名。继续输入命令"test = 1"，按 Enter 键换行，显示如下结果：

    test =

        1

系统解释此命令为给变量 test 赋值 1。在 Command Window 窗口中既可输入数值和表达式，还可以输入命令，也可以对已输入的命令进行编辑。

通过 Workspace 子窗口，可以查看与清除工作空间中的变量、显示和编辑数组的内容、保存或加载工作空间等。例如，表达式 $x = 100$ 产生了一个名为 x 的变量，而且这个变量 x 被赋予值 100，这个值就被存储在计算机的内存中。

Command History 子窗口主要显示已执行过的命令。MatLab 每次启动时，Command History 窗口会自动记录启动的时间，并将 Command Window 窗口中执行的命令记录下来。一方面便于查找，另一方面可以再次调用这些命令。用户也可以选择"布局→显示→命令历史记录"中的"停靠"或"关闭"命令调出或隐藏命令历史记录窗口。

Current Directory 子窗口主要显示的是当前在什么路径下进行工作，包括文件的保存等都是在当前路径下实现的。用户也可以选择"File|Set path"命令设置或改变当前路径。

MatLab 有两种常用的工作方式：一种是直接交互的命令行操作方式，如同数字演算和图示器；另一种是文件的编程工作方式。MatLab 提供了完整而易于使用的编程语言，其程序文件是 ASCII 码文本文件，扩展名为.m，因此称为 M 文件，有命令文件和函数文件两种形式，用任何字处理软件都可以对它进行编写和修改。MatLab 是解释性编程语言，语法简单，程序容易调试，人机交互性强。工具箱全部是由 M 文件构成的。由于 M 文件是解释性的程序语言，其形式、结构和语法规则等方面都比一般的计算机语言简单，易写易读。而 MatLab 本身是用 C 语言写的，M 文件的语法又与 C 语言十分相像，因此熟悉 C 语言的读者可以轻松地掌握 MatLab 的编程技巧。

2. MatLab 图像处理工具箱

MatLab 图像处理工具箱提供了丰富的图像处理函数，主要可以完成以下功能：图像的几何操作、图像的邻域和图像的块操作、线性滤波和滤波器设计、图像变换、图像分析和增强、二值图像操作、感兴趣区域处理等。

　　MatLab 图像处理工具箱支持 4 种图像类型，即真彩色图像、索引色图像、灰度图像和二值图像。dither 函数通过抖动算法转换图像类型，im2bw 函数通过设置亮度阈值将真彩色、索引色、灰度图转换成二值图，ind2gray 函数可以将索引色图像转换成灰度图像，ind2rgb 函数可以将索引色图像转换成真彩色图像，mat2gray 函数用于将一个数据矩阵转换成一幅灰度图像，gray2ind 函数可以将灰度图像转换成索引色图像，grayslice 函数通过设定阈值将灰度图像转换成索引色图像，rgb2gray 函数用于将一幅真彩色图像转换成灰度图像，rgb2ind 函数用于将真彩色图像转换成索引色图像。

　　二值图像的填充可以靠 bwfill 函数来完成。通过 regionprops 函数可以获得感兴趣区域的形状特征，包括：Area（面积）、EquivDiameter（与区域内等面积圆的直径，$\sqrt{\dfrac{4\times 面积}{\pi}}$）、BoundingBox（最小外接矩形）、EulerNumber（欧拉数 = 区域内物体数量 − 物体间孔数）、Centroid（质心）、Extent（边界像素比例 = 面积/边界面积）、ConvexArea（凸包内的面积）、Extrema（极点：上左、上右、右上、右下、下右、下左、左下、左上）、ConvexHull（凸包、最小外接凸多边形，二维矩阵的每行包含多边形顶点的 X、Y 坐标）、FilledArea（填孔后二值图像中像素为 1 的面积）、ConvexImage（凸包内二值图像）、FilledImage（外接矩形内填孔后的二值图像）、Eccentricity（偏心率 = 焦点间距/长轴）、Image（外接矩形内的二值图像）、MajorAxisLength（椭圆长轴）、MinorAxisLength（椭圆短轴）、Orientation（方向，长轴与 X 轴夹角的度数）、PixelList（像素表，区域内像素坐标矩阵）、Solidity（实度亦称丰满度，等于图像面积/凸包面积）。用法：

```
BW = imread('FigureBW. tif');        %打开黑白图像文件
L = bwlabel(BW);                     %二值图像邻域元素标记
stats = regionprops(L, 'all');       %区域特性测量
stats(23)                            %显示出区域特征细节
ans = …(略)
```

8.2　应用实例详解

8.2.1　数据处理实例

1. 材料强度计算

　　在材料强度试验（如混凝土抗压强度）中，通常直接得到的数据是一组（三块）试块的破坏压力，然后根据压力与面积的比值得到强度值，这部分数据处理的公式见表 8-9 之 A1：

B10。有的压力试验机也可直接得到强度数据，则省略表 8-9 中的 1~10 行公式，直接将三个试块的强度值输入到 B8：B10。

表 8-9　用 Excel 处理材料强度试验数据

	A	B（公式）	B（计算结果）
1	试块尺寸/mm	150	150
2	面积/m²	=B1 * B1	22500
3		破坏压力（kN）	
4	试块一	1422	1422
5	试块二	1319	1319
6	试块三	1159	1159
7		强度（MPa）	
8	试块一	=B4 * 1000/ \$ B \$ 2	63.2
9	试块二	=B5 * 1000/ \$ B \$ 2	58.6
10	试块三	=B6 * 1000/ \$ B \$ 2	51.5
11	最小值与中值差	=ROUND(1-MIN(B8:B10)/MEDIAN(B8:B10),3)	12.1%
12	最大值与中值差	=ROUND((MAX(B8:B10)/MEDIAN(B8:B10)-1),3)	7.8%
13	有效性	=IF(AND(B11<=0.15,B12<=0.15),"均值",IF(OR(B11<=0.15,B12<=0.15),"中值","无效"))	均值
14	试验结果	=IF(B13="均值",ROUND(AVERAGE(B8:B10),1),IF(B13="中值",MEDIAN(B8:B10),-1))	57.8

根据试验规程规定，一般情况下试验结果取三个试块强度的平均值；如果其中一块强度值与中值之差超过 15%，则试验结果取中值；如果两块强度值与中值之差超过 15%，则试验需要重做。表 8-9 之 A11：B14 完成这部分数据的处理，其中：

B11 先计算最小值 MIN(B8：B10)与中值 MEDIAN(B8：B10)的比值，然后用 1 减去该比值，再按保留 3 位小数四舍五入处理，单元格的格式以百分比显示最小值与中值的差值。

B12 处理的是最大值与中值的差值。

B13 用 IF 函数来判断最大值、最小值与中值的差值（B11 和 B12）是否均在 15% 以内，即 AND（B11 <= 0.15，B12 <= 0.15），若是，则结果显示"均值"；如果其中一个数值超过 15%，则显示"中值"；如果最大值和最小值与中值的差值均超过 15%，则显示"无效"来报警。

B14 依据 B13 对有效性的判断，得出以下结果：如果 B13 的值为"均值"，则试验结果直接取三个试块强度的平均值；如果 B13 的值为"中值"，说明其中一块强度与中值的差值超过了 15%，试验结果取中值；如果 B13 的值为"无效"，说明有两块强度值与中值之差超过

15%，最终结果被赋值为-1，以示无效，需要重做试验。

2．X射线衍射分析数据的处理

（1）用Excel对XRD分析数据进行基线处理

对试样进行X射线衍射（XRD）分析时，从测试中心得到的.pek文件通常含有以下数据：CPS值、基线值、衍射峰数、各峰所处的2θ值和d值。如果不进行处理，直接用CPS值作图，所绘制的图就像山坡上的草丛一样，随着山地起伏，不能反映衍射峰的真实强度（如图8-7所示），这就需要对每组数据进行差值计算（CPS值减去基线值），然后将负值取为0。这样处理后，"山包"变为"平地"（如图8-8所示），图中峰的高度与衍射峰的强度吻合。下面以$2\theta=10°\sim80°$、步长为0.01°的XRD数据处理为例，详细介绍用Excel进行基线处理（"去山包"）的方法。

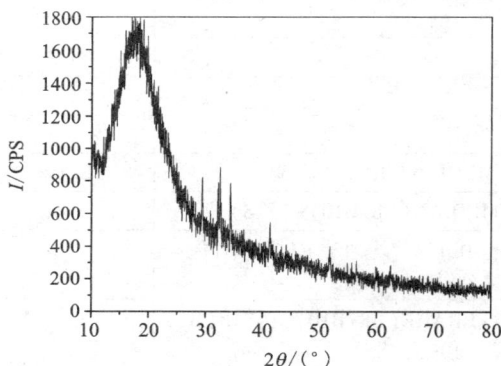

图8-7 基线处理前的XRD图

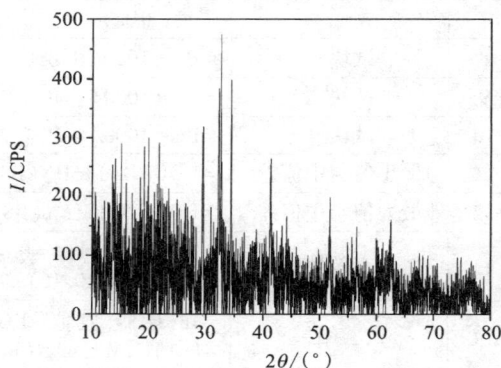

图8-8 基线处理后的XRD图

1）创建一个Excel工作簿，作为基线处理专用的"模板文件"，将文件名命名为"XRD处理10-80度.xls"。打开.pek文件，选定A列数据进行复制操作（Ctrl+C），然后在"XRD处理10-80度.xls"的A1处进行粘贴操作（Ctrl+V）。

2）在B3：B7002区域内输入2θ值。第1~2行留作标题行，在B3单元格输入10，将光标回到B3单元格，在Excel菜单命令中，依次操作"编辑"|"填充"|"序列"。在弹出的"序列"对话框中，"序列产生在"选定"列"，"类型"选定"等差序列"，"步长值"输入0.01，终止值输入79.99，然后单击"确定"。

3）提取CPS值并进行处理。原CPS值是从A22开始的，所以在C3处输入"=A22"，之后复制C3单元格，向下粘贴或填充到C4：C7002，这样从.pek文件所提取的原CPS值即保存到C3：C7002区域。pek文件中紧接原CPS值之后就是基线值（A7022：A14021），将这些基线值复制到D3：D7002区域。这两列的差值即CPS"净高"保存到E3：E7002区域，个别

"净高"值可能出现负值，则把负值变为 0，结果保存在 F3：F7002 区域。具体公式见表 8-10，这里只需手工输入 C3：F3 区域的数值，其余各行、列的数值通过 Excel 的复制粘贴或填充功能即可完成。之后，将 B 列和 F 列两列数据粘贴到 Origin 中，再进行平滑处理，平滑处理前的效果如图 8-8 所示。

表 8-10　用 Excel 对 XRD 分析数据进行基线处理("去山包")

	A	B	C	D	E	F
1	…	.pek 文件从 A1 起粘贴；完成本表后复制 B 和 F 两列到 Origin 中进行平滑处理。				
2	…	2-Theta	CPS	基线	净高	去负值后
3	…	10.00	=A22	=A7022	=C3-D3	=IF(E3>0,E3,0)
4	…	10.01	=A23	=A7023	=C4-D4	=IF(E4>0,E4,0)
…	…	…	…	…	…	…
7002	…	79.99	=A7021	=A14021	=C7002-D7002	=IF(E7002>0,E7002,0)

4）提取衍射峰的 d 值和 2θ 值。在 A 列的最后部分，紧接基线值之后（A14022）是衍射峰数，将它提取保存在 I3 单元格；然后是 2θ 值，提取保存在 H3：H42，本"模板文件"考虑总峰数为 40 以下的情况，如果峰数超过 40 个，则继续向下填充或复制粘贴。在实际应用中，不同试样的峰值数是不同的，因此 d 值在 A 列中起始位置会随之变化，为解决这一问题，需要计算然后保存到 I9 单元格，为便于间接引用，将 I9 的格式自定义为 ""A"0" 格式。G3 为第 1 个衍射峰的 d 值，通过由 I9 定位的间接引用提取，G4 对应第 2 个衍射峰，通过由 I9+1 定位的间接引用提取，以此类推直到第 40 个衍射峰。峰数并非假设的 40 个，所以后面一些 d 值和 2θ 值可能是无效值，则 I6 计算的就是最后一个有效 2θ 值，其格式自定义为 ""H"0" 格式，相应行 I 列的值为最后一个有效的 d 值，详细公式见表 8-11。

表 8-11　用 Excel 处理 XRD 分析数据（提取 d 值和 2θ）

1	G	H	I(公式)	I(例值)
2	d 值	2Theta	峰数	峰数
3	=INDIRECT(TEXT(I9,"A#####"))	=A14023	=A14022	40
4	=INDIRECT(TEXT(I9+1,"A#####"))	=A14024	H 列有效者	H 列有效者
5	=INDIRECT(TEXT(I9+2,"A#####"))	=A14025	H3~	H3~
6	=INDIRECT(TEXT(I9+3,"A#####"))	=A14026	=3+I3-1	H42
7	=INDIRECT(TEXT(I9+4,"A#####"))	=A14027		

续表8-11

1	G	H	I(公式)	I(例值)
8	= INDIRECT(TEXT($ I $ 9+5,"A#####"))	= A14028	d 值起于	d 值起于
9	= INDIRECT(TEXT($ I $ 9+6,"A#####"))	= A14029	= 14022+I $ 3 * 2+3	A14105
	…	…		

（2）用 Origin 对 XRD 分析数据进行平滑处理

XRD 分析数据经过基线处理后（如图 8-8 所示）仍然有不少杂峰，不便进行分析，需要将基线处理后的数据粘贴到 Origin 中进行平滑处理，去除"噪音"。处理方法如下：

1）打开 XRD 分析数据所在的 Excel 文件，例如表 8-10 所示的 Excel 工作表"XRD 处理 10-80 度.xls"，选择 B 列到 F 列，进行"复制"操作（通过菜单或 Ctrl+C）。

2）打开 Origin 软件，在工作表 Data1 的 A1 处进行"粘贴"操作，即单击 A1 单元格，操作菜单"Edit|Paste"或 Ctrl+V。这样原来位于 Excel 工作表的 B：F 列就粘贴到了 Origin 工作表 Data1 的 A：E 列。

3）删除多余数据：选定 Data1 的 B：D 列，右键单击涂黑区域，在快捷菜单中选"Delete"，删除多余的中间三列；选定 1：2 行，右键单击涂黑区域，在快捷菜单中选"Delete"，删除多余的头两行；左键单击 A1 单元格，按 Ctrl+End 将光标移到最右下单元格，选定最后行（此处为 14163 行），然后将右边的滚动条大致推到中部，显示出 7001 行，按住 Shift 键单击行号 7001，这样就选定了 7001：14163 这些多余的行，右键单击涂黑区域，在快捷菜单中选 "Delete"，删除这些多余的行。

4）作原图：左键单击工作表 Data1 任一单元格，按 Ctrl+Home，将光标移到 A1 处。选定 A、E 两列，进行菜单操作"Plot|Basic 2D|Line"或按左下角的<Line>按钮，这样未平滑的原图 Graph1（黑色线条，如图 8-8 所示）就作出来了。

5）平滑处理：进行菜单操作"Analysis | Signal Processing | Smoothing"，在弹出的 "Smoothing"对话框中，在 Method 栏中选择"FFT Filter"，即用"快速傅里叶变换滤波器"进行平滑处理，在"Points of Windows"输入栏中输入进行平滑欲采用的点数（默认为 5 点，本例输入 25），然后点击"OK"，这样就作出了平滑线的图。

6）修改线条颜色：平滑线和原图线条同时显示在 Graph1 上，需要将原图隐去。具体方法如下：

①右键单击右上角图例的任一条线，在快捷菜单中选"Properties…"，或者图形区双击任一条线。

②在弹出的"Plot Details"对话框中，点击左部目录树中 Graph1 前的"+"号显示出 Layer1，再点击 Layer1 前的"+"号显示出"Data1"和"Smoothed1"。

③在左部的目录树中选中"Data1"，在右部的"Line"标签上把"Connect"选为"No Line"。

7）版面处理：包括修改坐标轴名称、刻度，去掉图例等，具体方法如下：

①右键单击右上角的图例处，在快捷菜单中选"Cut"，剪切掉图例。

②右键单击横轴下的刻度数字，在快捷菜单中选"Properties"，在弹出"X Axis"对话框的"Scale"标签上，点击左部Selection 下的 Horizontal（横轴），在"From"右边输入 2θ 的起始角度（本例为10），在"To"右边输入 2θ 的终止角度（本例为 80）；然后点击左部 Selection 下的Vertical（纵轴），对话框名称变为"Y Axis"，在"From"右边输入 0，在"To"右边输入合适的值（本例为 500），通过上述操作修改刻度。点击"Grid"标签，在Selection 下选 Horizontal（横轴），在右下部

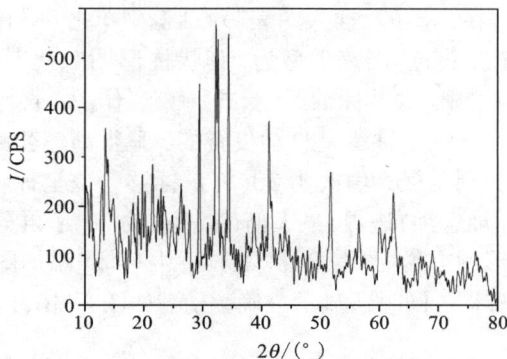

图 8-9　由图 8-8 平滑处理后的 XRD 图

"Additional Lines"项下的"Opposite"前打上"√"；再在 Selection 下选 Vertical（纵轴），在右下部"Additional Lines"项下的"Opposite"前打上"√"，在图形区中加上边框。

③右键单击横轴下的坐标轴名称"X Axis Title"，在快捷菜单中选"Properties"，在弹出"Text Object"对话框中部的编辑区，"X Axis Title"已经涂蓝以突出显示，将其改为"$2\theta/(°)$"，点击"OK"按钮完成对横轴名称的修改。然后右键单击纵轴左边的坐标轴名称"Y Axis Title"，以同样方法将纵轴名称修改成"I/CPS"。

最终经平滑和版面处理的 XRD 图，如图 8-9 所示。

8.2.2　图形处理实例

1. 柱形图

以我国公路及高速公路建设总里程为例，利用 Excel 的图表功能作图并进行个性化处理。原始数据及表头书写格式见表 8-12。

表 8-12　柱形图例子的原始数据（我国近年公路及高速公路建设总里程）

	A	B	C
1	年份	公路总里程/万 km	其中：高速公路/万 km
2	2005	190	4.1
3	2010	230	6.5
4	2020	300	8.5

要求得到各年份公路总里程的柱状图，其中包含高速公路里程，且用不同填充色区分，即长柱包含短柱的柱状图。

作图过程如下，选定 A1：C4 单元格区域，点击"插入"按钮，单击工具栏"图表"中的右下角，在弹出的"插入图表"对话框中单击"所有图表|组合图"，选择"自定义组合"，"公路总里程(万 km)"图表类型为"簇状柱形图"，"其中高速公路(万 km)"图表类型为"簇状柱形图"并选中"次坐标轴"，点击"确定"作图，直接效果如图 8-10(a)所示。

由于纵横轴均是自动设置的，显得高速公路里程的柱状图过长，比例不恰当，则将右边纵轴的刻度最大值改为 30(将鼠标移到该坐标轴上，左键双击坐标轴，在弹出的对话框中将"坐标轴选项|边界|最大值(X)"改为 30)；再分别右键单击"公路总里程"和"其中高速公路"的柱形图，在"图表设计"工具栏中选择"添加图表元素|数据标签|数据标签内"，则图上既显示柱形图，同时还显示准确数值，如图 8-10(b)所示。

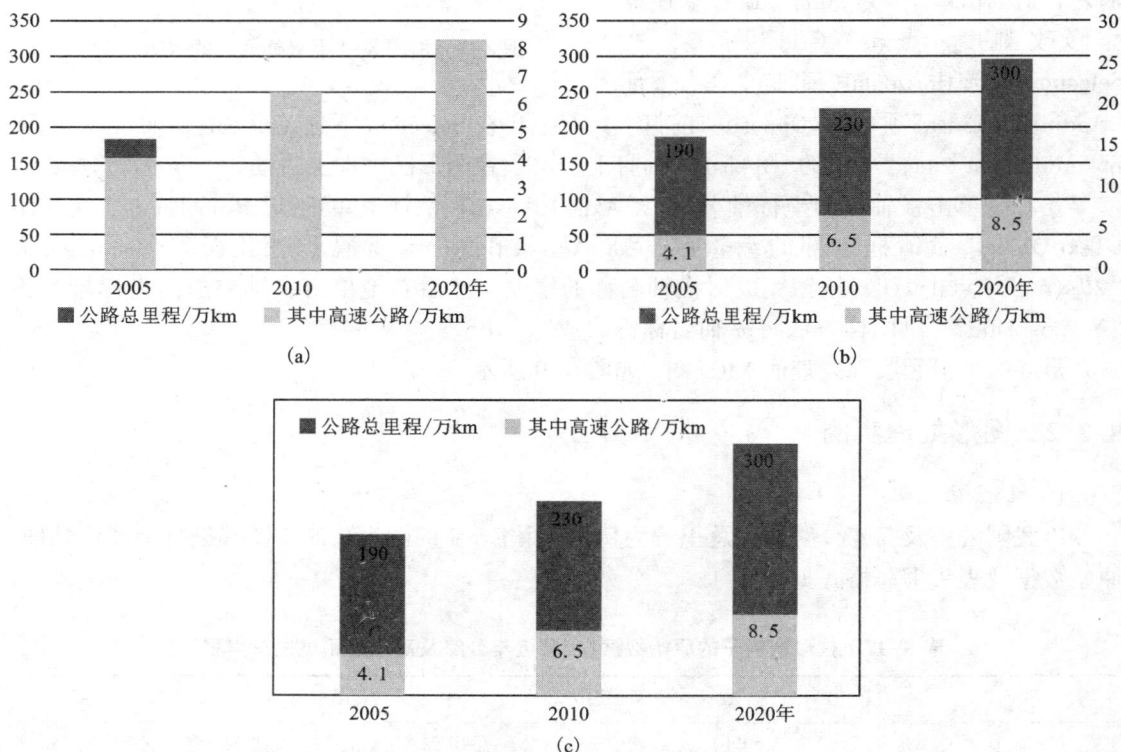

图 8-10 长柱包含短柱的柱状图作图过程

最后一步是图形版面的处理，在图内右键单击靠近外框处，在快捷菜单中选择"设置图表区格式"，在弹出的对话框中选择"图标选项|填充与线条|边框|无线条"，去掉图的外框。

然后右键单击绘图区，在快捷菜单中选择"设置绘图区格式"，在弹出的对话框中选择"绘图区选项|填充与线条|边框|自动"，加上绘图区的边框。双击网格线，在弹出的对话框中选择"主要网格线选项|填充与线条|边框|无线条"，以不显示网格线。之后，更改两组柱形图的填充颜色和图案为自己满意的效果，将图例移到合适位置。用 Word 的图片"裁剪"功能隐藏多余部分，最终效果如图 8-10(c)所示。

2. 折线图

在配制混凝土时，集料的原始级配未必符合标准，有时需要把现场几种集料进行混合，以获得最佳级配。下面操作把粗、中、细三种碎石混合成符合试验要求的最佳级配碎石。将这三种碎石的级配数据输入到表 8-13 所示的 Excel 工作表中 A1：D9 区域。

选定 A2：D9 区域，点击"插入"按钮，单击工具栏"图表"中的右下角，在弹出的"插入图表"对话框中单击"所有图表|折线图"，单击"确定"按钮。选择"数据"标签上的"选择数据"，弹出对话框，在"图例项(系列)"项下删除"筛孔尺寸 mm"；"水平(分类)轴标志"选择"编辑"，弹出"轴标签"对话框，可输入"＝Sheet2！＄A＄3：＄A＄9"，也可框选对应数据，单击"确定"按钮，如图 8-11(a)所示。

接下来设置图表格式。选择"图表设计|添加图表元素|坐标轴标题"，分别选择"主要横坐标轴"和"主要纵坐标轴"，修改为"筛孔尺寸/mm"和"通过百分率/%"，从而添加横纵坐标轴标题。双击纵轴刻度，设置"边界"最小值和最大值分别为"0"和"100"。添加网格线时，鼠标点击图表空白处，单击加号，点击"网格线"右侧箭头，勾选"主轴主要水平水平网格线"和"主轴主要垂直水平网格线"，可双击网格线，在弹出的对话框中修改网格线的宽度和颜色。双击位于图表下端的"图例"，弹出对话框，选择图例位置为"靠上"。这样三种碎石各自的级配曲线基本完成，处理结果如图 8-11(b)所示。

双击横坐标轴，在弹出的"设置坐标轴格式"对话框的"坐标轴选项"标签中"坐标轴位置"选择"在刻度线上"；右键单击每条折线，选择"设置数据系列格式"，弹出对话框，选择"填充与线条"标签，在"线条"标签下的"平滑线"前面打上"√"，并将线形的颜色及格式更改为适合黑白印刷的黑色及虚实线搭配；去掉图表外框，去除绘图区的填充色，再去掉图例的边框并移动到合适位置，处理结果如图 8-11(c)所示。

表 8-13　折线图例子的数据(三种碎石混合成最佳级配碎石)

	A	B	C	D	E	F	G	H	I
1	筛孔尺寸	通过百分率			混合比例	筛孔尺寸	标准 5~31.5	通过 %	
2	mm	细石	中石	粗石	细石	mm	上限	下限	混合结果
3	2.36	1.05	0.3	0.13	20%	2.36	5	0	＝E＄3＊B3+E＄5＊C3+E＄7＊D3

续表8-13

	A	B	C	D	E	F	G	H	I
4	4.75	8.8	0.8	0.59	中石	4.75	10	0	=E＄3*B4+E＄5*C4+E＄7*D4
5	9.5	68.75	12.1	0.63	50%	9.5	30	10	=E＄3*B5+E＄5*C5+E＄7*D5
6	16	100	64.2	2.01	粗石	19	85	55	=E＄3*B7+E＄5*C7+E＄7*D7
7	19	100	95.5	11.06	=1-E3-E5	31.5	100	95	=E＄3*B9+E＄5*C9+E＄7*D9
8	26.5	100	100	95.72	细石	=IF（ROUND（I5,0）=AVERAGE（G5:H5）,"OK",IF（I5>AVERAGE(G5:H5),"需调低","需调高"））			
9	31.5	100	100	100	中石	=IF（ROUND（I6,0）=AVERAGE（G6:H6）,"OK",IF（I6>AVERAGE(G6:H6),"需调低","需调高"））			

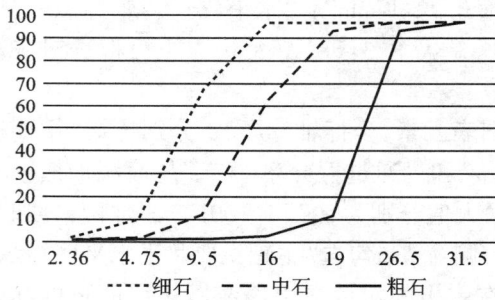

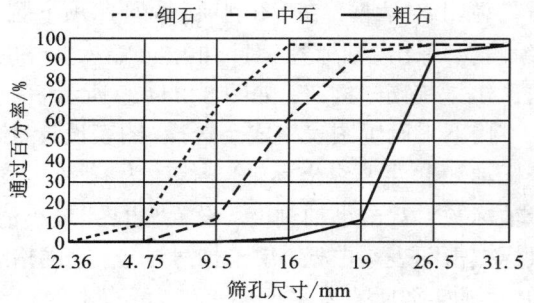

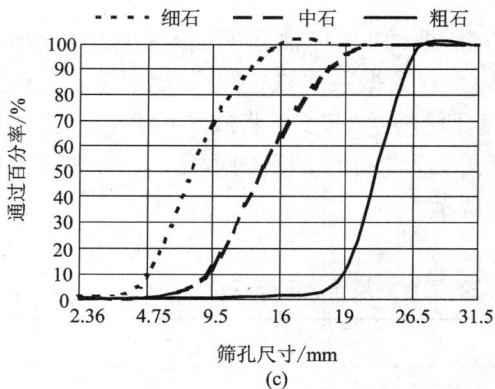

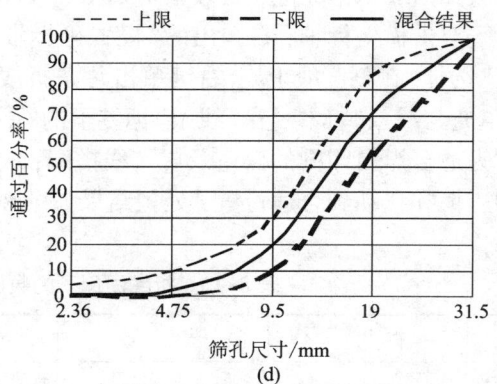

图8-11 平滑折线图(通过图形试算法按最佳级配确定三种碎石混合比例)

在 Excel 工作表的 F1：H7 区域输入级配标准数据，在 E3、E5 处输入试算初值和 E7 处的公式，在 I3：I7 区域输入用于混合的计算公式。利用 F2：I7 区域的数据作图（如图 8-11(d) 所示），作图方法基本与图 8-11(c) 相同。按照 E8：I9 的提示，在 E3 和 E5 处修改细石和中石的百分比值，粗石自动计算，再看 8-11(d) 中的实线是否位于两条虚线（标准的上下限）中间，根据"需调低"或"需调高"提示，反复调整 E3 和 E5 单元格的比例值，通过试算法使实线（混合结果）处于虚线的正中间位置，这样混合后的级配就是最佳级配，即 E3、E5 和 E7 三个单元格中的比例值就是三种碎石的最佳混合比例。

在实际应用中，图 8-11(d) 中不需要图例，上限和下限的线型也是一样的，这里为了显示作图过程才带有图例和线型区别。

3. 饼图

不同粒级颗粒的压碎值分布以饼图表示较为直观，数据见表 8-14。

表 8-14　饼图例子的数据

	A	B
1	0.3~0.6 mm	21.6%
2	0.6~1.18 mm	13.7%
3	1.18~2.36 mm	3.9%
4	2.36~4.75 mm	60.8%

选定 A1：B4 单元格区域，选择"插入|图表|饼图"作图，右键单击饼图，"设置数据系列格式"，在弹出的"设置数据系列格式"窗口下将"饼图分离"程度设置为 15%。点击饼图进入"图表设计"，选择"添加图表元素|图例"，将图例设置为"无"。依次选择"添加图表元素|数据标签|数据标签外"，右键单击图表的字符位置，将数字类别设为"百分比"，小数位数为 1位，即得到满意的饼图，结果如图 8-12 所示。

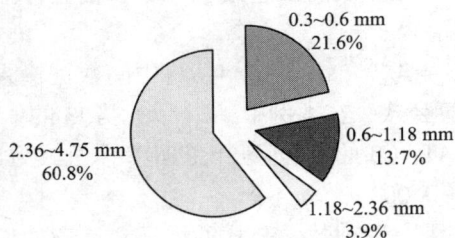

图 8-12　饼图（不同粒级颗粒的压碎值分布）

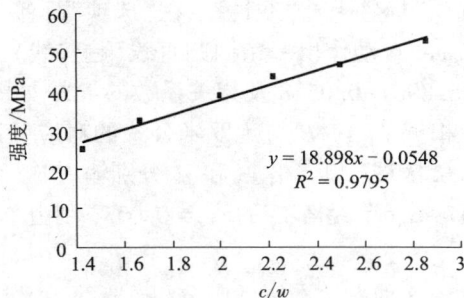

图 8-13　散点图、趋势线及回归分析

$$y = 18.898x - 0.0548$$
$$R^2 = 0.9795$$

4. 散点图、趋势线及回归分析

在材料研究中，很多数据自变量(X)并非都在刻度值位置，这种情况下宜使用散点图进行研究。下面以混凝土 28 天强度与水灰比(w/c)的关系来说明散点图及其趋势线的作图方法，再进一步利用 Excel 进行回归分析。

根据鲍罗米公式，在用水泥配制混凝土时，混凝土的 28 天强度与水灰比的倒数（即灰水比 c/w）成线性关系：

$$f_{cu,o} = \alpha_a f_{ce}(c/w - \alpha_b) \qquad \text{——鲍罗米公式}$$

式中：$f_{cu,o}$——混凝土的 28 天抗压强度；

f_{ce}——所用水泥实测强度；

c/w——灰水比；

α_a 和 α_b——回归系数。

回归系数 α_a 和 α_b 是通过一组试验数据要求得的数值。与一组水灰比相对应的混凝土强度数据见表 8-15。

表 8-15　散点图、趋势线及回归分析例子的数据（鲍罗米公式回归系数的计算）

	A	B	C	D	E	F	G	H	I	J
1	w/c	0.70	0.60	0.50	0.45	0.40	0.35	f_{ce}	斜率 A	截距 B
2	c/w	= 1/B1	= 1/C1	= 1/D1	= 1/E1	= 1/F1	= 1/G1	45.3	18.898	-0.0548
3	强度/MPa	25.0	32.3	38.7	43.8	46.5	52.9	$\alpha_a, \alpha_b =$	= I2/H2	= -J2/I2

在 Excel 工作表的第 1 行输入水灰比(w/c)，第 2 行自动计算灰水比(c/w)，在第 3 行输入混凝土 28 天强度试验实测值。选定 A2：G3 单元格区域，单击"插入|图表|XY 散点图"，作出仅显示数据点的散点图。

在图表中的数据点上右键单击，在快捷菜单中选"添加趋势线"，在弹出对话框的"趋势线选项"标签上选"线性"，在"选项"标签上的"显示公式"和"显示 R 平方值"前面打"√"，则 Excel 自动作出一条回归直线（趋势线），并显示该回归直线的表达式 $y = Ax + B$ 的具体形式 $y = 18.898x - 0.0548$ 及相关系数的 R^2，如图 8-13 所示。

根据 $y = Ax + B$ 与鲍罗米公式的对应关系，可知 $\alpha_a = A/f_{ce}$，$\alpha_b = -B/A$。将中间数据输入到 H1：J2 区域，单元格 I3 和 J3 分别输入 α_a 和 α_b 的计算公式。在本例中，α_a（单元格 I3 的值）= 0.417，α_b（单元格 J3 的值）= 0.003，则由单元格区域 A1：G3 的数据回归出的鲍罗米公式为：

$$f_{cu,o} = 0.417 \cdot f_{ce}(c/w - 0.003)$$

用这种方法进行回归分析，既简单又快捷，省去了一系列数学公式的推导和繁琐的程序编写工作。上述所讲的是线性回归（趋势线），其他类型的趋势线也可仿此思路进行操作。

8.2.3　图像处理实例

本节以 Photoshop 2022 图像处理软件进行为例,详细介绍图像处理的方法。图 8-14(a)是比表面积为 360 m^2/kg、平均粒径 24μm 粉末的显微照片,原始格式为 bmp、模式为 RGB 颜色,现欲将其进行二值化处理,供颗粒形貌分析使用。

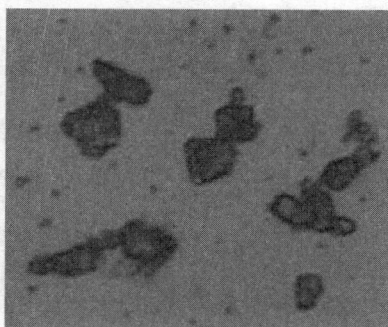

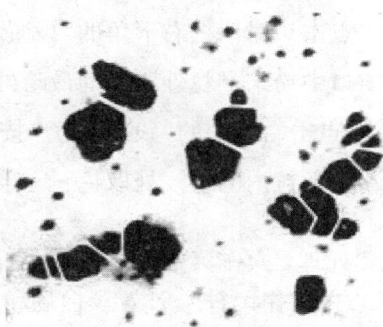

(a)原显微照片　　　　　　　　　　(b)分割调整色阶后

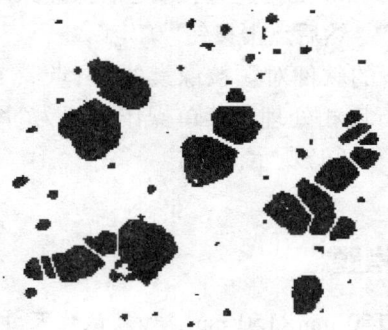

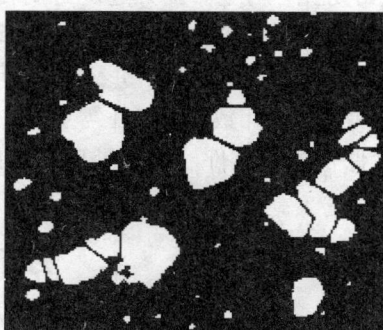

(c)二值化处理后　　　　　　　　　　(d)填孔及反相处理后

图 8-14　用 Photoshop 对图像进行二值化处理步骤

操作步骤如下:

1)从 RGB 颜色模式转换成灰度模式:用 Photoshp 打开该图像文件(例如 Fig8_14a.bmp),操作菜单为"图像|模式|灰度"。

2)粘连物体分割:单击"橡皮擦工具",在选项栏中把"画笔"直径调到合适大小(本例为 3),在交界处某点(如交界的一端)单击鼠标,沿着交界,按住 Shift 键后再单击鼠标,用线段勾勒出粉末边界。

3)调整色阶：操作菜单"图像|调整|色阶"，在弹出"色阶"对话框右下角的"预览"单选框中打"√"，用鼠标拖动"输入色阶"右下端的滚动条，使图像窗口的图像背景基本呈白色；用鼠标拖动"输入色阶"左下端的滚动条，使粉末颗粒色度变得充分深(黑)而白底的颜色变化不大，且粉末颗粒基本不"长"大，然后点击按钮"确定"。调整色阶后，图像处理效果如图8-14(b)所示。

4)设置黑白场：操作菜单"图像|调整|色阶"，在弹出"色阶"对话框右下的"预览"单选框中打"√"，点击该对话框右下角的"设置白场"按钮 ✐ 后，光标也变成"白场"光标，然后在工作图像窗口中粉末颗粒外背景的最暗处取色，这样杂乱灰色的背景变成白背景。在"色阶"对话框中，点击右下角的"设置黑场"按钮 ✐ 后，光标也变成"黑场"光标，然后在工作图像窗口中粉末颗粒内的最浅处取色，这样粉末颗粒的颜色几乎成了纯黑色，满意后点击按钮"确定"。

5)二值化处理：操作菜单"图像|模式|位图"，在弹出"位图"对话框的"方法"项选"50%阈值"，然后点击按钮"好"。设置黑白场和二值化处理后的效果如图8-14(c)所示。然后操作菜单"图像|模式|灰度"，弹出"灰度"对话框，单击其上的"确定"按钮，将图像设置为灰度模式，为下一步操作作准备。

6)填充封闭孔：用魔棒工具选定封闭孔，按住Shift键可连选，选定后操作菜单"编辑|填充"，在弹出"填充"对话框的"内容"项选择"黑色"，然后点击按钮"确定"。

7)反相处理：一般情况下，进行颗粒形貌分析的软件对颗粒像素的"白点"(1值)计数，而对"黑点"(0值)不计数，所以还需要对图像进行反相处理。菜单操作方法为"图像|调整|反相"，然后保存图像文件。最终处理结果如图8-14(d)所示。

习题及思考题

1. 混凝土抗压强度试块标准尺寸是150 mm×150 mm×150 mm，如果试块尺寸为100 mm×100 mm×100 mm，则强度测试结果需要乘以尺寸系数0.95。请在表8-9的基础上，补充公式。

2. Blaine透气法(勃氏法)是用于测定粉体试样比表面积的一种方法(见参考文献[5]之实验4)，请编制用勃氏法测定比表面积实验数据处理的Excel工作表。

3. 混凝土强度的发展规律基本上是随龄期呈对数关系，在已测得试块3天和7天龄期的抗压强度分别为11.2 MPa和18.7 MPa情况下，请推测其28天龄期的抗压强度。

4. 对于$2\theta=5°\sim60°$、步长为0.02°的XRD分析数据，请编制基线处理的Excel文件；用Origin的"Analysis|Smoothing|FFT Filter…"进行平滑处理时，采用的点数应比本章例子中的点数(25点)多还是少，才能既起到同样的平滑效果，又不使主要衍射峰明显削低？

5. 对于高温熔体,只要有液滴轮廓线,就可通过液滴外形法间接地测定其表面张力。请思考在拍摄到液滴照片(其灰度照片如图 8-15 所示)后,如何获得其轮廓线?试用框图表示处理过程。

图 8-15 液滴灰度照片

参 考 文 献

[1] 沈君. Excel 必修课[M]. 北京:人民邮电出版社,2020.

[2] 海滨. Origin 2022 科学绘图与数据分析[M]. 北京:机械工业出版社,2022.

[3] 于旭明. Photoshop CC 2020 理论与应用[M]. 昆明:云南科技出版社,2021.

[4] 田丹. 数字图像处理与 MATLAB 实现[M]. 北京:电子工业出版社,2022.

[5] 罗永勤,高云琴. 无机非金属材料实验[M]. 北京:冶金工业出版社,2018.

第 9 章   Internet 与材料科学

9.1   Internet 技术简介

Internet 意为国际互联网络，由遵循 TCP/IP (transmission control protocol/internet protocol) 协议的众多网络互联而成，现已覆盖世界一百多个国家和地区，截至 2019 年，国际互联网用户已有约 42 亿人，连接主机 9 亿台。Internet 同时也是世界上最开放的系统，并在发展过程中不断得以扩充。

从某种意义上，Internet 可以说是美苏冷战的产物。为保证部分指挥点被摧毁后，系统内部其他点仍能正常工作。从 20 世纪 60 年代末至 70 年代初，由美国国防部资助，建立了一个名为 ARPANET 的网络。该网络采用分组交换技术，把位于洛杉矶的加利福尼亚大学、位于圣芭芭拉的斯坦福大学，以及位于盐湖城的犹它州州立大学的计算机主机联接起来。这一网络就是 Internet 最早的雏形。

20 世纪 80 年代初，以太网技术开始发展，一些与 ARPANET 有关的以太局域网开始应用 IP 地址技术与 ARPANET 互联。80 年代后期，美国国家科学基金会在五所大学中设立了五个超级服务器，并在不久后建成了 SFNET。为实现资源共享的目的，NSFNET 引用了 ARPANET 的互联技术。NSFNET 运行后，效果非常好，很快就进行了扩容。90 年代，众多商业公司开始介入，开始了 Internet 迅猛发展的时期，并在很短的时间里演变成覆盖全球的国际性互联网络。

随着 Internet 商业化的成功，互联网技术已在电子通信、远程登录、文件传输、文献检索、网上交谈等诸多领域扮演着越来越重要的角色。此外，人工智能、区块链、增强现实和虚拟现实、深度学习、云计算、Angular 编程、开发运营、物联网、大数据、机器人流程自动化等 Internet 上的新技术，更加促进了 Internet 在众多领域中的应用。Internet 技术的飞速发展为材料学研究提供了崭新的思路，在材料数据库的丰富、资料收集与查询、信息交流等诸多领域正发挥着越来越重要的作用。

9.2　Internet 在材料科学中的应用

9.2.1　强大的搜索引擎

对于材料研究者而言，搜索引擎可以帮助用户快速而有效地获取相关信息，如各种学术和技术文件、计算机软件、多媒体数据等。用户只需在搜索引擎的特定位置输入关键字，便可以获得大量由网站自动搜集到的网站或网页地址。这种方式对那些没有明确目标但是需要比较全面内容的查询者比较有用。搜索引擎所查找的信息往往是海量的，很难直接满足用户需求，因此很多搜索引擎提供了组合方式的查询。其原理是利用数学集合的概念将关键字进行限定搜索，从而获得满意的结果。另外，大部分搜索引擎提供了搜索语法，方便用户进行更准确地搜索，典型语法如下：

"foo"。即把词放在双引号中，进行精确搜索。比如，在搜索框输入"钛合金"，搜索引擎会完全匹配引号中的关键词"钛合金"，而不会将词汇分开。

foofiletype：bar。即搜索含关键词 foo 的 bar 格式文件。比如，在搜索框输入 钛合金 filetype：pdf，搜索引擎会搜索含钛合金词条的 pdf 格式的文件。

foosite：website。即在 website 网站上搜索关键词 foo。比如，在搜索框输入 钛合金 site：www. bit. edu. cn，搜索引擎会在北京理工大学网站上搜索含钛合金词条的内容。

9.2.2　与材料科学相关的专业网站

国内外材料研究机构越来越多地通过建立网站利用 Internet 进行宣传和信息交流，这些网站一般介绍该机构的研究方向、所取得的成果以及联系方式，有的还包括研究生招生、对外招聘等信息，对上网查询的用户非常方便。近年来，很多热衷于材料研究的人士还自发组织起来，建立了形式多样的各类群组，如 BBS、研究论坛、邮件列表等，为材料研究学术交流及资源共享等提供了广阔的平台。此外，国内外还成立了各类大型网络数据库，储存了大量有关材料成分、结构、性能等方面的数据，免费向互联网用户开放，这为研究人员进行材料设计及合理选材提供了重要的参考依据。

下面列举了国内外部分与材料研究相关的著名专业网站。

(1) 主题网站

https：//www. nist. gov/

计算材料学中心，由美国国家标准与技术研究所(NIST)维护，提供了大量材料研究及计算机模拟技术相关的资料。

https：//www. nims. go. jp/

由日本国立材料研究所(NIMS)维护，提供了大量的材料研究前沿信息，同时也提供了材料研究人员、出版物、材料类别、结构、发展、应用的相关数据库。

http://www.numis.northwestern.edu/

由美国西北大学高分辨电子显微技术及表面结构中心维护,提供了与高分辨电子显微技术相关的各类资料,包括设备操作与使用、软件维护、图片处理、算法原代码等。

http://www.twi.co.uk

由 TWI 材料焊接工艺中心维护,提供了全球范围的材料焊接技术服务,包括信息咨询、培训与认证、技术转让等。

各类材料仿真软件的讨论组、邮件列表等,是当前计算材料学界非常活跃的交流方式。除讨论当前材料学界的一些热点问题外,这些渠道还为用户提供了文献互助、前沿新闻、学术活动以及招聘信息等诸多颇具特色的内容。

(2)常规信息网站

https://www.asminternational.org/

https://www.phase-trans.msm.cam.ac.uk/map/mapmain.html

上述网站隶属于一些知名的大型网站或研究单位等,其中收集了与材料学相关的大量网址链接,并进行了分类整理,内容丰富全面。

(3)网络数据库

https://matweb.com/

拥有强大的数据库搜索引擎,共 63000 余份与材料性能相关的数据表。

https://www.nist.gov/materials

由美国国家标准与技术研究所(NIST)维护,是材料领域网络数据库的重要网站。

http://www.polymersdatabase.com

由美国化学橡胶出版公司(CRC)维护,是高分子材料领域网络数据库的重要网站。

https://legacy.materialsproject.org/

由美国劳伦斯伯克利国家实验室(LBNL)创建并维护的开源材料数据库 Materials Project,包含材料性质、材料模型等实验和计算数据。

https://mits.nims.go.jp/

由日本国立材料研究所(NIMS)创建并维护的材料数据库。NIMS 材料数据库(MatNavi)旨在促进新材料的开发和材料的选择。MatNavi 包括聚合物 DB(化学结构、聚合、加工、物理性质、核磁共振谱等)、无机材料 DB(晶体结构、相图、物理性质等)、金属材料 DB(密度、弹性常数、蠕变特性等)和计算电子结构 DB(通过第一性原理计算获得的能带结构等)。它还提供了复合材料设计和性能预测系统等应用程序。

https://www.ccdc.cam.ac.uk/

The Cambridge Crystallographic Data Centre (CCDC).由英国剑桥大学 Kennard 等在 1965 年创建,文献中收录了 121 万种小分子有机物和金属有机化合物晶体结构数据,其中包含了晶胞参数、原子坐标和引用文献等。

https://icsd.products.fiz-karlsruhe.de/

ICSD 是由德国 FIZ Karlsruhe(卡尔斯鲁厄专利信息中心)提供的世界上最大的无机晶体结构数据库,包含来自 1600 多种科学期刊的非 C—C、C—H 键的无机晶体结构,所收录的结构原子坐标已完全确定。自 2003 年以来,金属和金属间化合物的晶体结构也被纳入了 ICSD。迄今为止,共包含 210229 个无机晶体结构的相关数据,其中单元素结构 2950 个、二元结构 39044 个、三元结构 74481 个、四元结构 50391 个、五元结构 25650 个、金属/合金 40354 种、矿物 26119 种。

https://www.paulingfile.com/

日本科学技术厅 Pauling File 无机材料数据库中收集了从 1900 年至今超过 21000 出版物中的数据,涵盖了材料的晶体结构、衍射、相图和物理性能,旨在创建集成数据挖掘以及其他软件的材料设计平台。

http://www.materdata.cn/

国家材料共享网,随着计算机算力的提升,材料研究模式开始以“经验试错法”到基于“材料基因”设计方法转变,期间催生了许多高通量材料计算平台和数据库。

https://materialsproject.org/

劳伦斯伯克利国家实验室 Ceder 等在 2011 年创立了 Materials Project 数据库,该数据库存储了 75 万多种材料,涉及无机化合物、分子、纳米孔隙材料、嵌入型电极材料和转化型电极材料以及 9 万多条能带结构、弹性张量、压电张量等性能的第一性原理计算数据。

http://aflowlib.org/

2012 年,杜克大学 Curtarolo 等发布了 AFLOWlib 计算材料数据库,存储了包括无机化合物、二元合金与多元合金等超过 356 万种材料结构和 7 亿条第一性原理计算的材料性能数据,是诸多数据库中数据量最大的一个。

http:www.oqmd.org/

2013 年,西北大学 Wolverton 等推出了开放量子材料数据库(OQMD),它是一个高通量数据库,提供了 1022603 条基于材料密度泛函理论计算得到的材料热力学和结构特性数据。

http://www.mgedata.cn/

2016 年,北京科技大学牵头建立的“材料基因工程专用数据库”,它包含超过 76 万条的催化材料、特种合金及其材料热力学和动力学等数据。

http:e01.iphy.ac.cn/bmd/

中国科学院物理研究所在 2018 年推出了电池材料离子输运数据库,包含了采用键价方法计算得到的 21204 种无机晶体化合物中的离子输运数据,其中包括含 Li 的化合物 4535 种、含 Na 的化合物 4344 种、含 K 的化合物 2808 种、含 Mg 的化合物 2145 种、含 Zn 的化合物 2180 种、含 Al 的化合物 5192 种。

https://matgen.nscc-gz.cn/solidElectrolyte/

上海大学施思齐课题组于 2020 年发布了电化学储能材料高通量计算平台，集成了晶体结构几何分析（CAVD）、键价和计算（BVSE）、多精度融合算法和相稳定性计算等程序，并基于 CAVD 和 BVSE 构建了包含 2.9 万条数据的离子输运特性数据库，能够为下游的机器学习任务提供相应的学习样本。

https://atomly.net/#matdata

2020 年，中国科学院物理研究所等单位创建了 Atomly 数据库，包含从 ICSD 数据库和 DFT 计算得到的 18 万个无机晶体结构以及详细的电子结构信息和热力学相图。

（4）仿真软件学习网站

https://forum.simwe.com/

simwe 具有丰富的板块，例如常用的 CAE 软件 ANSYS、ABAQUS、MSC 等，常用的 CAD 软件 UG、SolidWorks、CATIA 等以及科学计算软件 Matlab。

https://www.jishulink.com/

技术邻的材料论坛包括金属材料、复合材料、无机非金属材料、有机高分子材料、纳米材料等专业的问答讨论。仿真论坛包括 ABAQUS、Ansys、LS-Dyna、HyperWorks、Simcenter 等各种 CAE 仿真软件的问答讨论，以及视频教程、实例教学等学习资料分享。

9.2.3 文献检索

如前所述，Internet 为材料科学研究提供了丰富的资源，包括各种电子期刊、电子书籍、数据库等，已成为广大科研人员不可或缺的信息源。而在其基础上掌握基本的文献检索技术，对于把握研究动态、确定研究方向、建立研究方法以及撰写科研论文等诸多方面均具有重要而积极的意义。下面列举了两个知名的文献检索网站，并简要介绍基本的文献检索方法。

（1）通过中国知网检索中文学术论文

进入中国知网主页（https://www.cnki.net/），在登录窗口根据授权情况，用户可选择账户登录、IP 登录、访客进入等多种方式进入该数据库。若所在单位购买了该数据库，用户不必输入用户名级密码，直接单击"IP 登录"按钮进入该数据库。

可以通过中国知网提供的行业知识服务与知识管理平台、研究学习平台、专题知识库等进行专题学习，也可通过文献检索、知识元检索或引文检索的方式进行文献和知识检索。中国知网提供了高级检索功能，点击进入，其界面如图 9-1 所示。

若需要检索的内容与复合材料力学性能相关，可设置关键检索词为"复合材料"、"力学性能"，通过该库的"高级检索"功能实现。单击"高级检索"按钮，进入如图 9-2 所示的界面。

在检索项一栏，通过下拉菜单选择"关键词"，分别输入"复合材料"与"力学性能"，在逻

图 9-1　中国知网高级检索界面

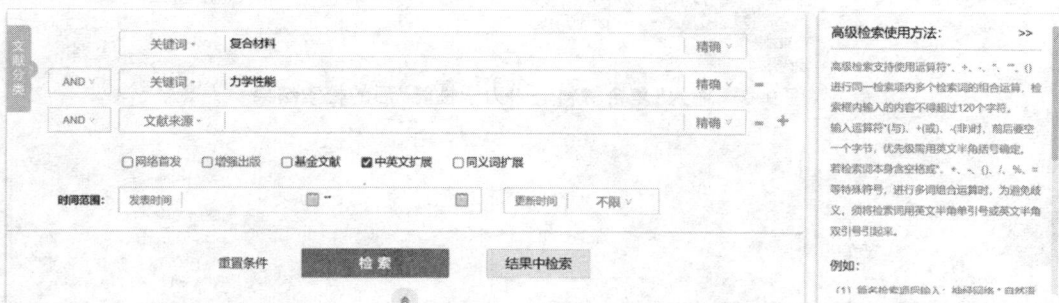

图 9-2　中国知网"高级检索"检索项

辑栏中选择"AND"进行"与"操作，然后单击"检索"按钮。查询结果如图 9-3 所示，共检索到当前与复合材料力学性能相关的文献共计 10468 条。若需要进一步缩小检索范围，可通过添加检索词的方法实现，如在检索条件中输入文章篇名、作者姓名、作者单位、期刊刊名、发表时间、中图分类号等。对于检索到的论文，可单击文章链接进入，并以 caj 或 pdf 格式下载全文。

中国知网也提供了专业检索功能，相比高级检索而言，更灵活，功能也更强大，其检索界面如图 9-4 所示。专业检索需要检索人员根据系统的检索语法编制检索式进行检索，适用于熟练掌握检索技术的专业检索人员。

（2）通过 Science Direct 数据库检索外文学术论文

Science Direct（网址 http://www.sciencedirect.com）数据库为世界著名出版商 Elsevier Science 出版集团旗下的全文电子期刊数据库，其大部分期刊都是 SCI、EI 等国际公认的权威

图 9-3　输入"复合材料"、"力学性能"后的检索结果

图 9-4　中国知网专业检索界面

大型检索数据库收录的各个学科的核心学术期刊。除材料科学外，该数据库中的文献还涵盖数学、物理、化学、地球科学、农业、工程技术与能源科学、计算机科学、通信科学、环境科学、经济学、商业及管理科学、生物科学、医学等几乎所有学科领域。有相当一部分文献在纸质版尚未正式付印前，可在该网站下载电子版全文文件，具有很强的时效性。其登录主界面如图 9-5 所示，用户可以通过授权信息或机构信息登录数据库。

授权用户还可通过快速检索(quick search)直接查找感兴趣的相关论文。快速检索界面如图 9-6 所示。用户可通过关键词、作者姓名、期刊名、论文发表的卷、期、页等信息进行快速检索。

图 9-5　Science Direct 登录主界面

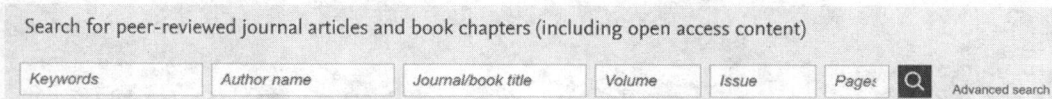

图 9-6　Science Direct 数据库快速检索界面

单击快速检索界面右下方的"Advanced Search"，则可进入高级检索界面，如图 9-7 所示。高级检索界面为用户提供了更为强大的检索功能，但要求用户输入更多的信息，如同时查找多个关键词。

仍以检索复合材料力学性能相关外文文献为例，在"Title，abstract or author-specified keywords"检索项中输入"Composites"AND "Mechanical Properties"，其中，"AND"操作符进行"与"操作，则检索结果如图 9-8 所示，共检索到 41280 篇相关文献。授权用户可单击文章篇名下方的"Download PDF"（非授权用户不可见）"Abstract" "Export"等链接，进行下载文献、预览摘要、导出引用等操作。

若需要进一步缩小查找范围，可在图 9-8 左方的"Refine by"侧边栏中点选其他限定，在检索结果中继续进行过滤检索。

此外，用户也可以通过浏览期刊等功能，进入相关期刊所在页面，并根据论文发表的年、卷、期、页等信息，定位到需要检索的论文，并下载全文。

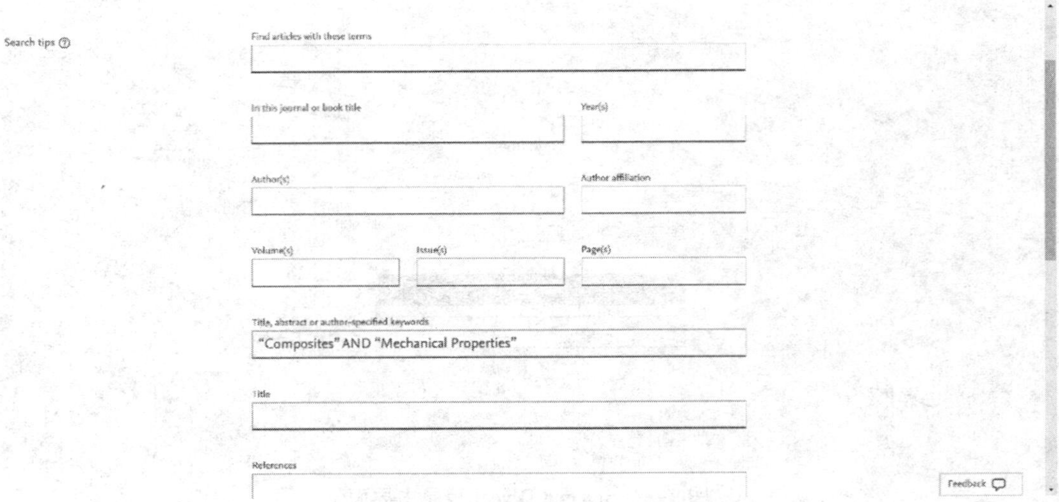

图 9-7　Science Direct 数据库高级检索界面

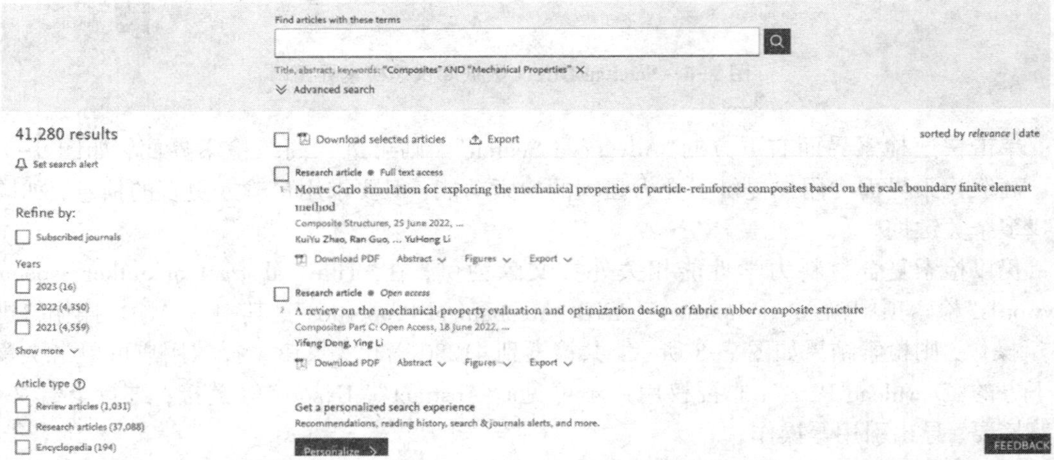

图 9-8　输入"Composites"与"Mechanical Properties"后的检索结果

习题及思考题

1. 简述 Internet 技术在材料学中有哪些方面的应用。

2. 如何利用 Internet 技术查询给定材料的基本物理性能、力学性能参数?

3. 利用 Internet 上的材料数据库,查询 GaN 本征半导体的晶体结构和能带结构。

4. 利用 Internet 上的材料数据库,结合第 2 章学到的分子动力学方法,仿真 α-Ti 和 β-Ti 的晶格常数随温度的变化。

参 考 文 献

[1] Abbate J E. From ARPANET to INTERNET: A history of ARPA-sponsored computer networks, 1966-1988 [M]. University of Pennsylvania, 1994.

[2] 李晓明, 闫宏飞, 王继民. 搜索引擎:原理, 技术与系统[M]. 北京:科学出版社, 2005.

[3] 刘云. 浅谈外文数据库的使用要领[J]. 科技情报开发与经济, 2009 (27): 22-24.

第 10 章　实验设计与上机实践

　　"计算机在材料科学与工程中的应用"课程的特点是具有很强的实践性。通过大量的上机实验，才能真正了解如何用计算机技术解决材料科学与工程领域中的实际问题，并将计算机技术应用于后续专业的课程学习和专业设计中。根据课程内容，本章设计了"材料合成加工工艺单指标正交实验设计与实现""用曲线拟合实现材料科学研究中的数学建模""材料学科中物理场的数值模拟"和"理想溶液二元相图计算"四个实验。每个实验提供一个例子，供学生上机参考，实验的其余部分由学生根据自己的专业方向或兴趣查找有关资料，上机完成。本章的主要目的是给学生有足够的想象空间和充分发挥主观能动性和创造性的空间，将每一个实验真正成为综合实验或"可扩展设计"(open ended design)实验。

　　在组织实验教学中，教师可根据实际情况选取其中实验内容或自己设计新的实验。

10.1　材料合成加工工艺单指标正交实验设计与实现

10.1.1　实验目的

　　(1)掌握正交实验设计方法。
　　(2)会用相关软件对正交实验设计的数据进行分析处理。

10.1.2　问题描述与分析

　　问题的提出——多因素实验

　　例1：为提高某产品的转化率，选择了三个有关的因素进行条件实验，反应温度(A)，反应时间(B)，用碱量(C)，并确定了它们的实验范围：

　　A：80-90 ℃；B：90-150 min；C：5-7%

　　实验目的是想明确因素 A、B、C 对产品转化率的影响，分清主要因素和次要因素，从而确定最优生产条件。

　　这里，对因素 A、B、C 在实验范围内分别选取三个水平：

　　A：A1 = 80 ℃、A2 = 85 ℃、A3 = 90 ℃

　　B：B1 = 90 min、B2 = 120 min、B3 = 150 min

　　C：C1 = 5%、C2 = 6%、C3 = 7%

　　在正交实验设计中，因素可以是定量的，也可以是定性的。而定量因素各水平间的距离可以相等也可以不相等。这里取三因素三水平，通常有以下几种实验方法。

1. 全面实验法

全面实验法的实验安排见表 10-1，其实验点分布见图 10-1。图 10-1 表明全面实验法共有 $3^3 = 27$ 次实验，即立方体上的 27 个节点。全面实验法的优点是对各因素与实验指标之间的关系剖析得比较清楚。缺点是：①实验次数太多，费时、费事，当因素水平比较多时，实验无法完成；②不做重复实验无法估计误差；③无法区分因素的主次。

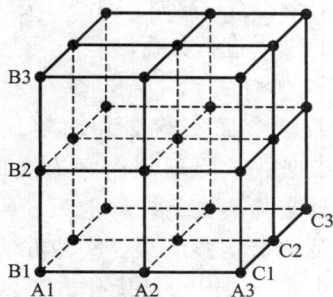

图 10-1 全面实验法的实验点分布

表 10-1 全面实验法实验安排

A1B1C1	A2B1C1	A3B1C1
A1B1C2	A2B1C2	A3B1C2
A1B1C3	A2B1C3	A3B1C3
A1B2C1	A2B2C1	A3B2C1
A1B2C2	A2B2C2	A3B2C2
A1B2C3	A2B2C3	A3B2C3
A1B3C1	A2B3C1	A3B3C1
A1B3C2	A2B3C2	A3B3C2
A1B3C3	A2B3C3	A3B3C3

2. 简单比较法

简单比较法是变化一个因素而固定其他因素，如首先固定 B、C 于 B1、C1，使 A 变化，如果得出结果 A3 最好，则固定 A 于 A3，C 还是 C1，使 B 变化，如果得出结果 B2 最好，则固定 B 于 B2，A 于 A3，使 C 变化，则实验结果以 C2 最好。于是得出最佳工艺条件为 A3B2C2，简单比较法的实验点如图 10-2 所示。

简单比较法的优点为实验次数少。其缺点是：①实验点不具代表性；②考察的因素水平

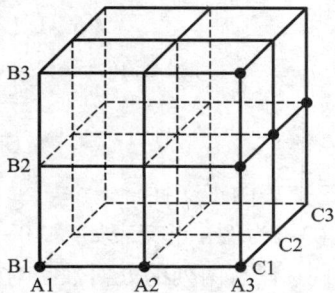

图 10-2 简单比较法的实验点分布

仅限于局部区域，不能全面地反映因素的实际情况；③无法分清因素的主次。如果不进行重复实验，实验误差就估计不出来，因此无法确定最佳分析条件的精度；④很难利用数理统计方法对实验结果进行分析。

3. 正交实验法

考虑兼顾全面实验法和简单比较法的优点，利用依据数学原理制作好的规格化表-正交表来设计实验不失为一种上策。用正交表来安排实验及分析实验结果，这种方法叫做正交实验法。事实上，正交最优化方法的优点不仅表现在实验的设计上，更表现在对实验结果的处理上。正交实验法的优点有：①实验点代表性强，实验次数少；②不需做重复实验，就可以估计实验误差；③可以分清因素的主次；④可

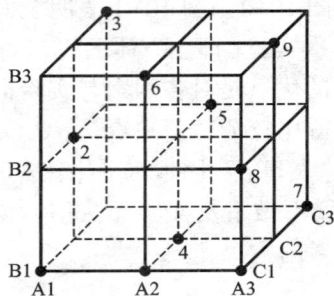

图 10-3 正交表安排实验时的实验点分布

以使用数理统计的方法处理实验结果。如用正交表安排例 1 的实验，只需要 9 次实验，图 10-3 为用正交表安排实验时的实验点，从图 10-3 中可以看出用正交实验(表)法安排实验具有均衡分散性，具有代表性的特点。此外用正交实验(表)法安排实验具有整齐可比性，可以方便利用数理统计方法对实验结果进行处理。

(1)指标、因素和水平

正交表安排实验需要考虑的结果称为实验指标(简称指标)，可以直接用数量表示的叫定量指标，不能用数量表示的叫定性指标。定性指标可以按评定结果打分或者评出等级，从而实现用数量表示，称为定性指标的定量化。实验中要考虑的对实验指标可能有影响的变量简称为因素，用大写字母 A、B、C…表示，每个因素可能给出的状态称为因素的水平(简称水平)。图 10-4 为正交表符号的含义。

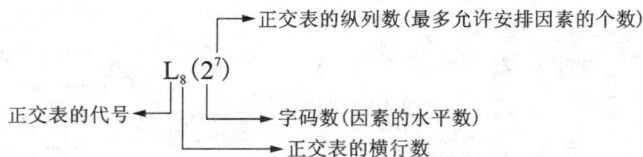

图 10-4 正交表符号含义

(2)正交表的正交性

以 $L_9(3^4)$ 为例，正交表如表 10-2 所示。从该正交表可以看出，每个列中，1、2、3 出现的次数相同；任意两列的九对数字对中，恰好(1, 1)、(1, 2)、(1, 3)、(2, 1)(2, 2)、(2, 3)、(3, 1)、(3, 2)、(3, 3)出现的次数相同。从而说明实验点在实验范围内排列规律整齐，分布均匀。

表 10-2　$L_9(3^4)$ 正交表

所在列 实验号	1	2	3	4
1	1	1	1	1
2	1	2	2	2
3	1	3	3	3
4	2	1	2	3
5	2	2	3	1
6	2	3	1	2
7	3	1	3	2
8	3	2	1	3
9	3	3	2	1

10.1.3　求解步骤

1. 用正交表安排实验

例 1 的实验目的是要明确 A、B、C 三因素对转化率的影响，实验指标为转化率，因此确定因素–水平表如表 10-3 所示。选取 $L_9(3^4)$ 正交表安排实验，假设因素之间没有交互作用，得到的转化率实验结果如表 10-4 所示。

表 10-3　例 1 的因素–水平表

因素 水平	A 温度/℃	B 时间/min	C 用碱量/%
1	80（A1）	90（B1）	5（C1）
2	85（A2）	120（B2）	6（C2）
3	90（A3）	150（B3）	7（C3）

表 10-4　用 $L_9(3^4)$ 正交表进行实验得到的转化率结果

所在列	1	2	3	4	
因素	A 温度/℃	B 时间/min	C 用碱量/%		转化率/%
实验 1	1（80）	1（90）	1（5%）	1	31
实验 2	1（80）	2（120）	2（6%）	2	54

续表10-4

所在列	1	2	3	4	
因素	A 温度/℃	B 时间/min	C 用碱量/%		转化率/%
实验 3	1 (80)	3 (150)	3 (7%)	3	38
实验 4	2 (85)	1 (90)	2 (6%)	3	53
实验 5	2 (85)	2 (120)	3 (7%)	1	49
实验 6	2 (85)	3 (150)	1 (5%)	2	42
实验 7	3 (90)	1 (90)	3 (7%)	2	57
实验 8	3 (90)	2 (120)	1 (5%)	3	62
实验 9	3 (90)	3 (150)	2 (6%)	1	64

2. "正交设计助手"软件应用

"正交设计助手"软件为正交实验设计中繁琐的实验安排表的制定及结果分析提供了一种辅助工具。本软件内置的正交表包括：

二水平：$L_4(2^3)$、$L_8(2^7)$、$L_{12}(2^{11})$、$L_{16}(2^{15})$；

三水平：$L_9(3^4)$、$L_{18}(3^7)$、$L_{27}(3^{13})$；

四水平：$L_{16}(4^5)$、$L_{32}(4^9)$；

五水平：$L_{25}(5^6)$、$L_{50}(5^{11})$

根据该软件的使用说明，可以完成一般的正交设计。运行该软件，选取正交表，输入实验数据，如图 10-5(a) 所示，单击【分析】下拉菜单得到实验计划表，如图 10-5(b) 所示。

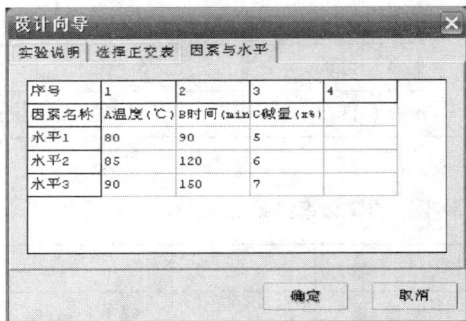

(a) "选择正交表"中输入数据

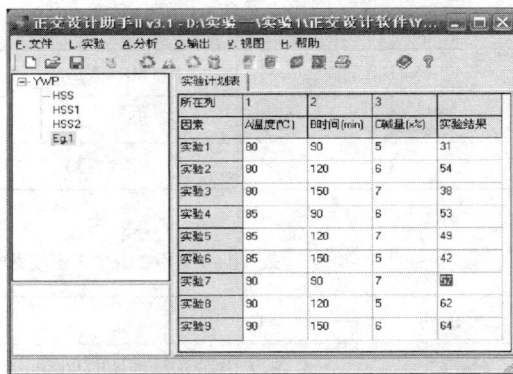

(b) "实验计划表"

图 10-5 实验数据和实验计划表

3. 极差分析

用"正交设计助手"软件对正交实验结果进行直观分析和计算，如图 10-6 所示。其中对于因素 A1、A2、A3 各自所在的实验组中，其他因素（B、C）的 1、2、3 水平都分别出现了一次。A 方均值计算如下：

$$k1_A = (x1+x2+x3)/3 = (31+54+38)/3 = 41$$
$$k2_A = (x4+x5+x6)/3 = (53+49+42)/3 = 48$$
$$k3_A = (x7+x8+x9)/3 = (57+62+64)/3 = 61$$

比较 $k1_A$、$k2_A$、$k3_A$ 时，可以认为 B、C 对 $k1_A$、$k2_A$、$k3_A$ 的影响是大体相同的。于是可以把 $k1_A$、$k2_A$、$k3_A$ 之间的差异看作是 A 取了三个不同水平引起的。同理可以计算因素 B 和因素 C。

所在列	1	2	3	4	
因素	A温度(℃)	B时间(min)	C碱量(x%)		实验结果
实验1	1	1	1	1	31
实验2	1	2	2	2	54
实验3	1	3	3	3	38
实验4	2	1	2	3	53
实验5	2	2	3	1	49
实验6	2	3	1	2	42
实验7	3	1	3	2	57
实验8	3	2	1	3	62
实验9	3	3	2	1	64
均值1	41.000	47.000	45.000	48.000	
均值2	48.000	55.000	57.000	51.000	
均值3	61.000	48.000	48.000	51.000	
极差	20.000	8.000	12.000	3.000	

图 10-6 "正交设计助手"软件直观分析计算示意图

将每列的 k1、k2、k3 中最大值与最小值之差称为极差，即：

第 1 列（A 因素）= $k3_A - k1_A = 61 - 41 = 20$
第 2 列（B 因素）= $k2_B - k1_B = 55 - 47 = 8$
第 3 列（C 因素）= $k2_C - k1_C = 57 - 45 = 12$

可以直观看出，一个因素对实验结果影响大，就是主要因素。本例中因素主次排序为：A→C→B。

单击【效应曲线】按钮，用"正交设计助手"所得的数据作各因素效应水平图（见图 10-7），确定各因素应取的水平。如想得到更为美观的图形，可以将数据导出到 Origin 软件中作图。根据本例要求，各因素的水平选取原则为：（1）对主要因素，选择使指标最好的水平，A 选 A3，C 选 C2；（2）对次要因素，以节约方便原则选取水平，B 可选 B2 或者 B1。用 A3B2C2 和 A3B1C2 各做一次验证实验，结果 A3B1C2 的转化率高于 A3B2C2，最后确定最优生产条件为 A3B1C2。

10.1.4 习题及思考题

1. HAP 生产工艺正交实验最优条件设计

羟基磷灰石[Hydroxyapatite，HAP，化学式 $Ca_{10}(PO_4)_6(OH)_2$]是一类生物陶瓷材料。利用正交实验设计法，对湿法制备羟基磷灰石的几个重要因素，如反应物初始浓度、回流时间、NaOH 浓度、陈化时间作为正交表的因子，并分别拟定三个水平，建立正交实验表 $L_9(3^4)$ 进行实验研究。HAP 生产工艺正交实验因子表、实验安排和实验结果分别见表 10-5 和表 10-6。

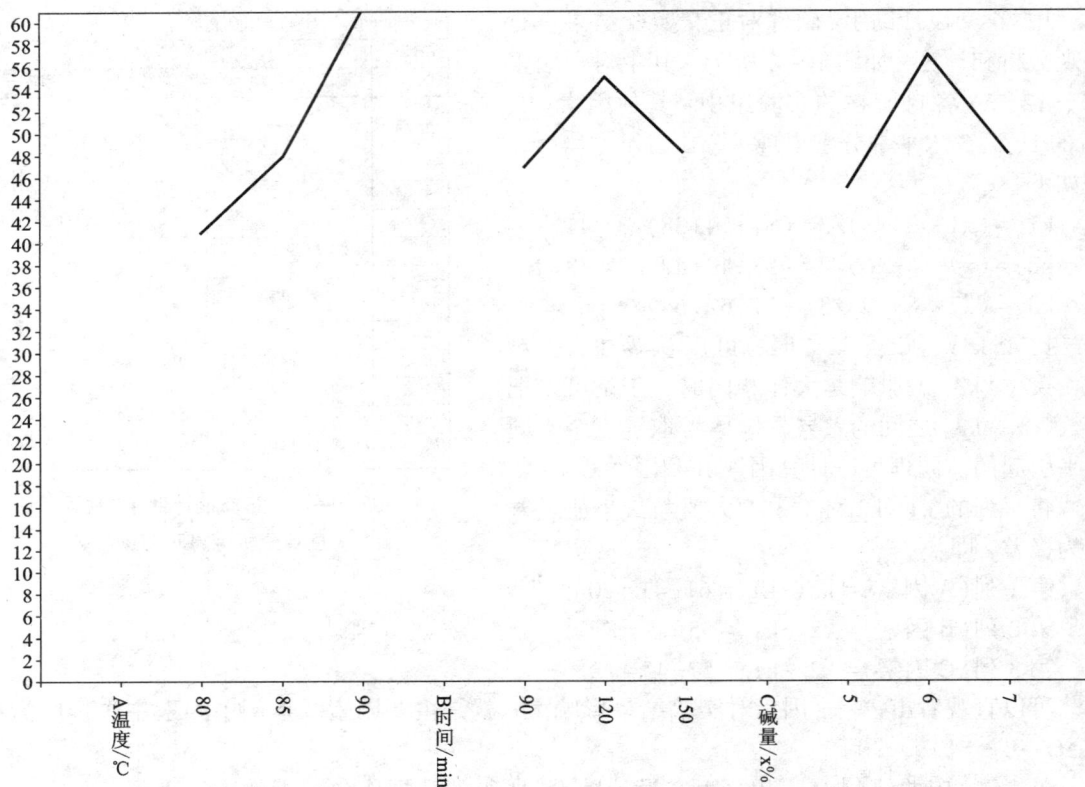

图 10-7 各因素效应水平图

表 10-5 HAP 生产工艺正交实验因素-水平表

因素 水平	Ca(NO₃)₂ 初始浓度/(mol·L⁻¹) A	回流时间/h B	NaOH 浓度/(mol·L⁻¹) C	陈化时间/h D
1	0.187	1	0.25	1
2	0.418	2	0.5	2
3	0.935	4	1.0	4

　　按正交表的各实验号中规定的水平组合进行 9 次实验，将实验结果(指标)填入表 10-6。试研究各因子对 HAP 产率的影响以及制备 HAP 的最优条件。

表 10-6　实验安排和实验结果

所在列	1	2	3	4	
因素	初始浓度/(mol·L⁻¹)	回流时间/h	NaOH 浓度/(mol·L⁻¹)	陈化时间/h	实验结果/%
实验 1	0.187	1	0.25	1	93.4
实验 2	0.187	2	0.5	2	89.2
实验 3	0.187	4	1.0	4	66.0
实验 4	0.418	1	0.5	4	88.8
实验 5	0.418	2	1.0	1	75.5
实验 6	0.418	4	0.25	2	56.9
实验 7	0.935	1	1.0	2	82.1
实验 8	0.935	2	0.25	4	65.4
实验 9	0.935	4	0.5	1	53.1

2. 高速钢热处理工艺优化

通过实验确定 W6Mo5Cr4V2 高速钢最佳等温淬火热处理工艺。根据常规 W6Mo5Cr4V2 高速钢的等温淬火热处理工艺，该材料的淬火温度和等温温度范围分别为 1210 ℃-1250 ℃ 和 280 ℃-320 ℃。要求了解等温温度、淬火温度和等温时间对冲击韧性、抗弯强度及硬度的影响规律。W6Mo5Cr4V2 高速钢热处理工艺水平、因素安排见表 10-7，选择 $L_9(3^4)$ 正交表安排实验，力学性能实验结果见表 10-8。试分析 W6Mo5Cr4V2 高速钢的最佳热处理工艺。

表 10-7　W6Mo5Cr4V2 高速钢水平-因素安排表

水平 \ 因素	A 等温温度/℃	B 淬火温度/℃	C 等温时间/h
1	280	1210	1
2	300	1235	2
3	320	1250	3

表 10-8 力学性能统计表

实验号 \ 列号	A B C 空列 1 2 3 4	冲击韧性 /J	挠度 /mm	抗弯强度 /MPa	硬度 /HRC
1		47.0	4.7	73	−1
2		38.5	4.5	40	0
3		24.8	3.5	−74	1
4		29.3	4.0	−26	0
5	$L_9(3^4)$	46.0	4.3	−3	1
6		32.0	3.8	−23	0.5
7		33.0	4.5	27	−1
8		42.7	4.3	2	0
9		25.7	3.5	−52	1

注：表中数据均为 3 个试样的平均值，抗弯强度和硬度栏的数据分别经过了 $(y-4000)$ 和 $(y-66)$ 的变换。

3. 用正交设计研究工艺对 AlN/ZL101 原位复合材料硬度的影响

实验材料：Al>99.9%，Mg>99.1%，Si>99.6%，工业氮气。

实验工艺：纯铝熔化后，在 700 ℃左右加入硅和镁，继续加热升温到 950-1050 ℃时，用底吹法通过石英玻璃管向密封溶液中通入氮气，流量控制在 10 mL/min，时间控制在 35 min-65 min。然后降温到 750 ℃进行扒渣，金属型浇注试样。试分析 Mg 含量和工艺参数对 AlN/ZL101 硬度的影响。

表 10-9　AlN/ZL101 合金 Mg 含量和工艺参数因素–水平安排表

水平 \ 因素	Mg/%	温度 T/℃	时间 t/min
1	1	950	35
2	1.5	1000	50
3	2.5	1050	65

表 10-10　正交实验安排和实验结果

所在列	1	2	3	
因素	Mg/%	温度 T/℃	时间 t/min	实验结果(硬度/HB)
实验 1	1	1	1	104
实验 2	1	2	2	119.3

续表10-10

所在列	1	2	3	
因素	Mg/%	温度 T/℃	时间 t/min	实验结果(硬度/HB)
实验 3	1	3	3	96
实验 4	2	1	2	107.3
实验 5	2	2	3	102.4
实验 6	2	3	1	114.3
实验 7	3	1	3	80.2
实验 8	3	2	1	85.4
实验 9	3	3	2	92.7

4. 用正交设计研究某无机材料成分对弹性模量的影响

某无机材料 Na_2O，K_2O，CaO 和 SiO_2 组成因素-水平安排表见表 10-11，求该材料组成对其弹性模量的影响。根据实验要求按 $L_9(3^4)$ 正交实验进行实验，弹性模量的实验结果见表 10-12。

表 10-11　材料成分因素-水平安排表

因素 水平	SiO_2/%	Na_2O/%	K_2O/%	CaO/%
1	72	7.26	8.16	12.68
2	74	6.76	7.66	11.68
3	76	6.26	7.16	10.68

表 10-12　按 $L_9(3^4)$ 进行实验的弹性模量

所在列	1	2	3	4	
因素	SiO_2	Na_2O	K_2O	CaO	实验结果 弹性模量
实验 1	1	1	1	1	7.2636
实验 2	1	2	2	2	7.2582
实验 3	1	3	3	3	7.2456
实验 4	2	1	2	3	7.2001
实验 5	2	2	3	1	7.3130
实验 6	2	3	1	2	7.2560

续表10-12

所在列	1	2	3	4	
因素	SiO$_2$	Na$_2$O	K$_2$O	CaO	实验结果 弹性模量
实验7	3	1	3	2	7.2558
实验8	3	2	1	3	7.1988
实验9	3	3	2	1	7.3086

10.2　用曲线拟合实现材料科学研究中的数学建模

10.2.1　实验目的

（1）掌握用 Origin 软件对实验数据进行数学模型建立的方法。

（2）学会在一定的置信度条件下，根据一个或几个变量的取值去预测或控制另一个变量的取值范围。

10.2.2　问题描述与分析

问题的提出——用曲线拟合建模

例2：根据长期实验总结和金属材料理论，提出了耐热钢断裂时间与温度、持久强度的回归模型如下：

$$\lg y = b_0 + b_1 \lg x + b_2 \lg^2 x + b_3 \lg^3 x + \frac{b_4}{2.3RT} + \varepsilon \qquad (10-1)$$

其中 y 为断裂时间，x 为持久强度，T 为实验温度，R 为气体常数。为求出 25Cr2Mo1V 钢的回归模型，进行了 27 次实验，实验数据见表 10-13。求该模型在给出条件下的系数，并在工作温度为 550 ℃和设计寿命为 10 万小时的条件下，对此种耐热钢的持久强度 x_{100000}^{550} 做出估计。

表 10-13　25Cr2Mo1V 耐热钢持久强度实验数据

实验编号	实验温度 /K	持久强度 /MPa	断裂时间 /h	实验编号	实验温度 /K	持久强度 /MPa	断裂时间 /h
1	823	400	113.5	15	853	270	937
2	823	380	163.5	16	853	250	1206.7
3	823	370	340.6	17	853	200	2044.6

续表10-13

实验编号	实验温度 /K	持久强度 /MPa	断裂时间 /h	实验编号	实验温度 /K	持久强度 /MPa	断裂时间 /h
4	823	360	561	18	873	300	182.2
5	823	350	953.8	19	873	270	350.7
6	823	350	1263.8	20	873	250	489.0
7	823	330	1902.8	21	873	200	958.7
8	823	310	2271.3	22	893	270	79.4
9	823	310	2466.5	23	893	250	150.4
10	823	270	3674.8	24	893	200	411.0
11	823	250	6368.7	25	893	150	1001.8
12	823	200	13862.0	26	893	120	1544.8
13	853	350	207.7	27	893	110	1795.0
14	853	300	621.9				

1. 一元线性回归

设有 m 组观察数据 (x_i, y_i)，$i=1, 2, 3, \cdots, m$，以一元线性回归方程 $y(x)=a+bx$ 作为回归方程，将 x_i 代入方程得：

$$\hat{y}_i = y(x_i) = a+bx_i$$

实际观察数据 y_i 与回归值 $\hat{y}_i$ 之间存在的偏差称为残差，记为 $e_i(i=1, 2, 3, \cdots, m)$。则残差平方和 Q 为：

$$Q \equiv Q(a,b) = \sum_{i=1}^{n} e_i^2 = \sum_{i=1}^{n} (y_i - \hat{y}_i)^2 = \sum_{i=1}^{n} (y_i - a - bx_i)^2 \tag{10-2}$$

根据最小二乘法，为使 Q 为极小值，分别对 a、b 求偏导可得：

$$\frac{\partial Q}{\partial a} = 2\sum_{i=1}^{n} [y_i - (a+bx_i)] = 0 \tag{10-3}$$

$$\frac{\partial Q}{\partial b} = 2\sum_{i=1}^{n} [y_i - (a+bx_i)]x_i = 0 \tag{10-4}$$

解这一正规方程组，可得：

$$\begin{cases} a = \bar{y} - b\bar{x} \\ b = \dfrac{L_{xy}}{L_{xx}} \end{cases} \tag{10-5}$$

式中：

$$\begin{cases} \bar{x} = \dfrac{1}{n}\sum_{i=1}^{n} x_i \\ \bar{y} = \dfrac{1}{n}\sum_{i=1}^{n} y_i \end{cases}; \quad \begin{cases} L_{xy} = \sum_{i=1}^{n}(x_i - \bar{x})(y_i - \bar{y}) = \sum_{i=1}^{n} x_i y_i - \dfrac{1}{n}\Big(\sum_{i=1}^{n} x_i\Big)\Big(\sum_{i=1}^{n} y_i\Big) \\ L_{xx} = \sum_{i=1}^{n}(x_i - \bar{x})^2 = \sum_{i=1}^{n} x_i^2 - \dfrac{1}{n}\Big(\sum_{i=1}^{n} x_i\Big)^2 \end{cases}$$

由式（10-5）分别求出 a、b，得到回归线性方程。

2. 非线性回归

在材料科学实际问题中，自变量与因变量之间的关系往往不是线性的，计算时一般采用非线性回归方法。但非线性回归的问题在很多情况下可以通过变量替换转化为线性回归问题，其理论与线性基本一样，由于篇幅限制，这里仅介绍采用 Origin 软件中的回归方法对材料科学实际问题进行处理的过程。

Origin 直接使用回归拟合菜单【Analysis】进行回归处理。在 Origin 回归菜单下，有线性回归、多项式拟合、指数拟合以及 S 曲线拟合等。

非线性最小平方拟合是 Origin 所提供的功能最强大的数据拟合工具。Origin 提供了约 200 多个数学表达式用于曲线拟合，这些数学表达式能满足绝大多材料科学与工程中的曲线拟合需求。

3. 多元线性回归

在工程实际中，自变量往往是多个，因变量与自变量之间可能存在线性关系，也可能存在非线性关系，如其关系为非线性关系，在很多情况下可以通过变量替换化为线性，其理论与线性基本一样。采用 Origin 软件进行多元线性回归的基本理论和详细内容可参阅相关文献。

10.2.3 求解步骤

1. 数据输入及变量替换

例 2 中回归模型为多元非线性回归方程，如采用多元非线性回归方法进行回归较为复杂，可进行变量替换，将回归模型简化为多元线性回归问题。将表 10-13 中的原始数据输入 Origin 工作表，结果如图 10-8 所示。

在式（10-1）中，令：

$$y' = \lg y; \quad x_1 = \lg x; \quad x_2 = \lg^2 x; \quad x_3 = \lg^3 x; \quad x_4 = \frac{1}{2.3RT}$$

则该问题转变为多元线性问题，变量替换在 Origin 工作表中用数学计算完成。例如选中工作表第 1 列，选择【Set Column Values】命令，按图 10-9 对第 1 列取对数并对其他列也进行变量替换。将第 1 列设置为 Y，其余设置为 X，完成变量替换设置的工作表如图 10-10 所示。

	A[Y] 断裂时间/h	x[X1] 应力（MPa）	T[X2] 温度/K
1	113.5	400	823
2	163.5	380	823
3	340.6	370	823
4	561	360	823
5	953.8	350	823
6	1263.8	350	823
7	1902.8	330	823
8	2271.3	310	823
9	2466.5	310	823
10	3674.8	270	823
11	6368.7	250	823
12	13862	200	823
13	207.7	350	853
14	621.9	300	853
15	937	270	853
16	1206.7	250	853
17	2044.6	200	853
18	182.2	300	873
19	350.7	270	873
20	489	250	873
21	958.7	200	873
22	79.4	270	893
23	150.4	250	893
24	411	200	893
25	1001.8	150	893
26	1544.8	120	893
27	1795	110	893

图 10-8　输入原始数据的 Origin 工作表

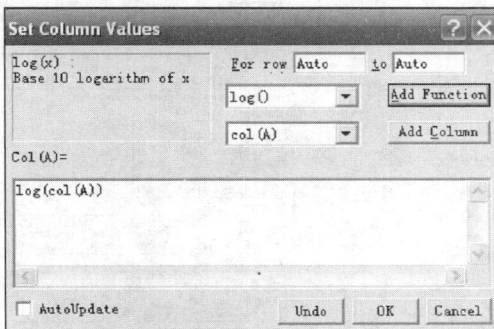

Set Column Values

log(x) :
Base 10 logarithm of x

For row Auto to Auto

log() ▾　　Add Function

col(A) ▾　　Add Column

Col(A)=

log(col(A))

☐ AutoUpdate　　Undo　OK　Cancel

图 10-9　对第 1 列取对数的设置对话框

	A[Y] y=log(y)	x[X1] x1=log(x)	B[X2] x2=log(x)^2	C[X3] x3=log(x)^3	T[X4] x4=1/(2.3RT)
1	2.055	2.60206	6.77072	17.61781	6.49005E-5
2	2.21352	2.57978	6.65528	17.16919	6.49005E-5
3	2.53224	2.5682	6.59566	16.93899	6.49005E-5
4	2.74896	2.5563	6.53468	16.70463	6.49005E-5
5	2.97946	2.54407	6.47228	16.46593	6.49005E-5
6	3.10168	2.54407	6.47228	16.46593	6.49005E-5
7	3.27939	2.51851	6.34291	15.97471	6.49005E-5
8	3.35627	2.49136	6.20688	15.46359	6.49005E-5
9	3.39208	2.49136	6.20688	15.46359	6.49005E-5
10	3.56523	2.43136	5.91153	14.37308	6.49005E-5
11	3.80405	2.39794	5.75012	13.78843	6.49005E-5
12	4.14183	2.30103	5.29474	12.18335	6.49005E-5
13	2.31744	2.54407	6.47228	16.46593	6.26179E-5
14	2.79372	2.47712	6.13613	15.19994	6.26179E-5
15	2.97174	2.43136	5.91153	14.37308	6.26179E-5
16	3.0816	2.39794	5.75012	13.78843	6.26179E-5
17	3.31061	2.30103	5.29474	12.18335	6.26179E-5
18	2.26055	2.47712	6.13613	15.19994	6.11834E-5
19	2.54494	2.43136	5.91153	14.37308	6.11834E-5
20	2.68931	2.39794	5.75012	13.78843	6.11834E-5
21	2.98168	2.30103	5.29474	12.18335	6.11834E-5
22	1.89982	2.43136	5.91153	14.37308	5.98131E-5
23	2.17725	2.39794	5.75012	13.78843	5.98131E-5
24	2.61384	2.30103	5.29474	12.18335	5.98131E-5
25	3.00078	2.17609	4.73537	10.3046	5.98131E-5
26	3.18887	2.07918	4.32299	8.98829	5.98131E-5
27	3.25406	2.04139	4.16728	8.50706	5.98131E-5

图 10-10　完成变量替换设置的工作表

2. 多元线性回归

选中所有的 X 列, 选择菜单命令【Analysis】→【Fitting】→【Multiple linear regression】, 系统会弹出"Attention"窗口, 提示变量的关系, 单击"确定", 系统将在结果记录窗口输出多元线性回归结果, 如图 10-11 所示。

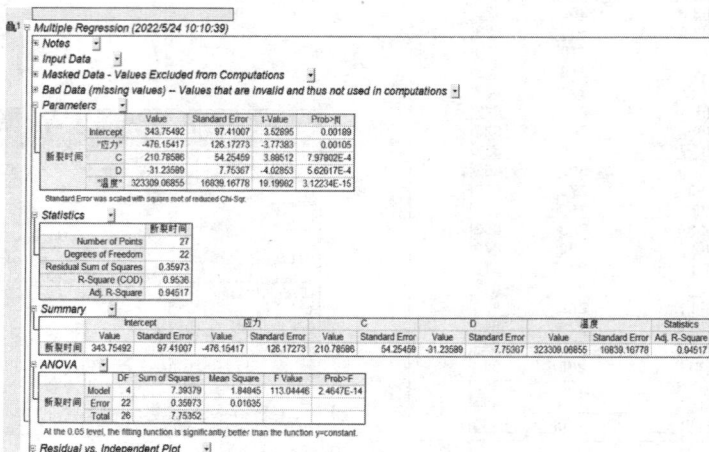

图 10-11　多元线性回归结果窗口

即得到多元线性回归式：

$$\lg y = 343.75 - 476.15\lg x + 210.78\lg^2 x - 31.23\lg^3 x + \frac{5921943.57}{2.3RT} \quad (10-6)$$

方程的统计量为：

$$R\text{-Square} = 0.9536, \quad F = 113.04, \quad P = 0.0001$$

回归结果窗口中的统计量意义见表 10-14。

表 10-14　结果记录窗口中各参数

参　　数	含　　义
$A, B_1, B_2, \cdots$	回归方程系数
t-Value	结合 Prob 判断该系数的显著性
R-Square	$= (SYY - RSS)/SYY$
Prob	对应概率
Adj. R-Square	$1 - [(1 - R\text{-Square}) * (N - k - 1)]$
Root-MSE	估计标准差

3. 模型应用

由于估计条件工作温度为 550 ℃和设计寿命为 100000 h 在模型估计的范围内，由此可以采用该模型对此种耐热钢的持久强度 x^{550}_{100000} 进行估计。

在式(10-6)中，令 $y = 100000$ h，$T = 823$ K，解此方程可求得：

$$x = 87.8 \ \text{MPa}$$

即在 550 ℃使用温度下，使用寿命要求达到 100000 h，则该耐热钢的临界应力不能超过 87.8 MPa。

10.2.4　习题及思考题

1. 轴承钢中锰含量与钢液中锰含量的关系

轴承钢经过真空处理前后钢液中锰的含量见表 10-15。试采用一元线性回归分析法，确定真空处理后成品轴承钢中锰含量与真空处理前钢液中锰含量的关系。

表 10-15　轴承钢真空处理前与成品中锰含量的比较

炉号	处理前 Mn/%	成品 Mn/%	炉号	处理前 Mn/%	成品 Mn/%	炉号	处理前 Mn/%	成品 Mn/%
1	0.38	0.36	12	0.38	0.35	23	0.32	0.31
2	0.36	0.33	13	0.32	0.31	24	0.37	0.35
3	0.30	0.30	14	0.33	0.32	25	0.35	0.32
4	0.35	0.33	15	0.37	0.35	26	0.36	0.35
5	0.33	0.33	16	0.37	0.35	27	0.34	0.33
6	0.35	0.32	17	0.33	0.31	28	0.33	0.34
7	0.35	0.34	18	0.35	0.32	29	0.35	0.35
8	0.33	0.32	19	0.32	0.32	30	0.39	0.38
9	0.35	0.31	20	0.34	0.32	31	0.36	0.34
10	0.35	0.33	21	0.32	0.33	32	0.37	0.36
11	0.39	0.36	22	0.33	0.32	33	0.35	0.32

提示：先绘制实验数据散点图，判断是否有线性关系趋势。

2. 用阿伦尼乌斯公式求渗硼激活能

40 钢渗硼参数和渗硼深度(μm)的关系见表 10-16，求渗硼过程的激活能。

表 10-16　渗硼温度、时间和渗硼深度（μm）实验数据

时间/h ＼ 温度/℃	860	880	900
2	14	32	50
4	45	55	70
6	60	68	90
8	62	80	100

注：阿伦尼乌斯公式为：

$$\delta^2 = k_0 t e^{-Q/RT} \tag{10-7}$$

式中：δ——平均渗层厚度，m；

k_0——扩散系数常数，$m^2 \cdot s^{-1}$；

t——保温时间，s；

Q——扩散激活能，$J \cdot mol^{-1}$；

R——气体常数值为 8.314，$J \cdot mol^{-1} \cdot K^{-1}$；

T——处理温度，K。

对式（10-7）两边取对数，整理后得：

$$2\ln\delta = \ln k_0 + \ln t - \frac{Q}{RT} \tag{10-8}$$

由此式可以求出在下列两种情况下渗硼时的扩散激活能 Q：

（a）渗硼时间 t 一定，处理温度 T 变化时的扩散激活能 Q；

（b）渗硼温度 T 一定，处理时间 t 变化时的扩散激活能 Q。

3. 钢厂钢包受钢水和炉渣侵蚀的容积计算

炼钢厂出钢时盛钢水的钢包在使用过程中受钢水和炉渣侵蚀，其容积不断增大。表 10-17 是钢包使用不同次数时的钢包容积（因容积不便测量，故以钢包盛满钢水的重量表示）的一组实测数据，试求出二者之间的定量关系式。

表 10-17　钢包使用次数与容积实测数据

使用次数 x	容积 y	使用次数 x	容积 y
2	106.42	11	110.59
3	108.20	14	110.60
4	109.58	15	110.90
5	109.50	16	110.70

续表2−17

使用次数 x	容积 y	使用次数 x	容积 y
7	110.00	18	111.00
8	109.93	19	111.20
10	110.49		

注：作散点图，据散点图试用双曲线和指数函数来拟合，并将其结果进行对比分析。

4. 水泥凝固放热与其成分间的关系研究

根据长期实验总结，提出了某种水泥在凝固时放出的热量 y（单位 J/g）与水泥中 4 种化学成分所占百分数具有线性模型，其实验数据如表 10−18 所示，求其多元线性模型。

表 10−18　水泥凝固放热与其 4 种化学成分之间的关系

序号	$3CaO \cdot Al_2O_3/\%$	$CaO \cdot SiO_2/\%$	$4CaO \cdot Al_2O_3 \cdot Fe_2O_3/\%$	$2CaO \cdot SiO_2/\%$	$y \times 4.18/J \cdot g^{-1}$
1	7	26	6	60	78.5
2	1	29	15	52	74.3
3	11	56	8	20	104.3
4	11	31	8	47	87.6
5	7	52	6	33	95.9
6	11	55	9	22	109.2
7	3	71	17	6	102.7
8	1	31	22	44	72.5
9	2	54	18	22	93.1
10	21	47	4	26	115.9
11	1	40	23	34	83.8
12	11	66	9	12	113.3
13	10	68	8	12	109.4

5. 合金屈服强度与成分等因素的关系研究

某合金屈服强度与其厚度、含碳量、含锰量的 24 组数据见表 10−19。试求该合金屈服强度与其厚度、含碳量、含锰量的线性回归方程，并讨论各因素对屈服强度的影响程度。

表 10-19 某合金屈服强度与成分等因素的实验数据

	A(X1) 厚度/mm	B(X2) 含C量/%	C(X3) 含Mn量/%	D(Y3) 屈服强度/MPa
1	30	0.16	0.5	240
2	46	0.16	0.48	225
3	36	0.16	0.59	270
4	20	0.18	0.57	290
5	14	0.18	0.57	350
6	16	0.16	0.59	320
7	42	0.18	0.56	250
8	13	0.14	0.5	300
9	25	0.14	0.6	300
10	22	0.2	0.58	320
11	46	0.18	0.56	260
12	22	0.19	0.58	300
13	20	0.2	0.52	270
14	32	0.18	0.6	280
15	26	0.18	0.46	278
16	40	0.18	0.47	280
17	14	0.18	0.56	300
18	12	0.16	0.52	310
19	25	0.18	0.59	290
20	28	0.15	0.49	250
21	20	0.19	0.56	310
22	22	0.2	0.52	270
23	36	0.18	0.56	270
24	12	0.14	0.5	280
25				

10.3   材料学科中物理场的数值模拟

10.3.1   实验目的

(1)了解温度场、应力场和浓度场在材料科学和工程中的意义和计算方法。

(2)学习使用 Matlab 中的 PDE 工具箱分析温度场、应力场和浓度场。

10.3.2   问题描述与分析

问题的提出——薄板焊接过程温度场分析

例 3：以某金属薄板焊件焊缝温度场为例，定性分析焊接过程中的温度场变化。因温度场对称于焊缝，取焊接过程的一半建立模型并进行离散化，如图 10-12 所示。焊接电弧起始点为 O 点，以后以 v 速度沿 x 轴移动，经过 τ 时间后到达 O' 点，此时电弧引起的热源分布为：

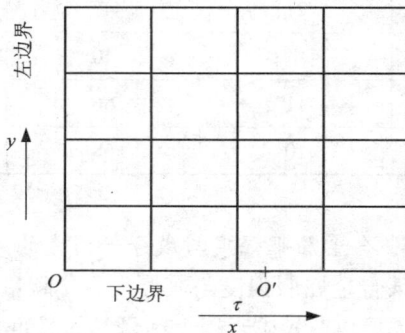

图 10-12 薄板焊接过程分析模型

$$\overline{Q} = \frac{Q_{\mathrm{m}}}{h} \exp \left[-3 \left(\frac{r}{\bar{r}} \right)^2 \right] \tag{10-9}$$

式中：$r = \sqrt{x^2 + (y - v\tau)^2}$，为离开热源中心的距离；$h$ 为板厚度；Q_{m} 为热源密度。

为简化分析过程，计算时不考虑材料参数随温度的变化、相变潜热及热辐射。根据题意可知该问题为二维非稳态导热问题，其导热方程为：

$$\frac{1}{\alpha} \frac{\partial T}{\partial \tau} = \frac{\partial^2 T}{\partial x^2} + \frac{\partial^2 T}{\partial y^2} + \frac{\overline{Q}}{k} \tag{10-10}$$

1. 有限差分求解二维焊接温度场

根据二维非稳态导热方程、焊接初始条件和边界条件，依据 2.2 节的相关知识，建立差分方程，求解不同时刻温度场的分布。

2. 有限元法

根据二维非稳态导热方程、焊接初始条件和边界条件，依据 2.3 节的相关知识，建立微分方程，求解不同时刻温度场的分布。

3. Matlab 的 PDE 工具箱

MATLAB 程序中的偏微分方程(PDE)工具箱提供了一种用有限元法求解偏微分方程得到数值近似解的方法，可以求解线性的椭圆型、抛物线型、双曲线型偏微分方程和本征型方程以及简单的非线性偏微分方程。因此利用 PDE 工具箱可以求解不同时刻薄板内部的温度场分布。

10.3.3　求解步骤

1. 数据输入

对例 3 进行温度场分析。从相关资料查到例 3 中所需要的数据，列于表 10-20。

表 10-20　参数值列表

密度 ρ /(g·cm^{-3})	焊速 v /(cm·s^{-1})	板厚 h /cm	热源密度 Q_{m} /(J·cm^{-3})	换热系数 B /(J·cm^{-2}·s^{-1}·℃$^{-1}$)	介质、初始温度 T_{e}、T_0/℃	导热系数 k /(W·cm^{-1}·℃$^{-1}$)
7.82	0.4	1	4000×4.18	0.0008×4.18	20	0.1×4.18

则：

$$\overline{Q} = \frac{Q_{\mathrm{m}}}{h} \exp \left[-3 \left(\frac{r}{\bar{r}} \right)^2 \right]$$

$$= \frac{4000 \ \mathrm{cal/cm^2}}{1 \ \mathrm{cm}} \exp \left[-3 \left(\frac{\sqrt{x^2 + (y - \nu\tau)^2}}{\bar{r}} \right)^2 \right]$$

$$= 4000 \ \text{cal/cm}^3 \exp \left\{ \frac{-3\left(x^2 + (y-0.4\tau)^2\right)}{0.49} \right\}$$

该题目可转化为求解以下微分方程组：（以 y 轴正方向为上，x 轴正方向为右）

$$
\begin{cases}
\rho C \dfrac{\partial T}{\partial \tau} = k\Delta + \overline{Q} \\[2mm]
T(x,y,0) = T_0 \\[2mm]
k \dfrac{\partial T}{\partial x} = 0, \ \text{左边界}(y\ \text{轴}) \\[2mm]
k \dfrac{\partial T}{\partial x} = \beta(T_e - T), \ \text{右边界} \\[2mm]
k \dfrac{\partial T}{\partial y} = \beta(T - T_e), \ \text{下边界}(x\ \text{轴}) \\[2mm]
k \dfrac{\partial T}{\partial y} = \beta(T_e - T), \ \text{上边界}
\end{cases}
$$

2. 用 PDE Tool 解题

（1）区域设置

启动 Matlab 软件，在 Matlab 命令窗口输入 pdetool，打开 PDE Tool 工具箱，如图 10-13 所示。单击 □ 工具，在窗口拉出一个矩形，双击矩形区域，在 Object Dialog 对话框输入 Left 为 0，Bottom 为 0，Width 为 2，Height 为 2。与默认的坐标相比，图形显示很小，所以要调整坐标显示比例。方法：选择 Options->Axes Limits，把 X，Y 轴的自动选项打开。

设置 Options->Application 为 Heat Transfer（设置程序应用热传输模型）。

（2）边界条件设置

单击 ∂Ω ，使边界变为红色，然后分别双击每段边界，打开[Boundary Conditions]对话框，如图 10-14 所示。采用 Neumann 条件，设置各边界条件。边界条件输入值见表 10-21。

表 10-21　边界条件设置值

边界	g（Heat Flux）	q（Heat Transfer Coefficient）
左边界	0	0
右边界	0.0008 * 20	0.0008
下边界（x 轴）	−0.0008 * 20	−0.0008
上边界	0.0008 * 20	0.0008

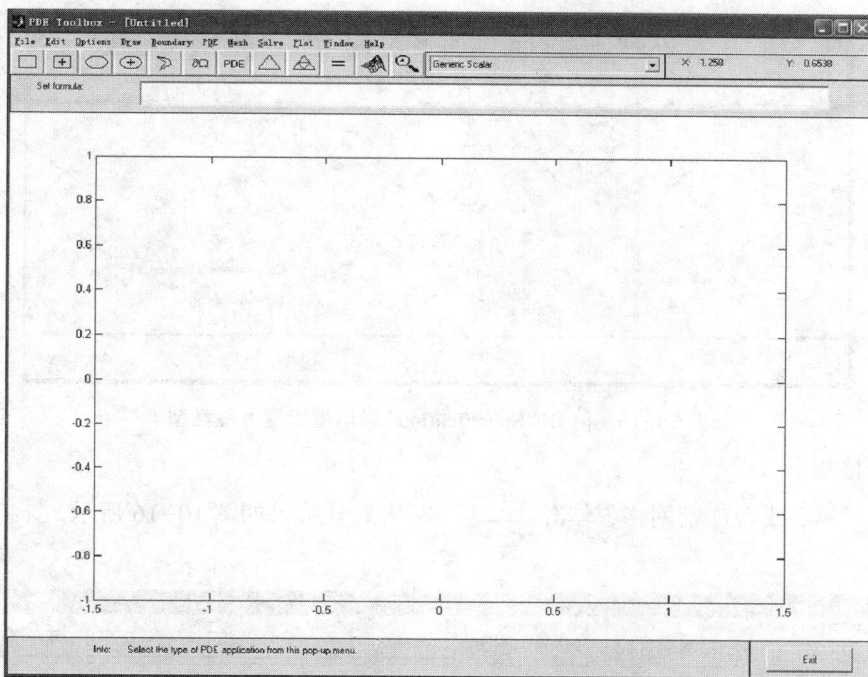

图 10-13　PDE Tool 工具箱界面

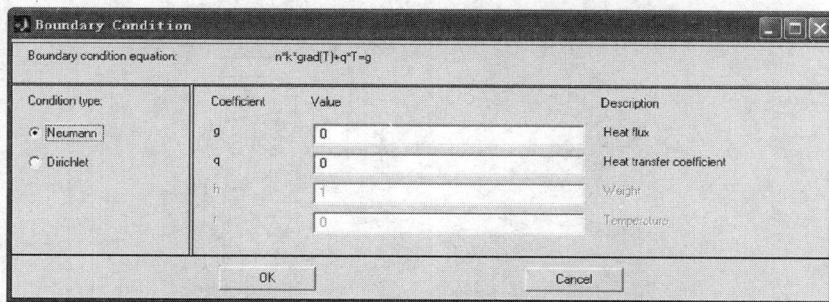

图 10-14　边界条件的设置窗口

(3)方程类型设置

单击 PDE ，打开[PDE Specification]对话框，设置方程类型为 Parabolic(抛物型)，输入相关参量，rho(密度)为 7.82，C(比热)为 0.16，k(导热系数)为 0.1，Q(热源)为 $4000 * \exp(-3 * (x.^2 + (y - 0.4 * t).^2) / 0.49)$，其他参数为 0，如图 10-15 所示。

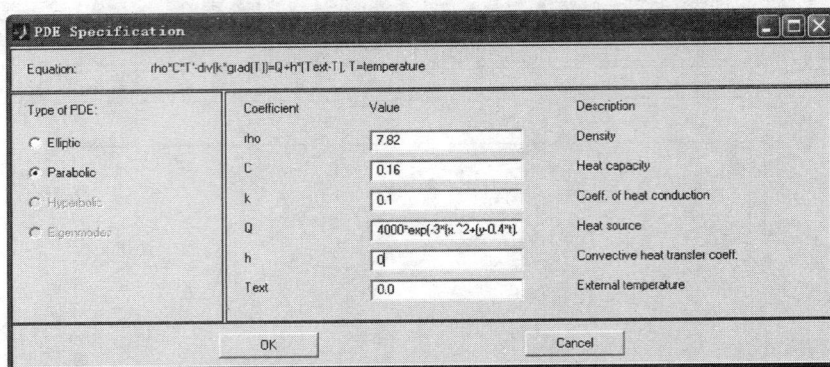

图 10-15 ［PDE Specification］对话框设置方程类型

(4) 网格划分

单击 ▵，或者加密网格，单击 ▵。网格划分结果如图 10-16 所示。

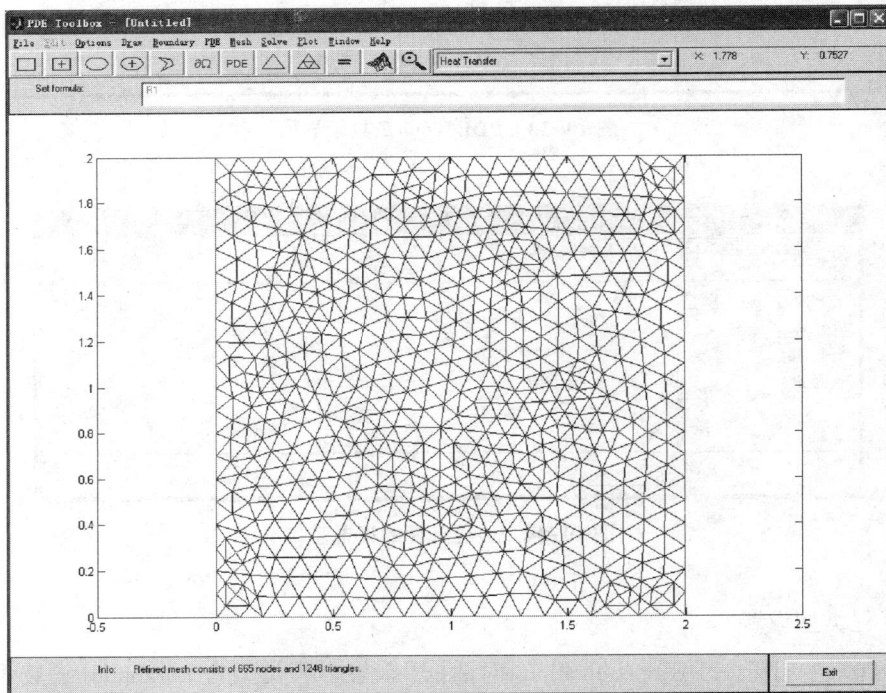

图 10-16　网格划分结果

（5）初值和误差的设置

单击 Solve 菜单中 Parameters…选项，打开 Solve Parameters 对话框，输入 Time 为 0∶0.5 ∶5，u(t0) 为 20。初值和误差的设置窗口如图 10-17 所示。

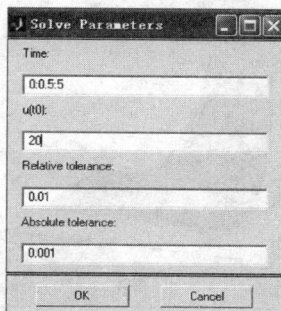

图 10-17　初值和误差设置

（6）解方程和整理数据

单击 = ，开始解方程。单击 Mesh->Export Mesh…输出 pet 的数值，单击 Solve-> Export Solution…输出 u。

回到 Matlab 主窗口执行下面命令：

u1 = [p′, u(:, 7)]　　　　%将节点坐标和其在 3 s 时的温度组成新矩阵。

u2 = sortrows(u1, 3)　　　%将 u1 按温度值大小升序排列。

u1 = [p′, u(:, 4)]　　　　%将节点坐标和其在 1.5 s 时的温度组成新矩阵。

u2 = sortrows(u1, 3)　　　%将 u1 按温度值大小升序排列。

（7）温度场分布

图 10-18 和图 10-19 分别为 1.5s 时该薄板在焊接过程中的二维和三维温度场分布图。

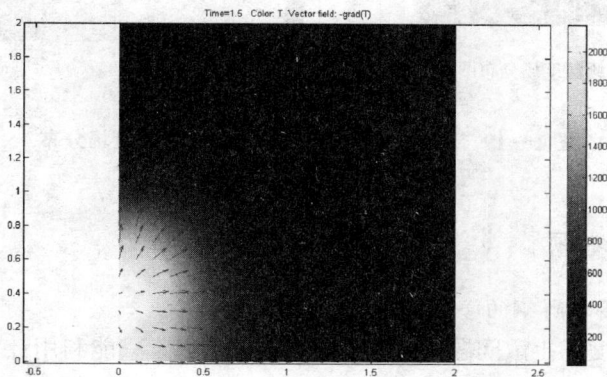

（a）二维温度场分布图

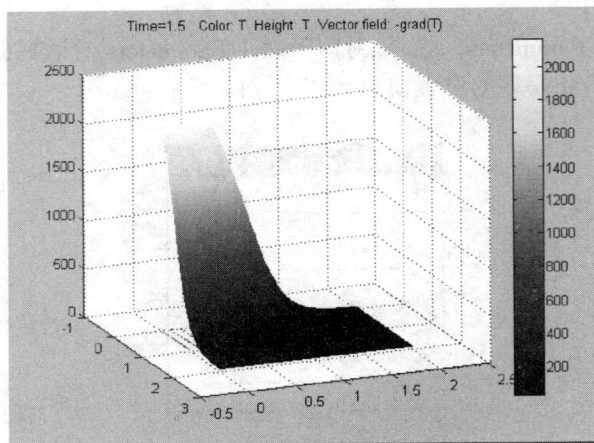

（b）三维温度场分布图

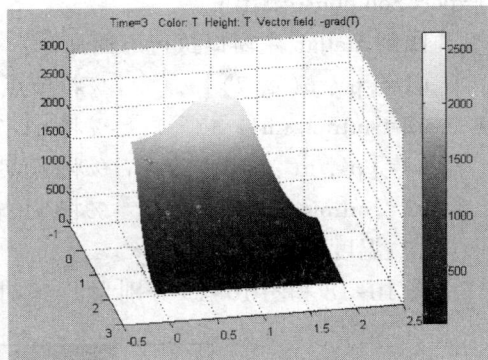

图 10-18　1.5 s 时焊接过程的二维和三维温度场分布

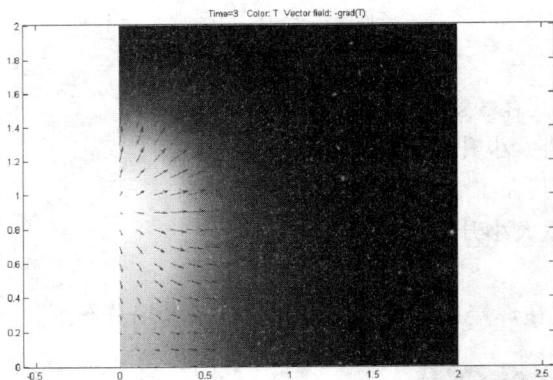

（a）二维温度场分布图　　　　　　　　（b）三维温度场分布图

图 10-19　3 s 时焊接过程的二维和三维温度场分布

10.3.4　习题及思考题

1. 用 PDE 工具箱求解钢的渗硼层厚度

对于解大多数浓度场扩散问题，一般很难得到解析解，只能利用计算机数值解来无限接近解析解。该题要求用 MATLAB 的 PDE 工具箱求解渗硼层厚度随时间(0~9000 s)的变化情况。

实验数据如下：

对 10 cm×10 cm×5 cm 的碳含量为 $\omega_C = 0.8\%$ 的矩形钢材进行渗硼，渗硼温度为 850 ℃。已知 850 ℃时硼在 T8 中的扩散系数 $D = 1.10×10^{-13}$ m^2/s。

提示：在实际求解扩散问题时，一般有以下 5 个步骤：1）建立一个用来描述对应浓度场问题的物理模型；2）根据需要对求解问题赋予边界条件，MATLAB 指定了如下 3 种边界条件：①Dirichlet 条件，$hu = r$；②Neumann 条件，$n \cdot (c \nabla u) + qu = g$；③混合边界条件，Dirichlet 条件和 Neumann 条件的组合。式中 n 为垂直于边界的单位矢量，h、r、q、g 为常量或与 u 有关的变量；3）确定偏微分方程的类型，并结合已知条件设定方程参数；4）创建初始三角形网格并细化网格；5）设定求解参数并求解偏微分方程。

浓度场中用来描述三维非稳态扩散微分方程的一般形式为：

$$\frac{\partial C}{\partial t} = D \nabla^2 C \qquad (10\text{-}11)$$

$$\begin{cases} \dfrac{\partial C}{\partial t} = D \nabla^2 \\ C(x, y, 0) = 0 \\ C = 16.23\%,\ \text{左边界}(y\ \text{轴}) \\ C = 0,\ \text{右边界}(x = 0.0001) \\ \dfrac{\partial C}{\partial n} = 0,\ \text{下边界}(x\ \text{轴}) \\ \dfrac{\partial C}{\partial n} = 0,\ \text{上边界}(y = 0.00001) \end{cases}$$

式中：t 为时间，C 为 t 时刻(x, y)处硼的浓度，D 为扩散系数，n 为垂直于边界的单位矢量。边界条件假定为：硼在 Fe 中主要沿 X 单向扩散，在 Y 向可认为没有扩散。

注：根据 Fe-B 相图渗层中的硼浓度不是连续的实际情况，对计算结果进行修正。

2. 三维有限大平板激光相变硬化过程的温度场计算

激光相变硬化是采用高能量密度的激光对钢铁材料表面进行快速加热，使其表面温度超过奥氏体转变温度，然后靠材料自身热传导实现快速冷却，获得马氏体，从而实现钢铁材料表面的局部淬火硬化，激光相变硬化过程示意图如图 10-20 所示。该过程是一个涉及到相变、热传导、热对流、热辐射的三维非稳态传热问题。

激光相变硬化过程的传热学模型采用以下几点假定：材料表面对激光的吸收系数不随温度变化；材料的热物性参数不随温度变化；入射激光束能量分布为高斯分布；材料为各向同性；工件为三维有限大物体。

根据工件的形状，采用直角坐标系，材料内部的热传导方程为：

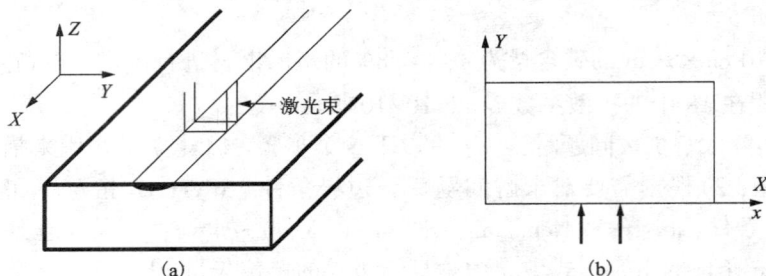

图 10-20 二维有限大平板激光相变硬化示意图

$$\frac{\partial T}{\partial t} = \alpha \left(\frac{\partial^2 T}{\partial x^2} + \frac{\partial^2 T}{\partial y^2} \right) \tag{10-12}$$

式中：$\alpha = \dfrac{\lambda}{\rho C_p}$ 为材料的热扩散率，ρ 为密度，C_p 为比热，λ 为热传导率，T 为温度，t 为时间。材料的热物性参数、比热 C_p、热传导系数 λ 和密度 ρ 均不随温度变化。

（1）边界条件

上表面：$-\lambda \dfrac{\partial T}{\partial y} = -Q(x, t)$

其他表面：$-\lambda \dfrac{\partial T}{\partial n} = h(T - T_a)$

式中：T 是工件表面的温度，T_a 是环境温度，n 是其他表面的外法线方向，h 是材料表面总的换热系数，包括空气对流和热辐射换热。$h = h_k + h_s$，h_k 为对流换热系数，h_s 为辐射换热系数。

（2）激光光斑能量分布函数

$$Q(x,t) = \frac{PA}{2\pi R^2} \exp\left[-\frac{x^2 + (3R - Vt)^2}{2R^2} \right] \tag{10-13}$$

式中：P 为激光功率 500 W，A 为吸收系数，R 为激光光斑半径 0.2 mm，V 为激光光斑运动速度 2 mm/s。

（3）初始条件

$$T\big|_{t=0} = T_0, \quad T_0 \text{ 取室温为 } 20 \,\text{℃}$$

3. 圆筒形铸件铸造过程温度场的计算

圆筒形铸件结构如图 10-21 所示。由于铸件筒壁不是很厚，冷却过程中筒壁内外温度可看作一致。当圆柱体的长度与其截面筒壁尺寸相比较大时，可忽略 Z 方向的导热，这时可用二维模型来近似地描述圆柱体冷却过程。在这个二维模型中采用以下几点假定：

材料为二维有限长物体；材料的热物性参数不随温度变化；考虑工件与砂型间的对流换

热；考虑相变潜热；材料为各向同性。

提示：

（1）根据铸件的形状，采用圆柱热传导方程：

$$\rho C_p = \frac{\partial T}{\partial t} = \frac{1}{r}\frac{\partial}{\partial r}\left(r\lambda\frac{\partial T}{\partial r}\right) + \frac{\partial}{\partial z}\left(\lambda\frac{\partial T}{\partial z}\right) \qquad (10-14)$$

式中：ρ 为密度，C_p 为比热，λ 为热传导率，T 为温度，t 为时间。$r_1 < r < r_2$。

（2）边界条件

外表面：$-\lambda\dfrac{\partial T}{\partial n} = h_k(T - T_a)$

内表面：$-\lambda\dfrac{\partial T}{\partial n} = h_k(T - T_a)$

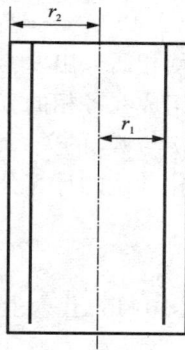

图 10-21　圆筒铸件示意图

式中：T 是铸件表面的温度，T_a 是砂介质温度。n 是其他表面的外法线方向。h_k 为砂介质的对流换热系数。

（3）初始条件

初始时刻工件整体温度分布均匀。$T\big|_{t=0} = T_0$，T_0 为一常数，取铁液温度 $T_0 = 1560$ ℃。

10.4　理想溶液二元相图计算

10.4.1　实验目的

（1）了解相图在材料科学和工程中的意义及理想溶液二元匀晶相图的计算方法。

（2）学会使用 C 语言或其他语言编程计算理想溶液的二元匀晶相图。

（3）了解当前国内外相图计算软件的现状。

10.4.2　问题描述与分析

问题的提出——理想溶液二元匀晶相图计算。

例 4：NiO-MgO 为液、固相连续互溶的二元体系。已知 NiO 和 MgO 的熔点分别为 1960 ℃和 2800 ℃，熔化热分别为 52.3 kJ/mol 和 77.4 kJ/mol，以纯液态 NiO 作为 NiO 的标准态，纯固态 MgO 作为 MgO 的标准态，计算该二元体系相图。

1. 理想溶液相图计算理论

（1）二元理想溶液混合系的组成与 G_m 的关系

对于 A、B 二组分，1 摩尔理想溶液混合系 G_m 与温度和成分有以下关系：

$$G_m = (x_A G_{m,A}^* + x_B G_{m,B}^*) + \Delta G_m^M$$

$$= (x_A G_{m,A}^* + x_B G_{m,B}^*) + RT(x_A \ln x_A + x_B \ln x_B) \tag{10-15}$$

从平衡相研究出发，则必须与其化学位 μ_A 联系起来，因为在研究相平衡系统中，必然要用到同一组成在各相的 μ_A 相等这一条件。

（2）μ_A 与 G_m 的关系

根据化学位的计算公式可得：

$$\mu_A = G_m + x_A \left(\frac{\mathrm{d}G_m}{\mathrm{d}x_A} \right)$$

将式（10-15）代入上式得：

$$\mu_A = G_{m,A}^* + RT \ln x_A \tag{10-16}$$

同理可得：

$$\mu_B = G_{m,B}^* + RT \ln x_B \tag{10-17}$$

设在温度 T 时 α、β 两相达到平衡，则有：

$$\mu_A^\alpha = \mu_A^\beta; \ \mu_B^\alpha = \mu_B^\beta$$

对于组分 A，将式（10-17）代入上式，得：

$$G_{m,A}^*(\alpha) + RT \ln x_A^\alpha = G_{m,A}^*(\beta) + RT \ln x_A^\beta$$

移项整理得：

$$\frac{x_A^\alpha}{x_A^\beta} = \exp \frac{1}{RT} \left[G_{m,A}^*(\beta) - G_{m,A}^*(\alpha) \right] = \exp \left(\frac{1}{RT} \Delta G_{m,A}^* \right) \tag{10-18}$$

同理可得：

$$\frac{x_B^\alpha}{x_B^\beta} = \exp \frac{1}{RT} \left[G_{m,B}^*(\beta) - G_{m,B}^*(\alpha) \right] = \exp \left(\frac{1}{RT} \Delta G_{m,B}^* \right) \tag{10-19}$$

利用式（10-18）和（10-19）即可计算理想溶液平衡两相的组成。

2. 相图计算软件简介

目前集成了热化学数据库和相图计算软件的系统主要包括瑞典皇家工学院材料科学与工程系为主开发的 Thermo-Calc 系统和加拿大蒙特利尔大学计算热力学中心为主开发的 FACT（facility for the analysis of chemical thermodynamics）系统（第 5 章有详细介绍）。这些软件的共同特点是集成了具有自洽性的热化学数据库和先进的计算软件。

Pandat 合金相图与热力学计算软件是美国 CompuTherm LLC 公司开发的用于计算多元合金相图和热力学性能的软件包，可用于计算多种合金的标准平衡相图和热力学性能，用户也可使用自己的热力学数据库进行相图与热力学计算，详细介绍见 5.7.2 节。

10.4.3　求解步骤

1. 数据准备

在例 4 中分别以纯液态 NiO 作为 NiO 的标准态和纯固态 MgO 作为 MgO 的标准态，则

$\Delta G^*_{\mathrm{m,MgO}}$ 和 $\Delta G^*_{\mathrm{m,NiO}}$ 近似计算式为：

$$\Delta G^*_{\mathrm{m,MgO}} = 77400 \times \left(1 - \frac{T}{3073}\right) \tag{10-20}$$

$$\Delta G^*_{\mathrm{m,NiO}} = 52300 \times \left(1 - \frac{T}{2233}\right) \tag{10-21}$$

将式（10-18）和式（10-19）用于 NiO-MgO 系，设液（l）相为 β，固相（s）为 α，则有：

$$x^{\mathrm{s}}_{\mathrm{MgO}} = x^{\mathrm{l}}_{\mathrm{MgO}} \exp\left(\frac{\Delta G^*_{\mathrm{m,MgO}}}{RT}\right) \tag{10-22}$$

同理可得：

$$x^{\mathrm{s}}_{\mathrm{NiO}} = x^{\mathrm{l}}_{\mathrm{NiO}} \exp\left(\frac{\Delta G^*_{\mathrm{m,NiO}}}{RT}\right) \tag{10-23}$$

又因为 $1-x^{\mathrm{s}}_{\mathrm{MgO}} = x^{\mathrm{s}}_{\mathrm{NiO}}$，$1-x^{\mathrm{l}}_{\mathrm{MgO}} = x^{\mathrm{l}}_{\mathrm{NiO}}$，则式（10-23）可写成：

$$1-x^{\mathrm{s}}_{\mathrm{MgO}} = 1-x^{\mathrm{l}}_{\mathrm{MgO}} \exp\left(\frac{\Delta G^*_{\mathrm{m,NiO}}}{RT}\right) \tag{10-24}$$

联立式（10-22）和式（10-24），得：

$$x^{\mathrm{l}}_{\mathrm{MgO}} = \frac{1-\exp\left(\dfrac{\Delta G^*_{\mathrm{m,NiO}}}{RT}\right)}{\exp\left(\dfrac{\Delta G^*_{\mathrm{m,MgO}}}{RT}\right) - \exp\left(\dfrac{\Delta G^*_{\mathrm{m,NiO}}}{RT}\right)} \tag{10-25}$$

$$x^{\mathrm{s}}_{\mathrm{MgO}} = \frac{\left[1-\exp\left(\dfrac{\Delta G^*_{\mathrm{m,NiO}}}{RT}\right)\right]\exp\left(\dfrac{\Delta G^*_{\mathrm{m,MgO}}}{RT}\right)}{\exp\left(\dfrac{\Delta G^*_{\mathrm{m,MgO}}}{RT}\right) - \exp\left(\dfrac{\Delta G^*_{\mathrm{m,NiO}}}{RT}\right)} \tag{10-26}$$

由式（10-25）和式（10-26）即可计算得到 NiO-MgO 的完全固溶体相图。

2. 程序设计

图 10-22 所示为计算、绘制 NiO-MgO 相图的程序框图。程序可以采用 C 语言及其他高级语言编写。采用 Tubor C 编写的 NiO-MgO 相图计算程序代码见表 10-22，供参考。

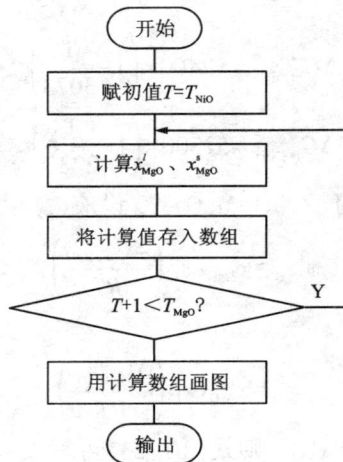

图 10-22 计算、绘制 NiO-MgO 相图程序框图

表 10-22 计算 NiO-MgO 二元相图的 Tubor C 源程序

```
#include <stdio. h>
#include <conio. h>
#include <dos. h>
#include <math. h>
#include <graphics. h>
extern int directvideo=0;
int TA=1960+273, TB=2800+273;   /* 数据输入 */
int n;
float R=8. 310, DHA=52300. 0, DHB=77400;
float dg(float dh, int t, int tb)
{
  if(TA<=t && t<=TB)   return (dh * (tb-t)/tb);
  else printf("The temperature is out of range\n");
  return 0;
}
float xb2(int k)   /* 液相线计算函数 */
{
  float dgb, dga, xbl;
  dgb=dg(DHB, k, TB);
  dga=dg(DHA, k, TA);
  xbl=(((exp(-dga/(R * k))-1) * exp(-dgb/(R * k)))/
      (exp(-dga/(R * k))-exp(-dgb/(R * k))));
```

```
    return xbl;
}
float xb1(int k)   /* 固相线计算函数 */
{
    float dgb, xbs;
    dgb = dg(DHB, k, TB);
    xbs = xb2(k) * exp(dgb/(R * k));
    return xbs;
}
initgrapher()   /* 图形初始函数 */
{
    int gdriver = DETECT, graphmode, errorcode;
    initgraph(&gdriver, &graphmode, "d: \\tc20\\bgi");
    errorcode = graphresult();
    if(errorcode! = grOk)
      {
        printf("Graphics error: %s\n", grapherrormsg(errorcode));
        printf("Press any key to halt: ");
        getch();
        exit(1);
      }
    return 0;
}
makemap1()   /* 作图函数 1 */
{
    initgrapher();
      setviewport(50, 50, getmaxx()-50, getmaxy()-50, 1);
      textcolor(BLUE);
      settextstyle(1, 0, 4);
      outtextxy(70, 100, "SOFTWARE FOR");
      outtextxy(60, 140, "TWO PHASE DIAGRAM\n");
      delay(5000);
      closegraph();
    return 0;
}
makemap(float * solius, float * liquidus, int * p)   /* 作图函数 2 */
{
    int X1, X2, Y1, Y2, i, u, v, w, xstep, ystep;
    char my[5], mx[5];
    initgrapher();
```

```
    X1=getmaxx( )/2-230; X2=getmaxx( )/2+220;
    Y1=getmaxy( )/2-150; Y2=getmaxy( )/2+200;
    xstep=(X2-X1)/10; ystep=(Y2-Y1)/10;
    setbkcolor(WHITE);
    setcolor(1);
    setlinestyle(0, 1, 3);
    rectangle(X1, Y1, X2, Y2);
    setlinestyle(0, 1, 1);
    for(i=1; i<=9; i++){
        line(X1+i*xstep, Y1, X1+i*xstep, Y2);
        line(X1, Y1+i*ystep, X2, Y1+i*ystep);
    }
for(i=1; i<=n+1; ++i)
{
    p[i]=p[i]-273;
    u=((p[i]-1900)/1000.0*(Y2-Y1));
    v=(int)(solius[i]*(X2-X1));
    w=(int)(liquidus[i]*(X2-X1));
    putpixel(X1+w, Y2-u, BLUE);
    putpixel(X1+v, Y2-u, BLUE);
}
for(i=1; i<6; i++){
gcvt(3.0-0.2*i, 2, my);
gcvt(0.2*i, 2, mx);
outtextxy(X1-30, Y1+2*i*ystep-40, my);
outtextxy(X1+2*i*xstep-10, Y2+10, mx);
        }
settextstyle(1, 1, 1);
outtextxy(30, 140, "TEMPERATURE (1000 C)");
settextstyle(1, 0, 2);
outtextxy(200, 50, "TWO PHASE DIAGRAM");
outtextxy(190, 250, "L    L+S    S");
outtextxy(X1-10, Y2+10, "NiO");
outtextxy(X1+450, Y2+10, "MgO");
    getch();
    closegraph();
return 0;
}
main( ) /* 主函数 */
{
```

```
float solius[500], liquidus[500];
int i, M=2, p[500];
n=abs((TB-TA)/M);
makemap1();
printf("正在计算，请等待！");
for(i=1; i<=n+1; i++)
{
  if(TB>TA)p[i]=(TA-M)+(i*M);
  else p[i]=(TA+M)-(i*M);
  solius[i]=xb1(p[i]);   /* content of solius */
  liquidus[i]=xb2(p[i]);  /* content of liquidus */
}
clrscr();
makemap(solius, liquidus, p);
return 0;
}
```

3. 计算结果

图 10-23 所示为采用计算机计算结果绘制得到的 NiO-MgO 相图，该计算相图与实测相图吻合很好。

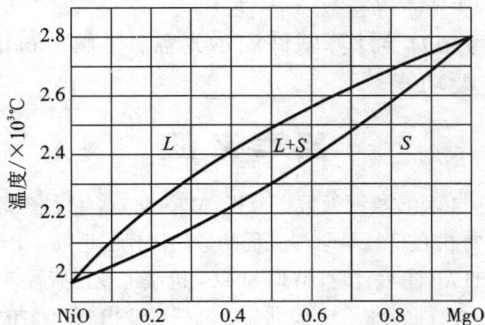

图 10-23　NiO-MgO 相图计算结果

10.4.4　习题及思考题

1. 理想溶液 Mo-Ru 二元共晶相图的计算与绘制

已知：$\Delta^0 G_{Mo}^{\beta \to L} = 8.4(2900-T)$

$\Delta^0 G_{Ru}^{\beta \to L} = 11.76(1420-T)$

$$\Delta^0 G_{Ru}^{\varepsilon \to L} = 8.4(2550-T)$$

$$\Delta^0 G_{Mo}^{\varepsilon \to L} = 8.4(1900-T)$$

提示：设 L、β、ε 均为理想溶液，两相平衡同一组元在此两相中的化学位相等；给定一系列温度分别计算 $L-\beta$、$L-\varepsilon$、$\beta-\varepsilon$ 三种两相平衡的成分，作图找出共晶温度。（可用解析法计算，也可编程计算。）

要求：计算并绘出相图，将计算绘制的相图与实际 Mo-Ru 二元共晶相图进行比较。

2. 计算绘制 Bi-Sb 固溶体相图

已知 Bi-Sb 二元固溶体相图为匀晶系相图，设该系统为理想溶液，进行相图计算。

$$\Delta G_{m,Bi}^* = 11000 \times \left(1-\frac{T}{546}\right)$$

$$\Delta G_{m,Sb}^* = 20080 \times \left(1-\frac{T}{903}\right)$$

要求：计算并绘出相图，将计算绘制的相图与实际 Bi-Sb 二元相图进行比较。

3. 计算 Fe-8Cr-C 相图的垂直截面相图

在 http://www.thermocalc.com/网址下载 Thermo-Calc 相图计算系统演示版，安装并计算 Fe-8Cr-C 相图的垂直截面。

4. 用 FACT 网上系统查找有关相图

利用材料网上数据库 http://www.crct.polymtl.ca/fact/index.php，在该网站上查找 Al-Si 相图和 Al_2O_3-SiO_2 相图。

5. 了解 Pandat 合金相图与热力学计算软件

申请 Pandat 合金相图与热力学计算软件演示光盘，了解 Pandat 合金相图与热力学计算软件功能，写出该软件的主要功能。

参考文献

[1] 叶卫平，方安平等. Origin 9.1 科技绘图及数据分析[M]. 北京：机械工业出版社，2018.

[2] 张鹏，赵丕琪，侯东帅. 计算机在材料科学与工程的应用[M]. 北京：化学工业出版社，2018.

[3] (美)大卫 M 史密斯等. MATLAB 工程计算[M]. 北京：机械工业出版社，2018.

[4] 海滨. Origin 2022 科学绘图与数据分析[M]. 北京：机械工业出版社，2022.

[5] 王亚子. MATLAB 智能算法实用[M]. 哈尔滨：哈尔滨工业大学出版社，2020.

图书在版编目(CIP)数据

计算机在材料科学与工程中的应用 / 张朝晖主编.
—2 版. —长沙：中南大学出版社，2023.1
ISBN 978-7-5487-5241-7

Ⅰ．①计… Ⅱ．①张… Ⅲ．①计算机应用—材料科学
Ⅳ．①TB3-39

中国版本图书馆 CIP 数据核字（2023）第 001990 号

计算机在材料科学与工程中的应用
第 2 版

张朝晖　主编

□ 出 版 人	吴湘华	
□ 策划编辑	周兴武　谭　平	
□ 责任编辑	周兴武	
□ 责任印制	李月腾	
□ 出版发行	中南大学出版社	
	社址：长沙市麓山南路	邮编：410083
	发行科电话：0731-88876770	传真：0731-88710482
□ 印　　装	长沙雅鑫印务有限公司	

□ 开　　本	787 mm×960 mm 1/16	□ 印张 22	□ 字数 487 千字
□ 版　　次	2023 年 1 月第 2 版	□ 印次 2023 年 1 月第 1 次印刷	
□ 书　　号	ISBN 978-7-5487-5241-7		
□ 定　　价	65.00 元		

图书出现印装问题，请与经销商调换